嵌入式与移动开发系列

NITE 国家信息技术紧缺人才培养工程
National Information Technology Education Project
国家信息技术紧缺人才培养工程系列丛书

嵌入式Linux应用程序开发
标准教程（第2版）

华清远见嵌入式培训中心　编著

人民邮电出版社
北京

图书在版编目（CIP）数据

嵌入式Linux应用程序开发标准教程 / 华清远见嵌入式培训中心编著. —2版. —北京：人民邮电出版社，2009.4
ISBN 978-7-115-19474-9

I. 嵌… II. 华… III. Linux操作系统—程序设计—教材 IV. TP316.89

中国版本图书馆CIP数据核字（2009）第001180号

内 容 提 要

本书主要分为 3 个部分，包括 Linux 基础、搭建嵌入式 Linux 环境和嵌入式 Linux 的应用开发。Linux 基础部分从 Linux 基础、基本操作命令讲起，为 Linux 初学者能快速入门提供了保证。接着系统地讲解了嵌入式 Linux 的环境搭建，以及嵌入式 Linux 的 I/O 与文件系统的开发、进程控制开发、进程间通信开发、网络应用开发、基于中断的开发、设备驱动程序的开发以及嵌入式图形界面的开发等，并且还安排了丰富的实验内容与课后实践，使读者能够边学边用，更快更好地掌握所学知识。

本书可作为高等院校电子类、电气类、控制类等专业高年级本科生、研究生学习嵌入式 Linux 的教材，也可供希望转入嵌入式领域的科研和工程技术人员参考使用，还可作为嵌入式培训班的教材和参考书。

嵌入式 Linux 应用程序开发标准教程（第 2 版）

◆ 编　　著　华清远见嵌入式培训中心
责任编辑　屈艳莲
执行编辑　黄　焱

◆ 人民邮电出版社出版发行　　北京市丰台区成寿寺路 11 号
邮编　100164　　电子邮件　315@ptpress.com.cn
网址　http://www.ptpress.com.cn
北京市艺辉印刷有限公司印刷

◆
开本：787×1092　1/16
印张：25.75　　2009年4月第2版
字数：654千字　　2024年8月北京第42次印刷

ISBN 978-7-115-19474-9/TP

定价：49.00 元（附光盘）

读者服务热线：(010) 81055410　印装质量热线：(010) 81055316
反盗版热线：(010) 81055315

本书编委会

主编

华清远见嵌入式培训中心

指导单位

工业和信息化部软件与集成电路促进中心

编委

孙加兴　李　滨　高　哲　段　冶　刘志利　孙天泽
刘洪涛　宋宝华　张善民　侯茂清　孙纪坤　孙　琼
李　佳　王大亮　王　辉　傅　曦　张　强

顾问

工业和信息化部软件与集成电路促进中心副主任　邱善勤

ARM 中国区总裁　谭军

Symbian 公司中国市场总监　卢竞

Altera 公司中国区总经理　徐平波

广州周立功单片机发展有限公司　周立功

《单片机与嵌入式系统应用》杂志社主编　何立民

北京麦克泰软件技术有限公司董事长　何小庆

中国软件行业协会嵌入式系统分会秘书长　郭淳学

华清远见嵌入式培训中心简介

- ◆ 国内首家获得 ARM 公司授权的专业嵌入式培训机构
- ◆ 微软全球嵌入式合作伙伴
- ◆ 国内首家 Symbian 公司授权培训中心
- ◆ 国内首家 Altera 公司全球合作培训机构
- ◆ 国内首家获得“高新企业认定”的 IT 培训机构
- ◆ 荣获“2008 年度中国嵌入式系统十佳企业”称号
- ◆ 中国软件行业协会嵌入式分会会员单位

华清远见嵌入式培训中心（http://www.farsight.com.cn）是一家以为企业和个人提供高端嵌入式培训解决方案为核心业务的国家高新技术企业。目前培训内容涉及的领域主要有嵌入式 Linux、Windows CE、VxWorks、Symbian、ARM、DSP、FPGA、高速 PCB 设计等，基本覆盖嵌入式领域的各个层面。

该中心在嵌入式高端培训领域享有盛誉，每年为包括 Samsung、NEC、PHILIPS、Motorola 等世界 500 强企业提供嵌入式企业培训服务，目前已为近百家国内外企业实施过技术培训与咨询。同时华清远见也致力于嵌入式技术的推广，每年有数万技术人员受益于华清远见的技术研讨会、远程教学课程、专题培训等。

序

嵌入式产业现已成为中国 IT 产业中的一个重要的新兴产业和增长点，主要表现在：产业持续快速增长；新产品、新技术更新速度加快；应用市场空间不断拓展，终端应用产品市场规模巨大；嵌入式技术不断进步；嵌入式产业发展环境不断改善。

发展嵌入式技术可以全面提高“中国制造”核心竞争力，是实现“中国制造”向“中国创造”转变的良好契机。

工业和信息化部软件与集成电路促进中心（CSIP）作为国家软件与集成电路公共服务平台承载单位，秉承“促进产业发展，助力企业创新”的宗旨，以促进中国嵌入式产业的发展为己任，在嵌入式领域为国内广大企业提供政策保障、技术支持和培训服务，极大地促进了中国嵌入式相关产业的发展。

“国家信息技术紧缺人才培养工程系列丛书”由 CSIP 组织发起，在培养国家急需人才方面已经发挥了巨大作用，并将继续发挥巨大的作用。

嵌入式开发系列丛书是带领开发者进入嵌入式开发领域的最佳选择，希望能在嵌入式技术的普及、推广中发挥重大作用。

工业和信息化部软件与集成电路促进中心（CSIP）

工业和信息化部软件与集成电路促进中心（CSIP）简介

工业和信息化部软件与集成电路促进中心是工业和信息化部的直属事业单位，依据信部编[2004]10号文件，工业和信息化部软件与集成电路促进中心的主要职责是：负责国家软件与集成电路公共服务平台的建设，为我国软件与集成电路产业和企业的健康快速发展提供公共、中立、开放的服务。

国家软件与集成电路公共服务平台：是工业和信息化部领导建设的旨在引导产业发展，能对国家软件与集成电路产业和企业的发展起支撑和服务作用的公共、中立、开放的服务平台。解决单个企业想做而无法（无力）解决的问题，为企业创新和产业发展提供解决共性问题的环境，减少竞争前的企业技术基础投入，实现共性基础技术资源共享，降低企业在研发和质量保证方面的资金风险和技术门槛，促进遵从市场经济规律的软件与集成电路产业链的快速形成，让众多的软件和集成电路设计企业借其成长壮大，推动我国软件和集成电路产业做大做强。

嵌入式技术公共服务平台简介

嵌入式公共服务平台是国家软件与集成电路公共服务平台的重要组成部分，是国内嵌入式企业和开发者技术与知识的传播推广与服务平台，为微软、ARM、飞思卡尔、德州仪器、龙芯、东集、亿道电子、平望科技、英蓓特等嵌入式相关企业在国内联合开发与应用等开展合作，是嵌入式产品协作开发测试提供方。平台在嵌入式综合服务方面已具备以下服务业能力与特色。

（1）面向行业应用的嵌入式设备设计与方案定制。

（2）提供基于嵌入式操作系统及各类嵌入式处理器的软硬开发板。

（3）电子设备软硬件开发和服务外包。

（4）.Net Micro Framework、Windows CE、Linux、Windows Mobile、Symbian 等嵌入式操作系统的驱动开发和支持。

（5）嵌入式综合测试业务。

（6）基于嵌入式技术的高级技术培训。

前　　言

第2版说明

本书第1版《嵌入式Linux应用程序开发详解》自2006年7月出版以来，受到了广大读者的一致好评，已经多次印刷，累计销量18000册。许多高等院校、职业学校和培训机构也将本书作为嵌入式专业的教材。许多读者提出了宝贵的意见和中肯的建议。

第2版图书在第1版基础上做了以下修订。

- 增加PPT教学课件：本书第2版增加了PPT教学课件，方便老师教学使用。
- 赠送嵌入式专家授课视频：本书第2版免费赠送超值的嵌入式教学视频，所讲内容均为嵌入式开发的热点内容。
- 内容调整：对书中过时的内容进行了升级，对书中的正文、图进行了大量的替换。
- 代码调整：对第1版图书中的代码进行大量的调整，并重新进行了编译、调试，使得第2版内容更加严谨。

本书写作背景

随着嵌入式技术的不断发展，近年来嵌入式技术在国内得到了广泛应用，在消费电子产品中得到了广泛应用；同时，越来越多的学校开始开设嵌入式系统课程，还有不少学校专门开设了嵌入式专业。

国内目前已经有不少嵌入式方面的图书面世，但大多以理论讲解为主，与目前嵌入式技术的实际应用结合不紧密，在这种背景下，我们组织编写了本书。

如何学习嵌入式系统

嵌入式领域是一个综合技术要求较高的技术领域，实际的嵌入式开发需要开发者掌握计算机体系结构、操作系统、多种芯片的原理结构、嵌入式Linux系统开发、嵌入式Linux内核等多种知识体系，这就造成了目前国内嵌入式开发人才极其缺乏的局面。

学习嵌入式系统首先要掌握常用嵌入式处理器、嵌入式操作系统、嵌入式编程语言，即ARM处理器、嵌入式Linux系统、嵌入式C语言，有了这些基础就可以进行嵌入式Linux应用开发、系统开发、驱动开发等的学习。

本书专门为那些已经有较全面的计算机基础，而又希望能快速进入嵌入式Linux相关行业的开发人员而编写，希望能帮助读者快速跨过嵌入式开发的门槛。

本书的主要内容

本书分为3个部分。

第一部分主要讲解了Linux系统的基础知识。

第1章全面介绍了Linux的基本概念、Linux文件及文件系统。

第2章介绍了Linux的常用命令，包括用户系统常见命令、文件目录相关命令、压缩打包相关命令等，并简要分析了Linux的启动过程和Linux系统服务的配置。

第3章介绍了Linux下的C编程基础，由于C语言是嵌入式开发中最常用的语言，因此熟悉它的开发是非常重要的，本书详细介绍了Linux下的编辑器、编译器、调试器和工程管理器等工具使用，并附以具体实例进行讲解。

本书的第二部分主要讲解了如何搭建嵌入式Linux环境。

第4章全面介绍了嵌入式系统的基础知识，包括嵌入式系统的基本概念、几种主流的嵌入式操作系统的介绍，并且简要介绍了ARM处理器及本书的实验平台S3C2410处理器，此外还简要介绍了嵌入式软件的开发流程。

第5章介绍了嵌入式Linux开发环境的搭建和嵌入式系统开发中常用工具的使用，包括如何使用tftp、配置串口、编译Linux内核、制作文件系统以及如何使用u-boot。

本书的第三部分是本书的重点内容——嵌入式Linux的应用开发。

第6章详细讲解了嵌入式Linux的I/O与文件系统的开发，内容包含Linux系统调用及用户编程接口、Linux中文件及文件描述符、嵌入式Linux串口应用开发、标准I/O开发。

第7章介绍了进程控制开发，包括Linux进程控制编程和Linux守护进程。

第8章介绍了进程间通信开发，内容包含管道通信、信号通信、共享内存、消息队列。

第9章介绍了多线程编程，内容包含Linux下线程分类、线程基本操作、线程访问控制。

第10章介绍了嵌入式Linux网络编程，内容包含TCP/IP协议、网络基础编程、网络高级编程等。

第11章介绍了设备驱动程序的开发，内容包含设备驱动概述、字符设备驱动编写、LCD驱动编写实例、块设备驱动编写、中断编程键盘驱动实现等。

第12章介绍了嵌入式图形界面的开发，内容包含嵌入式GUI简介和Qt/Embedded开发入门等。

以上各章在讲解中都给出了翔实的例子和实验，以便于读者尽快了解相关函数的使用。

适合的读者

本书可作为高等院校电子类、电气类、控制类等专业高年级本科生、研究生学习嵌入式Linux的教材，也可供希望转入嵌入式领域的单片机工程技术人员参考使用，还可作为嵌入式Linux培训班的教材和参考书。

本书的阅读建议

本书以实践为特色，若读者能够动手操作书中安排的每一个环节，必定能取得很快的提高。

嵌入式的开发与具体的硬件环境紧密相关，作者在讲解中尽量考虑了一些通用的方法以减少具体操作对硬件环境的依赖。因此，本书所述的方法大多是可以在绝大多数开发板上运行的，对于没有开发板的读者，也可以在PC机上完整地学习嵌入式Linux应用开发的部分，有条件时再转入开发板上实践。

本书之外的内容

本书内容来自北京华清远见科技信息有限公司（www.farsight.com.cn）的培训课程资料，有关本书的相关源代码和嵌入式Linux更多的资料、公开课视频，请参见http://www.farsight.com.cn/download/。

本书第2版由赵苍明负责编写，孙天泽为本书审定写作提纲，同时，参与本书编写工作的还有刘燕祎、周晶、周丰、梅乐夫、房明浩、王亮、门店宏、吴洋、石峰、张圣亮、邱文勋、刘鲲、矫津毅、林远长、董前程、朱飞、岂兴明、汤嘉立、刘变红、周建兴、刘会灯、张高煜、邓志宝、刘明辉、李鹏、白学明、步士建等。在此，对以上人员致以诚挚的谢意。

由于时间仓促，加之水平有限，书中的不足之处在所难免，敬请读者批评指正。本书责任编辑的联系方法是huangyan@ptpress.com.cn，欢迎来信交流。

编者

2009 年 1 月

目　　录

第1章

Linux 快速入门

本章目标

嵌入式 Linux 是以 Linux 为基础的操作系统，只有熟练使用 Linux 系统之后，才能在嵌入式 Linux 开发领域得心应手。通过本章的学习，读者能够掌握如下内容。

- 能够独立安装 Linux 操作系统
- 能够熟练使用 Linux 系统的基本命令
- 认识 Linux 系统启动过程
- 能够独立在 Linux 系统中安装软件
- 能够独立设置 Linux 环境变量
- 能够独立定制 Linux 服务

1.1 嵌入式 Linux 基础

自由开源软件在嵌入式应用上受到青睐，Linux 日益成为主流的嵌入式操作系统之一。随着 MOTOROLA 手机 A760、IBM 智能型手表 WatchPad、SharpPDA Zaurus 等一款款高性能“智能数码产品”的出现，以及 Motorola、Samsung、MontaVista、Philips、Nokia、IBM、SUN 等众多国际顶级巨头的加入，嵌入式 Linux 的队伍越来越庞大了。目前，国外不少大学、研究机构和知名公司都加入了嵌入式 Linux 的开发工作，成熟的嵌入式 Linux 产品不断涌现。

2004 年全球嵌入式 Linux 市场规模已达 9150 万美元，2005 年有 1.336 亿美元，2006 年有 1.653 亿美元，2007 年达到 2.011 亿美元，每年平均增长 30%。

究竟是什么原因让嵌入式 Linux 系统发展如此迅速。业界归纳为三大原因：第一，Linux 在嵌入式系统所需的实时性、电源管理等核心技术方面不断发展；第二，国际标准组织（如 OSDL、CELF 等）持续建立嵌入式 Linux 相关标准，有效解决版本分歧与兼容性问题；第三，业界主导组织、开发厂商等不断推出嵌入式 Linux 相关开发工具、维护系统。

嵌入式 Linux 以年费订阅方式为主，与其他的以产品利润为收入方式的嵌入式系统不同，弹性的捆绑销售策略，助其成功地逐年提高市场占有率，从 2004 年的 46.8%扩大到 2007 年的 56.4%。

国际有名的嵌入式 Linux 操作系统提供商 MontaVista，收购了 PalmSource 的爱可信和奇趣科技等，加强了对中国市场的投入，并在整个嵌入式操作系统市场中，占据了重要地位。而嵌入式操作系统的领先厂商，也改变了原来的单一产品路线，开始推出自己的 Linux 软件产品，实现“两条腿走路”。国内的嵌入式软件厂商也以 Linux 为突破口，纷纷开发各种基于 Linux 的操作系统产品。这些嵌入式 Linux 厂商已经形成了一个不容忽视的群体。

以下就从 Linux 开始，一层层揭开嵌入式 Linux 的面纱。

1.1.1 Linux 发展概述

简单地说，Linux 是指一套免费使用和自由传播的类 UNIX 操作系统。人们通常所说的 Linux 是 Linus Torvalds 所写的 Linux 操作系统内核。

当时的 Linus 还是芬兰赫尔辛基大学的一名学生，他主修的课程中有一门课是操作系统，而且这门课是专门研究程序的设计和执行。最后这门课程提供了一种称为 Minix 的初期 UNIX 系统。Minix 是一款仅为教学而设计的操作系统，而且功能有限。因此，和 Minix 的众多使用者一样，Linus 也希望能给它添加一些功能。

在之后的几个月里，Linus 根据实际的需要编写了磁盘驱动程序以便下载访问新闻组的文件，又编写了个文件系统以便能够阅读 Minix 文件系统中的文件。这样，“当你有了任务切换，有了文件系统和设备驱动程序后，这就是 UNIX，或者至少是其内核。”于是，0.0.1 版本的 Linux 就诞生了。

Linus 从一开始就决定自由传播 Linux，他把源代码发布在网上，于是，众多的爱好者和程序员也都通过互联网加入到 Linux 的内核开发工作中。这个思想与 FSF（Free Software Foundation）资助发起的 GNU（GNU’s Not UNIX）的自由软件精神不谋而合。

GNU 是为了推广自由软件的精神以实现一个自由的操作系统，然后从应用程序开始，实现其内核。而当时 Linux 的优良性能备受 GNU 的赏识，于是 GNU 就决定采用 Linus 及其开发者的内核。在他们的共同努力下，Linux 这个完整的操作系统诞生了。其中的程序开发共同遵守 General Public License（GPL）协议，这是最开放也是最严格的许可协议方式，这个协议规定了源码必须可以无偿地获取并且修改。因此，从严格意义上说，Linux 应该叫做 GNU/Linux，其中许多重要的工具如 gcc、gdb、make、emacs 等都是 GNU 贡献的。

这个“婴儿版”的操作系统以平均两星期更新一次的速度迅速成长，如今的 Linux 已经有超过 250 种发行版本，且可以支持所有体系结构的处理器，如 X86、PowerPC、ARM、Xscale 等，也可以支持带 MMU 或不带 MMU 的处理器。到目前为止，它的内核版本也已经从原先的 0.0.1 发展到现在的 2.6.xx。

1.1.2 Linux 作为嵌入式操作系统的优势

从 Linux 系统的发展过程可以看出，Linux 从最开始就是一个开放的系统，并且它始终遵循着源代码开放的原则，它是一个成熟而稳定的网络操作系统，作为嵌入式操作系统有如下优势。

1．低成本开发系统

Linux 的源码开放性允许任何人获取并修改 Linux 的源码。这样一方面大大降低了开发的成本，另一方面又可以提高开发产品的效率。并且还可以在 Linux 社区中获得支持，用户只需向邮件列表发一封邮件，即可获得作者的支持。

2. 可应用于多种硬件平台

Linux 可支持 X86、PowerPC、ARM、Xscale、MIPS、SH、68K、Alpha、Sparc 等多种体系结构，并且已经被移植到多种硬件平台。这对于经费、时间受限制的研究与开发项目是很有吸引力的。Linux 采用一个统一的框架对硬件进行管理，同时从一个硬件平台到另一个硬件平台的改动与上层应用无关。

3. 可定制的内核

Linux 具有独特的内核模块机制，它可以根据用户的需要，实时地将某些模块插入到内核中或者从内核中移走，并能根据嵌入式设备的个性需要量体裁衣。经裁减的 Linux 内核最小可达到 150KB 以下，尤其适合嵌入式领域中资源受限的实际情况。当前的 2.6 内核加入了许多嵌入式友好特性。

4. 性能优异

Linux 系统内核精简、高效并且稳定，能够充分发挥硬件的功能，因此它比其他操作系统的运行效率更高。在个人计算机上使用 Linux，可以将它作为工作站。它也非常适合在嵌入式领域中应用，对比其他操作系统，它占用的资源更少，运行更稳定，速度更快。

5. 良好的网络支持

Linux 是首先实现 TCP/IP 协议栈的操作系统，它的内核结构在网络方面是非常完整的，并提供了对包括十兆位、百兆位及千兆位的以太网，还有无线网络、Token ring（令牌环）和光纤甚至卫星的支持，这对现在依赖于网络的嵌入式设备来说无疑是很好的选择。

1.1.3 Linux 发行版本

由于 Linux 属于 GNU 系统，而这个系统采用 GPL 协议，并保证了源代码的公开，于是众多组织或公司在 Linux 内核源代码的基础上进行了一些必要的修改加工，然后再开发一些配套的软件，并把它整合成一个自己的发布版 Linux。除去非商业组织 Debian 开发的 Debian GNU/Linux 外，美国的 Red Hat 公司发行了 Red Hat Linux，法国的 Mandrake 公司发行了 Mandrake Linux，德国的 SUSE 公司发行了 SUSE Linux，我国众多公司也发行了中文版的 Linux，如著名的红旗 Linux。Linux 目前已经有超过 250 个发行版本。

下面仅对 Red Hat、Debian、Mandrake 等具有代表性的 Linux 发行版本进行介绍。

1. Red Hat

全世界的 Linux 用户最熟悉的发行版想必就是 Red Hat 了。Red Hat 最早是由 Bob Young 和 Marc Ewing 在 1995 年创建的。目前 Red Hat 分为两个系列：由 Red Hat 公司提供收费技术支持和更新的 Red Hat Enterprise Linux（RHEL，Red Hat 的企业版），以及由社区开发的免费的桌面版 Fedora Core。

Red Hat 企业版有 3 个版本——AS、ES 和 WS。AS 是其中功能最为强大和完善的版本。而正统的桌面版 Red Hat 版本更新早已停止，最后一版是 Red Hat 9.0。本书就以稳定性高的

RHEL AS 作为安装实例进行讲解。

官方主页：http://www.redhat.com/。

2．Debian

之所以把 Debian 单独列出，是因为 Debian GNU/Linux 是一个非常特殊的版本。在 1993 年，伊恩·默多克（Ian Murdock）发起 Debian 计划，它的开发模式和 Linux 及其他开放性源代码操作系统的精神一样，都是由超过 800 位志愿者通过互联网合作开发而成的。一直以来，Debian GNU/Linux 被认为是最正宗的 Linux 发行版本，而且它是一个完全免费、高质量的且与 UNIX 兼容的操作系统。

Debian 系统分为 3 个版本，分别为稳定版（Stable）、测试版（Testing）和不稳定版（Unstable）。每次发布的版本都是稳定版，而测试版在经过一段时间的测试证明没有问题后会成为新的稳定版。Debian 拥有超过 8710 种不同的软件，每一种软件都是自由的，而且有非常方便的升级安装指令，基本囊括了用户的所有需要。Debian 也是最受欢迎的嵌入式 Linux 之一。

官方主页：http://www.debian.org/。

3．我国的发行版本及其他

目前国内的红旗、新华等都发行了自己的 Linux 版本。

除了前面所提到的这些版本外，业界还存在着诸如 gentoo、LFS 等适合专业人士使用的版本。在此不做介绍，有兴趣的读者可以自行查找相关的资料做进一步的了解。

1.1.4 如何学习 Linux

正如人们常说的“实践出真知”，学习 Linux 的过程也一样。只有通过大量的动手实践才能真正地领会 Linux 的精髓，才能迅速掌握在 Linux 上的应用开发，相信有编程语言经验的读者一定会认同这一点。因此，在本书中笔者安排了大量的实验环节和课后实践环节，希望读者尽可能多参与。

另外要指出的是，互联网也是一个很好的学习工具，一定要充分地加以利用。正如编程一样，实践的过程中总会出现多种多样的问题，笔者在写作的过程当中会尽可能地考虑可能出现的问题，但限于篇幅和读者的实际情况，不可能考虑到所有可能出现的问题，所以希望读者能充分利用互联网这一共享的天空，在其中寻找答案。以下列出了国内的一些 Linux 论坛：

http://www.linuxfans.org

http://www.linuxforum.net/

http://www.linuxeden.com/forum/

http://www.newsmth.net

1.2 Linux 安装

有了一个初步的了解后，读者是否想亲自试一下？其实安装 Linux 是一件很容易的事情，不过在开始安装之前，还需要了解一下在 Linux 安装过程中可能遇到的一些基本知识以及它与 Windows 的区别。

1.2.1 基础概念

1. 文件系统、分区和挂载

文件系统是指操作系统中与管理文件有关的软件和数据。Linux 的文件系统和 Windows 中的文件系统有很大的区别，Windows 文件系统是以驱动器的盘符为基础的，而且每一个目录与相应的分区对应，例如“E:\workplace”是指此文件在 E 盘这个分区下。而 Linux 恰好相反，文件系统是一棵文件树，且它的所有文件和外部设备（如硬盘、光驱等）都是以文件的形式挂在这个文件树上，例如“/usr/local”。对于 Windows 而言，就是指所有分区都是在一些目录下。总之，在 Windows 下，目录结构属于分区；Linux 下，分区属于目录结构。其关系如图 1.1 和图 1.2 所示。

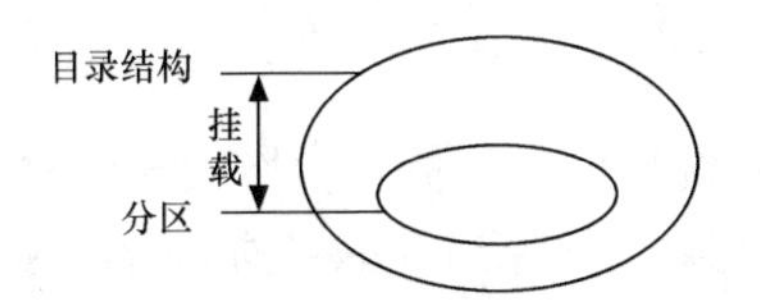

图 1.1 Linux 下目录与分区关系

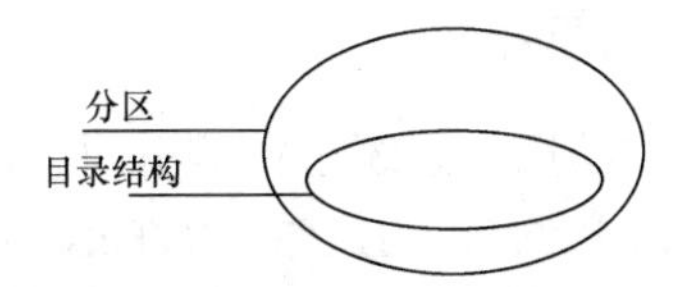

图 1.2 Windows 下目录与分区关系图

因此，在 Linux 中把每一个分区和某一个目录对应，以后再对这个目录的操作就是对这个分区的操作，这样就实现了硬件管理手段和软件目录管理手段的统一。这个把分区和目录对应的过程叫做挂载（Mount），而这个挂载在文件树中的位置就是挂载点。这种对应关系可以由用户随时中断和改变。

想一想 Linux 文件系统的挂载特性给用户能带来怎样的好处呢？

2. 主分区、扩展分区和逻辑分区

硬盘分区是针对一个硬盘进行操作的，它可以分为：主分区、扩展分区、逻辑分区。其中主分区就是包含操作系统启动所必需的文件和数据的硬盘分区，要在硬盘上安装操作系统，则该硬盘必须要有一个主分区，而且其主分区的数量可以是 1～3 个；扩展分区也就是除主分区外的分区，但它不能直接使用，必须再将它划分为若干个逻辑分区才可使用，其数量可以有 0 或 1 个；而逻辑分区则在数量上没有什么限制。它们的关系如图 1.3 所示。

一般而言，对于先装了 Windows 的用户，Windows 的 C 盘是装在主分区上的，可以把 Linux 安装在另一个主分区或者扩展分区上。为了安装方便安全起见，一般采用把 Linux 装在多余的逻辑分区上，如图 1.4 所示。

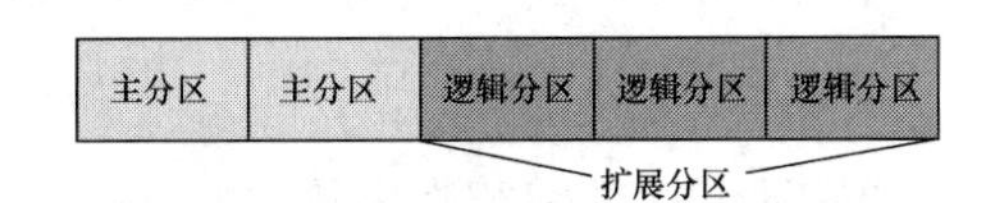

图 1.3 Linux 下主分区、扩展分区、逻辑分区示意图

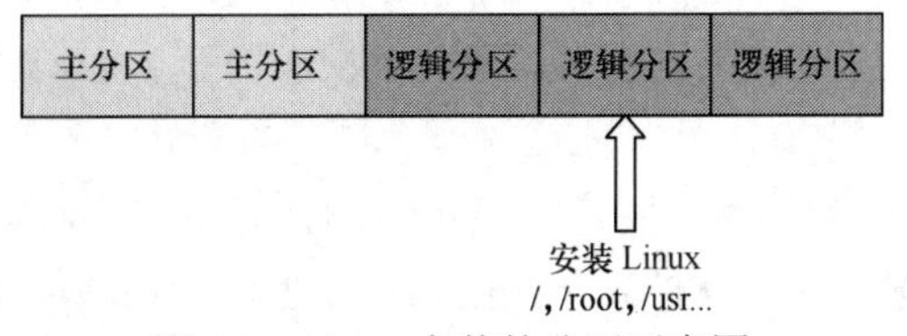

图 1.4 Linux 安装的分区示意图

小知识	通常，在 Windows 下的盘符和 Linux 设备文件的对应关系如下： C 盘——/dev/hda1（主分区） D 盘——/dev/hda5（逻辑分区） E 盘——/dev/hda6（逻辑分区）

3．SWAP 交换分区

在硬件条件有限的情况下，为了运行大型的程序，Linux 在硬盘上划出一个区域来当作临时的内存，而 Windows 操作系统把这个区域叫做虚拟内存，Linux 把它叫做交换分区 swap。在安装 Linux 建立交换分区时，一般将其设为内存大小的 2 倍，当然也可以设为更大。

4．分区格式

不同的操作系统选择了不同的格式，同一种操作系统也可能支持多种格式。微软公司的 Windows 就选择了 FAT32、NTFS 两种格式，但是 Windows 不支持 Linux 上常见的分区格式。Linux 是一个开放的操作系统，它最初使用 EXT2 格式，后来使用 EXT3 格式，但是它同时支持非常多的分区格式，包括很多大型机上 UNIX 使用的 XFS 格式，也包括微软公司的 FAT 以及 NTFS 格式。

5．GRUB

GRUB 是一种引导装入器（类似在嵌入式中非常重要的 bootloader），它负责装入内核并引导 Linux 系统，位于硬盘的起始部分。由于 GRUB 多方面的优越性，如今的 Linux 一般都默认采用 GRUB 来引导 Linux 操作系统。但事实上它还可以引导 Windows 等多种操作系统。

小知识	在安装了 Windows 和 Linux 双系统后，系统是以 Linux 的 GRUB 作为引导装入器来选择启动 Windows 或 Linux 的，因此，若此时直接在 Windows 下把 Linux 的分区删除，会导致系统因没有引导装入器而无法启动 Windows，这点要格外小心。

6．root 权限

Linux 也是一个多用户的系统（在这一点上类似 Windows XP），不同的用户和用户组会有不同的权限，其中把具有超级权限的用户称为 root 用户。root 的默认主目录在“/root”下，而其他普通用户的目录则在“/home”下。root 的权限极高，它甚至可以修改 Linux 的内核，因此建议初学者要慎用 root 权限，不然一个小小的参数设置错误很有可能导致系统的严重问题。

1.2.2 硬件需求

Linux 对硬件的需求非常低。如果要是只想在字符方式下运行，那么一台 386 的计算机已经可以用来安装 Linux 了；如果想运行 X-Windows，那也只需要一台 16MB 内存、600MB 硬盘的 486 计算机即可。这听起来比那些需要 256MB 内存、2.0GHz 的操作系统要好得多，事实上也正是如此。

现在软件和硬件行业的趋势是让用户购买更快的计算机，不断扩充内存和硬盘，而 Linux 却不受这个趋势的影响。随着 Linux 的发展，由于在其上运行的软件越来越多，因此它所需要的配置越来越高，但是用户可以有选择地安装软件，从而节省资源。既可以运行在 Pentium 4 处理器上，也可以运行在 400MHz 的 Pentium II 上，甚至如果用户需要，也可以在只有文本界面的更低配置的机器上运行。由此可见，Linux 非常适合需求各异的嵌入式硬件平台。而且 Linux 可以很好地支持标准配件。如果用户的计算机是采用标准配件，那么运行 Linux 应该没有任何问题。

1.2.3 安装准备

在开始安装之前，首先需要了解一下硬件配置，包括以下几个问题。

（1）有几个硬盘，每个硬盘的大小，如果有两个以上的硬盘哪个是主盘。

（2）内存有多大。

（3）显卡的厂家和型号，有多大的显存。

（4）显示器的厂家和型号。

（5）鼠标的类型。

如果用户的计算机需要联网，那么还需要注意以下问题。

（1）计算机的 IP 地址、子网掩码、网关、DNS 的地址、主机名。

（2）有的时候还需要知道网卡的型号和厂商。

如果不确定系统对硬件的兼容性，或者想了解 Linux 是否支持一些比较新或不常见的硬件，用户可以到 http://hardware.redhat.com 和 http://xfree86.org 进行查询。

其次，用户可以选择从网络安装（如果带宽够大，笔者推荐从商家手中购买 Linux 的安装盘，一般会获得相应的产品手册、售后服务和众多附赠的商业软件），也可以从他人那里复制，这是合法的，因为 Linux 是免费的。如果用户需要获得最新的，或需要一个不易于购买到的版本，那么用户可以从 http://www.Linuxiso.org 下载一个需要的 Linux 版本。

最后，应在安装前确认磁盘上是否有足够的空间，一般的发行版本全部安装需要 3GB 左右，最小安装可以到数十兆字节，当然还需要给未来的使用留下足够的空间。如果用户拥有的是一个已经分区的空闲空间，那么可以选择在安装前在 Windows 下删除相应分区，也可以选择在安装时删除。

1.3 Linux 文件及文件系统

在安装完 Linux 之后，下面先对 Linux 中一些非常重要的概念做一些介绍，以便进一步学习使用 Linux。

1.3.1 文件类型及文件属性

1. 文件类型

Linux 中的文件类型与 Windows 有显著的区别，其中最显著的区别在于 Linux 对目录和设备都当作文件来进行处理，这样就简化了对各种不同类型设备的处理，提高了效率。Linux 中主要的文件类型分为 4 种：普通文件、目录文件、链接文件和设备文件。

（1）普通文件。

普通文件同 Windows 中的文件一样，是用户日常使用最多的文件。它包括文本文件、shell 脚本（shell 的概念在第 2 章会进行讲解）、二进制的可执行程序和各种类型的数据。

（2）目录文件。

在 Linux 中，目录也是文件，它们包含文件名和子目录名以及指向那些文件和子目录的指针。目录文件是 Linux 中存储文件名的惟一地方，当把文件和目录相对应起来时，也就是用指针将其链接起来之后，就构成了目录文件。因此，在对目录文件进行操作时，一般不涉及对文件内容的操作，而只是对目录名和文件名的对应关系进行操作。

另外，Linux 系统中的每个文件都被赋予惟一的数值，而这个数值被称作索引节点。索引节点存储在一个称作索引节点表（Inode Table）中，该表在磁盘格式化时被分配。每个实际的磁盘或分区都有自己的索引节点表。一个索引节点包含文件的所有信息，包括磁盘上数据的地址和文件类型。

Linux 文件系统把索引节点号 1 赋予根目录，这也就是 Linux 的根目录文件在磁盘上的地址。根目录文件包括文件名、目录名及它们各自的索引节点号的列表，Linux 可以通过查找从根目录开始的一个目录链来找到系统中的任何文件。

Linux 通过目录链接来实现对整个文件系统的操作。比如，把文件从一个磁盘目录移到另一实际磁盘的目录时（实际上是通过读取索引节点表来检测这种动作的），这时，原先文件的磁盘索引号被删除，在新磁盘上建立相应的索引节点。它们之间的相应关系如图 1.5 所示。

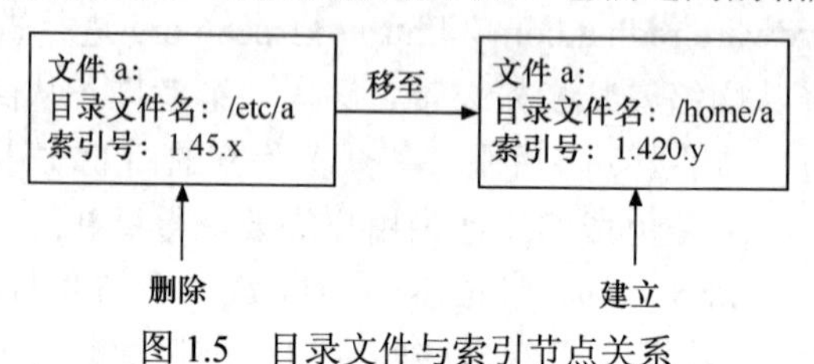

图 1.5　目录文件与索引节点关系

（3）链接文件。

链接文件有些类似于 Windows 中的“快捷方式”，但是它的功能更为强大。它可以实现对不同的目录、文件系统甚至是不同的机器上的文件直接访问，并且不必重新占用磁盘空间。

（4）设备文件。

Linux 把设备都当作文件一样来进行操作，这样就大大方便了用户的使用（在后面的 Linux 编程中可以更为明显地看出）。在 Linux 下与设备相关的文件一般都在/dev 目录下，它包括两种，一种是块设备文件，另一种是字符设备文件。

- 块设备文件是指数据的读写，它们是以块（如由柱面和扇区编址的块）为单位的设备，最简单的如硬盘（/dev/hda1）等。
- 字符设备主要是指串行端口的接口设备。

2. 文件属性

Linux 中的文件属性如图 1.6 如示。

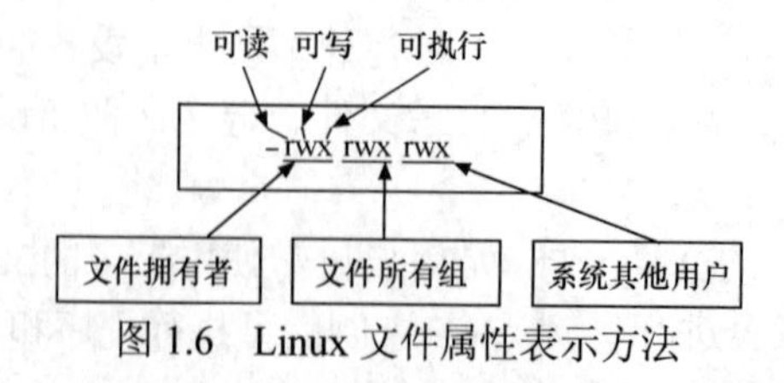

图 1.6　Linux 文件属性表示方法

首先，Linux 中文件的拥有者可以把文件的访问属性设成 3 种不同的访问权限：可读（r）、可写（w）和可执行（x）。文件又有 3 个不同的用户级别：文件拥有者（u）、所属的用户组（g）和系统里的其他用户（o）。

第一个字符显示文件的类型。

- “-”表示普通文件。
- “d”表示目录文件。
- “l”表示链接文件。
- “c”表示字符设备。
- “b”表示块设备。
- “p”表示命名管道，比如 FIFO 文件（First In First Out，先进先出）。
- “f”表示堆栈文件，比如 LIFO 文件（Last In First Out，后进先出）。
- “s”表示套接字。

第一个字符之后有三个三位字符组：

- 第一个三位字符组表示文件拥有者（u）对该文件的权限。
- 第二个三位字符组表示文件用户组（g）对该文件的权限。
- 第三个三位字符组表示系统其他用户（o）对该文件的权限。
- 若该用户组对此没有权限，一般显示“-”字符。

小知识　目录权限和文件权限有一定的区别。对于目录而言，r 代表允许列出该目录下的文件和子目录，w 代表允许生成和删除该目录下的文件，x 代表允许访问该目录。

1.3.2 文件系统类型介绍

1. ext2 和 ext3

ext3 是现在 Linux（包括 Red Hat，Mandrake）下常见的默认的文件系统，它是 ext2 的升级版本。正如 Red Hat 公司的首席核心开发人员 Michael K.Johnson 所说，从 ext2 转换到 ext3 主要有以下 4 个理由：可用性、数据完整性、速度以及易于转化。ext3 中采用了日志式的管理机制，它使文件系统具有很强的快速恢复能力，并且由于从 ext2 转换到 ext3 无须进行格式化，因此，更加推进了 ext3 文件系统的推广。

2. swap 文件系统

该文件系统是 Linux 中作为交换分区使用的。在安装 Linux 的时候，交换分区是必须建立的，并且它所采用的文件系统类型必须是 swap 而没有其他选择。

3. vfat 文件系统

Linux 中把 DOS 中采用的 FAT 文件系统（包括 FAT12、FAT16 和 FAT32）都称为 vfat 文件系统。

4. NFS 文件系统

NFS 文件系统是指网络文件系统，这种文件系统也是 Linux 的独到之处。它可以很方便地在局域网内实现文件共享，并且使多台主机共享同一主机上的文件系统。而且 NFS 文件系统访问速度快、稳定性高，已经得到了广泛的应用，尤其在嵌入式领域，使用 NFS 文件系统可以很方便地实现文件本地修改，而免去了一次次读写 Flash 的忧虑。

5．ISO9660 文件系统

这是光盘所使用的文件系统，在 Linux 中对光盘已有了很好的支持，它不仅可以提供对光盘的读写，还可以实现对光盘的刻录。

1.3.3 Linux 目录结构

下面以 Red Hat Enterprise 4 AS 为例，详细列出了 Linux 文件系统中各主要目录的存放内容，如表 1.1 所示。

表 1.1　　Linux 文件系统目录结构

目　录	目 录 内 容
/bin	bin 就是二进制（binary）的英文缩写。在这里存放 Linux 常用操作命令的执行文件，如 mv、ls、mkdir 等。有时，这个目录的内容和/usr/bin 里面的内容一样，它们都是放置一般用户使用的执行文件
/boot	这个目录下存放操作系统启动时所要用到的程序。如启动 grub 就会用到其下的/boot/grub 子目录
/dev	该目录中包含了所有 Linux 系统中使用的外部设备。要注意的是，这里并不是存放外部设备的驱动程序，它实际上是一个访问这些外部设备的端口。由于在 Linux 中，所有的设备被当作文件进行操作，比如：/dev/cdrom 代表光驱，用户可以非常方便地像访问文件、目录一样对其进行访问
/etc	该目录下存放了系统管理时要用到的各种配置文件和子目录。如网络配置文件、文件系统、x 系统配置文件、设备配置信息、设置用户信息等都在这个目录下。系统在启动过程中需要读取其参数并进行相应的配置
/etc/rc.d	该目录主要存放 Linux 启动和关闭时要用到的脚本文件，在后面的启动详解中还会进一步地讲解
/etc/rc.d/init	该目录存放所有 Linux 服务默认的启动脚本（在新版本的 Linux 中还用到/etc/xinetd.d 目录下的内容）
/home	该目录是 Linux 系统中默认的用户工作根目录。如前面在 1.3.1 节中所述，执行 adduser 命令后系统会在/home 目录下为对应账号建立一个同名的主目录
/lib	该目录是用来存放系统动态链接共享库的。几乎所有的应用程序都会用到这个目录下的共享库。因此，千万不要轻易对这个目录进行操作
/lost+found	该目录在大多数情况下都是空的。只有当系统产生异常时，会将一些遗失的片段放在此目录下
/media	该目录下是光驱和软驱的挂载点，Fedora Core 4 已经可以自动挂载光驱和软驱
/misc	该目录下存放从 DOS 下进行安装的实用工具，一般为空
/mnt	该目录是软驱、光驱、硬盘的挂载点，也可以临时将别的文件系统挂载到此目录下
/proc	该目录是用于放置系统核心与执行程序所需的一些信息。而这些信息是在内存中由系统产生的，故不占用硬盘空间
/root	该目录是超级用户登录时的主目录
/sbin	该目录用来存放系统管理员的常用的系统管理程序
/tmp	该目录用来存放不同程序执行时产生的临时文件。一般 Linux 安装软件的默认安装路径就是这里
/usr	这是一个非常重要的目录，用户的很多应用程序和文件都存放在这个目录下，类似于 Windows 下的 Program Files 的目录

续表

目　录	目录内容
/usr/bin	系统用户使用的应用程序
/usr/sbin	超级用户使用的比较高级的管理程序和系统守护程序
/usr/src	内核源代码默认的放置目录
/srv	该目录存放一些服务启动之后需要提取的数据
/sys	这是 Linux 2.6 内核的一个很大的变化。该目录下安装了 2.6 内核中新出现的一个文件系统 sysfs。sysfs 文件系统集成了下面 3 种文件系统的信息：针对进程信息的 proc 文件系统、针对设备的 devfs 文件系统以及针对伪终端的 devpts 文件系统。该文件系统是内核设备树的一个直观反映。当一个内核对象被创建的时候，对应的文件和目录也在内核对象子系统中被创建
/var	这也是一个非常重要的目录，很多服务的日志信息都存放在这里

1.4 实验内容——安装 Linux 操作系统

1．实验目的

读者通过亲自动手安装 Linux 操作系统，对 Linux 有个初步的认识，并且加深对 Linux 中的基本概念的理解，熟悉 Linux 文件系统目录结构。

2．实验内容

安装 Linux（Red Hat Enterprise 4 AS 版本）操作系统，查看 Linux 的目录结构。

3．实验步骤

（1）磁盘规划。

在这一步骤中，需要留出最好有 5GB 以上的空间来安装 Linux 系统。

（2）下载 Linux 版本。

可以从 Linux 的映像网站上下载各版本的 Linux。

（3）搜集主机硬件信息。

查看相应版本的 Linux 是否已有了对相应各硬件的驱动支持。较新版本的 Linux 一般对硬件的支持都比较好。

（4）确认用户网络信息。

包括 IP、子网掩码、DNS 地址等。

（5）按照本书 1.2 小节讲述的步骤安装 Linux，对关键的步骤要加倍小心，如配置文件系统及硬盘分区。

（6）选择安装套件，建议新手可以使用全部安装来减少以后学习的难度。

（7）配置用户信息、网络信息等。

（8）安装完成，用普通用户登录到 Linux 下。

（9）使用文件浏览器熟悉文件的目录结构。

4．实验结果

能够成功安装 Linux 操作系统，并且对 Linux 文件系统的目录结构能有一个整体的了解。

1.5 本章小结

本章首先介绍了 Linux 的历史、嵌入式 Linux 操作系统的优势、Linux 不同发行版本的区别以及如何学习 Linux。在这里要着重掌握的是 Linux 内核与 GNU 的关系，了解 Linux 版本号的规律，同时还要了解 Linux 多硬件平台支持、低开发成本等优越性。

本章接着介绍了如何安装 Linux，这里最关键的一步是分区。希望读者能很好地掌握主分区、扩展分区的概念。Linux 文件系统与 Windows 文件系统的区别以及 Linux 中“挂载”与“挂载点”的含义，这几个都是 Linux 中的重要概念，希望读者能够切实理解其含义。

在安装完 Linux 之后，本章讲解了 Linux 中文件和文件系统的概念。这些是 Linux 中最基础最常见的概念，只有真正理解之后才能为进一步学习 Linux 打下很好的基础。读者要着重掌握 Linux 的文件分类、文件属性的表示方法，并且能够通过实际查看 Linux 目录结构来熟悉 Linux 中重要目录的作用。

最后本章还设计了本书中的第一个实验——安装 Linux，这也是读者必须要完成的最基础的实验。

1.6 思考与练习

1．查找相关资料，查看 GNU 所规定的自由软件的具体协议是什么。
2．Linux 下的文件系统和 Windows 下的文件系统有什么区别？
3．指出读者 Linux 系统中的磁盘划分情况（如主分区、扩展分区的对应情况）。
4．如何安装 Linux？
5．Linux 中的文件有哪些类，这样分类有什么好处？
6．若有一个文件，其属性为“-rwxr—rw-”，说出这代表什么？
7．请说出下列目录中放置的是哪些文件。

/etc/
/etc/rc.d/init.d/
/usr/bin
/bin
/usr/sbin
/sbin
/var/log

第 2 章

Linux 基础命令

本章目标

Linux 是一个高可靠、高性能的系统，而所有这些优越性只有在直接使用 Linux 命令行时（shell 环境）才能充分地体现出来。本章将帮助读者学会如下内容。

- 掌握 shell 基本概念
- 熟练使用 Linux 中用户管理命令
- 熟练使用 Linux 中系统相关命令
- 熟练使用 Linux 中文件目录相关命令
- 熟练使用 Linux 中打包压缩相关命令
- 熟练使用 Linux 中文件比较合并相关命令
- 熟练使用 Linux 中网络相关命令
- 了解 Linux 的启动过程
- 深入了解 init 进程及其配置文件
- 能够独立完成在 Linux 中解压缩软件
- 学会添加环境变量
- 能够独立定制 Linux 中的系统服务

2.1 Linux 常用命令

在安装完 Linux 再次启动之后，就可以进入到与 Windows 类似的图形化界面了。这个界面就是 Linux 图形化界面 X 窗口系统（简称 X）的一部分。要注意的是，X 窗口系统仅仅是 Linux 上面的一个软件（或者也可称为服务），它不是 Linux 自身的一部分。虽然现在的 X 窗口系统已经与 Linux 整合得相当好了，但毕竟还不能保证绝对的可靠性。另外，X 窗口系统是一个相当耗费系统资源的软件，它会大大地降低 Linux 的系统性能。因此，若是希望更好地享受 Linux 所带来的高效及高稳定性，建议读者尽可能地使用 Linux 的命令行界面，也就是 shell 环境。

当用户在命令行下工作时，不是直接同操作系统内核交互信息的，而是由命令解释器接受命令，分析后再传给相关的程序。shell 是一种 Linux 中的命令行解释程序，就如同 command.com 是 DOS 下的命令解释程序一样，为用户提供使用操作系统的接口。它们之间的关系如图 2.1 所示。用户在提示符下输入的命令都由 shell 先解释然后传给 Linux 内核。

小知识

- shell 是命令语言、命令解释程序及程序设计语言的统称。它不仅拥有自己内建的 shell 命令集，同时也能被系统中其他应用程序所调用。
- shell 的一个重要特性是它自身就是一个解释型的程序设计语言，shell 程序设计语言支持绝大多数在高级语言中能见到的程序元素，如函数、变量、数组和程序控制结构。shell 编程语言简单易学，任何在提示符中能键入的命令都能放到一个可执行的 shell 程序中。关于 shell 编程的详细讲解，感兴趣的读者可以参见其他相关书籍。

Linux 中运行 shell 的环境是“系统工具”下的“终端”，读者可以单击“终端”以启动 shell 环境。这时屏幕上显示类似“[david@localhost home]$”的信息，其中，david 是指系统用户，localhost 是计算机名，而 home 是指当前所在的目录。

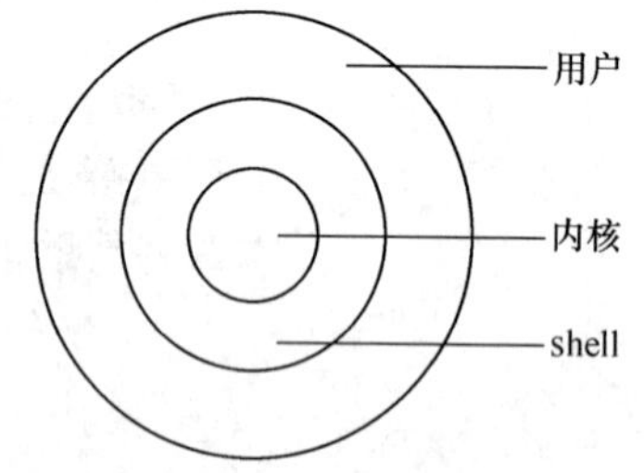

图 2.1　内核、shell 和用户的关系

由于 Linux 中的命令非常多，要全部介绍几乎是不可能的。因此，本书按照命令的用途进行分类讲解，并且对每一类中最常用的命令进行详细讲解，同时列出同一类中的其他命令。由于同一类的命令都有很大的相似性，因此，读者通过学习本书中所列命令，可以很快地掌握其他命令。

命令格式说明。

- 格式中带[]的表明为可选项，其他为必选项。
- 选项可以多个连带写入。
- 本章后面选项参数列表中加粗的含义是：该选项是非常常用的选项。

2.1.1　用户系统相关命令

Linux 是一个多用户的操作系统，每个用户又可以属于不同的用户组，下面，首先来熟悉一下 Linux 中的用户切换和用户管理的相关命令。

1. 用户切换（su）

（1）作用。

变更为其他使用者的身份，主要用于将普通用户身份转变为超级用户，而且需输入相应用户密码。

（2）格式。

su [选项] [使用者]

其中的使用者为要变更的对应使用者。

（3）常见参数。

主要选项参数如表 2.1 所示。

表 2.1 su命令常见参数列表

选 项	参 数 含 义
-，-l，--login	为该使用者重新登录，大部分环境变量（如 HOME、SHELL 和 USER 等）和工作目录都是以该使用者（USER）为主。若没有指定 USER，默认情况是 root
-m，-p	执行 su 时不改变环境变量
-c，--command	变更账号为 USER 的使用者，执行指令（command）后再变回原来使用者

（4）使用示例。

```
[david@localhost ~]$ su - root
Password:
[root@localhost ~]#
```

示例通过 su 命令将普通用户变更为 root 用户，并使用选项"-"携带 root 环境变量。

（5）使用说明。

- 在将普通用户变更为 root 用户时建议使用"-"选项，这样可以将 root 的环境变量和工作目录同时带入，否则在以后的使用中可能会由于环境变量的原因而出错。
- 在转变为 root 权限后，提示符变为#。

小知识

环境变量实际上就是用户运行环境的参数集合。Linux 是一个多用户的操作系统。而且在每个用户登录系统后，都会有一个专有的运行环境。通常每个用户默认的环境都是相同的，而这个默认环境实际上就是一组环境变量的定义。用户可以对自己的运行环境进行定制，其方法就是修改相应的系统环境变量。

常见的环境变量如下。

☆PATH 是系统路径。

☆HOME 是系统根目录。

☆HISTSIZE 是指保存历史命令记录的条数。

☆LOGNAME 是指当前用户的登录名。

☆HOSTNAME 是指主机的名称，若应用程序要用到主机名，通常是从这个环境变量中来取得的。

☆SHELL 是指当前用户用的是哪种 shell。

☆LANG/LANGUGE 是和语言相关的环境变量，使用多种语言的用户可以修改此环境变量。

☆MAIL 是指当前用户的邮件存放目录。

设置环境变量方法如下。

✓ 通过 echo 显示字符串（指定环境变量）。

✓ 通过 export 设置新的环境变量。

✓ 通过 env 显示所有环境变量。

✓ 通过 set 命令显示所有本地定义的 shell 变量。

✓ 通过 unset 命令来清除环境变量。

读者可以试着用"env"命令查看"su - root"（或"su –"）和"su root"的区别。

2．用户管理（useradd 和 passwd）

Linux 中常见用户管理命令如表 2.2 所示，本书仅以 useradd 和 passwd 为例进行详细讲解，其他命令类似，请读者自行学习使用。

表 2.2　　　　Linux 常见用户管理命令

命　　令	命 令 含 义	格　　式
useradd	添加用户账号	useradd [选项] 用户名
usermod	设置用户账号属性	usermod [选项] 属性值
userdel	删除对应用户账号	userdel [选项] 用户名
groupadd	添加组账号	groupadd [选项] 组账号
groupmod	设置组账号属性	groupmod [选项] 属性值
groupdel	删除对应组账号	groupdel [选项] 组账号
passwd	设置账号密码	passwd [对应账号]
id	显示用户 ID、组 ID 和用户所属的组列表	id [用户名]
groups	显示用户所属的组	groups [组账号]
who	显示登录到系统的所有用户	who

（1）作用。

① useradd：添加用户账号。

② passwd：更改对应用户的账号密码。

（2）格式。

① useradd：useradd [选项] 用户名。

② passwd：passwd [选项] [用户名]。

其中的用户名为修改账号密码的用户，若不带用户名，默认为更改当前使用者的密码。

（3）常用参数。

① useradd 主要选项参数如表 2.3 所示。

表 2.3　　　　useradd 命令常见参数列表

选　　项	参 数 含 义
-g	指定用户所属的群组
-m	自动建立用户的登入目录
-n	取消建立以用户名称为名的群组

② passwd：一般很少使用选项参数。

（4）使用实例。

```
[root@localhost ~]# useradd david
[root@localhost ~]# passwd david
New password:  （输入密码）
Retype new password:  （再输入一次密码，以确认输入的正确性）
passwd: all authentication tokens updated successfully
[root@localhost ~]# su - david
[david@localhost ~]$
[david@localhost ~]$ pwd（查看当前目录）
/home/david （该用户的工作目录）
```

实例中先添加了用户名为 david 的用户，接着又为该用户设置了账号密码。从 su 的命令可以看出，该用户添加成功，其工作目录为“/home/david”。

（5）使用说明。

- 在添加用户时，这两个命令是一起使用的，其中，useradd 必须用 root 的权限。而且 useradd 指令所建立的账号，实际上是保存在“/etc/passwd”文本文件中，文件中每一行包含一个账号信息。
- 在默认情况下，useradd 所做的初始化操作包括在“/home”目录下为对应账号建立一个同名的主目录，并且还为该用户单独建立一个与用户名同名的组。
- adduser 只是 useradd 的符号链接（关于符号链接的概念在本节后面会有介绍），两者是相同的。
- passwd 还可用于普通用户修改账号密码，Linux 并不采用类似 Windows 的密码回显（显示为*号），所以输入的这些字符用户是看不见的。密码最好包括字母、数字和特殊符号，并且设成 6 位以上。

3. 系统管理命令（ps 和 kill）

Linux 中常见的系统管理命令如表 2.4 所示，本书以 ps 和 kill 为例进行讲解。

表 2.4　**Linux 常见系统管理命令**

命　令	命令含义	格　式
ps	显示当前系统中由该用户运行的进程列表	ps [选项]
top	动态显示系统中运行的程序（一般为每隔 5s）	top
kill	输出特定的信号给指定 PID（进程号）的进程	kill [选项] 进程号（PID）
uname	显示系统的信息（可加选项-a）	uname [选项]
setup	系统图形化界面配置	setup
crontab	循环执行例行性命令	crontab [选项]
shutdown	关闭或重启 Linux 系统	shutdown [选项] [时间]
uptime	显示系统已经运行了多长时间	uptime
clear	清除屏幕上的信息	clear

（1）作用。

① ps：显示当前系统中由该用户运行的进程列表。

② kill：输出特定的信号给指定 PID（进程号）的进程，并根据该信号完成指定的行为。其中可能的信号有进程挂起、进程等待、进程终止等。

（2）格式。

① ps：ps [选项]。

② kill：kill [选项] 进程号（PID）。

kill 命令中的进程号为信号输出的指定进程的进程号，当选项是默认时为输出终止信号给该进程。

（3）常见参数。

① ps 主要选项参数如表 2.5 所示。

表 2.5　　　　ps 命令常见参数列表

选　项	参 数 含 义
-ef	查看所有进程及其 PID（进程号）、系统时间、命令详细目录、执行者等
-aux	除可显示-ef 所有内容外，还可显示 CPU 及内存占用率、进程状态
-w	显示加宽并且可以显示较多的信息

② kill 主要选项参数如表 2.6 所示。

表 2.6　　　　kill 命令常见参数列表

选　项	参 数 含 义
-s	将指定信号发送给进程
-p	打印出进程号（PID），但并不送出信号
-l	列出所有可用的信号名称

（4）使用实例。

```
[root@localhost root]# ps -ef
UID        PID  PPID  C STIME TTY          TIME CMD
root         1     0  0  2005 ?        00:00:05 init
root         2     1  0  2005 ?        00:00:00 [keventd]
root         3     0  0  2005 ?        00:00:00 [ksoftirqd_CPU0]
root         4     0  0  2005 ?        00:00:00 [ksoftirqd_CPU1]
root      7421     1  0  2005 ?        00:00:00 /usr/local/bin/ntpd -c
/etc/ntp.
root     21787 21739  0 17:16 pts/1     00:00:00 grep ntp
[root@localhost root]# kill -9 7421  (杀死进程)
[root@localhost root]# ps -ef|grep ntp
root     21789 21739  0 17:16 pts/1    00:00:00 grep ntp
```

该实例中首先查看所有进程，并终止进程号为 7421 的 ntp 进程，之后再次查看时已经没有该进程号的进程。

（5）使用说明。

- ps 在使用中通常可以与其他一些命令结合起来使用，主要作用是提高效率。
- ps 选项中的参数 w 可以写多次，通常最多写 3 次，它的含义为加宽 3 次，这足以显示很长的命令行了。例如：ps –auxwww。

小知识　管道是 Linux 中信息通信的重要方式。它是把一个程序的输出直接连接到另一个程序的输入，而不经过任何中间文件。管道线是指连接两个或更多程序管道的通路。在 shell 中字符”|”表示管道线。如前例子中的 ps –ef|grep ntp 所示，ps –ef 的结果直接输入到 grep ntp 的程序中（关于 grep 命令在后面会有详细的介绍）。grep、pr、sort 和 wc 都可以在上述管道线上工作。读者可以灵活地运用管道机制提高工作效率。

4．磁盘相关命令（fdisk）

Linux 中与磁盘相关的命令如表 2.7 所示，本书仅以 fdisk 为例进行讲解。

表 2.7 **Linux 常见系统管理命令**

选 项	参 数 含 义	格 式
free	查看当前系统内存的使用情况	free [选项]
df	查看文件系统的磁盘空间占用情况	df [选项]
du	统计目录（或文件）所占磁盘空间的大小	du [选项]
fdisk	查看硬盘分区情况及对硬盘进行分区管理	fdisk [-l]

（1）作用。

fdisk 可以查看硬盘分区情况，并可对硬盘进行分区管理，这里主要介绍如何查看硬盘分区情况，另外，fdisk 也是一个非常好的硬盘分区工具，感兴趣的读者可以另外查找资料学习如何使用 fdisk 进行硬盘分区。

（2）格式。

fdisk [-l]

（3）使用实例。

```
[root@localhost ~]# fdisk -l
Disk /dev/hda: 40.0 GB, 40007761920 bytes
240 heads, 63 sectors/track, 5168 cylinders
Units = cylinders of 15120 * 512 = 7741440 bytes
   Device Boot      Start         End      Blocks   Id  System
/dev/hda1   *           1        1084     8195008+   c  W95 FAT32 (LBA)
/dev/hda2            1085        5167    30867480    f  W95 Ext'd (LBA)
/dev/hda5            1085        2439    10243768+   b  W95 FAT32
/dev/hda6            2440        4064    12284968+   b  W95 FAT32
/dev/hda7            4065        5096     7799526   83  Linux
/dev/hda8            5096        5165      522081   82  Linux swap
Disk /dev/sda: 999 MB, 999816704 bytes
4 heads, 8 sectors/track, 61023 cylinders
Units = cylinders of 32 * 512 = 16384 bytes
Disk identifier: 0x00000000

Device Boot      Start         End      Blocks   Id  System
/dev/sda1   *           1       61024      976379+   b  W95 FAT32
```

可以看出，使用“fdisk –l”列出了文件系统的分区情况。

（4）使用说明。

■ 使用 fdisk 必须拥有 root 权限。

■ IDE 硬盘对应的设备名称分别为 hda、hdb、hdc 和 hdd，SCSI 硬盘对应的设备名称则为 sda、sdb…。此外，hda1 代表 hda 的第一个硬盘分区，hda2 代表 hda 的第二个分区，依此类推。

■ 通过查看/var/log/messages 文件，可以找到 Linux 系统已辨认出来的设备代号。

5．文件系统挂载命令（mount）

（1）作用。

挂载文件系统，它的使用权限是超级用户或/etc/fstab 中允许的使用者。正如 1.2.1 节中所述，挂载是指在分区和目录之间建立映射关系的过程，而挂载点是指挂载在文件树中的位置。使用 mount 命令可以把文件系统挂载到相应的目录下，并且由于 Linux 中把设备都当成文件一样使用，因此，mount 命令也可以挂载不同的设备。

通常，在 Linux 下"/mnt"目录是专门用于挂载不同的文件系统的，它可以在该目录下新建不同的子目录来挂载不同的设备文件系统。

（2）格式。

mount [选项] [类型] 设备文件名 挂载点目录

其中的类型是指设备文件的类型。

（3）常见参数。

mount 常见参数如表 2.8 所示。

表 2.8　　**mount 命令选项常见参数列表**

选　项	参 数 含 义
-a	依照/etc/fstab 的内容装载所有相关的硬盘
-l	列出当前已挂载的设备、文件系统名称和挂载点
-t 类型	将后面的设备以指定类型的文件格式装载到挂载点上。常见的类型有前面介绍过的几种：vfat、ext3、ext2、iso9660、nfs 等
-f	通常用于除错。它会使 mount 不执行实际挂上的动作，而是模拟整个挂上的过程，通常会和-v 一起使用

（4）使用实例。

使用 mount 命令主要通过以下几个步骤。

① 确认是否为 Linux 可以识别的文件系统，Linux 可识别的文件系统只要是以下几种。

- Windows 95/98 常用的 FAT32 文件系统：vfat。
- Windows NT/2000 的文件系统：ntfs。
- OS/2 用的文件系统：hpfs。
- Linux 用的文件系统：ext2、ext3、nfs。
- CD-ROM 光盘用的文件系统：iso9660。

② 确定设备的名称，可通过使用命令"fdisk -l"查看。

③ 查找挂载点。

必须确定挂载点已经存在，也就是在"/mnt"下的相应子目录已经存在，一般建议在"/mnt"下新建几个如"/mnt/windows"，"/mnt/usb"的子目录，现在有些新版本的 Linux（如 Fedora、Ubuntu、红旗 Linux、中软 Linux、MandrakeLinux）都可自动挂载文件系统，Red Hat Linux 仅可自动挂载光驱。

④ 挂载文件系统如下所示。

```
[root@locaohost ~]# mkdir -p /mnt/win/c
[root@locaohost ~]# mount -t vfat /dev/hda1 /mnt/win/c
[root@localhost ~]# cd /mnt/win/c
24.s03e01.pdtv.xvid-sfm.rmvb  Documents and Settings  Program Files
24.s03e02.pdtv.xvid-sfm.rmvb  Downloads                  Recycled
...
```

C 盘是原先笔者 Windows 系统的启动盘。可见，在挂载了 C 盘之后，可直接访问 Windows 下的 C 盘的内容。

⑤ 在使用完该设备文件后可使用命令 umount 将其卸载。

```
[root@localhost ~]# umount /mnt/win/c
[root@localhost ~]# cd /mnt/win/c
[root@localhost ~]# ls /mnt/win/c
```

可见，此时目录“/mnt/win/c”下为空。Windows 下的 C 盘已被成功卸载。

小知识

- 在 Linux 下如何使用 U 盘呢？

一般 U 盘为 SCSI 格式的硬盘，其格式为 vfat 格式，其设备号可通过“fdisk –l”进行查看，假若设备名为“/dev/sda1”，则可用如下命令将其挂载：

mount -t vfat /dev/sda1 /mnt/usb

- 若想设置在开机时自动挂载，在文件“/etc/fstab”中加入相应的设置行即可。

2.1.2 文件相关命令

Linux 中有关文件的操作非常重要，也非常常用，本节将对 Linux 系统的文件操作命令进行详细讲解。

1．cd

（1）作用。

改变当前工作目录。

（2）格式。

cd [路径]

其中的路径为要改变的工作目录，可为相对路径或绝对路径。

（3）使用实例。

```
[root@localhost ~]# cd /home/david/
[root@localhost david]# pwd
[root@localhost david]# /home/david/
```

该实例中变更工作目录为“/home/david/”，在后面的“pwd”（显示当前目录）的结果中可以看出。

（4）使用说明。

- 该命令将当前目录改变至指定路径的目录。若没有指定路径，则回到用户的主目录（例如：“/home/david”为用户 david 的主目录）。为了改变到指定目录，用户必须拥有对指定目录的执行和读权限。
- 该命令可以使用通配符。
- 使用“cd –”可以回到前次工作目录。
- “./”代表当前目录，“../”代表上级目录。

2．ls

（1）作用。

列出目录和文件的信息。

（2）格式。

ls [选项] [文件]

其中文件选项为指定查看指定文件的相关内容，若未指定文件，默认查看当前目录下的所有文件。

（3）常见参数。

ls 主要选项参数见表 2.9 所示。

表 2.9　ls 命令常见参数列表

选　　项	参 数 含 义
-1，--format=single-column	一行输出一个文件（单列输出）
-a，-all	列出目录中所有文件，包括以“.”开头的隐藏文件
-d	将目录名和其他文件一样列出，而不是列出目录的内容
-l,--format=long, --format=verbose	除每个文件名外，增加显示文件类型、权限、硬链接数、所有者名、组名、大小（Byte）及时间信息（如未指明是其他时间即指修改时间）
-f	不排序目录内容，按它们在磁盘上存储的顺序列出

（4）使用实例。

```
[david@localhost test]$ ls -l
total 220
drwxr-xr-x    2 root     root         4096 Mar 31  2005 bin
drwxr-xr-x    3 root     root         4096 Apr  3  2005 boot
-rw-r--r--    1 root     root            0 Apr 24  2002 test.run
...
```

该实例查看当前目录下的所有文件，并通过选项“-l”显示出详细信息。

显示格式说明如下。

文件类型与权限 链接数 文件属主 文件属组 文件大小 修改的时间 名字

（5）使用说明。

- 在 ls 的常见参数中，-l（长文件名显示格式）的选项是最为常见的。可以详细显示出各种信息。
- 若想显示出所有“.”开头的隐藏文件，可以使用-a，这在嵌入式开发中很常用。

注意　Linux 中的可执行文件不是与 Windows 一样通过文件扩展名来标识的，而是通过设置文件相应的可执行属性来实现的。

3．mkdir

（1）作用。

创建一个目录。

（2）格式。

mkdir [选项] 路径

（3）常见参数。

mkdir 主要选项参数如表 2.10 所示。

表 2.10 **mkdir 命令常见参数列表**

选　项	参 数 含 义
-m	对新建目录设置存取权限，也可以用 chmod 命令（在本节后会有详细说明）设置
-p	可以是一个路径名称。此时若此路径中的某些目录尚不存在，在加上此选项后，系统将自动建立好那些尚不存在的目录，即一次可以建立多个目录

（4）使用实例。

```
[david@localhost ~]$ mkdir -p ./hello/my
[david@localhost ~]$ cd hello/my
[david@localhost my]$ pwd（查看当前目录命令）
/home/david/hello/my
```

该实例使用选项“-p”一次创建了./hello/my 多级目录。

```
[david@localhost my]$ mkdir -m 777 ./why
[david@localhost my]$ ls -l
total 4
drwxrwxrwx   2 root    root          4096 Jan 14 09:24 why
```

该实例使用改选项“-m”创建了相应权限的目录。对于“777”的权限在本节后面会有详细的说明。

（5）使用说明。

该命令要求创建目录的用户在创建路径的上级目录中具有写权限，并且路径名不能是当前目录中已有的目录或文件名称。

4．cat

（1）作用。

连接并显示指定的一个或多个文件的有关信息。

（2）格式。

cat[选项]文件 1 文件 2…

其中的文件 1、文件 2 为要显示的多个文件。

（3）常见参数。

cat 命令的常见参数如表 2.11 所示。

表 2.11 **cat 命令常见参数列表**

选　项	参 数 含 义
-n	由第一行开始对所有输出的行数编号
-b	和-n 相似，只不过对于空白行不编号

（4）使用实例。

```
[david@localhost ~]$ cat -n hello1.c hello2.c
     1  #include <stdio.h>
     2  void main()
     3  {
```

```
 4          printf("Hello!This is my home!\n");
 5  }
 6  #include <stdio.h>
 7  void main()
 8  {
 9          printf("Hello!This is your home!\n");
10  }
```

在该实例中，指定对 hello1.c 和 hello2.c 进行输出，并指定行号。

5．cp、mv 和 rm

（1）作用。

① cp：将给出的文件或目录复制到另一文件或目录中。

② mv：为文件或目录改名或将文件由一个目录移入另一个目录中。

③ rm：删除一个目录中的一个或多个文件或目录。

（2）格式。

① cp：cp [选项] 源文件或目录 目标文件或目录。

② mv：mv [选项] 源文件或目录 目标文件或目录。

③ rm：rm [选项] 文件或目录。

（3）常见参数。

① cp 主要选项参数如表 2.12 所示。

表 2.12　　cp 命令常见参数列表

选　　项	参 数 含 义
-a	保留链接、文件属性，并复制其子目录，其作用等于 dpr 选项的组合
-d	复制时保留链接
-f	删除已经存在的目标文件而不提示
-i	在覆盖目标文件之前将给出提示要求用户确认。回答 y 时目标文件将被覆盖，而且是交互式复制
-p	此时 cp 除复制源文件的内容外，还将把其修改时间和访问权限也复制到新文件中
-r	若给出的源文件是一个目录文件，此时 cp 将递归复制该目录下所有的子目录和文件。此时目标文件必须为一个目录名

② mv 主要选项参数如表 2.13 所示。

表 2.13　　mv 命令常见参数列表

选　　项	参 数 含 义
-i	若 mv 操作将导致对已存在的目标文件的覆盖，此时系统询问是否重写，并要求用户回答 y 或 n，这样可以避免误覆盖文件
-f	禁止交互操作。在 mv 操作要覆盖某已有的目标文件时不给任何指示，在指定此选项后，i 选项将不再起作用

③ rm 主要选项参数如表 2.14 所示。

表 2.14 rm 命令常见参数列表

选 项	参 数 含 义
-i	进行交互式删除
-f	忽略不存在的文件，但从不给出提示
-r	指示 rm 将参数中列出的全部目录和子目录均递归地删除

（4）使用实例。

① cp

```
[root@www hello]# cp -a ./my/why/ ./
[root@www hello]# ls
my  why
```

该实例使用-a 选项将“/my/why”目录下的所有文件复制到当前目录下，而此时在原先目录下还有原有的文件。

② mv

```
[root@www hello]# mv -i ./my/why/ ./
[root@www hello]# ls
my  why
```

该实例中把“/my/why”目录下的所有文件移至当前目录，则原目录下文件被自动删除。

③ rm

```
[root@www hello]# rm -r -i ./why
rm: descend into directory './why'? y
rm: remove './why/my.c'? y
rm: remove directory './why'? y
```

该实例使用“-r”选项删除“./why”目录下所有内容，系统会进行确认是否删除。

（5）使用说明。

① cp：该命令把指定的源文件复制到目标文件，或把多个源文件复制到目标目录中。

② mv

- 该命令根据命令中第二个参数类型的不同（是目标文件还是目标目录）来判断是重命名还是移动文件，当第二个参数类型是文件时，mv 命令完成文件重命名，此时，它将所给的源文件或目录重命名为给定的目标文件名；
- 当第二个参数是已存在的目录名称时，mv 命令将各参数指定的源文件均移至目标目录中；
- 在跨文件系统移动文件时，mv 先复制，再将原有文件删除，而连至该文件的链接也将丢失。

③ rm

- 如果没有使用- r 选项，则 rm 不会删除目录；
- 使用该命令时一旦文件被删除，它是不能被恢复的，所以最好使用-i 参数。

6. chown 和 chgrp

（1）作用。

① chown：修改文件所有者和组别。

② chgrp：改变文件的组所有权。

（2）格式。

① chown：chown [选项]...文件所有者[所有者组名] 文件

其中的文件所有者为修改后的文件所有者。

② chgrp：chgrp [选项]... 文件所有组 文件

其中的文件所有组为改变后的文件组拥有者。

（3）常见参数。

chown 和 chgrp 的常见参数意义相同，其主要选项参数如表 2.15 所示。

表 2.15　　chown 和 chgrp 命令常见参数列表

选　项	参 数 含 义
-c，-changes	详尽地描述每个 file 实际改变了哪些所有权
-f，--silent，--quiet	不打印文件所有权就不能修改的报错信息

（4）使用实例。

在笔者的系统中一个文件的所有者原先是这样的。

```
[root@localhost test]#$ ls -l
-rwxr-xr-x   15 apectel  david         4096  6月  4  200X uClinux-dist.tar
```

可以看出，这是一个文件，文件拥有者是 apectel，具有可读写和执行的权限，它所属的用户组是 david，具有可读和执行的权限，但没有可写的权限，同样，系统其他用户对其也只有可读和执行的权限。

首先使用 chown 将文件所有者改为 root。

```
[root@localhost test]# chown root uClinux-dist.tar
[root@localhost test]# ls -l
-rwxr-xr-x   15 root     david         4096  6月  4  200X uClinux-dist.tar
```

可以看出，此时，该文件拥有者变为了 root，它所属文件用户组不变。

接着使用 chgrp 将文件用户组变为 root。

```
[root@localhost test]# chgrp root uClinux-dist.tar
[root@localhost test]# ls -l
-rwxr-xr-x   15 root     root         4096  6月  4  200X uClinux-dist.tar
```

（5）使用说明。

■　使用 chown 和 chgrp 必须拥有 root 权限。

小知识　在进行有关文件的操作时，若想避免输入冗长的文件，在文件名没有重复的情况下可以使用输入文件前几个字母 + <Tab>键的方式，即：cd /uC<tab>会显示 cd /uClinux-list。

7. chmod

（1）作用。

改变文件的访问权限。

（2）格式。

chmod 可使用符号标记进行更改和八进制数指定更改两种方式，因此它的格式也有两种不同的形式。

① 符号标记：chmod [选项]…符号权限[符号权限]…文件

其中的符号权限可以指定为多个，也就是说，可以指定多个用户级别的权限，但它们中间要用逗号分开表示，若没有显式指出则表示不作更改。

② 八进制数：chmod [选项] …八进制权限 文件…

其中的八进制权限是指要更改后的文件权限。

（3）选项参数。

chmod 主要选项参数如表 2.16 所示。

表 2.16　　chmod 命令常见参数列表

选　项	参 数 含 义
-c	若该文件权限确实已经更改，才显示其更改动作
-f	若该文件权限无法被更改也不要显示错误信息
-v	显示权限变更的详细资料

（4）使用实例。

chmod 涉及文件的访问权限，在此对相关的概念进行简单的回顾。

在 1.3.1 节中已经提到，文件的访问权限可表示成：**- rwx rwx rwx**。在此设有 3 种不同的访问权限：读（r）、写（w）和运行（x）。3 个不同的用户级别：文件拥有者（u）、所属的用户组（g）和系统里的其他用户（o）。在此，可增加一个用户级别 a（all）来表示所有这 3 个不同的用户级别。

① 第一种符号连接方式的 chmod 命令中，用加号“+”代表增加权限，用减号“−”代表删除权限，等于号“=”代表设置权限。

例如，原先笔者系统中有文件 uClinux20031103.tgz，其权限如下所示。

```
[root@localhost test]# ls -l
-rw-r--r--    1 root    root     79708616 Mar 24  2005 uClinux20031103.tgz
[root@localhost test]# chmod a+rx,u+w uClinux20031103.tgz
[root@localhost test]# ls -l
-rwxr-xr-x    1 root    root     79708616 Mar 24  2005 uClinux20031103.tgz
```

可见，在执行了 chmod 之后，文件拥有者除拥有所有用户都有的可读和执行的权限外，还有可写的权限。

② 对于第二种八进制数指定的方式，将文件权限字符代表的有效位设为“1”，即“rw-”、“rw-”和“r--”的八进制表示为“110”、“110”、“100”，把这个二进制串转换成对应的八进制数就是 6、6、4，也就是说该文件的权限为 664（三位八进制数）。这样对于转化后八进制数、二进制及对应权限的关系如表 2.17 所示。

表 2.17　　转化后八进制数、二进制及对应权限的关系

转换后八进制数	二　进　制	对 应 权 限	转换后八进制数	二　进　制	对 应 权 限
0	000	没有任何权限	1	001	只能执行
2	010	只写	3	011	只写和执行
4	100	只读	5	101	只读和执行
6	110	读和写	7	111	读、写和执行

同上例，原先笔者系统中有文件 genromfs-0.5.1.tar.gz，其权限如下所示。

```
[root@localhost test]# ls -l
-rw-rw-r--    1 david    david        20543 Dec 29  2004
genromfs-0.5.1.tar.gz
[root@localhost test]# chmod 765 genromfs-0.5.1.tar.gz
[root@localhost test]# ls -l
-rwxrw-r-x    1 david    david        20543 Dec 29  2004
genromfs-0.5.1.tar.gz
```

可见，在执行了 chmod 765 之后，该文件的拥有者权限、文件组权限和其他用户权限都恰当地对应了。

（5）使用说明。

■　使用 chmod 必须具有 root 权限。

想一想　chmod o+x uClinux20031103.tgz 是什么意思？它所对应的八进制数指定更改应如何表示？

8．grep

（1）作用。

在指定文件中搜索特定的内容，并将含有这些内容的行标准输出。

（2）格式。

grep [选项] 格式 [文件及路径]

其中的格式是指要搜索的内容格式，若默认“文件及路径”则默认表示在当前目录下搜索。

（3）常见参数。

grep 主要选项参数如表 2.18 所示。

表 2.18　　grep 命令常见参数列表

选　　项	参 数 含 义
-c	只输出匹配行的计数
-I	不区分大小写（只适用于单字符）
-h	查询多文件时不显示文件名
-l	查询多文件时只输出包含匹配字符的文件名
-n	显示匹配行及行号
-s	不显示不存在或无匹配文本的错误信息
-v	显示不包含匹配文本的所有行

（4）使用实例。

```
[root@localhost test]# grep "hello" / -r
Binary file ./iscit2005/备份/iscit2004.sql matches
./ARM_TOOLS/uClinux-Samsung/linux-2.4.x/Documentation/s390/Debugging39
0.txt:hello world$2 = 0
...
```

在本例中，“hello”是要搜索的内容，“/ -r”是指定文件，表示搜索根目录下的所有文件。

（5）使用说明。

■ 在默认情况下，“grep”只搜索当前目录。如果此目录下有许多子目录，“grep”会以如下形式列出：“grep:sound:Is a directory”。这会使“grep”的输出难以阅读。但有以下两种解决的方法。

① 明确要求搜索子目录：grep –r（正如上例中所示）；

② 忽略子目录：grep -d skip。

■ 当预料到有许多输出时，可以通过管道将其转到“less”（分页器）上阅读：如 grep "h" ./ -r |less 分页阅读。

■ grep 特殊用法。

grep pattern1|pattern2 files：显示匹配 pattern1 或 pattern2 的行；

grep pattern1 files|grep pattern2：显示既匹配 pattern1 又匹配 pattern2 的行；

小知识

在文件命令中经常会使用 pattern 正则表达式，它是可以描述一类字符串的模式（Pattern），如果一个字符串可以用某个正则表达式来描述，就称这个字符和该正则表达式匹配。这和 DOS 中用户可以使用通配符“*”代表任意字符类似。在 Linux 系统上，正则表达式通常被用来查找文本的模式，以及对文本执行“搜索－替换”操作等。正则表达式的主要参数如下。

- \：忽略正则表达式中特殊字符的原有含义；
- ^：匹配正则表达式的开始行；
- $：匹配正则表达式的结束行；
- <：从匹配正则表达式的行开始；
- >：到匹配正则表达式的行结束；
- [ ]：单个字符，如[A]即 A 符合要求；
- [-]：范围，如[A-Z]，即 A、B、C 一直到 Z 都符合要求；
- 。：所有的单个字符；
- *：所有字符，长度可以为 0。

9．find

（1）作用。

在指定目录中搜索文件，它的使用权限是所有用户。

（2）格式。

find [路径][选项][描述]

其中的路径为文件搜索路径，系统开始沿着此目录树向下查找文件。它是一个路径列表，相互用空格分离。若默认路径，那么默认为当前目录。

其中的描述是匹配表达式，是 find 命令接受的表达式。

（3）常见参数。

[选项]主要参数如表 2.19 所示。

表 2.19　　find 选项常见参数列表

选　　项	参 数 含 义
-depth	使用深度级别的查找过程方式，在某层指定目录中优先查找文件内容
-mount	不在其他文件系统（如 Msdos、Vfat 等）的目录和文件中查找

[描述]主要参数如表 2.20 所示。

表 2.20　　find 描述常见参数列表

选　　项	参 数 含 义
-name	支持通配符*和?
-user	用户名：搜索文件属主为用户名（ID 或名称）的文件
-print	输出搜索结果，并且打印

（4）使用实例。

```
[root@localhost test]# find ./ -name hello*.c
./hello1.c
./iscit2005/hello2.c
```

在该实例中使用了-name 的选项支持通配符。

（5）使用说明。

- 若使用目录路径为“/”，通常需要查找较多的时间，可以指定更为确切的路径以减少查找时间。
- find 命令可以使用混合查找的方法，例如，想在/etc 目录中查找大于 500000 字节，并且在 24 小时内修改的某个文件，则可以使用-and（与）把两个查找参数链接起来组合成一个混合的查找方式，如“find /etc -size +500000c -and -mtime +1”。

10. locate

（1）作用。

用于查找文件。其方法是先建立一个包括系统内所有文件名称及路径的数据库，之后当寻找时就只需查询这个数据库，而不必实际深入档案系统之中了。因此其速度比 find 快很多。

（2）格式。

```
locate [选项]
```

（3）locate 主要选项参数如表 2.21 所示。

表 2.21　　locate 命令常见参数列表

选　　项	参 数 含 义
-u	从根目录开始建立数据库
-U	在指定的位置开始建立数据库
-f	将特定的文件系统排除在数据库外，例如 proc 文件系统中的文件
-r	使用正则运算式做寻找的条件
-o	指定数据库的名称

（4）使用实例。

```
[root@localhost test]# locate issue -U ./
[root@localhost test]# updatedb
[root@localhost test]# locate -r issue*
./ARM_TOOLS/uClinux-Samsung/lib/libpam/doc/modules/pam_issue.sgml
./ARM_TOOLS/uClinux-Samsung/lib/libpam/modules/pam_issue
./ARM_TOOLS/uClinux-Samsung/lib/libpam/modules/pam_issue/Makefile
./ARM_TOOLS/uClinux-Samsung/lib/libpam/modules/pam_issue/pam_issue.c
…
```

实例中首先在当前目录下建立了一个数据库，并且在更新了数据库之后进行正则匹配查找。通过运行可以发现 locate 的运行速度非常快。

（5）使用说明。

locate 命令所查询的数据库由 updatedb 程序来更新，而 updatedb 是由 cron daemon 周期性建立的，但若所找到的档案是最近才建立或刚改名的，可能会找不到，因为 updatedb 默认每天运行一次，用户可以由修改 crontab 配置（etc/crontab）来更新周期值。

11．ln

（1）作用。

为某一个文件在另外一个位置建立一个符号链接。当需要在不同的目录用到相同的文件时，Linux 允许用户不用在每一个需要的目录下都存放一个相同的文件，而只需将其他目录下的文件用 ln 命令链接即可，这样就不必重复地占用磁盘空间。

（2）格式。

ln[选项] 目标 目录

（3）常见参数。

- –s 建立符号链接（这也是通常惟一使用的参数）。

（4）使用实例。

```
[root@localhost test]# ln -s ../genromfs-0.5.1.tar.gz ./hello
[root@localhost test]# ls -l
total 77948
lrwxrwxrwx   1 root   root    24 Jan 14 00:25 hello
-> ../genromfs-0.5.1.tar.gz
```

该实例建立了当前目录的 hello 文件与上级目录之间的符号链接，可以看见，在 hello 的 ls –l 中的第一位为“l”，表示符号链接，同时还显示了链接的源文件。

（5）使用说明。

- ln 命令会保持每一处链接文件的同步性，也就是说，不论改动了哪一处，其他的文件都会发生相同的变化。
- ln 的链接分软链接和硬链接两种。

软链接就是上面所说的 ln -s ** **，它只会在用户选定的位置上生成一个文件的镜像，不会重复占用磁盘空间，平时使用较多的都是软链接。

硬链接是不带参数的 ln ** **，它会在用户选定的位置上生成一个和源文件大小相同的文件，无论是软链接还是硬链接，文件都保持同步变化。

2.1.3 压缩打包相关命令

Linux 中打包压缩的相关命令如表 2.22 所示，本书以 gzip 和 tar 为例进行讲解。

表 2.22　Linux 常见系统管理命令

命　令	命 令 含 义	格　式
bzip2	.bz2 文件的压缩（或解压缩）程序	bzip2[选项] 压缩（解压缩）的文件名
bunzip2	.bz2 文件的解压缩程序	bunzip2[选项] .bz2 压缩文件
bzip2recover	修复损坏的.bz2 文件	bzip2recover .bz2 压缩文件
gzip	.gz 文件的压缩程序	gzip [选项] 压缩（解压缩）的文件名
gunzip	解压缩被 gzip 压缩过的文件	gunzip [选项] .gz 文件名
unzip	解压缩 winzip 压缩的.zip 文件	unzip [选项] .zip 压缩文件
compress	早期的压缩或解压缩程序(压缩后文件名为.Z)	compress [选项] 文件
tar	对文件目录进行打包或解压缩	tar [选项] [打包后文件名]文件目录列表

1. gzip

（1）作用。

对文件进行压缩和解压缩，而且 gzip 根据文件类型可自动识别压缩或解压缩。

（2）格式。

gzip [选项] 压缩（解压缩）的文件名。

（3）常见参数。

gzip 主要选项参数如表 2.23 所示。

表 2.23　gzip 命令常见参数列表

选　项	参 数 含 义
-c	将输出信息写到标准输出上，并保留原有文件
-d	将压缩文件解压
-l	对每个压缩文件，显示下列字段：压缩文件的大小、未压缩时文件的大小、压缩比、未压缩时文件的名字
-r	查找指定目录并压缩或解压缩其中的所有文件
-t	测试，检查压缩文件是否完整
-v	对每一个压缩和解压的文件，显示文件名和压缩比

（4）使用实例。

```
[root@localhost test]# gzip portmap-4.0-54.i386.rpm
[root@localhost test]# ls
portmap-4.0-54.i386.rpm.gz
[root@localhost test]# gzip -l portmap-4.0-54.i386.rpm
compressed    uncompressed  ratio uncompressed_name
    21437            25751 16.9% portmap-4.0-54.i386.rpm
```

该实例将目录下的“hello.c”文件进行压缩，选项“-l”列出了压缩比。

（5）使用说明。

- 使用 gzip 压缩只能压缩单个文件，而不能压缩目录，其选项“-d”是将该目录下的所有文件逐个进行压缩，而不是压缩成一个文件。

2．tar

（1）作用。

对文件目录进行打包或解包。

在此需要对打包和压缩这两个概念进行区分。打包是指将一些文件或目录变成一个总的文件，而压缩则是将一个大的文件通过一些压缩算法变成一个小文件。为什么要区分这两个概念呢？这是由于在 Linux 中的很多压缩程序（如前面介绍的 gzip）只能针对一个文件进行压缩，这样当想要压缩较多文件时，就要借助它的工具将这些堆文件先打成一个包，然后再用原来的压缩程序进行压缩。

（2）格式。

tar [选项] [打包后文件名]文件目录列表。

tar 可自动根据文件名识别打包或解包动作，其中打包后文件名为用户自定义的打包后文件名称，文件目录列表可以是要进行打包备份的文件目录列表，也可以是进行解包的文件目录列表。

（3）主要参数。

tar 主要选项参数如表 2.24 所示。

表 2.24　　tar 命令常见参数列表

选　项	参 数 含 义
-c	建立新的打包文件
-r	向打包文件末尾追加文件
-x	从打包文件中解出文件
-o	将文件解开到标准输出
-v	处理过程中输出相关信息
-f	对普通文件操作
-z	调用 gzip 来压缩打包文件，与-x 联用时调用 gzip 完成解压缩
-j	调用 bzip2 来压缩打包文件，与-x 联用时调用 bzip2 完成解压缩
-Z	调用 compress 来压缩打包文件，与-x 联用时调用 compress 完成解压缩

（4）使用实例。

```
[root@localhost home]# tar -cvf david.tar  david
./david/
./david/.bash_logout
./david/.bash_profile
./david/.bashrc
./david/.bash_history
./david/my/
./david/my/1.c.gz
./david/my/my.c.gz
./david/my/hello.c.gz
```

```
./david/my/why.c.gz
[root@localhost home]# ls -l david.tar
-rw-r--r--    1 root    root        10240 Jan 14 15:01 david.tar
```

该实例将“david”目录下的文件加以打包，其中选项“-v”在屏幕上输出了打包的具体过程。

```
[david@localhost david]# tar -zxvf linux-2.6.11.tar.gz
linux-2.6.11/
linux-2.6.11/drivers/
linux-2.6.11/drivers/video/
linux-2.6.11/drivers/video/aty/
…
```

该实例用选项“-z”调用 gzip，与“-x”联用时完成解压缩。

（5）使用说明。

tar 命令除了用于常规的打包之外，使用更为频繁的是用选项“-z”或“-j”调用 gzip 或 bzip2（Linux 中另一种解压工具）完成对各种不同文件的解压。

表 2.25 对 Linux 中常见类型的文件解压命令做一个总结。

表 2.25　　Linux 常见类型的文件解压命令一览表

文件后缀	解压命令	示例
.a	tar xv	tar xv hello.a
.z	Uncompress	uncompress hello.Z
.gz	Gunzip	gunzip hello.gz
.tar.Z	tar xvZf	tar xvZf hello.tar.Z
.tar.gz/.tgz	tar xvzf	tar xvzf hello.tar.gz
tar.bz2	tar jxvf	tar jxvf hello.tar.bz2
.rpm	安装：rpm –i	安装：rpm -i hello.rpm
	解压缩：rpm2cpio	解压缩：rpm2cpio hello.rpm
.deb（Debain 中的文件格式）	安装：dpkg –i	安装：dpkg -i hello.deb
	解压缩：dpkg-deb --fsys-tarfile	解压缩：dpkg-deb --fsys-tarhello hello.deb
.zip	Unzip	unzip hello.zip

2.1.4　文件比较合并相关命令

1．diff

（1）作用。

比较两个不同的文件或不同目录下的两个同名文件功能，并生成补丁文件。

（2）格式。

diff[选项]　文件 1　文件 2

diff 比较文件 1 和文件 2 的不同之处，并按照选项所指定的格式加以输出。diff 的格式分为命令格式和上下文格式，其中上下文格式又包括了旧版上下文格式和新版上下文格式，命令格式分为标准命令格式、简单命令格式及混合命令格式，它们之间的区别会在使用实例中进行详细讲解。当选项默认时，diff 默认使用混合命令格式。

（3）主要参数。

diff 主要选项参数如表 2.26 所示。

表 2.26　　　　diff 命令常见参数列表

选　项	参 数 含 义
-r	对目录进行递归处理
-q	只报告文件是否有不同，不输出结果
-e，-ed	命令格式
-f	RCS（修订控制系统）命令简单格式
-c，--context	旧版上下文格式
-u，--unified	新版上下文格式
-Z	调用 compress 来压缩归档文件，与-x 联用时调用 compress 完成解压缩

（4）使用实例。

以下有两个文件 hello1.c 和 hello2.c。

```
/* hello1.c */
#include <stdio.h>
void main()
{
        printf("Hello!This is my home!\n");
}
/* hello2.c */
#include <stdio.h>
void main()
{
        printf("Hello!This is your home!\n");
}
```

以下实例主要讲解了各种不同格式的比较和补丁文件的创建方法。

① 主要格式比较。

首先使用旧版上下文格式进行比较。

```
[root@localhost david]# diff -c hello1.c hello2.c
*** hello1.c    Sat Jan 14 16:24:51 2006
--- hello2.c    Sat Jan 14 16:54:41 2006
***************
*** 1,5 ****
  #include <stdio.h>
  void main()
  {
!       printf("Hello!This is my home!\n");
  }
--- 1,5 ----
  #include <stdio.h>
  void main()
  {
!       printf("Hello!This is your home!\n");
```

```
}
```

可以看出，用旧版上下文格式进行输出时，在显示每个有差别行的同时还显示该行的上下 3 行，区别的地方用“！”加以标出，由于示例程序较短，上下 3 行已经包含了全部代码。

接着使用新版的上下文格式进行比较。

```
[root@localhost david]# diff -u hello1.c hello2.c
--- hello1.c    Sat Jan 14 16:24:51 2006
+++ hello2.c    Sat Jan 14 16:54:41 2006
@@ -1,5 +1,5 @@
 #include <stdio.h>
 void main()
 {
-        printf("Hello!This is my home!\n");
+        printf("Hello!This is your home!\n");
 }
```

可以看出，在新版上下文格式输出时，仅把两个文件的不同之处分别列出，而相同之处没有重复列出，这样大大方便了用户的阅读。

接下来使用命令格式进行比较。

```
[root@localhost david]# diff -e hello1.c hello2.c
4c
         printf("Hello!This is your home!\n");
```

可以看出，命令符格式输出时仅输出了不同的行，其中命令符“4c”中的数字表示行编号，字母的含义为：**a** 表示**添加**，**b** 表示**删除**，**c** 表示**更改**。因此，-e 选项的命令符表示：若要把 hello1.c 变为 hello2.c，就需要把 hello1.c 的第 4 行改为显示出的“printf（“Hello!This is your home!\n”）；”。

选项“-f”和选项“-e”显示的内容基本相同，就是数字和字母的顺序相交换了，从以下的输出结果可以看出。

```
[root@localhost david]# diff -f hello1.c hello2.c
c4
         printf("Hello!This is your home!\n");
```

在 diff 选项默认的情况下，输出结果如下所示。

```
[root@localhost david]# diff hello1.c hello2.c
4c4
<        printf("Hello!This is my home!\n");
---
>        printf("Hello!This is your home!\n");
```

可以看出，diff 默认情况下的输出格式充分显示了如何将 hello1.c 转化为 hello2.c，即通过“4c4”实现。

② 创建补丁文件（也就是差异文件）是 diff 的功能之一，不同的选项格式可以生成与之相对应的补丁文件，如下面的例子所示。

```
[root@localhost david]# diff hello1.c hello2.c >hello.patch
[root@localhost david]# vi hello.patch
```

```
4c4
<       printf("Hello!This is my home!\n");
---
>       printf("Hello!This is your home!\n");
```

可以看出，使用默认选项创建补丁文件的内容和前面使用默认选项的输出内容是一样的。

小知识

上例中所使用的“>”是输出重定向。通常在 Linux 上执行一个 shell 命令行时，会自动打开 3 个标准文件：标准输入文件（stdin），即通常对应终端的键盘；标准输出文件（stdout）和标准错误输出文件（stderr），前两个文件都对应终端的屏幕。进程将从标准输入文件中得到输入数据，并且将正常输出数据输出到标准输出文件，而将错误信息送到标准错误文件中。这就是通常使用的标准输入/输出方式。

直接使用标准输入/输出文件存在以下问题：首先，用户输入的数据只能使用一次。当下次希望再次使用这些数据时就不得不重新输入。同样，用户对输出信息不能做更多的处理，只能等待程序的结束。

为了解决上述问题，Linux 系统为输入、输出的信息传送引入了两种方式：输入/输出重定向机制和管道（在 1.3.1 的小知识中已有介绍）。其中，输入重定向是指把命令（或可执行程序）的标准输入重定向到指定的文件中。也就是说，输入可以不来自键盘，而来自一个指定的文件。同样，输出重定向是指把命令（或可执行程序）的标准输出或标准错误输出重新定向到指定文件中。这样，该命令的输出就可以不显示在屏幕上，而是写入到指定文件中。就如上述例子中所用到的把“diff hello1.c hello2.c”的结果重定向到 hello.patch 文件中。这就大大增加了输入/输出的灵活性。

2．patch

（1）作用。

命令跟 diff 配合使用，把生成的补丁文件应用到现有代码上。

（2）格式。

patch [选项] [待 patch 的文件[patch 文件]]。

常用的格式为：patch -pnum [patch 文件]，其中的-pnum 是选项参数，在后面会详细介绍。

（3）常见参数。

patch 主要选项参数如表 2.27 所示。

表 2.27　**patch 命令常见参数列表**

选　项	参 数 含 义
-b	生成备份文件
-d	把 dir 设置为解释补丁文件名的当前目录
-e	把输入的补丁文件看作是 ed 脚本
-pnum	剥离文件名中的前 NUM 个目录部分
-t	在执行过程中不要求任何输入
-v	显示 patch 的版本号

以下对-punm 选项进行说明。

首先查看以下示例（对分别位于 xc.orig/config/cf/Makefile 和 xc.bsd/config/cf/Makefile 的文件使用 patch 命令）。

```
diff -ruNa xc.orig/config/cf/Makefile xc.bsd/config/cf/Makefile
```

以下是 patch 文件的头标记。

```
--- xc.orig/config/cf/Imake.cf Fri Jul 30 12:45:47 1999
+++ xc.new/config/cf/Imake.cf Fri Jan 21 13:48:44 2000
```

这个 patch 如果直接应用，那么它会去找“xc.orig/config/cf”目录下的 Makefile 文件，假如用户源码树的根目录是默认的 xc 而不是 xc.orig，则除了可以把 xc.orig 移到 xc 处之外，还有什么简单的方法应用此 patch 吗？NUM 就是为此而设的：patch 会把目标路径名剥去 NUM 个“/”，也就是说，在此例中，-p1 的结果是 config/cf/Makefile，-p2 的结果是 cf/Makefile。因此，在此例中就可以用命令 cd xc；patch _p1 < /pathname/xxx.patch 完成操作。

（4）使用实例。

```
[root@localhost david]# diff hello1.c hello2.c >hello1.patch
[root@localhost david]# patch ./hello1.c < hello1.patch
patching file ./hello1.c
[root@localhost david]# vi hello1.c
#include <stdio.h>
void main()
{
        printf("Hello!This is your home!\n");
}
```

在该实例中，由于 patch 文件和源文件在同一目录下，因此直接给出了目标文件的目录，在应用了 patch 之后，hello1.c 的内容变为了 hello2.c 的内容。

（5）使用说明。

- 如果 patch 失败，patch 命令会把成功的 patch 行补上其差异，同时（无条件）生成备份文件和一个.rej 文件。.rej 文件里没有成功提交的 patch 行，需要手工打上补丁。这种情况在源码升级的时候有可能会发生。
- 在多数情况下，patch 程序可以确定补丁文件的格式，当它不能识别时，可以使用-c、-e、-n 或者-u 选项来指定输入的补丁文件的格式。由于只有 GNU patch 可以创建和读取新版上下文格式的 patch 文件，因此，除非能够确定补丁所面向的只是那些使用 GNU 工具的用户，否则应该使用旧版上下文格式来生成补丁文件。
- 为了使 patch 程序能够正常工作，需要上下文的行数至少是 2 行（即至少是有一处差别的文件）。

2.1.5 网络相关命令

Linux 下网络相关的常见命令如表 2.28 所示，本书仅以 ifconfig 和 ftp 为例进行说明。

表 2.28　Linux 下网络相关命令

选　项	参 数 含 义	常见选项格式
netstat	显示网络连接、路由表和网络接口信息	netstat [-an]
nslookup	查询一台机器的 IP 地址和其对应的域名	nslookup [IP 地址/域名]
finger	查询用户的信息	finger [选项] [使用者] [用户@主机]

续表

选　　项	参 数 含 义	常见选项格式
ping	用于查看网络上的主机是否在工作	ping [选项] 主机名/IP 地址
ifconfig	查看和配置网络接口的参数	ifconfig [选项] [网络接口]
ftp	利用 ftp 协议上传和下载文件	在本节中会详细讲述
telnet	利用 telnet 协议访问主机	telent [选项] [IP 地址/域名]
ssh	利用 ssh 登录对方主机	ssh [选项] [IP 地址]

1．ifconfig

（1）作用。

用于查看和配置网络接口的地址和参数，包括 IP 地址、网络掩码、广播地址，它的使用权限是超级用户。

（2）格式。

ifconfig 有两种使用格式，分别用于查看和更改网络接口。

① ifconfig [选项] [网络接口]：用来查看当前系统的网络配置情况。

② ifconfig 网络接口 [选项] 地址：用来配置指定接口（如 eth0、eth1）的 IP 地址、网络掩码、广播地址等。

（3）常见参数。

ifconfig 第二种格式的常见选项参数如表 2.29 所示。

表 2.29　　ftp 命令选项的常见参数列表

选　　项	参 数 含 义
-interface	指定的网络接口名，如 eth0 和 eth1
up	激活指定的网络接口卡
down	关闭指定的网络接口
broadcast address	设置接口的广播地址
poin to point	启用点对点方式
address	设置指定接口设备的 IP 地址
netmask address	设置接口的子网掩码

（4）使用实例。

首先，在本例中使用 ifconfig 的第一种格式来查看网络接口配置情况。

```
[root@localhost ~]# ifconfig
eth0      Link encap:Ethernet  HWaddr 00:08:02:E0:C1:8A
          inet addr:192.168.1.70  Bcast:192.168.1.255
Mask:255.255.255.0
          inet6 addr: fe80::208:2ff:fee0:c18a/64 Scope:Link
          UP BROADCAST RUNNING MULTICAST  MTU:1500  Metric:1
          RX packets:26931 errors:0 dropped:0 overruns:0 frame:0
```

```
          TX packets:3209 errors:0 dropped:0 overruns:0 carrier:0
          collisions:0 txqueuelen:1000
          RX bytes:6669382 (6.3 MiB)  TX bytes:321302 (313.7 KiB)
          Interrupt:11

lo        Link encap:Local Loopback
          inet addr:127.0.0.1  Mask:255.0.0.0
          inet6 addr: ::1/128 Scope:Host
          UP LOOPBACK RUNNING  MTU:16436  Metric:1
          RX packets:2537 errors:0 dropped:0 overruns:0 frame:0
          TX packets:2537 errors:0 dropped:0 overruns:0 carrier:0
          collisions:0 txqueuelen:0
          RX bytes:2093403 (1.9 MiB)  TX bytes:2093403 (1.9 MiB)
```

可以看出，使用 ifconfig 的显示结果中详细列出了所有活跃接口的 IP 地址、硬件地址、广播地址、子网掩码、回环地址等。

```
[root@localhost workplace]# ifconfig eth0
eth0      Link encap:Ethernet  HWaddr 00:08:02:E0:C1:8A
          inet addr: 192.168.1.70  Bcast:192.168.1.255  Mask:255.255.255.0
          inet6 addr: fe80::208:2ff:fee0:c18a/64 Scope:Link
          UP BROADCAST RUNNING MULTICAST  MTU:1500  Metric:1
          RX packets:27269 errors:0 dropped:0 overruns:0 frame:0
          TX packets:3212 errors:0 dropped:0 overruns:0 carrier:0
          collisions:0 txqueuelen:1000
          RX bytes:6698832 (6.3 MiB)  TX bytes:322488 (314.9 KiB)
          Interrupt:11
```

在此例中，通过指定接口显示出对应接口的详细信息。另外，用户还可以通过指定参数“-a”来查看所有接口（包括非活跃接口）的信息。

接下来的示例指出了如何使用 ifconfig 的第二种格式来改变指定接口的网络参数配置。

```
[root@localhost ~]# ifconfig eth0 down
[root@localhost ~]# ifconfig
lo        Link encap:Local Loopback
          inet addr:127.0.0.1  Mask:255.0.0.0
          inet6 addr: ::1/128 Scope:Host
          UP LOOPBACK RUNNING  MTU:16436  Metric:1
          RX packets:1931 errors:0 dropped:0 overruns:0 frame:0
          TX packets:1931 errors:0 dropped:0 overruns:0 carrier:0
          collisions:0 txqueuelen:0
          RX bytes:2517080 (2.4 MiB)  TX bytes:2517080 (2.4 MiB)
```

在此例中，通过将指定接口的状态设置为 DOWN，暂时停止该接口的工作。

```
[root@localhost ~]# ifconfig eth0 210.25.132.142 netmask 255.255.255.0
[root@localhost ~]# ifconfig
eth0      Link encap:Ethernet  HWaddr 00:08:02:E0:C1:8A
          inet addr:210.25.132.142  Bcast:210.25.132.255
Mask:255.255.255.0
```

```
          inet6 addr: fe80::208:2ff:fee0:c18a/64 Scope:Link
          UP BROADCAST RUNNING MULTICAST  MTU:1500  Metric:1
          RX packets:1722 errors:0 dropped:0 overruns:0 frame:0
          TX packets:5 errors:0 dropped:0 overruns:0 carrier:0
          collisions:0 txqueuelen:1000
          RX bytes:147382 (143.9 KiB)  TX bytes:398 (398.0 b)
          Interrupt:11
…
```

从上例可以看出，ifconfig 改变了接口 eth0 的 IP 地址、子网掩码等，在之后的 ifconfig 查看中可以看出确实发生了变化。

（5）使用说明。

用 ifconfig 命令配置的网络设备参数不重启就可生效，但在机器重新启动以后将会失效，除非在网络接口配置文件中进行修改。

2．ftp

（1）作用。

该命令允许用户利用 ftp 协议上传和下载文件。

（2）格式。

ftp [选项] [主机名/IP]。

ftp 相关命令包括使用命令和内部命令，其中使用命令的格式如上所列，主要用于登录到 ftp 服务器。内部命令是指成功登录后进行的一系列操作，下面会详细列出。若用户默认“主机名/IP”，则可在转入到 ftp 内部命令后继续选择登录。

（3）常见参数。

ftp 常见选项参数如表 2.30 所示。

表 2.30　　ftp 命令选项常见参数列表

选　项	参 数 含 义
-v	显示远程服务器的所有响应信息
-n	限制 ftp 的自动登录
-d	使用调试方式
-g	取消全局文件名

ftp 常见内部命令如表 2.31 所示。

表 2.31　　ftp 命令常见内部命令

命　令	命 令 含 义
account[password]	提供登录远程系统成功后访问系统资源所需的补充口令
ascii	使用 ASCII 类型传输方式，为默认传输模式
bin/ type binary	使用二进制文件传输方式（嵌入式开发中的常见方式）
bye	退出 ftp 会话过程
cd remote-dir	进入远程主机目录

续表

命　令	命令含义
cdup	进入远程主机目录的父目录
chmod mode file-name	将远程主机文件 file-name 的存取方式设置为 mode
close	中断与远程服务器的 ftp 会话（与 open 对应）
delete remote-file	删除远程主机文件
debug[debug-value]	设置调试方式，显示发送至远程主机的每条命令
dir/ls[remote-dir][local-file]	显示远程主机目录，并将结果存入本地文件 local-file
disconnection	同 close
get remote-file[local-file]	将远程主机的文件 remote-file 传至本地硬盘的 local-file
lcd[dir]	将本地工作目录切换至 dir
mdelete[remote-file]	删除远程主机文件
mget remote-files	传输多个远程文件
mkdir dir-name	在远程主机中建立一个目录
mput local-file	将多个文件传输至远程主机
open host[port]	建立与指定 ftp 服务器的连接，可指定连接端口
passive	进入被动传输方式（在这种模式下，数据连接是由客户程序发起的）
put local-file[remote-file]	将本地文件 local-file 传送至远程主机
reget remote-file[local-file]	类似于 get，但若 local-file 存在，则从上次传输中断处继续传输
size file-name	显示远程主机文件大小
system	显示远程主机的操作系统类型

（4）使用实例。

首先，在本例中使用 ftp 命令访问“ftp://study.byr.edu.cn”站点。

```
[root@localhost ~]# ftp study.byr.edu.cn
Connected to study.byr.edu.cn.
220 Microsoft FTP Service
500 'AUTH GSSAPI': command not understood
500 'AUTH KERBEROS_V4': command not understood
KERBEROS_V4 rejected as an authentication type
Name (study.byr.edu.cn:root): anonymous
331 Anonymous access allowed, send identity (e-mail name) as password.
Password:
230 Anonymous user logged in.
Remote system type is Windows_NT.
```

注意　由于该站点可以匿名访问，因此，在用户名处输入 anonymous，在 Password 处输入任意一个 e-mail 地址即可登录成功。

```
ftp> dir
227 Entering Passive Mode (211,68,71,83,11,94).
125 Data connection already open; Transfer starting.
11-20-05  05:00PM       <DIR>          Audio
```

```
    12-04-05  09:41PM       <DIR>          BUPT_NET_Material
    01-07-06  01:38PM       <DIR>          Document
    11-22-05  03:47PM       <DIR>          Incoming
    01-04-06  11:09AM       <DIR>          Material
    226 Transfer complete.
```

以上使用 ftp 内部命令 dir 列出了在该目录下文件及目录的信息。

```
    ftp> cd /Document/Wrox/Wrox.Beginning.SQL.Feb.2005.eBook-DDU
    250 CWD command successful.
    ftp> pwd
    257 "/Document/Wrox/Wrox.Beginning.SQL.Feb.2005.eBook-DDU" is current
directory.
```

以上实例通过 cd 命令进入相应的目录，可通过 pwd 命令进行验证。

```
    ftp> lcd /root/workplace
    Local directory now /root/workplace
    ftp> get d-wbsq01.zip
    local: d-wbsq01.zip remote: d-wbsq01.zip
    200 PORT command successful.
    150 Opening ASCII mode data connection for d-wbsq01.zip(1466768 bytes).
    WARNING! 5350 bare linefeeds received in ASCII mode
    File may not have transferred correctly.
    226 Transfer complete.
    1466768 bytes received in 1.7 seconds (8.6e+02 Kbytes/s)
```

接下来通过 lcd 命令首先改变用户的本地工作目录，也就是希望下载或上传的工作目录，接着通过 get 命令进行下载文件。由于 ftp 默认使用 ASCII 模式，因此，若希望改为其他模式如“bin”，直接输入 bin 即可，如下所示：

```
    ftp> bin
    200 Type set to I.
    ftp> bye
    221
```

最后用 bye 命令退出 ftp 程序。

（5）使用说明。

- 若是需要匿名登录，则在“Name (**.**.**.**):”处键入 anonymous，在“Password:”处键入自己的 E-mail 地址即可。
- 若要传送二进制文件，务必要把模式改为 bin。

2.2 Linux 启动过程详解

在了解了 Linux 的常见命令之后，下面详细讲解 Linux 的启动过程。Linux 的启动过程包含了 Linux 工作原理的精髓，而且在嵌入式开发过程中非常需要这方面的知识。

2.2.1 概述

用户开机启动 Linux 过程如下：

（1）当用户打开 PC（intel CPU）的电源时，CPU 将自动进入实模式，并从地址 0xFFFF0000 开始自动执行程序代码，这个地址通常是 ROM-BIOS 中的地址。这时 BIOS 进行开机自检，并按 BIOS 中设置的启动设备（通常是硬盘）进行启动，接着启动设备上安装的引导程序 lilo 或 grub 开始引导 Linux（也就是启动设备的第一个扇区），这时，Linux 才获得了启动权。

（2）第二阶段，Linux 首先进行内核的引导，主要完成磁盘引导、读取机器系统数据、实模式和保护模式的切换、加载数据段寄存器以及重置中断描述符表等。

（3）第三阶段执行 init 程序（也就是系统初始化工作），init 程序调用了 rc.sysinit 和 rc 等程序，而 rc.sysinit 和 rc 在完成系统初始化和运行服务的任务后，返回 init。

（4）第四阶段，init 启动 mingetty，打开终端供用户登录系统，用户登录成功后进入了 shell，这样就完成了从开机到登录的整个启动过程。

Linux 启动总体流程如图 2.2 所示，其中的 4 个阶段分别由同步棒隔开。第一阶段不涉及 Linux 自身的启动过程，下面分别对第二和第三阶段进行详细讲解。

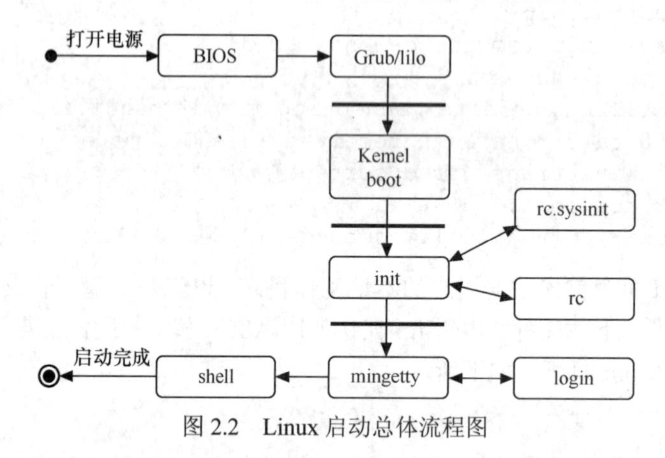

图 2.2　Linux 启动总体流程图

2.2.2　内核引导阶段

在 grub 或 lilo 等引导程序成功完成引导 Linux 系统的任务后，Linux 就从它们手中接管了 CPU 的控制权。用户可以从www.kernel.org上下载最新版本的源码进行阅读，其目录为：linux-2.6.*.*/arch/i386/boot。在启动过程中主要用到该目录下的几个文件：bootsect.S、setup.S 以及 compressed 子目录下的 head.S 等。

Linux 的内核通常是压缩过的，包括上述提到的那几个重要的汇编程序，它们都是在压缩内核 vmlinuz 中的。Linux 中提供的内核包含了众多驱动和功能，容量较大，压缩内核可以节省大量的空间，压缩的内核在启动时可以对自身进行解包。

（1）bootsect 阶段。

当 grub 读入 vmlinuz 后，会根据 bootsect（512 字节）把它自身和 setup 程序段读到以不大于 0x90000 开始的的内存里（注意：在以往的引导协议里是放在 0x90000，但现在有所变化），然后 grub 会跳过 bootsect 那 512 字节的程序段，直接运行 setup 里的第一跳指令。就是说 bzImage 里 bootsect 的程序没有再被执行了，而 bootsect.S 在完成了指令搬移以后就退出了。之后执行权就转到了 setup.S 的程序中。

（2）setup 阶段。

setup.S 的主要功能是利用 ROM BIOS 中断读取机器系统数据，并将系统参数（包括内存、磁盘等）保存到以 0x90000～0x901FF 开始的内存中。

此外，setup.S 还将 video.S 中的代码包含进来，检测和设置显示器和显示模式。

最后，它还会设置 CPU 的控制寄存器 CR0（也称机器状态字），从而进入 32 位保护模式运行，并跳转到绝对地址为 0x100000（虚拟地址 0xC0000000+0x100000）的位置。当 CPU 跳到 0x100000 时，将执行“arch/i386/kernel/head.S”中的 startup_32。

（3）head.S 阶段。

当运行到 head.S 时，系统已经运行在保护模式，而 head.S 完成的一个重要任务就是将内核解压。内核是通过压缩的方式放在内存中的，head.S 通过调用 misc.c 中定义的 decompress_kernel()函数，将内核 vmlinuz 解压到 0x100000。

接下来 head.S 程序完成寄存器、分页表的初始化工作，但要注意的是，这个 head.S 程序与完成解压缩工作的 head.S 程序是不同的，它在源代码中的位置是 arch/i386/kernel/head.S。

在完成了初始化之后，head.S 就跳转到 start_kernel()函数中去了。

（4）main.c 阶段。

start_kernel()是“init/main.c”中定义的函数，start_kernel()调用了一系列初始化函数，进行内核的初始化工作。要注意的是，在初始化之前系统中断仍然是被屏蔽的，另外内核也处于被锁定状态，以保证只有一个 CPU 用于 Linux 系统的启动。

在 start_kernel()的最后，调用了 init()函数，也就是下面要讲述的 init 阶段。

2.2.3 init 阶段

在加载了内核之后，由内核执行引导的第一个进程是 init 进程，该进程号始终是“1”。init 进程根据其配置文件“/etc/inittab”主要完成系统的一系列初始化的任务。由于该配置文件是 init 进程执行的惟一依据，因此先对它的格式进行统一讲解。

inittab 文件中除了注释行外，每一行都有如下格式：

```
id:runlevels:action:process
```

（1）id。

id 是配置记录标识符，由 1～4 个字符组成，对于 getty 或 mingetty 等其他 login 程序项，要求 id 与 tty 的编号相同，否则 getty 程序将不能正常工作。

（2）runlevels。

runlevels 是运行级别记录符，一般使用 0～6 以及 S 和 s。其中，0、1、6 运行级别为系统保留：0 作为 shutdown 动作，1 作为重启至单用户模式，6 为重启；S 和 s 意义相同，表示单用户模式，且无需 inittab 文件，因此也不在 inittab 中出现。7～9 级别也是可以使用的，传统的 UNIX 系统没有定义这几个级别。

runlevel 可以是并列的多个值，对大多数 action 来说，仅当 runlevel 与当前运行级别匹配成功才会执行。

（3）action。

action 字段用于描述系统执行的特定操作，它的常见设置有：initdefault、sysinit、boot、

bootwait、respawn 等。

initdefault 用于标识系统默认的启动级别。当 init 由内核激活以后，它将读取 inittab 中的 initdefault 项，取得其中的 runlevel，并作为当前的运行级别。如果没有 inittab 文件，或者其中没有 initdefault 项，init 将在控制台上请求输入 runlevel。

sysinit、boot、bootwait 等 action 将在系统启动时无条件运行，忽略其中的 runlevel。

respawn 字段表示该类进程在结束后会重新启动运行。

（4）process。

process 字段设置启动进程所执行的命令。

以下结合笔者系统中的 inittab 配置文件详细讲解该配置文件完成的功能。

1．确定用户登录模式

在“/etc/inittab”中列出了如下所示的登录模式，主要有单人维护模式、多用户无网络模式、文字界面多用户模式、X-Windows 多用户模式等。其中的单人维护模式（run level 为 1）类似于 Windows 中的“安全模式”，在这种情况下，系统不加载复杂的模式从而使系统能够正常启动。在这些模式中最为常见的是 3 或 5，其中本系统中默认的为 5，也就是 X-Windows 多用户模式。以下是在“/etc/inittab”文件中设置系统启动模式的部分。

```
# Default runlevel. The runlevels used by RHS are:
#   0 - halt (Do NOT set initdefault to this)
#   1 - Single user mode
#   2 - Multiuser, without NFS (The same as 3, if you do not have networking)
#   3 - Full multiuser mode （文本界面启动模式）
#   4 - unused
#   5 - X11 （图形界面启动模式）
#   6 - reboot (Do NOT set initdefault to this)
#
id:5:initdefault:
```

2．执行/etc/rc.d/rc.sysinit

在确定了登录模式之后，就要开始将 Linux 的主机信息读入系统，其过程是通过运行“/etc/rc.d/rc.sysinit”脚本而完成的。查看此文件可以看出，在这里确定了默认路径、主机名称、“/etc/sysconfig/network”中所记录的网络信息等。以下是在“/etc/inittab”文件中运行该脚本的部分。

```
# System initialization.
si::sysinit:/etc/rc.d/rc.sysinit
```

3．加载内核的外挂模块，执行各运行级别的脚本以及进入用户登录界面

在此，主要是读取模块加载配置文件（/etc/modules.conf），以确认需要加载哪些模块。接下来会根据不同的运行级（run level），通过带参数（运行级）运行“/etc/rc.d/rc”脚本，加载不同的模块，启动系统服务。init 进程会等待（wait）“/etc/rc.d/rc”脚本的返回。系统还需要配置一些异常关机的处理部分，最后通过“/sbin/mingetty”打开几个虚拟终端（tty1~tty6），用于用户登录。如果运行级为 5（图形界面启动），则运行 xdm 程序，给用户提供 xdm 图形

界面的登录方式。如果在本地打开一个虚拟终端，当这个终端超时没有用户登录或者太久没有用户击键时，该终端会退出执行，脚本中的“respawn”即告诉 init 进程重新打开该终端，否则在经过一段时间之后，我们会发现这个终端消失了，无法利用 ALT+Fn 切换。

以下是“/etc/inittab”文件中的相应部分。

```
l0:0:wait:/etc/rc.d/rc 0
l1:1:wait:/etc/rc.d/rc 1
l2:2:wait:/etc/rc.d/rc 2
l3:3:wait:/etc/rc.d/rc 3
l4:4:wait:/etc/rc.d/rc 4
l5:5:wait:/etc/rc.d/rc 5
l6:6:wait:/etc/rc.d/rc 6

# Trap CTRL-ALT-DELETE
ca::ctrlaltdel:/sbin/shutdown -t3 -r now

# When our UPS tells us power has failed, assume we have a few minutes
# of power left.  Schedule a shutdown for 2 minutes from now.
# This does, of course, assume you have powerd installed and your
# UPS connected and working correctly.
pf::powerfail:/sbin/shutdown -f -h +2 "Power Failure; System Shutting Down"

# If power was restored before the shutdown kicked in, cancel it.
pr:12345:powerokwait:/sbin/shutdown -c "Power Restored; Shutdown
Cancelled"
# Run gettys in standard runlevels
1:2345:respawn:/sbin/mingetty tty1
2:2345:respawn:/sbin/mingetty tty2
3:2345:respawn:/sbin/mingetty tty3
4:2345:respawn:/sbin/mingetty tty4
5:2345:respawn:/sbin/mingetty tty5
6:2345:respawn:/sbin/mingetty tty6
# Run xdm in runlevel 5
x:5:respawn:/etc/X11/prefdm -nodaemon
```

2.3 Linux 系统服务

init 进程的作用是启动 Linux 系统服务（也就是运行在后台的守护进程）。Linux 的系统服务包括两种，第一种是独立运行的系统服务，它们常驻内存中，自开机后一直运行着（如 httpd），具有很快的响应速度；第二种是由 xinet 设定的服务。xinet 能够同时监听多个指定的端口，在接受用户请求时，它能够根据用户请求的端口不同，启动不同的网络服务进程来处理这些用户请求。因此，可以把 xinetd 看作一个启动服务的管理服务器，它决定把一个客户请求交给哪个程序处理，然后启动相应的守护进程。下面分别介绍这两种系统服务。

2.3.1 独立运行的服务

独立运行的系统服务的启动脚本都放在目录"/etc/rc.d/init.d/"中。如笔者系统中的系统服务的启动脚本有：

```
[root@localhost init.d]# ls /etc/rc.d/init.d
acpid dc_client iptables named pand rpcsvcgssd tux
anacron dc_server irda netdump pcmcia saslauthd vncserver
apmd diskdump irqbalance netfs portmap sendmail vsftpd
arptables_jf dovecot isdn netplugd psacct single watchquagga
atd dund killall network rawdevices smartd winbind
autofs firstboot kudzu NetworkManager readahead smb xfs
…
```

为了指定特定运行级别服务的开启或关闭，系统的各个不同运行级别都有不同的脚本文件，其目录为"/etc/rc.d/rcN.d"，其中的 N 分别对应不用的运行级别。读者可以进入各个不同的运行级别目录，查看相应服务是在开启还是关闭状态，如进入"/rc3.d"目录中的文件如下所示：

```
[root@localhost rc3.d]# ls /etc/rc.d/rc3.d
K02NetworkManager K35winbind K89netplugd S10networ S28autofs S95anacron
K05saslauthd K36lisa K90bluetooth S12syslog S40smartd S95atd
K10dc_server K45named K94diskdump S13irqbalance S44acpid S97messagebus
K10psacct K50netdump K99microcode_ctl S13portmap S55cups S97rhnsd
…
```

可以看到，每个对应的服务都以"K"或"S"开头，其中的 K 代表关闭（kill)，其中的 S 代表启动（start)，用户可以使用命令"+start|stop|status|restart"来对相应的服务进行操作。

在执行完相应的 rcN.d 目录下的脚本文件后，init 最后会执行 rc.local 来启动本地服务，因此，用户若想把某些非系统服务设置为自启动，可以编辑 rc.local 脚本文件，加上相应的执行语句即可。

另外，读者还可以使用命令"service+系统服务+操作"来方便地实现相应服务的操作，如下所示：

```
[root@localhost xinetd.d]# service xinetd restart
停止 xinetd:                                          [  确定  ]
开启 xinetd:                                          [  确定  ]
```

2.3.2 xinetd 设定的服务

xinetd 管理系统中不经常使用的服务，这些服务程序只有在有请求时才由 xinetd 服务负责启动，一旦运行完毕服务自动结束。xinetd 的配置文件为"/etc/xinetd.conf"，它对 xinet 的默认参数进行了配置：

```
#
# Simple configuration file for xinetd
#
```

```
# Some defaults, and include /etc/xinetd.d/
defaults
{
      instances              = 60
      log_type               = SYSLOG authpriv
      log_on_success           = HOST PID
      log_on_failure           = HOST
       cps                  = 25 30
}
includedir /etc/xinetd.d
```

从该配置文件的最后一行可以看出，xinetd 启动“/etc/xinetd.d”为其配置文件目录。在对应的配置文件目录中可以看到每一个服务的基本配置，如 tftp 服务的配置脚本文件如下：

```
service tftp
{
       socket_type  = dgram （数据报格式）
       protocol      = udp （使用 UDP 传输）
       wait          = yes
       user          = root
       server         = /usr/sbin/in.tftpd
       server_args   = -s /tftpboot
       disable        = yes （不启动）
       per_source    = 11
       cps            = 100 2
       flags          = IPv4
}
```

2.3.3 系统服务的其他相关命令

除了在本节中提到的 service 命令之外，与系统服务相关的命令还有 chkconfig，它也是一个很好的工具，能够为不同的系统级别设置不同的服务。

（1）chkconfig --list（注意在 list 前有两个小连线）：查看系统服务设定。

示例：

```
[root@localhost xinetd.d]# chkconfig --list
sendmail          0:关闭  1:关闭  2:打开  3:打开  4:打开  5:打开  6:关闭
snmptrapd         0:关闭  1:关闭  2:关闭  3:关闭  4:关闭  5:关闭  6:关闭
gpm               0:关闭  1:关闭  2:打开  3:打开  4:打开  5:打开  6:关闭
syslog            0:关闭  1:关闭  2:打开  3:打开  4:打开  5:打开  6:关闭
…
```

（2）chkconfig --level N [服务名称] 指定状态：将指定级别的某个系统服务配置为指定状态（打开/关闭）。

```
[root@localhost xinetd.d]# chkconfig --list|grep ntpd
ntpd              0:关闭  1:关闭  2 关闭  3:关闭  4:关闭  5:关闭  6:关闭
[root@localhost ~]# chkconfig --level 3 ntpd on
[root@localhost ~]# chkconfig --list|grep ntpd
ntpd              0:关闭  1:关闭  2:关闭  3:打开  4:关闭  5:关闭  6:关闭
```

另外，在 2.1.1 节系统命令列表中指出的 setup 程序中也可以设定，而且是图形界面，操作较为方便，读者可以自行尝试。

2.4 实验内容

2.4.1 在 Linux 下解压常见软件

1．实验目的

在 Linux 下安装一个完整的软件（嵌入式 Linux 的必备工具——交叉编译工具），掌握 Linux 常见命令，学会设置环境变量，同时搭建起嵌入式 Linux 的交叉编译环境（关于交叉编译的具体概念在本书后面会详细讲解），为今后的实验打下良好的基础。

2．实验内容

在 Linux 中解压 cross-3.3.2.tar.bz2，并添加到系统环境变量中去。

3．实验步骤

（1）将光盘中的 cross-3.3.2.tar.bz2 复制到 Windows 下的任意盘中。

（2）重启机器转到 Linux 下，并用普通用户身份登录。

（3）打开“终端”，并切换到超级用户模式下。

命令为：su - root

（4）查看 cross-3.3.2.tar.bz2 所在的 Windows 下对应分区的格式，并记下其文件设备名称，如“/dev/hda1”等。

命令为：fdisk -l

（5）使用 mkdir 命令在“/mnt”新建子目录作为挂载点。

命令为：mkdir /mnt/win

（6）挂载 Windows 相应分区。

若是 vfat 格式，则命令为：mount –t vfat /dev/hda* /mnt/win。

> 注意　由于 ntfs 格式在 Linux 的早期版本中是不安全的，只能读，不能写，因此最好把文件放到 fat32 格式的文件系统中。

（7）进入挂载目录，查看是否确实挂载上。

命令为：cd /mnt/win；ls

（8）在/usr/local 下建一个名为 arm 的目录。

命令为：mkdir /usr/local/arm

（9）将 cross-3.3.2.tar.bz2 复制到刚刚创建的目录中。

命令为：cp　/mnt/win/cross-3.3.2.tar.bz2　/usr/local/arm

> 注意　若 cross-3.3.2.tar.bz2 在当前目录中，则可将命令简写为：cp ./cross-3.3.2.tar.bz2 /usr/local/arm。

（10）将当前工作目录转到“/usr/local/arm”下。

命令为：cd /usr/local/arm

想一想 为什么要将此目录创建在“/usr/local”下？

（11）解压缩该软件包。

命令为：tar jxvf cross-3.3.2.tar.bz2

（12）将此目录下的/bin 目录添加到环境变量中去。

命令为：export PATH=/usr/local/arm/3.3.2/bin :$PATH

注意 用此方法添加的环境变量在掉电后会丢失，因此，可以在“/etc/bashrc”的最后一行添加以上命令。

（13）查看该路径是否已添加到环境变量中。

命令为：echo $PATH

4．实验结果

成功搭建了嵌入式 Linux 的交叉编译环境，熟悉 Linux 下常用命令，如 su、mkdir、mount、cp、tar 等，并学会添加环境变量，同时对 Linux 的目录结构有了更进一步的理解。

2.4.2 定制 Linux 系统服务

1．实验目的

通过定制 Linux 系统服务，进一步理解 Linux 的守护进程，能够更加熟练运用 Linux 操作基本命令，同时也加深对 init 进程的了解和掌握。

2．实验内容

查看 Linux 系统服务，并定制其系统服务。

3．实验步骤

（1）查看系统的默认运行级别。

命令为：cat /etc/inittab（假设当前运行级别为 N）

（2）进入相应级别的服务脚本目录，查看哪些服务是系统启动的独立运行的服务，并做下记录。

命令为：cd /etc/rc.d/rcN.d

（3）利用命令查看系统开机自启动服务，与上次查看结果进行比较，找出其中的区别，并思考其中的原因。

命令为：chkconfig –list

（4）记录 chkconfig –list 命令中由 xinet 管理的服务，并将其中启动的服务做下记录。

（5）进入 xinet 配置管理的相应目录，查看是否与 chkconfig –list 所得的结果相吻合，并查看相应脚本文件。

命令为：cd /etc/xinetd.d

（6）将 sshd 服务停止。

命令为：service sshd stop

（7）将 sshd 服务设置为开机不启动。

命令为：chkconfig –level N sshd stop

（8）查看该设置是否生效。

命令为：chkconfig –list

（9）查看系统中所有服务及其端口号列表。

命令为：cat /etc/services

（10）将 sshd 服务端口号改为 4022。

命令为：vi /etc/services

（11）重启 sshd 服务，验证所改的端口号是否生效。

命令为：service sshd start

（12）重启 Linux 系统，验证所改的服务开机启动是否生效。

4．实验结果分析

本实验通过验证 Linux 系统服务的启动状态，进一步明确 Linux 系统服务启动的流程，更深入地理解了 Linux 系统操作。

本实验还通过定制 Linux 系统服务 sshd 的开机启动状态和端口号，熟悉了 Linux 的系统定制步骤。

2.5 本章小结

本章首先讲解了 Linux 操作的基本命令，这些命令是使用 Linux 的基础。Linux 基本命令包括用户系统相关命令、文件目录相关命令、压缩打包相关命令、比较合并相关命令以及网络相关命令。着重介绍了每一类命令中有代表性的重要命令及其用法，并给出了具体实例，对其他命令列出了其使用方法。希望读者能举一反三、灵活应用。

接下来，本章讲解了 Linux 启动过程，这部分的内容比较难，但对深入理解 Linux 系统是非常有帮助的，希望读者能反复阅读。

最后，本章还讲解了 Linux 系统服务，包括独立运行的服务和 xinetd 设定的服务，并且讲解了 Linux 系统中设定服务的常用方法。

本章安排了两个实验，实验一通过一个完整的操作使读者能够熟练使用 Linux 的基本命令，实验二讲解了如何定制 Linux 系统服务，希望读者能够认真动手实践。

2.6 思考与练习

1．更改目录的名称，如把/home/david 变为/home/john。

2．如何将文件属性变为-rwxrw-r--？

3．下载最新 Linux 源码，并解压缩至/usr/src 目录下。

4．修改 Telnet、FTP 服务的端口号。

第3章

Linux下C编程基础

本章目标

本章将主要讲解在Linux中进行C语言编程的基本技能。学习本章后，读者能够掌握如下内容。

- 熟悉Linux系统下的开发环境 □
- 熟悉vi的基本操作 □
- 熟练emacs的基本操作 □
- 熟悉gcc编译器的基本原理 □
- 熟练使用gcc编译器的常用选项 □
- 熟练使用gdb的调试技术 □
- 熟悉makefile基本原理及语法规范 □
- 熟练使用autoconf和automake生成makefile □

3.1 Linux下C语言编程概述

3.1.1 C语言简单回顾

C语言最早是由贝尔实验室的Dennis Ritchie为了UNIX的辅助开发而编写的，它是在B语言的基础上开发出来的。尽管C语言不是专门针对UNIX操作系统或机器编写的，但它与UNIX系统的关系十分紧密。由于它的硬件无关性和可移植性，使C语言逐渐成为世界上使用最广泛的计算机语言。

为了进一步规范C语言的硬件无关性，1987年，美国国家标准协会（ANSI）根据C语言问世以来各种版本对C语言的发展和扩充，制定了新的标准，称为ANSI C。ANSI C语言比原来的标准C语言有了很大的发展。目前流行的C语言编译系统都是以它为基础的。

C语言的成功并不是偶然的，它强大的功能和它的可移植性让它能在各种硬件平台上游刃自如。总体而言，C语言有如下特点。

（1）C语言是“中级语言”。它把高级语言的基本结构和语句与低级语言的实用性结合起来。C语言可以像汇编语言一样对位、字节和地址进行操作，而这三者是计算机最基本的工作单元。

（2）C 语言是结构化的语言。C 语言采用代码及数据分隔，使程序的各个部分除了必要的信息交流外彼此独立。这种结构化方式可使程序层次清晰，便于使用、维护以及调试。C 语言是以函数形式提供给用户的，这些函数可方便地调用，并具有多种循环、条件语句控制程序流向，从而使程序完全结构化。

（3）C 语言功能齐全。C 语言具有各种各样的数据类型，并引入了指针的概念，可使程序效率更高。另外，C 语言也具有强大的图形功能，支持多种显示器和驱动器，而且计算功能、逻辑判断功能也比较强大，可以实现决策目的。

（4）C 语言可移植性强。C 语言适合多种操作系统，如 DOS、Windows、Linux，也适合多种体系结构，因此尤其适合在嵌入式领域的开发。

3.1.2 Linux 下 C 语言编程环境概述

Linux 下的 C 语言程序设计与在其他环境中的 C 程序设计一样，主要涉及编辑器、编译链接器、调试器及项目管理工具。现在我们先对这 4 种工具进行简单介绍，后面会对其一一进行讲解。

（1）编辑器。

Linux 下的编辑器就如 Windows 下的记事本、写字板等一样，完成对所录入文字的编辑功能。Linux 中最常用的编辑器有 vi（vim）和 emacs。

它们功能强大、使用方便，深受编程爱好者的喜爱。在本书中，着重介绍 vi 和 emacs。

（2）编译链接器。

编译是指源代码转化生成可执行代码的过程，它所完成的主要工作如图 3.1 所示。

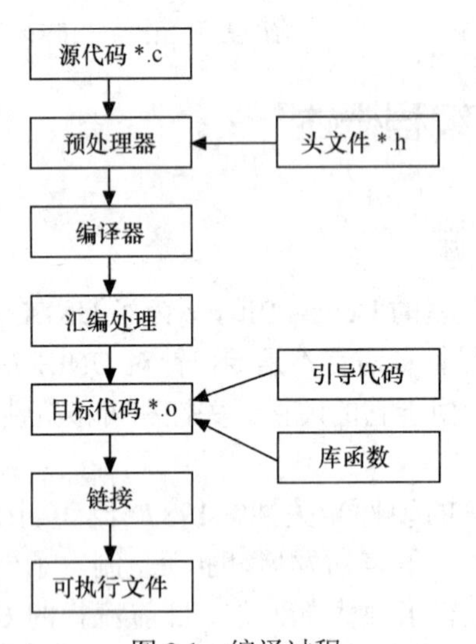

图 3.1　编译过程

可见，编译过程是非常复杂的，它包括词法、语法和语义的分析、中间代码的生成和优化、符号表的管理和出错处理等。在 Linux 中，最常用的编译器是 gcc 编译器。它是 GNU 推出的功能强大、性能优越的多平台编译器，其执行效率与一般的编译器相比平均效率要高 20%～30%。

（3）调试器。

调试器并不是代码执行的必备工具，而是专为方便程序员调试程序而用的。有编程经验的读者都知道，在编程的过程当中，往往调试所消耗的时间远远大于编写代码的时间。因此，有一个功能强大、使用方便的调试器是必不可少的。gdb 是绝大多数 Linux 开发人员所使用的调试器，它可以方便地设置断点、单步跟踪等，足以满足开发人员的需要。

（4）项目管理器。

Linux 中的项目管理器“make”有些类似于 Windows 中 Visual C++里的“工程”，它是一种控制编译或者重复编译软件的工具，另外，它还能自动管理软件编译的内容、方式和时机，使程序员能够把精力集中在代码的编写上而不是在源代码的组织上。

3.2 常用编辑器

3.2.1 进入 vi

Linux 系统提供了一个完整的编辑器家族系列，如 Ed、Ex、vi 和 emacs 等。按功能它们可以分为两大类：行编辑器（Ed、Ex）和全屏幕编辑器（vi、emacs）。行编辑器每次只能对一行进行操作，使用起来很不方便。而全屏幕编辑器可以对整个屏幕进行编辑，用户编辑的文件直接显示在屏幕上，从而克服了行编辑那种不直观的操作方式，便于用户学习和使用，具有强大的功能。

vi 是 Linux 系统的第一个全屏幕交互式编辑程序，它从诞生至今一直得到广大用户的青睐，历经数十年仍然是人们主要使用的文本编辑工具，足以见其生命力之强，而强大的生命力是其强大的功能带来的。由于大多数读者在此之前都已经用惯了 Windows 平台上的编辑器，因此，在刚刚接触时总会或多或少不适应，但只要习惯之后，就能感受到它的方便与快捷。

1. vi 的模式

vi 有 3 种模式，分别为命令行模式、插入模式及命令行模式。下面具体介绍各模式的功能。

（1）命令行模式。

用户在用 vi 编辑文件时，最初进入的为一般模式。在该模式中用户可以通过上下移动光标进行“删除字符”或“整行删除”等操作，也可以进行“复制”、“粘贴”等操作，但无法编辑文字。

（2）插入模式。

只有在该模式下，用户才能进行文字编辑输入，用户按[Esc]键可回到命令行模式。

（3）底行模式。

在该模式下，光标位于屏幕的底行。用户可以进行文件保存或退出操作，也可以设置编辑环境，如寻找字符串、列出行号等。

2. vi 的基本流程

（1）进入 vi，即在命令行下键入“vi hello”（文件名）。此时进入的是命令行模式，光标位于屏幕的上方。

（2）在命令行模式下键入 i 进入插入模式。在屏幕底部显示有“插入”表示插入模式中的输入状态，在该模式下可以输入文字信息。

（3）最后，在插入模式中，按“Esc”键，则当前模式转入命令行模式，并在底行行中输入“:wq”（存盘退出）进入底行模式。

这样，就完成了一个简单的 vi 操作流程：命令行模式→插入模式→底行模式。由于 vi 在不同的模式下有不同的操作功能，因此，读者一定要时刻注意屏幕最下方的提示，分清所在的模式。

3．vi 的各模式功能键

（1）命令行模式常见功能键如表 3.1 所示。

表 3.1　vi 命令行模式功能键

功 能 键	功　　能
i	切换到插入模式，在目前的光标所在处插入输入的文字，已存在的文字会向后退
a	切换到插入模式，并从目前光标所在位置的下一个位置开始输入文字
o	切换到插入模式，且从行首开始插入新的一行
[Ctrl]+[b]	屏幕往“后”翻动一页
[Ctrl]+[f]	屏幕往“前”翻动一页
[Ctrl]+[u]	屏幕往“后”翻动半页
[Ctrl]+[d]	屏幕往“前”翻动半页
0（数字 0）	光标移到本行的开头
G	光标移动到文件的最后
nG	光标移动到第 n 行
$	移动到光标所在行的“行尾”
n<Enter>	光标向下移动 n 行
/name	在光标之后查找一个名为 name 的字符串
?name	在光标之前查找一个名为 name 的字符串
x	删除光标所在位置的一个字符
X	删除光标所在位置的前一个字符
dd	删除光标所在行
ndd	从光标所在行开始向下删除 n 行
yy	复制光标所在行
nyy	复制光标所在行开始的向下 n 行
p	将缓冲区内的字符粘贴到光标所在位置（与 yy 搭配）
u	恢复前一个动作

（2）插入模式的功能键只有一个，即按“Esc”键可回到命令行模式。

（3）底行模式常见功能键如表 3.2 所示。

表 3.2 vi 底行模式功能键

功 能 键	功 能
:w	将编辑的文件保存到磁盘中
:q	退出 vi（系统对做过修改的文件会给出提示）
:q!	强制退出 vi（对修改过的文件不作保存）
:wq	存盘后退出
:w [filename]	另存一个名为 filename 的文件
:set nu	显示行号，设定之后，会在每一行的前面显示对应行号
:set nonu	取消行号显示

注意 vim 是 vi 的升级版，与 vi 相比扩展了很多功能且保持与 vi 的 90%相兼容，感兴趣的读者可以查看相关资料进行学习。

3.2.2 初探 emacs

正如前面所述，vi 是一款功能非常强大的编辑器，它能够方便、快捷、高效地完成用户的任务，那么，在此再次向读者介绍另一款编辑器是否多此一举呢？答案是否定的。因为 emacs 不仅仅是一款功能强大的编译器，而且是一款融合编辑、编译、调试于一体的开发环境。虽然，它没有 Visual Studio 一样绚丽的界面，但是它可以在没有图形显示的终端环境下出色地工作，相信追求强大功能和工作效率的用户不会介意它朴素的界面的。emacs 的使用和 vi 截然不同。在 emacs 里，没有类似于 vi 的 3 种“模式”。emacs 只有一种模式，也就是编辑模式，而且它的命令全靠功能键完成。因此，功能键也就相当重要了。

但 emacs 却还使用一个不同 vi 的“模式”，它的“模式”是指各种辅助环境。比如，当编辑普通文本时，使用的是“文本模式（Text Mode）”，而当写程序时，使用的则是如“c 模式”、“shell 模式”等。

下面，首先介绍一下 emacs 作为编辑器的使用方法，以帮助读者熟悉 emacs 的环境。

注意 emacs 缩写注释：
C+<chr>表示按住 Ctrl 键的同时键入字符<chr>。因此，C+f 就表示按住 Ctrl 键同时键入 f。
M+<chr>表示当键入字符<chr>时同时按住 Meta 或 Edit 或 Alt 键（通常为 Alt 键）。

1．emacs 安装

现在较新版本的 Linux（如本书中所用的 Red Hat Enterprise 4 AS）的安装光盘中一般都自带有 emacs 的安装包，用户可以通过安装光盘进行安装（一般在第 2 张光盘中）。

2．启动 emacs

安装完 emacs 之后，只需在命令行键入“emacs [文件名]”（若默认文件名，也可在 emacs 编辑文件后另存时指定），也可从“编程”→“emacs”打开。

接着可单击任意键进入 emacs 的工作窗口。

从图中可见，emacs 的工作窗口分为上下两个部分，上部为编辑窗口，底部为命令显示窗口，用户执行功能键的功能都会在底部有相应的显示，有时也需要用户在底部窗口输入相应的命令，如查找字符串等。

3．进入 emacs

在进入 emacs 后，即可进行文件的编辑。由于 emacs 只有一种编辑模式，因此用户无需进行模式间的切换。下面介绍 emacs 中基本编辑功能键。

（1）移动光标。

虽然在 emacs 中可以使用“上”、“下”、“左”、“右”方向键来移动单个字符，但笔者还是建议读者学习其对应功能键，因为它们不仅能在所有类型的终端上工作，而且读者将会发现在熟练使用之后，输入这些 Ctrl 加字符会比按方向键快很多。表 3.3 列举了 emacs 中光标移动的常见功能键。

表 3.3　emacs 光标移动功能键

功能键	功能	功能键	功能
C-f	向前移动一个字符	M-b	向后移动一个单词
C-b	向后移动一个字符	C-a	移动到行首
C-p	移动到上一行	C-e	移动到行尾
C-n	移动到下一行	M-<（M 加“小于号”）	移动光标到整个文本的开头
M-f	向前移动一个单词	M->（M 加“大于号”）	移动光标到整个文本的末尾

（2）剪切和粘贴。

在 emacs 中可以使用“Delete”和“BackSpace”删除光标前后的字符，这和用户之前的习惯一致，在此就不赘述。以词和行为单位的剪切和粘贴功能键如表 3.4 所示。

表 3.4　emacs 剪切和粘贴

功能键	功能	功能键	功能
M-Delete	剪切光标前面的单词	M-k	剪切从光标位置到句尾的内容
M-d	剪切光标前面的单词	C-y	将缓冲区中的内容粘贴到光标所在的位置
C-k	剪切从光标位置到行尾的内容	C-x u	撤销操作（先操作 C+x，接着再单击 u）

注意　在 emacs 中对单个字符的操作是“删除”，而对词和句的操作是“剪切”，即保存在缓冲区中，以备后面的“粘贴”所用。

（3）复制文本。

在 emacs 中的复制文本包括两步：选择复制区域和粘贴文本。

选择复制区域的方法是：首先在复制起始点（A）按下“C-Space”或“C-@(C-Shift-2)”使它成为一个标识点，再将光标移至复制结束点（B），再按下“M-w”，就可将 A 与 B 之间的文本复制到系统的缓冲区中。再使用功能键 C-y 将其粘贴到指定位置。

（4）查找文本。

查找文本的功能键如表 3.5 所示。

表 3.5 emacs 查找文本功能键

功 能 键	功 能
C-s	查找光标以后的内容，并在对话框的“I-search:”后输入要查找的字符串
C-r	查找光标以前的内容，并在对话框的“I-search backward:”后输入要查找的字符串

（5）保存文档。

在 emacs 中保存文档的功能键为“C+x C+s”（即先操作 C+x，接着再操作 C+s），这时，屏幕底下的对话框会出现如“Wrote /root/workplace/editor/why”的字样。

另外，emacs 在编辑时会为每个文件提供“自动保存（auto save）”的机制，而且自动保存的文件的文件名前后都有一个“#”，例如，编辑名为“hello.c”的文件，其自动保存的文件的文件名就叫“#hello.c#”。当用户正常地保存了文件后，emacs 就会删除这个自动保存的文件。这个机制当系统发生异常时非常有用。

（6）退出文档。

在 emacs 中退出文档的功能键为“C-x C-c”。

4．emacs 中的模式

emacs 不仅仅是个强大的编译器，它还是一个集编译、调试等于一体的工作环境。在这里，读者将会了解到 emacs 作为编译器的最基本的概念，感兴趣的读者可以参考《Learning GNU Emacs，Second Edition》一书进一步学习 emacs。

在 emacs 中并没有像 vi 中那样的“命令行”、“编辑”模式，只有一种编辑模式。这里所说的“模式”是指 emacs 里的各种辅助环境。下面着重讲解 C 模式。

当我们启动某一文件时，emacs 会判断文件的类型，从而自动选择相应的模式。当然，用户也可以手动启动各种模式，用功能键“M-x”，然后再输入模式的名称，这样就启动了“C 模式”。

在强大的 C 模式下，用户拥有“自动缩进”、“注释”、“预处理扩展”、“自动状态”等强大功能。在“C 模式”下编辑代码时，可以用“Tab”键自动地将当前行的代码产生适当的缩进，使代码结构清晰、美观，它也可以指定缩进的规则。

源代码要有良好的可读性，必须要有良好的注释。在 emacs 中，用“M-”可以产生一条右缩进的注释。C 模式下是“/* comments */”形式的注释，C++模式下是“// comments”形式的注释。当用户高亮选定某段文本，然后操作“C-c C-c”，就可以注释该段文字。

emacs 还可以使用 C 预处理其运行代码的一部分，以便让程序员检测宏、条件编译以及 include 语句的效果。

5．emacs 编译调试程序

emacs 可以让程序员在 emacs 环境里编译自己的软件。此时，编辑器把编译器的输出和程序代码连接起来。程序员可以像使用 Windows 的其他开发工具一样，将出错位置和代码定位联系起来。

emacs 默认的编辑命令是对一个 make（在本章 3.6 节中会详细介绍）的调用。用户可以打开“tool”下的“Compile”进行查看。emacs 可以支持大量的工程项目，以方便程序员的开发。

另外，emacs 为 gdb 调试器提供了一个功能齐全的接口。在 emacs 中使用 gdb 的时候，程序员不仅能够获得 gdb 的全部标准特性，还可以获得通过接口增强而产生的其他性能。

3.3 gcc 编译器

GNU CC（简称为 gcc）是 GNU 项目中符合 ANSI C 标准的编译系统，能够编译用 C、C++和 Object C 等语言编写的程序。gcc 不仅功能强大，而且可以编译如 C、C++、Object C、Java、Fortran、Pascal、Modula-3 和 Ada 等多种语言，而且 gcc 是一个交叉平台编译器，它能够在当前 CPU 平台上为多种不同体系结构的硬件平台开发软件，因此尤其适合在嵌入式领域的开发编译。本章中的示例，除非特别注明，否则均采用 4.x.x 的 gcc 版本。

表 3.6 所示为 gcc 支持编译源文件的后缀及其解释。

表 3.6　　gcc 所支持后缀名解释

后　缀　名	所对应的语言	后　缀　名	所对应的语言
.c	C 原始程序	.s/.S	汇编语言原始程序
.C/.cc/.cxx	C++原始程序	.h	预处理文件（头文件）
.m	Objective-C 原始程序	.o	目标文件
.i	已经过预处理的 C 原始程序	.a/.so	编译后的库文件
.ii	已经过预处理的 C++原始程序	…	…

3.3.1 gcc 编译流程解析

如本章开头提到的，gcc 的编译流程分为了 4 个步骤，分别为：

- 预处理（Pre-Processing）；
- 编译（Compiling）；
- 汇编（Assembling）；
- 链接（Linking）。

下面就具体来查看一下 gcc 是如何完成以上 4 个步骤的。

首先看一下 hello.c 的源代码：

```
#include <stdio.h>
int main()
{
    printf("Hello! This is our embedded world!\n");
    return 0;
}
```

（1）预处理阶段。

在该阶段，对包含的头文件（#include）和宏定义（#define、#ifdef 等）进行处理。在上述代码的预处理过程中，编译器将包含的头文件 stdio.h 编译进来，并且用户可以使用 gcc 的选项“-E”进行查看，该选项的作用是让 gcc 在预处理结束后停止编译过程。

> **注意**　gcc 指令的一般格式为：gcc [选项] 要编译的文件 [选项] [目标文件]。
> 其中，目标文件可默认，gcc 默认生成可执行的文件，名为：编译文件.out。

```
[root@localhost gcc]# gcc -E hello.c -o hello.i
```

在此处，选项“-o”是指目标文件，由表 3.6 可知，“.i”文件为已经过预处理的 C 程序。

以下列出了 hello.i 文件的部分内容：

```
typedef int (*__gconv_trans_fct) (struct __gconv_step *,
        struct __gconv_step_data *, void *,
        __const unsigned char *,
        __const unsigned char **,
        __const unsigned char *, unsigned char **,
        size_t *);
…
# 2 "hello.c" 2
int main()
{
   printf("Hello! This is our embedded world!\n");
   return 0;
}
```

由此可见，gcc 确实进行了预处理，它把“stdio.h”的内容插入 hello.i 文件中。

（2）编译阶段。

接下来进行的是编译阶段，在这个阶段中，gcc 首先要检查代码的规范性、是否有语法错误等，以确定代码实际要做的工作，在检查无误后，gcc 把代码翻译成汇编语言。用户可以使用“-S”选项来进行查看，该选项只进行编译而不进行汇编，结果生成汇编代码。

```
[root@localhost gcc]# gcc -S hello.i -o hello.s
```

以下列出了 hello.s 的内容，可见 gcc 已经将其转化为汇编代码了，感兴趣的读者可以分析一下这一个简单的 C 语言小程序是如何用汇编代码实现的。

```
    .file  "hello.c"
    .section  .rodata
    .align 4
.LC0:
    .string       "Hello! This is our embedded world!"
    .text
.globl main
    .type main, @function
main:
    pushl %ebp
    movl %esp, %ebp
    subl $8, %esp
    andl $-16, %esp
    movl $0, %eax
    addl $15, %eax
    addl $15, %eax
    shrl $4, %eax
    sall $4, %eax
    subl %eax, %esp
    subl $12, %esp
    pushl $.LC0
    call puts
    addl $16, %esp
    movl $0, %eax
    leave
    ret
    .size  main, .-main
    .ident "GCC: (GNU) 4.0.0 200XYZ19 (Red Hat 4.0.0-8)"
    .section  .note.GNU-stack,"",@progbits
```

（3）汇编阶段。

汇编阶段是把编译阶段生成的“.s”文件转成目标文件，读者在此使用选项“-c”就可看到汇编代码已转化为“.o”的二进制目标代码了，如下所示：

```
[root@localhost gcc]# gcc -c hello.s -o hello.o
```

（4）链接阶段。

在成功编译之后，就进入了链接阶段。这里涉及一个重要的概念：函数库。

读者可以重新查看这个小程序，在这个程序中并没有定义“printf”的函数实现，且在预编译中包含进的“stdio.h”中也只有该函数的声明，而没有定义函数的实现，那么，是在哪里实现“printf”函数的呢？最后的答案是：系统把这些函数的实现都放到名为 libc.so.6 的库文件中去了，在没有特别指定时，gcc 会到系统默认的搜索路径“/usr/lib”下进行查找，也就是链接到 libc.so.6 函数库中去，这样就能调用函数“printf”了，而这也正是链接的作用。

函数库有静态库和动态库两种。静态库是指编译链接时，将库文件的代码全部加入可执行文件中，因此生成的文件比较大，但在运行时也就不再需要库文件了。其后缀名通常为“.a”。动态库与之相反，在编译链接时并没有将库文件的代码加入可执行文件中，而是在程序执行时加载库，这样可以节省系统的开销。一般动态库的后缀名为“.so”，如前面所述的 libc.so.6 就是动态库。gcc 在编译时默认使用动态库。

完成了链接之后，gcc 就可以生成可执行文件，如下所示。

```
[root@localhost gcc]# gcc hello.o -o hello
```

运行该可执行文件，出现的正确结果如下。

```
[root@localhost gcc]# ./hello
Hello! This is our embedded world!
```

3.3.2 gcc 编译选项分析

gcc 有超过 100 个可用选项，主要包括总体选项、告警和出错选项、优化选项和体系结构相关选项。以下对每一类中最常用的选项进行讲解。

（1）常用选项。

gcc 的常用选项如表 3.7 所示，很多在前面的示例中已经有所涉及。

表 3.7 gcc 常用选项列表

选　项	含　义
-c	只编译不链接，生成目标文件“.o”
-S	只编译不汇编，生成汇编代码
-E	只进行预编译，不做其他处理
-g	在可执行程序中包含标准调试信息
-o file	将 file 文件指定为输出文件
-v	打印出编译器内部编译各过程的命令行信息和编译器的版本
-I dir	在头文件的搜索路径列表中添加 dir 目录

前一小节已经讲解了“-c”、“-E”、“-o”、“-S”选项的使用方法，在此主要讲解另外一个非常常用的库依赖选项“-I dir”。

■ “-I dir”

正如上表中所述，“-I dir”选项可以在头文件的搜索路径列表中添加 dir 目录。由于 Linux 中头文件都默认放到了“/usr/include/”目录下，因此，当用户希望添加放置在其他位置的头文件时，就可以通过“-I dir”选项来指定，这样，gcc 就会到相应的位置查找对应的目录。

比如在“/root/workplace/gcc”下有两个文件：

```
/* hello1.c */
#include<my.h>
int main()
{
    printf("Hello!!\n");
    return 0;
}
/* my.h */
#include<stdio.h>
```

这样，就可在 gcc 命令行中加入“-I”选项：

```
[root@localhost gcc] gcc hello1.c -I /root/workplace/gcc/ -o hello1
```

这样，gcc 就能够执行出正确结果。

小知识　在 include 语句中，“<>”表示在标准路径中搜索头文件，“ “” ”表示在本目录中搜索。故在上例中，可把 hello1.c 的“#include<my.h>”改为“#include “my.h””，就不需要加上“-I”选项了。

（2）库选项。

gcc 库选项如表 3.8 所示。

表 3.8　　gcc 库选项列表

选　项	含　义
-static	进行静态编译，即链接静态库，禁止使用动态库
-shared	1．可以生成动态库文件 2．进行动态编译，尽可能地链接动态库，只有当没有动态库时才会链接同名的静态库（默认选项，即可省略）
-L dir	在库文件的搜索路径列表中添加 dir 目录
-lname	链接称为 libname.a（静态库）或者 libname.so（动态库）的库文件。若两个库都存在，则根据编译方式（-static 还是-shared）而进行链接
-fPIC（或-fpic）	生成使用相对地址的位置无关的目标代码（Position Independent Code）。然后通常使用 gcc 的-static 选项从该 PIC 目标文件生成动态库文件

我们通常需要将一些常用的公共函数编译并集成到二进制文件（Linux 的 ELF 格式文件），以便其他程序可重复地使用该文件中的函数，此时将这种文件叫做函数库，使用函数库不仅能够节省很多内存和存储器的空间资源，而且更重要的是大大降低开发难度和开销，提高开发效

率并增强程序的结构性。实际上，在 Linux 中的每个程序都会链接到一个或者多个库。比如使用 C 函数的程序会链接到 C 运行时库，Qt 应用程序会链接到 Qt 支持的相关图形库等。

函数库有静态库和动态库两种，静态库是一系列的目标文件（.o 文件）的归档文件（文件名格式为 lib*name*.a），如果在编译某个程序时链接静态库，则链接器将会搜索静态库，从中提取出它所需要的目标文件并直接复制到该程序的可执行二进制文件(ELF 格式文件)之中；动态库（文件名格式为 lib*name*.so[.*主版本号.次版本号.发行号*]）在程序编译时并不会被链接到目标代码中，而是在程序运行时才被载入。

下面举一个简单的例子，讲解如何创建和使用这两种函数库。

首先创建 unsgn_pow.c 文件，它包含 unsgn_pow()函数的定义，具体代码如下所示。

```
/* unsgn_pow.c: 库程序 */
unsigned long long unsgn_pow(unsigned int x, unsigned int y)
{
    unsigned long long res = 1;
    if (y == 0)
    {
        res = 1;
    }
    else if (y == 1)
    {
        res = x;
    }
    else
    {
        res = x * unsgn_pow(x, y - 1);
    }
    return res;
}
```

然后创建 pow_test.c 文件，它会调用 unsgn_pow()函数。

```
/* pow_test.c */
#include <stdio.h>
#include <stdlib.h>
int main(int argc, char *argv[])
{
    unsigned int x, y;
    unsigned long long res;

    if ((argc < 3) || (sscanf(argv[1], "%u", &x) != 1)
                   || (sscanf(argv[2], "%u", &y)) != 1)
    {
        printf("Usage: pow base exponent\n");
        exit(1);
    }
    res = unsgn_pow(x, y);
    printf("%u ^ %u = %u\n", x, y, res);
    exit(0);
}
```

我们用 unsgn_pow.c 文件可以制作一个函数库。下面分别讲解怎么生成静态库和动态库。

■ 静态库的创建和使用。

创建静态库比较简单，使用归档工具 ar 将一些目标文件集成在一起。

```
[root@localhost lib]# gcc -c unsgn_pow.c
[root@localhost lib]# ar rcsv libpow.a unsgn_pow.o
```

```
a - unsgn_pow.o
```

下面编译主程序，它将会链接到刚生成的静态库 libpow.a。具体运行结果如下所示。

```
[root@localhost lib]# gcc -o pow_test pow_test.c -L. -lpow
[root@localhost lib]# ./pow_test 2 10
2 ^ 10 = 1024
```

其中，选项“-L dir”的功能与“-I dir”类似，能够在库文件的搜索路径列表中添加 dir 目录，而“-l*name*”选项指示编译时链接到库文件 lib*name*.a 或者 lib*name*.so。本实例中，程序 pow_test.c 需要使用当前目录下的一个静态库 libpow.a。

■ 动态库的创建和使用。

首先使用 gcc 的-fPIC 选项为动态库构造一个目标文件。

```
[root@localhost lib]# gcc -fPIC -Wall -c unsgn_pow.c
```

接下来，使用-shared 选项和已创建的位置无关目标代码，生成一个动态库 libpow.so。

```
[root@localhost lib]# gcc -shared -o libpow.so unsgn_pow.o
```

下面编译主程序，它将会链接到刚生成的动态库 libpow.so。

```
[root@localhost lib]# gcc -o pow_test pow_test.c -L. -lpow
```

在运行可执行程序之前，需要注册动态库的路径名。其方法有几种：修改/etc/ld.so.conf 文件，或者修改 LD_LIBRARY_PATH 环境变量，或者将库文件直接复制到/lib 或者/usr/lib 目录下（这两个目录为系统的默认的库路径名）。

```
[root@localhost lib]# cp libpow.so /lib
[root@localhost lib]# ./pow_test 2 10
2 ^ 10 = 1024
```

动态库只有当使用它的程序执行时才被链接使用，而不是将需要的部分直接编译入可执行文件中，并且一个动态库可以被多个程序使用故可称为共享库，而静态库将会整合到程序中，因此在程序执行时不用加载静态库。 从而可知，链接到静态库会使用户的程序臃肿，并且难以升级，但是可能会比较容易部署。而链接到动态库会使用户的程序轻便，并且易于升级，但是会难以部署。

（3）告警和出错选项。

gcc 的告警和出错选项如表 3.9 所示。

表 3.9 gcc 警告和出错选项列表

选　　项	含　　义
-ansi	支持符合 ANSI 标准的 C 程序
-pedantic	允许发出 ANSI C 标准所列的全部警告信息
-pedantic-error	允许发出 ANSI C 标准所列的全部错误信息
-w	关闭所有告警
-Wall	允许发出 gcc 提供的所有有用的报警信息
-werror	把所有的告警信息转化为错误信息，并在告警发生时终止编译过程

下面结合实例对这几个告警和出错选项进行简单的讲解。

有以下程序段：

```
#include<stdio.h>

void main()
{
    long long tmp = 1;
    printf("This is a bad code!\n");
    return 0;
}
```

这是一个很糟糕的程序，读者可以考虑一下有哪些问题。

■ “-ansi”。

该选项强制 gcc 生成标准语法所要求的告警信息，尽管这还并不能保证所有没有警告的程序都是符合 ANSI C 标准的。运行结果如下所示：

```
[root@localhost gcc]# gcc -ansi warning.c -o warning
warning.c: 在函数“main”中:
warning.c:7 警告: 在无返回值的函数中, “return”带返回值
warning.c:4 警告: “main”的返回类型不是“int”
```

可以看出，该选项并没有发现“long long”这个无效数据类型的错误。

■ “-pedantic”。

打印 ANSI C 标准所列出的全部警告信息，同样也保证所有没有警告的程序都是符合 ANSI C 标准的。其运行结果如下所示：

```
[root@localhost gcc]# gcc -pedantic warning.c -o warning
warning.c: 在函数“main”中:
warning.c:5 警告: ISO C90 不支持“long long”
warning.c:7 警告: 在无返回值的函数中, “return”带返回值
warning.c:4 警告: “main”的返回类型不是“int”
```

可以看出，使用该选项查出了“long long”这个无效数据类型的错误。

■ “-Wall”。

打印 gcc 能够提供的所有有用的报警信息。该选项的运行结果如下所示：

```
[root@localhost gcc]# gcc -Wall warning.c -o warning
warning.c:4 警告: “main”的返回类型不是“int”
warning.c: 在函数“main”中:
warning.c:7 警告: 在无返回值的函数中, “return”带返回值
warning.c:5 警告: 未使用的变量“tmp”
```

使用“-Wall”选项找出了未使用的变量 tmp，但它并没有找出无效数据类型的错误。

另外，gcc 还可以利用选项对单独的常见错误分别指定警告。

（4）优化选项。

gcc 可以对代码进行优化，它通过编译选项“-On”来控制优化代码的生成，其中 n 是一个代表优化级别的整数。对于不同版本的 gcc 来讲，n 的取值范围及其对应的优化效果可能并不完全相同，比较典型的范围是从 0 变化到 2 或 3。

不同的优化级别对应不同的优化处理工作。如使用优化选项“-O”主要进行线程跳转

（Thread Jump）和延迟退栈（Deferred Stack Pops）两种优化。使用优化选项“-O2”除了完成所有“-O1”级别的优化之外，同时还要进行一些额外的调整工作，如处理器指令调度等。选项“-O3”则还包括循环展开和其他一些与处理器特性相关的优化工作。

虽然优化选项可以加速代码的运行速度，但对于调试而言将是一个很大的挑战。因为代码在经过优化之后，原先在源程序中声明和使用的变量很可能不再使用，控制流也可能会突然跳转到意外的地方，循环语句也有可能因为循环展开而变得到处都有，所有这些对调试来讲都将是一场噩梦。所以笔者建议在调试的时候最好不使用任何优化选项，只有当程序在最终发行的时候才考虑对其进行优化。

（5）体系结构相关选项。

gcc 的体系结构相关选项如表 3.10 所示。

表 3.10　　gcc 体系结构相关选项列表

选　项	含　义
-mcpu=type	针对不同的 CPU 使用相应的 CPU 指令。可选择的 type 有 i386、i486、pentium 及 i686 等
-mieee-fp	使用 IEEE 标准进行浮点数的比较
-mno-ieee-fp	不使用 IEEE 标准进行浮点数的比较
-msoft-float	输出包含浮点库调用的目标代码
-mshort	把 int 类型作为 16 位处理，相当于 short int
-mrtd	强行将函数参数个数固定的函数用 ret NUM 返回，节省调用函数的一条指令

这些体系结构相关选项在嵌入式的设计中会有较多的应用，读者需根据不同体系结构将对应的选项进行组合处理。在本书后面涉及具体实例时将会有针对性的讲解。

3.4　gdb 调试器

调试是所有程序员都会面临的问题。如何提高程序员的调试效率，更好、更快地定位程序中的问题从而加快程序开发的进度，是大家都很关注的问题。就如读者熟知的 Windows 下的一些调试工具，如 Visual Studio 自带的设置断点、单步跟踪等，都受到了广大用户的赞赏。那么，在 Linux 下有什么很好的调试工具呢？

gdb 调试器是一款 GNU 开发组织并发布的 UNIX/Linux 下的程序调试工具。虽然，它没有图形化的友好界面，但是它强大的功能也足以与微软的 Visual Studio 等工具媲美。下面就请跟随笔者一步步学习 gdb 调试器。

3.4.1　gdb 使用流程

这里给出了一个短小的程序，由此带领读者熟悉 gdb 的使用流程。建议读者能够动手实际操作一下。

首先，打开 Linux 下的编辑器 vi 或者 emacs，编辑如下代码（由于为了更好地熟悉 gdb 的操作，笔者在此使用 vi 编辑，希望读者能够参见 3.3 节中对 vi 的介绍，并熟练使用 vi）。

```
/*test.c*/
```

```
#include <stdio.h>
int sum(int m);
int main()
{
    int i, n = 0;
    sum(50);
    for(i = 1; i<= 50; i++)
    {
        n += i;
    }
    printf("The sum of 1-50 is %d \n", n );
}
int sum(int m)
{
    int i, n = 0;
    for (i = 1; i <= m; i++)
    {
        n += i;
        printf("The sum of 1-m is %d\n", n);
    }
}
```

在保存退出后首先使用 gcc 对 test.c 进行编译，注意一定要加上选项“-g”，这样编译出的可执行代码中才包含调试信息，否则之后 gdb 无法载入该可执行文件。

```
[root@localhost gdb]# gcc -g test.c -o test
```

虽然这段程序没有错误，但调试完全正确的程序可以更加了解 gdb 的使用流程。接下来就启动 gdb 进行调试。注意，gdb 进行调试的是可执行文件，而不是如“.c”的源代码，因此，需要先通过 gcc 编译生成可执行文件才能用 gdb 进行调试。

```
[root@localhost gdb]# gdb test
GNU gdb Red Hat Linux (6.3.0.0-1.21rh)
Copyright 2004 Free Software Foundation, Inc.
GDB is free software, covered by the GNU General Public License, and you are welcome to change it and/or distribute copies of it under certain conditions.
Type "show copying" to see the conditions.
There is absolutely no warranty for GDB.  Type "show warranty" for details.
This GDB was configured as "i386-redhat-linux-gnu"...Using host libthread_db library "/lib/libthread_db.so.1".
(gdb)
```

可以看出，在 gdb 的启动画面中指出了 gdb 的版本号、使用的库文件等信息，接下来就进入了由“(gdb)”开头的命令行界面了。

（1）查看文件。

在 gdb 中键入“l”（list）就可以查看所载入的文件，如下所示。

注意　在 gdb 的命令中都可使用缩略形式的命令，如“l”代表“list”，“b”代表“breakpoint”，“p”代表“print”等，读者也可使用“help”命令查看帮助信息。

```
(gdb) l
1       #include <stdio.h>
2       int sum(int m);
3       int main()
4       {
5           int i,n = 0;
6            sum(50);
7            for(i = 1; i <= 50; i++)
8            {
9               n += i;
10           }
(gdb) l
11           printf("The sum of 1~50 is %d \n", n );
12
13      }
14      int sum(int m)
15      {
16         int i, n = 0;
17          for(i = 1; i <= m; i++)
18          {
19             n += i;
20          }
21           printf("The sum of 1~m is = %d\n", n);
22      }
```

可以看出，gdb 列出的源代码中明确地给出了对应的行号，这样就可以大大地方便代码的定位。

（2）设置断点。

设置断点是调试程序中一个非常重要的手段，它可以使程序运行到一定位置时暂停。因此，程序员在该位置处可以方便地查看变量的值、堆栈情况等，从而找出代码的症结所在。

在 gdb 中设置断点非常简单，只需在“b”后加入对应的行号即可（这是最常用的方式，另外还有其他方式设置断点），如下所示：

```
(gdb) b 6
Breakpoint 1 at 0x804846d: file test.c, line 6.
```

要注意的是，在 gdb 中利用行号设置断点是指代码运行到对应行之前将其停止，如上例中，代码运行到第 6 行之前暂停（并没有运行第 6 行）。

（3）查看断点情况。

在设置完断点之后，用户可以键入“info b”来查看设置断点情况，在 gdb 中可以设置多个断点。

```
(gdb) info b
Num Type           Disp Enb Address    What
1   breakpoint     keep y   0x0804846d in main at test.c:6
```

用户在断点键入“backrace”（只输入“bt”即可）可以查到调用函数（堆栈）的情况，这个功能在程序调试之中使用非常广泛，经常用于排除错误或者监视调用堆栈的情况。

```
(gdb) b 19
(gdb) c
Breakpoint 2, sum(m=50) at test.c:19
19                  printf("The sum of 1-m is %d\n", n);
(gdb) bt
#0  sum(m=50) at test.c:19          /* 停在 test.c 的 sum() 函数，第 19 行*/
#1  0x080483e8 in main() at test.c:6  /* test.c 的第 6 行调用 sum 函数*/
```

（4）运行代码。

接下来就可运行代码了，gdb 默认从首行开始运行代码，键入“r”（run）即可（若想从程序中指定行开始运行，可在 r 后面加上行号）。

```
(gdb) r
Starting program: /root/workplace/gdb/test
Reading symbols from shared object read from target memory...done.
Loaded system supplied DSO at 0x5fb000

Breakpoint 1, main () at test.c:6
6               sum(50);
```

可以看到，程序运行到断点处就停止了。

（5）查看变量值。

在程序停止运行之后，程序员所要做的工作是查看断点处的相关变量值。在 gdb 中键入“p”＋变量值即可，如下所示：

```
(gdb) p n
$1 = 0
(gdb) p i
$2 = 134518440
```

在此处，为什么变量“i”的值为如此奇怪的一个数字呢？原因就在于程序是在断点设置的对应行之前停止的，那么在此时，并没有把“i”的数值赋为零，而只是一个随机的数字。但变量“n”是在第 4 行赋值的，故在此时已经为零。

小技巧 gdb 在显示变量值时都会在对应值之前加上“$N”标记，它是当前变量值的引用标记，所以以后若想再次引用此变量就可以直接写作“$N”，而无需写冗长的变量名。

（6）单步运行。

单步运行可以使用命令“n”（next）或“s”（step），它们之间的区别在于：若有函数调用的时候，“s”会进入该函数而“n”不会进入该函数。因此，“s”就类似于 Visual C++等工具中的“step in”，“n”类似于 Visual C++等工具中的“step over”。它们的使用如下所示：

```
(gdb) n
The sum of 1-m is 1275
```

```
7            for (i = 1; i <= 50; i++)
(gdb) s
sum (m=50) at test.c:16
16              int i, n = 0;
```

可见，使用“n”后，程序显示函数 sum()的运行结果并向下执行，而使用“s”后则进入 sum()函数之中单步运行。

（7）恢复程序运行。

在查看完所需变量及堆栈情况后，就可以使用命令“c”（continue）恢复程序的正常运行了。这时，它会把剩余还未执行的程序执行完，并显示剩余程序中的执行结果。以下是之前使用“n”命令恢复后的执行结果：

```
(gdb) c
Continuing
The sum of 1-50 is :1275
Program exited with code 031
```

可以看出，程序在运行完后退出，之后程序处于“停止状态”。

小知识　在 gdb 中，程序的运行状态有“运行”、“暂停”和“停止”3 种，其中“暂停”状态为程序遇到了断点或观察点之类的，程序暂时停止运行，而此时函数的地址、函数参数、函数内的局部变量都会被压入“栈”（Stack）中。故在这种状态下可以查看函数的变量值等各种属性。但在函数处于“停止”状态之后，“栈”就会自动撤销，它也就无法查看各种信息了。

3.4.2　gdb 基本命令

gdb 的命令可以通过查看 help 进行查找，由于 gdb 的命令很多，因此 gdb 的 help 将其分成了很多种类（class），用户可以通过进一步查看相关 class 找到相应命令，如下所示：

```
(gdb) help
List of classes of commands:

aliases -- Aliases of other commands
breakpoints -- Making program stop at certain points
data -- Examining data
files -- Specifying and examining files
internals -- Maintenance commands
…
Type "help" followed by a class name for a list of commands in that class.
Type "help" followed by command name for full documentation.
Command name abbreviations are allowed if unambiguous.
```

上述列出了 gdb 各个分类的命令，注意底部的加粗部分说明其为分类命令。接下来可以具体查找各分类的命令，如下所示：

```
(gdb) help data
Examining data.
```

```
List of commands:

call -- Call a function in the program
delete display -- Cancel some expressions to be displayed when program stops
delete mem -- Delete memory region
disable display -- Disable some expressions to be displayed when program stops
…
Type "help" followed by command name for full documentation.
Command name abbreviations are allowed if unambiguous.
```

若用户想要查找 call 命令，就可键入“help call”。

```
(gdb) help call
Call a function in the program.
The argument is the function name and arguments, in the notation of the
current working language.  The result is printed and saved in the value
history, if it is not void.
```

当然，若用户已知命令名，直接键入“help [command]”也是可以的。

gdb 中的命令主要分为以下几类：工作环境相关命令、设置断点与恢复命令、源代码查看命令、查看运行数据相关命令及修改运行参数命令。以下就分别对这几类命令进行讲解。

1．工作环境相关命令

gdb 中不仅可以调试所运行的程序，而且还可以对程序相关的工作环境进行相应的设定，甚至还可以使用 shell 中的命令进行相关的操作，其功能极其强大。gdb 常见工作环境相关命令如表 3.11 所示。

表 3.11　　gdb 工作环境相关命令

命令格式	含义
set args 运行时的参数	指定运行时参数，如 set args 2
show args	查看设置好的运行参数
path dir	设定程序的运行路径
show paths	查看程序的运行路径
set environment var [=value]	设置环境变量
show environment [var]	查看环境变量
cd dir	进入 dir 目录，相当于 shell 中的 cd 命令
pwd	显示当前工作目录
shell command	运行 shell 的 command 命令

2．设置断点与恢复命令

gdb 中设置断点与恢复的常见命令如表 3.12 所示。

表 3.12 gdb 设置断点与恢复相关命令

命令格式	含义
Info b	查看所设断点
break [文件名:]行号或函数名 <条件表达式>	设置断点
tbreak [文件名:]行号或函数名 <条件表达式>	设置临时断点，到达后被自动删除
delete [断点号]	删除指定断点，其断点号为“info b”中的第一栏。若默认断点号则删除所有断点
disable [断点号]	停止指定断点，使用“info b”仍能查看此断点。同 delete 一样，若默认断点号则停止所有断点
enable [断点号]	激活指定断点，即激活被 disable 停止的断点
condition [断点号] <条件表达式>	修改对应断点的条件
ignore [断点号]<num>	在程序执行中，忽略对应断点 num 次
Step	单步恢复程序运行，且进入函数调用
Next	单步恢复程序运行，但不进入函数调用
Finish	运行程序，直到当前函数完成返回
C	继续执行函数，直到函数结束或遇到新的断点

设置断点在 gdb 的调试中非常重要，下面着重讲解 gdb 中设置断点的方法。

gdb 中设置断点有多种方式：其一是按行设置断点；另外还可以设置函数断点和条件断点。下面具体介绍后两种设置断点的方法。

① 函数断点。

gdb 中按函数设置断点只需把函数名列在命令“b”之后，如下所示：

```
(gdb) b test.c:sum (可以简化为 b sum)
Breakpoint 1 at 0x80484ba: file test.c, line 16.
(gdb) info b
Num Type          Disp Enb Address    What
1   breakpoint    keep y   0x080484ba in sum at test.c:16
```

要注意的是，此时的断点实际是在函数的定义处，也就是在 16 行处（注意第 16 行还未执行）。

② 条件断点。

gdb 中设置条件断点的格式为：b 行数或函数名 if 表达式。具体实例如下所示：

```
(gdb) b 8 if i==10
Breakpoint 1 at 0x804848c: file test.c, line 8.
(gdb) info b
Num Type          Disp Enb Address    What
1   breakpoint    keep y   0x0804848c in main at test.c:8
        stop only if i == 10
(gdb) r
Starting program: /home/yul/test
The sum of 1-m is 1275

Breakpoint 1, main () at test.c:9
```

```
9           n += i;
(gdb) p i
$1 = 10
```

可以看到，该例中在第 8 行（也就是运行完第 7 行的 for 循环）设置了一个“i==0”的条件断点，在程序运行之后可以看出，程序确实在 i 为 10 时暂停运行。

3．gdb 中源码查看相关命令

在 gdb 中可以查看源码以方便其他操作，它的常见相关命令如表 3.13 所示。

表 3.13　　gdb 源码查看相关相关命令

命 令 格 式	含　义
list <行号>|<函数名>	查看指定位置代码
file [文件名]	加载指定文件
forward-search 正则表达式	源代码的前向搜索
reverse-search 正则表达式	源代码的后向搜索
dir DIR	将路径 DIR 添加到源文件搜索的路径的开头
show directories	显示源文件的当前搜索路径
info line	显示加载到 gdb 内存中的代码

4．gdb 中查看运行数据相关命令

gdb 中查看运行数据是指当程序处于“运行”或“暂停”状态时，可以查看的变量及表达式的信息，其常见命令如表 3.14 所示。

表 3.14　　gdb 查看运行数据相关命令

命 令 格 式	含　义
print 表达式|变量	查看程序运行时对应表达式和变量的值
x <n/f/u>	查看内存变量内容。其中 n 为整数表示显示内存的长度，f 表示显示的格式，u 表示从当前地址往后请求显示的字节数
display 表达式	设定在单步运行或其他情况中，自动显示的对应表达式的内容
backtrace	查看当前栈的情况，即可以查到哪些被调用的函数尚未返回

5．gdb 中修改运行参数相关命令

gdb 还可以修改运行时的参数，并使该变量按照用户当前输入的值继续运行。它的设置方法为：在单步执行的过程中，键入命令“set 变量＝设定值”。这样，在此之后，程序就会按照该设定的值运行了。下面，笔者结合上一节的代码将 n 的初始值设为 4，其代码如下所示：

```
(gdb) b 7
Breakpoint 5 at 0x804847a: file test.c, line 7.
(gdb) r
Starting program: /home/yul/test
```

```
The sum of 1-m is 1275

Breakpoint 5, main () at test.c:7
7               for(i=1; i <= 50; i++)
(gdb) set n=4
(gdb) c
Continuing.
The sum of 1-50 is 1279

Program exited with code 031.
```

可以看到，最后的运行结果确实比之前的值大了 4。

> 注意
>
> gdb 使用时的注意点：
> - 在 gcc 编译选项中一定要加入“-g”。
> - 只有在代码处于“运行”或“暂停”状态时才能查看变量值。
> - 设置断点后程序在指定行之前停止。

3.5 make 工程管理器

到此为止，读者已经了解了如何在 Linux 下使用编辑器编写代码，如何使用 gcc 把代码编译成可执行文件，还学习了如何使用 gdb 来调试程序，那么，所有的工作看似已经完成了，为什么还需要 make 这个工程管理器呢？

所谓工程管理器，顾名思义，是用于管理较多的文件。读者可以试想一下，由成百上千个文件构成的项目，如果其中只有一个或少数几个文件进行了修改，按照之前所学的 gcc 编译工具，就不得不把这所有的文件重新编译一遍，因为编译器并不知道哪些文件是最近更新的，而只知道需要包含这些文件才能把源代码编译成可执行文件，于是，程序员就不得不重新输入数目如此庞大的文件名以完成最后的编译工作。

编译过程分为编译、汇编、链接阶段，其中编译阶段仅检查语法错误以及函数与变量是否被正确地声明了，在链接阶段则主要完成函数链接和全局变量的链接。因此，那些没有改动的源代码根本不需要重新编译，而只要把它们重新链接进去就可以了。所以，人们就希望有一个工程管理器能够自动识别更新了的文件代码，而不需要重复输入冗长的命令行，这样，make 工程管理器就应运而生了。

实际上，make 工程管理器也就是个“自动编译管理器”，这里的“自动”是指它能够根据文件时间戳自动发现更新过的文件而减少编译的工作量，同时，它通过读入 makefile 文件的内容来执行大量的编译工作。用户只需编写一次简单的编译语句就可以了。它大大提高了实际项目的工作效率，而且几乎所有 Linux 下的项目编程均会涉及它，希望读者能够认真学习本节内容。

3.5.1 makefile 基本结构

makefile 是 make 读入的惟一配置文件，因此本节的内容实际就是讲述 makefile 的编写规则。在一个 makefile 中通常包含如下内容：

- 需要由 make 工具创建的目标体（target），通常是目标文件或可执行文件；
- 要创建的目标体所依赖的文件（dependency_file）；
- 创建每个目标体时需要运行的命令（command），这一行必须以制表符（Tab 键）开头。

它的格式为：

```
target: dependency_files
    command /* 该行必须以 Tab 键开头*/
```

例如，有两个文件分别为 hello.c 和 hello.h，创建的目标体为 hello.o，执行的命令为 gcc 编译指令：gcc –c hello.c，那么，对应的 makefile 就可以写为：

```
#The simplest example
hello.o: hello.c hello.h
      gcc -c hello.c -o hello.o
```

接着就可以使用 make 了。使用 make 的格式为：make target，这样 make 就会自动读入 makefile（也可以是首字母大写的 Makefile）并执行对应 target 的 command 语句，并会找到相应的依赖文件。如下所示：

```
[root@localhost makefile]# make hello.o
gcc -c hello.c -o hello.o
[root@localhost makefile]# ls
hello.c  hello.h  hello.o  makefile
```

可以看到，makefile 执行了“hello.o”对应的命令语句，并生成了“hello.o”目标体。

注意　在 makefile 中的每一个 command 前必须有“Tab”符，否则在运行 make 命令时会出错。

3.5.2　makefile 变量

上面示例的 makefile 在实际中是几乎不存在的，因为它过于简单，仅包含两个文件和一个命令，在这种情况下完全不必要编写 makefile 而只需在 shell 中直接输入即可，在实际中使用的 makefile 往往是包含很多的文件和命令的，这也是 makefile 产生的原因。下面就可以给出稍微复杂一些的 makefile 讲解。

```
david:kang.o yul.o
    gcc kang.o bar.o -o myprog
kang.o : kang.c kang.h head.h
    gcc -Wall -O -g -c kang.c -o kang.o
yul.o : bar.c head.h
    gcc - Wall -O -g -c yul.c -o yul.o
```

在这个 makefile 中有 3 个目标体（target），分别为 david、kang.o 和 yul.o，其中第一个目标体的依赖文件就是后两个目标体。如果用户使用命令“make david”，则 make 管理器就是找到 david 目标体开始执行。

这时，make 会自动检查相关文件的时间戳。首先，在检查“kang.o”、“yul.o”和“david”3 个文件的时间戳之前，它会向下查找那些把“kang.o”或“yul.o”作为目标文件的时间戳。

比如，“kang.o”的依赖文件为“kang.c”、“kang.h”、“head.h”。如果这些文件中任何一个的时间戳比“kang.o”新，则命令“gcc –Wall –O -g –c kang.c -o kang.o”将会执行，从而更新文件“kang.o”。在更新完“kang.o”或“yul.o”之后，make 会检查最初的“kang.o”、“yul.o”和“david”3 个文件，只要文件“kang.o”或“yul.o”中的至少有一个文件的时间戳比“david”新，则第二行命令就会被执行。这样，make 就完成了自动检查时间戳的工作，开始执行编译工作。这也就是 make 工作的基本流程。

接下来，为了进一步简化编辑和维护 makefile，make 允许在 makefile 中创建和使用变量。变量是在 makefile 中定义的名字，用来代替一个文本字符串，该文本字符串称为该变量的值。在具体要求下，这些值可以代替目标体、依赖文件、命令以及 makefile 文件中其他部分。在 makefile 中的变量定义有两种方式：一种是递归展开方式，另一种是简单方式。

递归展开方式定义的变量是在引用该变量时进行替换的，即如果该变量包含了对其他变量的引用，则在引用该变量时一次性将内嵌的变量全部展开，虽然这种类型的变量能够很好地完成用户的指令，但是它也有严重的缺点，如不能在变量后追加内容（因为语句：CFLAGS = $(CFLAGS) -O 在变量扩展过程中可能导致无穷循环）。

为了避免上述问题，简单扩展型变量的值在定义处展开，并且只展开一次，因此它不包含任何对其他变量的引用，从而消除变量的嵌套引用。

递归展开方式的定义格式为：VAR=var。

简单扩展方式的定义格式为：VAR:=var。

make 中的变量使用均使用的格式为：$(VAR)。

注意

变量名是不包括“:”、“#”、“=”以及结尾空格的任何字符串。同时，变量名中包含字母、数字以及下划线以外的情况应尽量避免，因为它们可能在将来被赋予特别的含义。

变量名是大小写敏感的，例如变量名“foo”、“FOO”、和“Foo”代表不同的变量。

推荐在 makefile 内部使用小写字母作为变量名，预留大写字母作为控制隐含规则参数或用户重载命令选项参数的变量名。

下面给出了上例中用变量替换修改后的 makefile，这里用 OBJS 代替 kang.o 和 yul.o，用 CC 代替 gcc，用 CFLAGS 代替“-Wall -O –g”。这样在以后修改时，就可以只修改变量定义，而不需要修改下面的定义实体，从而大大简化了 makefile 维护的工作量。

经变量替换后的 makefile 如下所示：

```
OBJS = kang.o yul.o
CC = gcc
CFLAGS = -Wall -O -g
david : $(OBJS)
	$(CC) $(OBJS) -o david
kang.o : kang.c kang.h
	$(CC) $(CFLAGS) -c kang.c -o kang.o
yul.o : yul.c yul.h
	$(CC) $(CFLAGS) -c yul.c -o yul.o
```

可以看到，此处变量是以递归展开方式定义的。

makefile 中的变量分为用户自定义变量、预定义变量、自动变量及环境变量。如上例中的 OBJS 就是用户自定义变量，自定义变量的值由用户自行设定，而预定义变量和自动变量为通常在 makefile 都会出现的变量，它们的一部分有默认值，也就是常见的设定值，当然用户可以对其进行修改。

预定义变量包含了常见编译器、汇编器的名称及其编译选项。表 3.15 列出了 makefile 中常见预定义变量及其部分默认值。

表 3.15　　makefile 中常见的预定义变量

预定义变量	含　义
AR	库文件维护程序的名称，默认值为 ar
AS	汇编程序的名称，默认值为 as
CC	C 编译器的名称，默认值为 cc
CPP	C 预编译器的名称，默认值为$(CC) –E
CXX	C++编译器的名称，默认值为 g++
FC	Fortran 编译器的名称，默认值为 f77
RM	文件删除程序的名称，默认值为 rm –f
ARFLAGS	库文件维护程序的选项，无默认值
ASFLAGS	汇编程序的选项，无默认值
CFLAGS	C 编译器的选项，无默认值
CPPFLAGS	C 预编译的选项，无默认值
CXXFLAGS	C++编译器的选项，无默认值
FFLAGS	Fortran 编译器的选项，无默认值

可以看出，上例中的 CC 和 CFLAGS 是预定义变量，其中由于 CC 没有采用默认值，因此，需要把“CC=gcc”明确列出来。

由于常见的 gcc 编译语句中通常包含了目标文件和依赖文件，而这些文件在 makefile 文件中目标体所在行已经有所体现，因此，为了进一步简化 makefile 的编写，就引入了自动变量。自动变量通常可以代表编译语句中出现目标文件和依赖文件等，并且具有本地含义（即下一语句中出现的相同变量代表的是下一语句的目标文件和依赖文件）。表 3.16 列出了 makefile 中常见的自动变量。

表 3.16　　makefile 中常见的自动变量

自 动 变 量	含　义
$*	不包含扩展名的目标文件名称
$+	所有的依赖文件，以空格分开，并以出现的先后为序，可能包含重复的依赖文件
$<	第一个依赖文件的名称
$?	所有时间戳比目标文件晚的依赖文件，并以空格分开
$@	目标文件的完整名称
$^	所有不重复的依赖文件，以空格分开
$%	如果目标是归档成员，则该变量表示目标的归档成员名称

自动变量的书写比较难记，但是在熟练了之后使用会非常方便，请读者结合下例中的自动变量改写的makefile进行记忆。

```
OBJS = kang.o yul.o
CC = gcc
CFLAGS = -Wall -O -g
david : $(OBJS)
	$(CC) $^ -o $@
kang.o : kang.c kang.h
	$(CC) $(CFLAGS) -c $< -o $@
yul.o : yul.c yul.h
	$(CC) $(CFLAGS) -c $< -o $@
```

另外，在makefile中还可以使用环境变量。使用环境变量的方法相对比较简单，make在启动时会自动读取系统当前已经定义了的环境变量，并且会创建与之具有相同名称和数值的变量。但是，如果用户在makefile中定义了相同名称的变量，那么用户自定义变量将会覆盖同名的环境变量。

3.5.3 makefile规则

makefile的规则是make进行处理的依据，它包括了目标体、依赖文件及其之间的命令语句。在上面的例子中，都显式地指出了makefile中的规则关系，如“$(CC) $(CFLAGS) -c $< -o $@”，但为了简化makefile的编写，make还定义了隐式规则和模式规则，下面就分别对其进行讲解。

1．隐含规则

隐含规则能够告诉make怎样使用传统的规则完成任务，这样，当用户使用它们时就不必详细指定编译的具体细节，而只需把目标文件列出即可。make会自动搜索隐式规则目录来确定如何生成目标文件。如上例就可以写成：

```
OBJS = kang.o yul.o
CC = gcc
CFLAGS = -Wall -O -g
david : $(OBJS)
	$(CC) $^ -o $@
```

为什么可以省略后两句呢？因为make的隐式规则指出：所有“.o”文件都可自动由“.c”文件使用命令“$(CC) $(CPPFLAGS) $(CFLAGS) -c file.c –o file.o”来生成。这样“kang.o”和“yul.o”就会分别通过调用“$(CC) $(CFLAGS) -c kang.c -o kang.o”和“$(CC) $(CFLAGS) -c yul.c -o yul.o”来生成。

> 注意　在隐式规则只能查找到相同文件名的不同后缀名文件，如“kang.o”文件必须由“kang.c”文件生成。

表3.17给出了常见的隐式规则目录。

表 3.17　　makefile 中常见隐式规则目录

对应语言后缀名	隐式规则
C 编译：.c 变为.o	$(CC) –c $(CPPFLAGS) $(CFLAGS)
C++编译：.cc 或.C 变为.o	$(CXX) -c $(CPPFLAGS) $(CXXFLAGS)
Pascal 编译：.p 变为.o	$(PC) -c $(PFLAGS)
Fortran 编译：.r 变为-o	$(FC) -c $(FFLAGS)

2．模式规则

模式规则是用来定义相同处理规则的多个文件的。它不同于隐式规则，隐式规则仅仅能够用 make 默认的变量来进行操作，而模式规则还能引入用户自定义变量，为多个文件建立相同的规则，从而简化 makefile 的编写。

模式规则的格式类似于普通规则，这个规则中的相关文件前必须用“%”标明。使用模式规则修改后的 makefile 的编写如下：

```
OBJS = kang.o yul.o
CC = gcc
CFLAGS = -Wall -O -g
david : $(OBJS)
	$(CC) $^ -o $@
%.o : %.c
	$(CC) $(CFLAGS) -c $< -o $@
```

3.5.4　make 管理器的使用

使用 make 管理器非常简单，只需在 make 命令的后面键入目标名即可建立指定的目标，如果直接运行 make，则建立 makefile 中的第一个目标。

此外 make 还有丰富的命令行选项，可以完成各种不同的功能。表 3.18 列出了常用的 make 命令行选项。

表 3.18　　make 的命令行选项

命 令 格 式	含　义
-C dir	读入指定目录下的 makefile
-f file	读入当前目录下的 file 文件作为 makefile
-i	忽略所有的命令执行错误
-I dir	指定被包含的 makefile 所在目录
-n	只打印要执行的命令，但不执行这些命令
-p	显示 make 变量数据库和隐含规则
-s	在执行命令时不显示命令
-w	如果 make 在执行过程中改变目录，则打印当前目录名

3.6　使用 autotools

在上一小节，读者已经了解到了 make 项目管理器的强大功能。的确，makefile 可以帮助 make

完成它的使命，但要承认的是，编写 makefile 确实不是一件轻松的事，尤其对于一个较大的项目而言更是如此。那么，有没有一种轻松的手段生成 makefile 而同时又能让用户享受 make 的优越性呢？本节要讲的 autotools 系列工具正是为此而设的，它只需用户输入简单的目标文件、依赖文件、文件目录等就可以轻松地生成 makefile 了，这无疑是广大用户所希望的。另外，这些工具还可以完成系统配置信息的收集，从而可以方便地处理各种移植性的问题。也正是基于此，现在 Linux 上的软件开发一般都用 autotools 来制作 makefile，读者在后面的讲述中就会了解到。

3.6.1 autotools 使用流程

正如前面所言，autotools 是系列工具，读者首先要确认系统是否装了以下工具（可以用 which 命令进行查看）。

- aclocal
- autoscan
- autoconf
- autoheader
- automake

使用 autotools 主要就是利用各个工具的脚本文件以生成最后的 makefile。其总体流程是这样的。

- 使用 aclocal 生成一个“aclocal.m4”文件，该文件主要处理本地的宏定义；
- 改写“configure.scan”文件，并将其重命名为“configure.in”，并使用 autoconf 文件生成 configure 文件。

接下来，笔者将通过一个简单的 hello.c 例子带领读者熟悉 autotools 生成 makefile 的过程，由于在这过程中会涉及较多的脚本文件，为了更清楚地了解相互之间的关系，强烈建议读者实际动手操作以体会其整个过程。

1．autoscan

它会在给定目录及其子目录树中检查源文件，若没有给出目录，就在当前目录及其子目录树中进行检查。它会搜索源文件以寻找一般的移植性问题并创建一个文件“configure.scan”，该文件就是接下来 autoconf 要用到的“configure.in”原型。如下所示：

```
[root@localhost automake]# autoscan
autom4te: configure.ac: no such file or directory
autoscan: /usr/bin/autom4te failed with exit status: 1
[root@localhost automake]# ls
autoscan.log  configure.scan  hello.c
```

由上述代码可知 autoscan 首先会尝试去读入“configure.ac”（同 configure.in 的配置文件）文件，此时还没有创建该配置文件，于是它会自动生成一个“configure.in”的原型文件“configure.scan”。

2．autoconf

configure.in 是 autoconf 的脚本配置文件，它的原型文件“configure.scan”如下所示：

```
#                                       -*- Autoconf -*-
```

```
# Process this file with autoconf to produce a configure script.
AC_PREREQ(2.59)
#The next one is modified by david
#AC_INIT(FULL-PACKAGE-NAME,VERSION,BUG-REPORT-ADDRESS)
AC_INIT(hello,1.0)
# The next one is added by david
AM_INIT_AUTOMAKE(hello,1.0)
AC_CONFIG_SRCDIR([hello.c])
AC_CONFIG_HEADER([config.h])
# Checks for programs.
AC_PROG_CC
# Checks for libraries.
# Checks for header files.
# Checks for typedefs, structures, and compiler characteristics.
# Checks for library functions.
AC_CONFIG_FILES([makefile])
AC_OUTPUT
```

下面对这个脚本文件进行解释。

- 以“#”号开始的行是注释。
- AC_PREREQ 宏声明本文件要求的 autoconf 版本，如本例使用的版本 2.59。
- AC_INIT 宏用来定义软件的名称和版本等信息，在本例中省略了 BUG-REPORT-ADDRESS，一般为作者的 E-mail。
- AM_INIT_AUTOMAKE 是笔者另加的，它是 automake 所必备的宏，使 automake 自动生成 makefile.in，也同前面一样，PACKAGE 是所要产生软件套件的名称，VERSION 是版本编号。
- AC_CONFIG_SRCDIR 宏用来检查所指定的源码文件是否存在，以及确定源码目录的有效性。在此处源码文件为当前目录下的 hello.c。
- AC_CONFIG_HEADER 宏用于生成 config.h 文件，以便 autoheader 使用。
- AC_CONFIG_FILES 宏用于生成相应的 makefile 文件。
- 中间的注释之间可以分别添加用户测试程序、测试函数库、测试头文件等宏定义。

接下来首先运行 aclocal，生成一个“aclocal.m4”文件，该文件主要处理本地的宏定义。如下所示：

```
[root@localhost automake]# aclocal
```

再接着运行 autoconf，生成“configure”可执行文件。如下所示：

```
[root@localhost automake]# autoconf
[root@localhost automake]# ls
aclocal.m4  autom4te.cache  autoscan.log  configure  configure.in
hello.c
```

3. autoheader

接着使用 autoheader 命令，它负责生成 config.h.in 文件。该工具通常会从“acconfig.h”文件中复制用户附加的符号定义，因为这里没有附加符号定义，所以不需要创建“acconfig.h”

文件。如下所示：

```
[root@localhost automake]# autoheader
```

4．automake

这一步是创建 makefile 很重要的一步，automake 要用的脚本配置文件是 makefile.am，用户需要自己创建相应的文件。之后，automake 工具转换成 makefile.in。在该例中，笔者创建的文件为 makefile.am，如下所示：

```
AUTOMAKE_OPTIONS=foreign
bin_PROGRAMS= hello
hello_SOURCES= hello.c
```

下面对该脚本文件的对应项进行解释。

- 其中的 AUTOMAKE_OPTIONS 为设置 automake 的选项。GNU 对自己发布的软件有严格的规范，比如必须附带许可证声明文件 COPYING 等，否则 automake 执行时会报错。automake 提供了 3 种软件等级：foreign、gnu 和 gnits，让用户选择采用，默认等级为 gnu。在本示例中采用 foreign 等级，它只检测必须的文件。
- bin_PROGRAMS 定义要产生的执行文件名。如果要产生多个执行文件，每个文件名用空格隔开。
- hello_SOURCES 定义“hello”这个执行程序所需要的原始文件。如果“hello”这个程序是由多个原始文件所产生的，则必须把它所用到的所有原始文件都列出来，并用空格隔开。例如：若目标体“hello”需要“hello.c”、“david.c”、“hello.h”3 个依赖文件，则定义 hello_SOURCES=hello.c david.c hello.h。要注意的是，如果要定义多个执行文件，则对每个执行程序都要定义相应的 file_SOURCES。

接下来可以使用 automake 命令来生成“configure.in”文件，在这里使用选项“-a”（或者“—adding-missing”）可以让 automake 自动添加一些必需的脚本文件。如下所示：

```
[root@localhost automake]# automake -a（或者 automake --add-missing）
configure.in: installing './install-sh'
configure.in: installing './missing'
makefile.am: installing 'depcomp'
[root@localhost automake]# ls
aclocal.m4     autoscan.log  configure.in  hello.c    makefile.am
missing
autom4te.cache  configure    depcomp   install-sh  makefile.in
config.h.in
```

可以看到，在 automake 之后就可以生成 configure.in 文件。

5．运行 configure

在这一步中，通过运行自动配置设置文件 configure，把 makefile.in 变成了最终的 makefile。如下所示：

```
[root@localhost automake]# ./configure
checking for a BSD-compatible install... /usr/bin/install -c
```

```
checking whether build environment is sane... yes
checking for gawk... gawk
checking whether make sets $(MAKE)... yes
checking for gcc... gcc
checking for C compiler default output file name... a.out
checking whether the C compiler works... yes
checking whether we are cross compiling... no
checking for suffix of executables...
checking for suffix of object files... o
checking whether we are using the GNU C compiler... yes
checking whether gcc accepts -g... yes
checking for gcc option to accept ANSI C... none needed
checking for style of include used by make... GNU
checking dependency style of gcc... gcc3
configure: creating ./config.status
config.status: creating makefile
config.status: executing depfiles commands
```

可以看到，在运行 configure 时收集了系统的信息，用户可以在 configure 命令中对其进行方便的配置。在./configure 的自定义参数有两种，一种是开关式（--enable-XXX 或--disable-XXX），另一种是开放式，即后面要填入一串字符（--with-XXX=yyyy）参数。读者可以自行尝试其使用方法。另外，读者可以查看同一目录下的“config.log”文件，以方便调试之用。

到此为止，makefile 就可以自动生成了。回忆整个步骤，用户不再需要定制不同的规则，而只需要输入简单的文件及目录名即可，这样就大大方便了用户的使用。autotools 生成 makefile 的流程如图 3.2 所示。

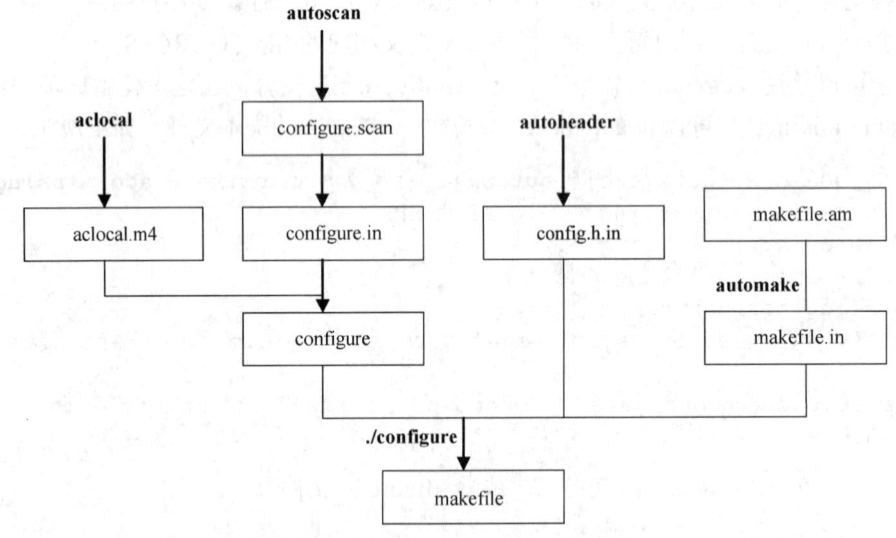

图 3.2　autotools 生成 makefile 的流程图

3.6.2　使用 autotools 所生成的 makefile

autotools 生成的 makefile 除具有普通的编译功能外，还具有以下主要功能（感兴趣的读者可以查看这个简单的 hello.c 程序的 makefile）。

1．make

键入 make 默认执行“make all”命令，即目标体为 all，其执行情况如下所示：

```
[root@localhost automake]# make
if gcc -DPACKAGE_NAME=\"\" -DPACKAGE_TARNAME=\"\" -DPACKAGE_VERSION=\"\"
-DPACKAGE_STRING=\"\" -DPACKAGE_BUGREPORT=\"\" -DPACKAGE=\"hello\"-DVERSION=\"1.0\"
-I. -I.    -g -O2 -MT hello.o -MD -MP -MF ".deps/hello.Tpo" -c -o hello.o hello.c; \
then mv -f ".deps/hello.Tpo" ".deps/hello.Po"; else rm -f ".deps/hello.Tpo";
exit 1; fi
gcc  -g -O2   -o hello  hello.o
```

此时在本目录下就生成了可执行文件“hello”，运行“./hello”能出现正常结果，如下所示：

```
[root@localhost automake]# ./hello
Hello!Autoconf!
```

2．make install

此时，会把该程序安装到系统目录中去，如下所示：

```
[root@localhost automake]# make install
if gcc -DPACKAGE_NAME=\"\" -DPACKAGE_TARNAME=\"\" -DPACKAGE_VERSION=\"\"
-DPACKAGE_STRING=\"\" -DPACKAGE_BUGREPORT=\"\" -DPACKAGE=\"hello\"
-DVERSION=\"1.0\"  -I. -I.    -g -O2 -MT hello.o -MD -MP -MF ".deps/hello.Tpo"
-c -o hello.o hello.c; \
then mv -f ".deps/hello.Tpo" ".deps/hello.Po"; else rm -f ".deps/hello.Tpo";
exit 1; fi
gcc  -g -O2   -o hello  hello.o
make[1]: Entering directory '/root/workplace/automake'
test -z "/usr/local/bin" || mkdir -p -- "/usr/local/bin"
  /usr/bin/install -c 'hello' '/usr/local/bin/hello'
make[1]: Nothing to be done for 'install-data-am'.
make[1]: Leaving directory '/root/workplace/automake'
```

此时，若直接运行 hello，也能出现正确结果，如下所示：

```
[root@localhost automake]# hello
Hello!Autoconf!
```

3．make clean

此时，make 会清除之前所编译的可执行文件及目标文件（object file, *.o），如下所示：

```
[root@localhost automake]# make clean
test -z "hello" || rm -f hello
rm -f *.o
```

4．make dist

此时，make 将程序和相关的文档打包为一个压缩文档以供发布，如下所示：

```
[root@localhost automake]# make dist
[root@localhost automake]# ls hello-1.0-tar.gz
hello-1.0-tar.gz
```

可见该命令生成了一个 hello-1.0-tar.gz 压缩文件。

由上面的讲述不难看出，autotools 是软件维护与发布的必备工具，鉴于此，如今 GUN 的软件一般都是由 automake 来制作的。

想一想　对于 automake 制作的这类软件，应如何安装呢？

3.7 实验内容

3.7.1 vi 使用练习

1．实验目的

通过指定指令的 vi 操作练习，使读者能够熟练使用 vi 中的常见操作，并且熟悉 vi 的 3 种模式，如果读者能够熟练掌握实验内容中所要求的内容，则表明对 vi 的操作已经很熟练了。

2．实验内容

（1）在“/root”目录下建一个名为“vi”的目录。
（2）进入“vi”目录。
（3）将文件“/etc/inittab”复制到“vi”目录下。
（4）使用 vi 打开“vi”目录下的 inittab。
（5）设定行号，指出设定 initdefault（类似于“id:5:initdefault”）的所在行号。
（6）将光标移到该行。
（7）复制该行内容。
（8）将光标移到最后一行行首。
（9）粘贴复制行的内容。
（10）撤销第 9 步的动作。
（11）将光标移动到最后一行的行尾。
（12）粘贴复制行的内容。
（13）光标移到“si::sysinit:/etc/rc.d/rc.sysinit”。
（14）删除该行。
（15）存盘但不退出。
（16）将光标移到首行。
（17）插入模式下输入“Hello,this is vi world!”。
（18）返回命令行模式。
（19）向下查找字符串“0:wait”。

（20）再向上查找字符串“halt”。

（21）强制退出 vi，不存盘。

分别指出每个命令处于何种模式下？

3．实验步骤

（1）mkdir /root/vi

（2）cd /root/vi

（3）cp /etc/inittab ./

（4）vi ./inittab

（5）:set nu（底行模式）

（6）17<enter>（命令行模式）

（7）yy

（8）G

（9）p

（10）u

（11）$

（12）p

（13）21G

（14）dd

（15）:w（底行模式）

（16）1G

（17）i 并输入“Hello,this is vi world!”（插入模式）

（18）Esc

（19）/0:wait（命令行模式）

（20）?halt

（21）:q!（底行模式）

4．实验结果

该实验的最终结果是对“/root/inittab”增加了一行复制的内容：“id:5:initdefault”。

3.7.2 用 gdb 调试程序的 bug

1．实验目的

通过调试一个有问题的程序，使读者进一步熟练使用 vi 操作，而且熟练掌握 gcc 编译命令及 gdb 的调试命令，通过对有问题程序的跟踪调试，进一步提高发现问题和解决问题的能力。这是一个很小的程序，只有 35 行，希望读者认真调试。

2．实验内容

（1）使用 vi 编辑器，将以下代码输入到名为 greet.c 的文件中。此代码的原意为输出倒序

main 函数中定义的字符串，但结果显示没有输出。代码如下所示：

```
#include <stdio.h>
int display1(char *string);
int display2(char *string);

int main ()
{
    char string[] = "Embedded Linux";
    display1 (string);
    display2 (string);
}
int display1 (char *string)
{
    printf ("The original string is %s \n", string);
}
int display2 (char *string1)
{
    char *string2;
    int size,i;
    size = strlen (string1);
    string2 = (char *) malloc (size + 1);
    for (i = 0; i < size; i++)
    {
    string2[size - i] = string1[i];
    }
    string2[size+1] = ' ';
    printf("The string afterward is %s\n",string2);
}
```

（2）使用 gcc 编译这段代码，注意要加上“-g”选项以方便之后的调试。

（3）运行生成的可执行文件，观察运行结果。

（4）使用 gdb 调试程序，通过设置断点、单步跟踪，一步步找出错误所在。

（5）纠正错误，更改源程序并得到正确的结果。

3．实验步骤

（1）在工作目录上新建文件 greet.c，并用 vi 启动：vi greet.c。

（2）在 vi 中输入以上代码。

（3）在 vi 中保存并退出，使用命令“:wq”。

（4）用 gcc 编译：gcc -g greet.c -o greet。

（5）运行 greet，使用命令“./greet”，输出为：

```
The original string is Embedded Linux
The string afterward is
```

可见，该程序没有能够倒序输出。

（6）启动 gdb 调试：gdb greet。

（7）查看源代码，使用命令“l”。

（8）在 30 行（for 循环处）设置断点，使用命令“b 30”。

（9）在 33 行（printf 函数处）设置断点，使用命令“b 33”。

（10）查看断点设置情况，使用命令“info b”。

（11）运行代码，使用命令“r”。

（12）单步运行代码，使用命令“n”。

（13）查看暂停点变量值，使用命令“p string2[size - i]”。

（14）继续单步运行代码数次，并检查 string2[size-1]的值是否正确。

（15）继续程序的运行，使用命令“c”。

（16）程序在 printf 前停止运行，此时依次查看 string2[0]、string2[1]…，发现 string[0]没有被正确赋值，而后面的赋值都是正确的，这时，定位程序第 31 行，发现程序运行结果错误的原因在于“size-1”。由于 i 只能增到“size-1”，这样 string2[0]就永远不能被赋值而保持 NULL，故不能输出任何结果。

（17）退出 gdb，使用命令“q”。

（18）重新编辑 greet.c，把其中的“string2[size - i] = string1[i]”改为“string2[size – i - 1] = string1[i];”即可。

（19）使用 gcc 重新编译：gcc -g greet.c -o greet。

（20）查看运行结果：./greet。

```
The original string is Embedded Linux
The string afterward is xuniL deddedbmE
```

这时，输出结果正确。

4．实验结果

将原来有错的程序经过 gdb 调试，找出问题所在，并修改源代码，输出正确的倒序显示字符串的结果。

3.7.3 编写包含多文件的 makefile

1．实验目的

通过对包含多文件的 makefile 的编写，熟悉各种形式的 makefile，并且进一步加深对 makefile 中用户自定义变量、自动变量及预定义变量的理解。

2．实验过程

（1）用 vi 在同一目录下编辑两个简单的 hello 程序，如下所示：

```
#hello.c
#include "hello.h"
int main()
{
	printf("Hello everyone!\n");
}
#hello.h
#include <stdio.h>
```

（2）仍在同一目录下用 vi 编辑 makefile，且不使用变量替换，用一个目标体实现（即直接将 hello.c 和 hello.h 编译成 hello 目标体）。然后用 make 验证所编写的 makefile 是否正确。

（3）将上述 makefile 使用变量替换实现。同样用 make 验证所编写的 makefile 是否正确。

（4）编辑另一个 makefile，取名为 makefile1，不使用变量替换，但用两个目标体实现（也就是首先将 hello.c 和 hello.h 编译为 hello.o，再将 hello.o 编译为 hello），再用 make 的“-f”选项验证这个 makefile1 的正确性。

（5）将上述 makefile1 使用变量替换实现。

3．实验步骤

（1）用 vi 打开上述两个代码文件“hello.c”和“hello.h”。

（2）在 shell 命令行中用 gcc 尝试编译，使用命令：“gcc hello.c –o hello”，并运行 hello 可执行文件查看结果。

（3）删除此次编译的可执行文件：rm hello。

（4）用 vi 编辑 makefile，如下所示：

```
hello:hello.c hello.h
	gcc hello.c -o hello
```

（5）退出保存，在 shell 中键入：make，查看结果。

（6）再次用 vi 打开 makefile，用变量进行替换，如下所示：

```
OBJS :=hello.o
CC :=gcc
hello:$(OBJS)
	$(CC) $^ -o $@
```

（7）退出保存，在 shell 中键入 make，查看结果。

（8）用 vi 编辑 makefile1，如下所示：

```
hello:hello.o
	gcc hello.o -o hello
hello.o:hello.c hello.h
	gcc -c hello.c -o hello.o
```

（9）退出保存，在 shell 中键入：make -f makefile1，查看结果。

（10）再次用 vi 编辑 makefile1，如下所示：

```
OBJS1 :=hello.o
OBJS2 :=hello.c hello.h
CC :=gcc
hello:$(OBJS1)
	$(CC) $^ -o $@
$(OBJS1):$(OBJS2)
	$(CC) -c $< -o $@
```

在这里请注意区别“$^”和“$<”。

（11）退出保存，在 shell 中键入 make -f makefile1，查看结果。

4．实验结果

各种不同形式的 makefile 都能正确地完成其功能。

3.7.4 使用 autotools 生成包含多文件的 makefile

1．实验目的

通过使用 autotools 生成包含多文件的 makefile，进一步掌握 autotools 的使用方法。同时，掌握 Linux 下安装软件的常用方法。

2．实验过程

（1）在原目录下新建文件夹 auto。
（2）将上例的两个代码文件“hello.c”和“hello.h”复制到该目录下。
（3）使用 autoscan 生成 configure.scan。
（4）编辑 configure.scan，修改相关内容，并将其重命名为 configure.in。
（5）使用 aclocal 生成 aclocal.m4。
（6）使用 autoconf 生成 configure。
（7）使用 autoheader 生成 config.h.in。
（8）编辑 makefile.am。
（9）使用 automake 生成 makefile.in。
（10）使用 configure 生成 makefile。
（11）使用 make 生成 hello 可执行文件，并在当前目录下运行 hello 查看结果。
（12）使用 make install 将 hello 安装到系统目录下，并运行，查看结果。
（13）使用 make dist 生成 hello 压缩包。
（14）解压 hello 压缩包。
（15）进入解压目录。
（16）在该目录下安装 hello 软件。

3．实验步骤

（1）mkdir ./auto。
（2）cp hello.* ./auto（假定原先在“hello.c”文件目录下）。
（3）命令：autoscan。
（4）使用 vi 编辑 configure.scan 为：

```
#                                    -*- Autoconf -*-
# Process this file with autoconf to produce a configure script.

AC_PREREQ(2.59)
AC_INIT(hello, 1.0)
AM_INIT_AUTOMAKE(hello,1.0)
AC_CONFIG_SRCDIR([hello.h])
AC_CONFIG_HEADER([config.h])
```

```
# Checks for programs.
AC_PROG_CC
# Checks for libraries.
# Checks for header files.
# Checks for typedefs, structures, and compiler characteristics.
# Checks for library functions.
AC_OUTPUT(makefile)
```

（5）保存退出，并重命名为 configure.in。

（6）运行：aclocal。

（7）运行：autoconf，并用 ls 查看是否生成了 configure 可执行文件。

（8）运行：autoheader。

（9）用 vi 编辑 makefile.am 文件为：

```
AUTOMAKE_OPTIONS=foreign
bin_PROGRAMS=hello
hello_SOURCES=hello.c hello.h
```

（10）运行：automake，然后运行 automake –a。

（11）运行：./configure。

（12）运行：make。

（13）运行：./hello，查看结果是否正确。

（14）运行：make install。

（15）运行：hello，查看结果是否正确。

（16）运行：make dist。

（17）在当前目录下解压 hello-1.0.tar.gz：tar –zxvf hello-1.0.tar.gz。

（18）进入解压目录：cd ./hello-1.0。

（19）下面开始 Linux 下常见的安装软件步骤：./configure。

（20）运行：make。

（21）运行：./hello（在正常安装时这一步可省略）。

（22）运行：make install。

（23）运行：hello，查看结果是否正确。

4．实验结果

能够正确使用 autotools 生成 makefile，并且能够成功安装短小的 hello 软件。

3.8 本章小结

本章是 Linux 中进行 C 语言编程的基础，首先讲解了 C 语言编程的关键点，这里关键要了解编辑器、编译链接器、调试器及项目管理工具等概念。

接下来，本章介绍了两个 Linux 中常见的编辑器——vi 和 emacs，并且主要按照它们的使用流程进行讲解。

再接下来，本章介绍了 gcc 编译器的使用、函数库的创建与使用以及 gdb 调试器的使用，并结合具体的实例进行讲解。虽然它们的选项比较多，但是常用的并不多，读者着重掌握笔者例子中使用的一些选项即可。

之后，本章又介绍了 make 工程管理器的使用，这里包括 makefile 的基本结构、makefile 的变量定义及其规则和 make 的使用。

最后介绍的是 autotools 的使用，这是非常有用的工具，希望读者能够掌握。

本章的实验安排比较多，包括了 vi、gdb、makefile 和 autotools 的使用，由于这些都是 Linux 中的常用软件，因此希望读者切实掌握。

3.9 思考与练习

在 Linux 下综合使用 vi、gcc 编译器和 gdb 调试器开发汉诺塔游戏程序。

汉诺塔游戏介绍如下。

约 19 世纪末，在欧洲的商店中出售一种智力玩具，在一块铜板上有三根杆，如图 3.3 所示。其中，最左边的杆上自上而下、由小到大顺序串着由 64 个圆盘构成的塔。目的是将最左边杆上的盘全部移到右边的杆上，条件是一次只能移动一个盘，且不允许大盘放在小盘的上面。

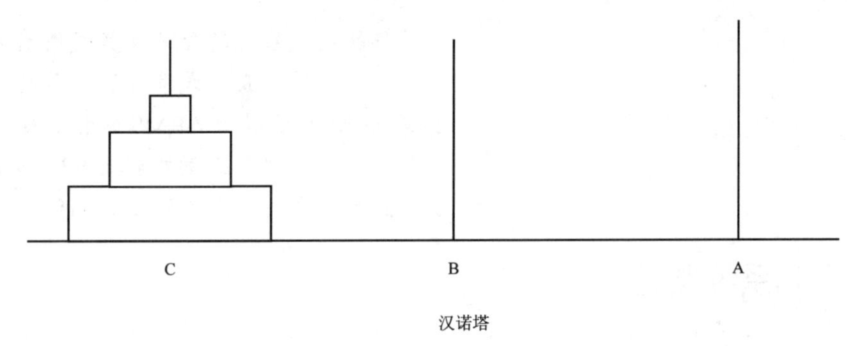

图 3.3　汉诺塔游戏示意图

第4章

嵌入式系统基础

本章目标

从本章开始，读者开始真正进入嵌入式领域学习。本章讲解嵌入式系统的基础知识及基本服务的配置，学习完本章读者将掌握如下内容。

- 了解嵌入式系统的含义及其发展情况
- 了解嵌入式系统的体系结构
- 了解 ARM 处理器及 ARM9 的相关知识
- 熟悉三星处理器 S3C2410
- 了解嵌入式系统的基本开发和调试手段

4.1 嵌入式系统概述

4.1.1 嵌入式系统简介

尼葛洛庞帝 2001 年访华时预言“4～5 年后，嵌入式智能电脑将是继 PC 和 Internet 后的最伟大发明！”。如今，嵌入式系统已成为当今最为热门的领域之一，它迅猛的发展势头引起了社会各界人士的关注。如家用电器、手持通信设备、信息终端、仪器仪表、汽车、航天航空、军事装备、制造工业、过程控制等。今天，嵌入式系统带来的工业年产值已超过 1 万亿美元。用市场观点来看，PC 已经从高速增长期进入到平稳发展期，其年增长率由 20 世纪 90 年代中期的 35%逐年下降，使单纯由 PC 机带领电子产业蒸蒸日上的时代成为历史。根据 PC 时代的概念，美国 *Business Week* 杂志提出了“后 PC 时代”概念，即计算机、通信和消费产品的技术将结合起来，以 3C 产品的形式通过 Internet 进入家庭。这必将培育出一个庞大的嵌入式应用市场。那么究竟什么是嵌入式系统呢？

按照电器工程协会的定义，嵌入式系统是用来控制或者监视机器、装置、工厂等各种规模系统的设备。这个定义主要是从嵌入式系统的用途方面来进行定义的。

那么，下面再来看一个在多数书籍资料中的关于嵌入式系统的定义：嵌入式系统是指以应用为中心，以计算机技术为基础，软件硬件可剪裁，适应应用系统对功能、可靠性、成本、体积、功耗严格要求的专用计算机系统。笔者认为，将一套计算机控制系统嵌入到已具有某种完整的特定功能的（或者将会具备完整功能的）系统内（例如：各种机械设备），以实现对原有系统的计算机控制，此时将这个新系统叫做嵌入式系统。它通常由特定功能模块和计算机控制模块组成，主要由嵌入式微处理器、外围硬件设备、嵌入式操作系统以及用户应用软件等部分组成。它具有“嵌入性”、“专用性”与“计算机系统”的 3 个基本要素。

从这个定义可以看出，人们平常所广泛使用的手机、PDA、MP3、机顶盒都属于嵌入式系统设备；而车载 GPS 系统、机器人也是属于嵌入式系统。图 4.1 展出了人们日常生活中形形色色的嵌入式产品。的确，嵌入式系统已经进入了人们生活的方方面面。

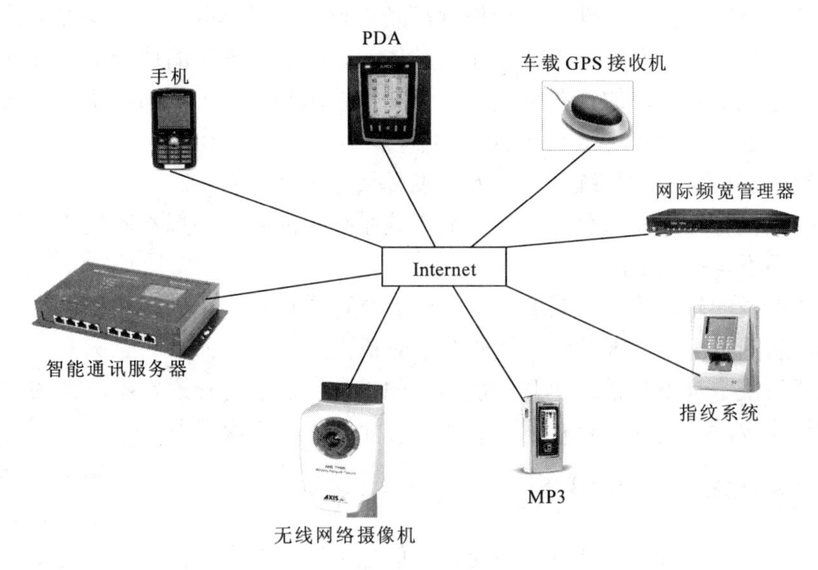

图 4.1　生活中的嵌入式设备

4.1.2　嵌入式系统发展历史

嵌入式系统经过 30 年的发展历程，主要经历了 4 个阶段。

第 1 阶段是以单芯片为核心的可编程控制器形式的系统。这类系统大部分应用于一些专业性强的工业控制系统中，一般没有操作系统的支持，通过汇编语言编程对系统进行直接控制。这一阶段系统的主要特点是：系统结构和功能相对单一，处理效率较低，存储容量较小，几乎没有用户接口。由于这种嵌入式系统使用简单、价格低，因此以前在国内工业领域应用较为普遍，但是现在已经远不能适应高效的、需要大容量存储的现代工业控制和新兴信息家电等领域的需求。

第 2 阶段是以嵌入式 CPU 为基础、以简单操作系统为核心的嵌入式系统。其主要特点是：CPU 种类繁多，通用性比较弱；系统开销小，效率高；操作系统达到一定的兼容性和扩展性；应用软件较为专业化，用户界面不够友好。

第 3 阶段是以嵌入式操作系统为标志的嵌入式系统。其主要特点是：嵌入式操作系统能运行于各种不同类型的微处理器上，兼容性好；操作系统内核小、效率高，并且具有高度的模块化和扩展性；具备文件和目录管理、支持多任务、支持网络应用、具备图形窗口和用户界面；具有大量的应用程序接口 API，开发应用程序较简单；嵌入式应用软件丰富。

第 4 阶段是以 Internet、多核技术为标志的嵌入式系统。这是一个正在迅速发展的阶段。目前不少嵌入式系统提供 Internet 服务，而且多种多核嵌入式处理器以及支持多核的软件产品陆续进入嵌入式市场。随着新技术、新工艺的发展以及它们与信息家电、工业控制技术结合日益紧密，嵌入式设备的全能化将代表嵌入式系统的未来。

4.1.3 嵌入式系统的特点

（1）面向特定应用的特点。从前面图 4.1 中也可以看出，嵌入式系统与通用型系统的最大区别就在于嵌入式系统大多工作在为特定用户群设计的系统中，因此它通常都具有低功耗、体积小、集成度高等特点，并且可以满足不用应用的特定需求。

（2）嵌入式系统的硬件和软件都必须进行高效地设计，量体裁衣、去除冗余，力争在同样的硅片面积上实现更高的性能，这样才能在具体应用中对处理器的选择更具有竞争力。

（3）嵌入式系统是将先进的计算机技术、半导体技术和电子技术与各个行业的具体应用相结合后的产物。这一点就决定了它必然是一个技术密集、资金密集、高度分散、不断创新的知识集成系统，从事嵌入式系统开发的人才也必须是复合型人才。

（4）为了提高执行速度和系统可靠性，嵌入式系统中的软件一般都固化在存储器芯片中或单片机本身，而不是存储于磁盘中。

（5）嵌入式开发的软件代码尤其要求高质量、高可靠性，由于嵌入式设备往往是处在无人职守或条件恶劣的情况下，因此，其代码必须有更高的要求。

（6）嵌入式系统本身不具备二次开发能力，即设计完成后用户通常不能在该平台上直接对程序功能进行修改，必须有一套开发工具和环境才能进行再次开发。

4.1.4 嵌入式系统的体系结构

嵌入式系统作为一类特殊的计算机系统，一般包括以下 3 个方面：硬件设备、嵌入式操作系统和应用软件。它们之间的关系如图 4.2 所示。

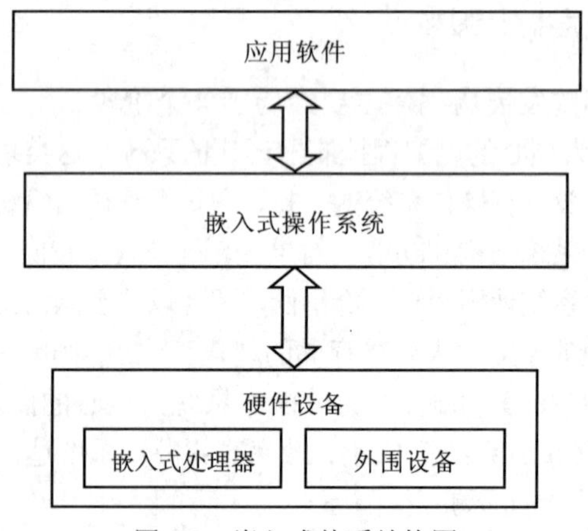

图 4.2 嵌入式体系结构图

硬件设备包括嵌入式处理器和外围设备。其中的嵌入式处理器（CPU）是嵌入式系统的核心部分，它与通用处理器最大的区别在于，嵌入式处理器大多工作在为特定用户群所专门设计的系统中，它将通用处理器中许多由板卡完成的任务集成到芯片内部，从而有利于嵌入式系统在设计时趋于小型化，同时还具有很高的效率和可靠性。如今，全世界嵌入式处理器已经超过 1000 多种，流行的体系结构有 30 多个系列，其中以 ARM、PowerPC、MC 68000、

MIPS 等使用得最为广泛。

外围设备是指嵌入式系统中用于完成存储、通信、调试、显示等辅助功能的其他部件。目前常用的嵌入式外围设备按功能可以分为存储设备（如 RAM、SRAM、Flash 等）、通信设备（如 RS-232 接口、SPI 接口、以太网接口、USB 接口、无线通信等）和显示设备（如显示屏等）3 类。

小知识

常见存储器概念辨析：RAM、SRAM、SDRAM、ROM、EPROM、E^2PROM、Flash。

存储器可以分为很多种类，其中根据掉电后数据是否丢失可以分为 RAM（随机存取存储器）和 ROM（只读存储器），其中 RAM 的访问速度比较快，但掉电后数据会丢失，而 ROM 掉电后数据不会丢失。人们通常所说的内存即指系统中的 RAM。

RAM 又可分为 SRAM（静态存储器）和 DRAM（动态存储器）。SRAM 是利用双稳态触发器来保存信息的，只要不掉电，信息是不会丢失的。DRAM 是利用 MOS（金属氧化物半导体）电容存储电荷来储存信息，因此必须通过不停地给电容充电来维持信息，所以 DRAM 的成本、集成度、功耗等明显优于 SRAM。

而通常人们所说的 SDRAM 是 DRAM 的一种，它是同步动态存储器，利用一个单一的系统时钟同步所有的地址数据和控制信号。使用 SDRAM 不但能提高系统表现，还能简化设计、提供高速的数据传输。在嵌入式系统中经常使用。

EPROM、E^2PROM 都是 ROM 的一种，分别为可擦除可编程 ROM 和电可擦除 ROM，但使用不是很方便。

Flash 也是一种非易失性存储器（掉电不会丢失），它擦写方便，访问速度快，已大大取代了传统的 EPROM 的地位。由于它具有和 ROM 一样掉电不会丢失的特性，因此很多人称其为 Flash ROM。

嵌入式操作系统从嵌入式发展的第 3 阶段起开始引入。嵌入式操作系统不仅具有通用操作系统的一般功能，如向上提供对用户的接口（如图形界面、库函数 API 等），向下提供与硬件设备交互的接口（硬件驱动程序等），管理复杂的系统资源，同时，它还在系统实时性、硬件依赖性、软件固化性以及应用专用性等方面，具有更加鲜明的特点。

应用软件是针对特定应用领域，基于某一固定的硬件平台，用来达到用户预期目标的计算机软件。由于嵌入式系统自身的特点，决定了嵌入式应用软件不仅要求做到准确性、安全性和稳定性等方面需要，而且还要尽可能地进行代码优化，以减少对系统资源的消耗，降低硬件成本。

4.1.5 几种主流嵌入式操作系统分析

1．嵌入式 Linux

嵌入式 Linux（Embedded Linux）是指对标准 Linux 经过小型化裁减处理之后，能够固化在容量只有几 KB 或者几 MB 的存储器芯片或者单片机中，是适合于特定嵌入式应用场合的专用 Linux 操作系统。在目前已经开发成功的嵌入式系统中，大约有一半使用的是 Linux。这与它自身的优良特性是分不开的。

嵌入式 Linux 同 Linux 一样，具有低成本、多种硬件平台支持、优异的性能和良好的网络支持等优点。另外，为了更好地适应嵌入式领域的开发，嵌入式 Linux 还在 Linux 基础上做了部分改进，如下所示。

■ 改善的内核结构。

Linux 内核采用的是整体式结构（Monolithic），整个内核是一个单独的、非常大的程序，这样虽然能够使系统的各个部分直接沟通，提高系统响应速度，但与嵌入式系统存储容量小、资源有限的特点不相符合。因此，在嵌入式系统经常采用的是另一种称为微内核（Microkernel）的体系结构，即内核本身只提供一些最基本的操作系统功能，如任务调度、内存管理、中断处理等，而类似于设备驱动、文件系统和网络协议等附加功能则可以根据实际需要进行取舍。这样就大大减小了内核的体积，便于维护和移植。

■ 提高的系统实时性。

由于现有的 Linux 是一个通用的操作系统，虽然它也采用了许多技术来加快系统的运行和响应速度，但从本质上来说并不是一个嵌入式实时操作系统。因此，利用 Linux 作为底层操作系统，在其上进行实时化改造，从而构建出一个具有实时处理能力的嵌入式系统，如 RT-Linux 已经成功地应用于航天飞机的空间数据采集、科学仪器测控和电影特技图像处理等各种领域。

嵌入式 Linux 同 Linux 一样，也有众多的版本，其中不同的版本分别针对不同的需要在内核等方面加入了特定的机制。嵌入式 Linux 的主要版本如表 4.1 所示。

表 4.1 嵌入式 Linux 主要版本

版　本	简单介绍
μCLinux	开放源码的嵌入式 Linux 的典范之作。它主要是针对目标处理器没有存储管理单元 MMU，它运行稳定，具有良好的移植性和优秀的网络功能，对各种文件系统有完备的支持，并提供丰富的 API
RT-Linux	由美国墨西哥理工学院开发的嵌入式 Linux 硬实时操作系统。它已有广泛的应用
Embedix	根据嵌入式应用系统的特点重新设计的 Linux 发行版本。它提供了超过 25 种的 Linux 系统服务，包括 Web 服务器等。此外还推出了 Embedix 的开发调试工具包、基于图形界面的浏览器等。可以说，Embedix 是一种完整的嵌入式 Linux 解决方案
XLinux	采用了“超字元集”专利技术，使 Linux 内核不仅能与标准字符集相容，还涵盖了 12 个国家和地区的字符集。因此，XLinux 在推广 Linux 的国际应用方面有独特的优势
PocketLinux	它可以提供跨操作系统并且构造统一的、标准化的和开放的信息通信基础结构，在此结构上实现端到端方案的完整平台
红旗嵌入式 Linux	由北京中科院红旗软件公司推出的嵌入式 Linux，它是国内做得较好的一款嵌入式操作系统。目前，中科院计算机研究所自行开发的开放源码的嵌入式操作系统——Easy Embedded OS（EEOS）也已经开始进入实用阶段了
MontaVista Linux	MontaVista Linux 是 MontaVista Software 于 1999 年开始推出的，专门面向嵌入式系统的商业级操作系统，基于 Linux 内核 2.6，采用可抢占内核技术，集合了 MontaVista 硬实时技术，性能远远高于标准 2.6 内核，具有更短的抢占延迟，反应速度是标准内核的 200 倍；采用优先级线程实现中断服务程序的调度。与 Linux 家族兼容的产品:VxWorks 和 LynxOS 已经有一些嵌入式操作系统产品，并非从 Linux 裁减或者改造而来，但是已经基本实现 POSIX 兼容，在接口级与嵌入式 Linux 系列产品达成一致。这些产品具有优良的传统和特定的实时性、可靠性实现，在嵌入式操作系统中具有重要地位
风河 Linux	风河公司（著名的实时操作系统 VxWorks 的厂商）一直致力于嵌入式 Linux 方面的研究和开发。首个满足由 Linux 基金会（Linux Foundation）制定的电信级 Linux（CGL）4.0 规范要求的商用化 Linux 厂商。Wind River Platform for Network Equipment, Linux Edition 2.0 是首个完全遵循最新 CGL 规范的网络通信与电信行业 Linux 平台产品

为了不失一般性，本书所用的嵌入式 Linux 是标准内核裁减的 Linux，而不是上表中的任何一种。

2．VxWorks

VxWorks 操作系统是美国 WindRiver 公司于 1983 年设计开发的一种嵌入式实时操作系统（RTOS），它是在当前市场占有率很高的嵌入式操作系统之一。VxWorks 的实时性做得非常好，其系统本身的开销很小，进程调度、进程间通信、中断处理等系统公用程序精练而有效，使得它们造成的延迟很短。另外 VxWorks 提供的多任务机制，对任务的控制采用了优先级抢占（Linux 2.6 内核也采用了优先级抢占的机制）和轮转调度机制，这充分保证了可靠的实时性，并使同样的硬件配置能满足更强的实时性要求。另外 VxWorks 具有高度的可靠性，从而保证了用户工作环境的稳定。同时，VxWorks 还有完备强大的集成开发环境，这也大大方便了用户的使用。

但是，由于 VxWorks 的开发和使用都需要交纳高额的专利费，因此大大增加了用户的开发成本。同时，由于 VxWorks 的源码不公开，造成它部分功能的更新（如网络功能模块）滞后。

3．QNX

QNX 是业界公认的 X86 平台上最好的嵌入式实时操作系统之一，它具有独一无二的微内核实时平台，是建立在微内核和完全地址空间保护基础之上的，它同样具有实时性强、稳定可靠的优点。

4．Windows CE

Windows CE 是微软公司开发的一个开放的、可升级的 32 位嵌入式操作系统，是基于掌上型电脑类的电子设备操作系统。它是精简的 Windows 95。Windows CE 的图形用户界面相当出色。Windows CE 具有模块化、结构化和基干 Win32 应用程序接口以及与处理器无关等特点。它不仅继承了传统的 Windows 图形界面，并且用户在 Windows CE 平台上可以使用 Windows 95/98 上的编程工具（如 Visual Studio 等）、也可以使用同样的函数、使用同样的界面风格，使绝大多数 Windows 上的应用软件只需简单地修改和移植就可以在 Windows CE 平台上继续使用。但与 VxWorks 相同，Windows CE 也是比较昂贵的。

5．Palm OS

Palm OS 在 PDA 和掌上电脑有着很庞大的用户群。Palm OS 最明显的特点在精简，它的内核只有几千个字节，同时用户也可以方便地开发定制，具有较强的可操作性。

4.2 ARM 处理器硬件开发平台

4.2.1 ARM 处理器简介

ARM 是一类嵌入式微处理器，同时也是一个公司的名字。ARM 公司于 1990 年 11 月成立于英国剑桥，它是一家专门从事 16/32 位 RISC 微处理器知识产权设计的供应商。ARM 公司本身不直接从事芯片生产，而只是授权 ARM 内核，再给生产和销售半导体的合作伙伴，同时也提供基于 ARM 架构的开发设计技术。世界各大半导体生产商从 ARM 公司处购买其设计的 ARM 微处理器核，根据各自不同的应用领域，加入适当的外围电路，从而形成自己的 ARM 微处理器芯片进入市场。

ARM 公司从成立至今，在短短几十年的时间就占据了 75%的市场份额，如今，ARM 微处理器及技术的应用几乎已经深入到各个领域。采用 ARM 技术的微处理器现在已经遍及各类电子产品，汽车、消费娱乐、影像、工业控制、海量存储、网络、安保和无线等市场。到 2001 年就几乎已经垄断了全球 RISC 芯片市场，成为业界实际的 RISC 芯片标准。图 4.3 列举了使用 ARM 微处理器的公司名称。

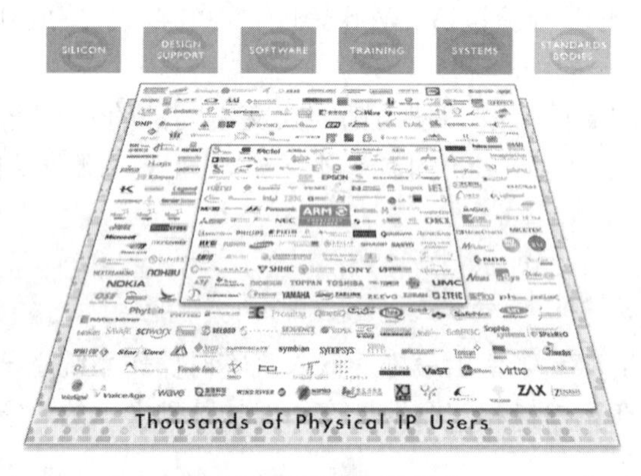

图 4.3　ARM IP 核用户

ARM 的成功，一方面得益于它独特的公司运作模式，另一方面，当然来自于 ARM 处理器自身的优良性能。ARM 处理器有如下特点。

- 体积小、低功耗、低成本、高性能。
- 支持 ARM（32 位）/ Thumb（16 位）/ Thumb2（16/32 位混合）指令集，能很好地兼容 8 位/16 位器件。
- 大量使用寄存器，指令执行速度更快。
- 大多数数据操作都在寄存器中完成。
- 寻址方式灵活简单，执行效率高。
- 指令长度固定。

小知识

常见的 CPU 指令集分为 CISC 和 RISC 两种。

CISC（Complex Instruction Set Computer）是“复杂指令集”。自 PC 机诞生以来，32 位以前的处理器都采用 CISC 指令集方式。由于这种指令系统的指令不等长，因此指令的数目非常多，编程和设计处理器时都较为麻烦。但由于基于 CISC 指令架构系统设计的软件已经非常普遍了，所以包括 Intel、AMD 等众多厂商至今使用的仍为 CISC。

RISC（Reduced Instruction Set Computing）是“精简指令集”。研究人员在对 CISC 指令集进行测试时发现，各种指令的使用频度相当悬殊，其中最常使用的是一些比较简单的指令，它们仅占指令总数的 20%，但在程序中出现的频度却占 80%。RISC 正是基于这种思想提出的。采用 RISC 指令集的微处理器处理能力强，并且还通过采用超标量和超流水线结构，大大增强并行处理能力。

4.2.2 ARM 体系结构简介

1. ARM 微处理器工作状态

ARM 微处理器的工作状态一般有 3 种，并可来回切换。

- 第一种为 ARM 状态，此时处理器执行 32 位的字对齐的 ARM 指令。
- 第二种为 Thumb 状态，此时处理器执行 16 位的、半字对齐的 Thumb 指令。
- 第三种为 Thumb2 状态，此时处理执行 16/32 位混合的、多类型对齐的指令。

2. ARM 体系结构的存储格式

- 大端格式：在这种格式中，字数据的高字节存储在低地址中，而字数据的低字节则存放在高地址中。
- 小端格式：与大端存储格式相反，在小端存储格式中，低地址中存放的是字数据的低字节，高地址存放的是字数据的高字节。

3. ARM 处理器模式

ARM 微处理器支持 7 种运行模式，分别如下。

- 用户模式（usr）：应用程序执行状态。
- 快速中断模式（fiq）：用于高速数据传输或通道处理等快速中断处理。
- 外部中断模式（irq）：用于通用的中断处理。
- 管理模式（svc）：特权模式，操作系统使用的保护模式。
- 数据访问终止模式（abt）：当数据或指令预取终止时进入该模式，可用于虚拟存储及存储保护。
- 系统模式（sys）：运行具有特权的操作系统任务。

4.2.3 ARM9 体系结构

1. ARM 微处理器系列简介

ARM 微处理器系列主要特点如表 4.2 所示。

表 4.2 **ARM 微处理器系列**

ARM 核	主 要 特 点
ARM7TDMI	• 使用 v4T 体系结构 • 最普通的低端 ARM 核 • 3 级流水线 • 冯·诺依曼体系结构 • CPI 约为 1.9 T 表示支持 Thumb 指令集（ARM 指令是 32 位的；Thumb 指令是 16 位的） DI 表示“Embedded ICE Logic”，支持 JTAG 调试 M 表示内嵌硬件乘法器 ARM720T 是具有 cache、MMU（内存管理单元）和写缓冲的一种 ARM7TDMI

续表

ARM 核	主 要 特 点
ARM9TDMI	• 使用 v4T 体系结构 • 5 级流水线：CPI 被提高到 1.5，提高了最高主频 • 哈佛体系结构：增加了存储器有效带宽（指令存储器接口和数据存储器接口），实现了同时访问指令存储器和数据存储器的功能。 • 一般提供附带的 cache：ARM922T 有 2×8KB 的 cache、MMU 和写缓冲；ARM920T 除了有 2×16KB 的 cache 之外，其他的与 ARM922t 相同；ARM940T 有一个 MPU（内存保护单元）
ARM9E	• ARM9E 是在 ARM9TDMI 的基础上，增加了一些功能：支持 V5TE 版本的体系结构，实现了单周期 32 × 16 乘法器和 Embedded ICE Logic RT • ARM926EJ-S / ARM946E-S：有可配置的指令和数据 cache、指令和数据 TCM 接口以及 AHB 总线接口。ARM926EJ-S 有 MMU，ARM946E-S 有 MPU • ARM966E-S：有指令和数据 TCM 接口，没有 cache、MPU/MMU
ARM11 系列	• ARM1136JF-S：使用 ARM V6 体系结构，性能强大（8 级流水线，有静态/动态分支预测器和返回堆栈），有低延迟中断模式，有 MMU，有支持物理标记的 4-64k 指令和数据 cache，有一些内嵌的可配置的 TCM，有 4 个主存端口（64 位存储器接口），可以集成 VFP 协处理器（可选）。 • ARM1156T2(F)-S：有 MPU，支持 Thumb2 ISA。 • ARM1176JZ(F)-S：在 ARM1136JF-S 基础上实现了 TrustZone 技术
Cortex 系列	• Cortex-A8：使用 v7A 体系结构，支持 MMU、AXI、VFP 和 NEON。 • Cortex-R4：使用 v7R 体系结构，支持 MPU（可选）、AXI 和 Dual Issue 技术。 • Cortex-M3：使用 v7M 体系结构，支持 MPU （可选）、AHB Lite 和 APB

因为本书所采用的 FS2410 开发板的 S3C2410X 是一款 ARM9 核处理器，所以下面重点学习 ARM9 核处理器。

2．ARM9 主要特点

ARM 处理器凭借它的低功耗、高性能等特点，被广泛应用于个人通信等嵌入式领域，而 ARM7 也曾在中低端手持设备中占据了一席之地。然而，ARM7 的处理性能逐渐无法满足人们日益增长的高性能处理的需求，它开始退出主流应用领域，取而代之的是性能更加强大的 ARM9 系列处理器。

新一代的 ARM9 处理器，通过全新的设计，能够达到两倍以上于 ARM7 处理器的处理能力。它的主要特点如下所述。

（1）5 级流水线。

ARM7 处理器采用的 3 级流水线设计，而 ARM9 则采用 5 级流水线设计，如图 4.4 所示。

通过使用 5 级流水线机制，在每一个时钟周期内可以同时执行 5 条指令。这样就大大提高了处理性能。在同样的加工工艺下，ARM9 处理器的时钟频率是 ARM7 的 1.8～2.2 倍。

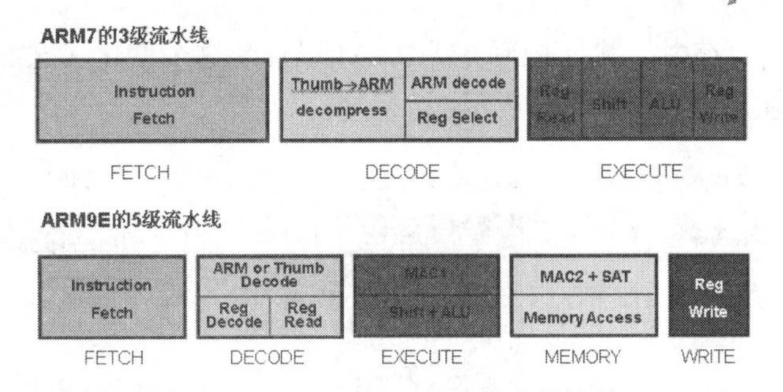

图 4.4　ARM7 与 ARM9 流水线比较

（2）采用哈佛结构。

首先读者需要了解什么叫哈佛结构。在计算机中，根据计算机的存储器结构及其总线连接形式，计算机系统可以被分为冯·诺依曼结构和哈佛结构，其中冯·诺依曼结构共用数据存储空间和程序存储空间，它们共享存储器总线，这也是以往设计时常用的方式；而哈佛结构则具有分离的数据和程序空间及分离的访问总线。所以哈佛结构在指令执行时，取址和取数可以并行，因此具有更高的执行效率。ARM9 采用的就是哈佛结构，而 ARM7 采用的则是冯·诺依曼结构。如图 4.5 和图 4.6 分别体现了冯·诺依曼结构和哈佛结构的数据存储方式。

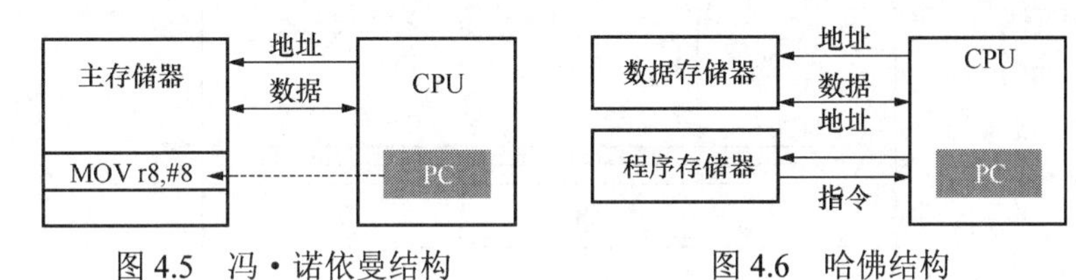

图 4.5　冯·诺依曼结构　　　　图 4.6　哈佛结构

由于在 RISC 架构的处理器中，程序中大约有 30%的指令是 Load-Store 指令，而采用哈佛结构大大提升了这两个指令的执行速度，因此对提高系统效率的贡献是非常明显的。

（3）高速缓存和写缓存的引入。

由于在处理器中，一般处理器速度远远高于存储器访问速度，那么，如果存储器访问成为系统性能的瓶颈，则处理器再快都毫无作用。在这种情况下，高速缓存（Cache）和写缓存（Write Buffer）可以很好地解决这个问题，它们存储了最近常用的代码和数据，以供 CPU 快速存储，如图 4.7 所示。

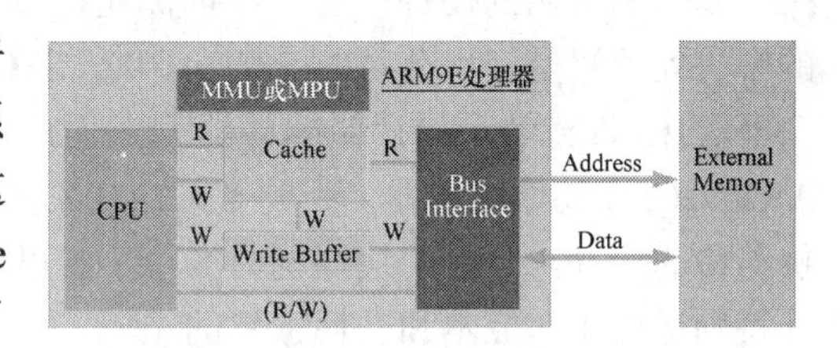

图 4.7　ARM9 的高速缓存和写缓存

（4）支持 MMU。

MMU 是内存管理单元，它把内存以“页（page）”为单位来进行处理。一页内存是指一个具有一定大小的连续的内存块，通常为 4096B 或 8192B。操作系统为每个正在运行的程序建立并维护一张被称为进程内存映射（Process Memory Map）的表，表中记录了程序可以存取的所有内存页以及它们的实际位置。

每当程序存取一块内存时，它会把相应的虚拟地址（virtual address）传送给 MMU，而 MMU 会在 PMM 中查找这块内存的实际位置，也就是物理地址（physical address），物理地址可以在内存中或磁盘上的任何位置。如果程序要存取的位置在磁盘上，就必须把包含该地址的页从磁盘上读到内存中，并且必须更新 PMM 以反映这个变化（这被称为 pagefault，即“页错”）。MMU 的实现过程如图 4.8 所示。

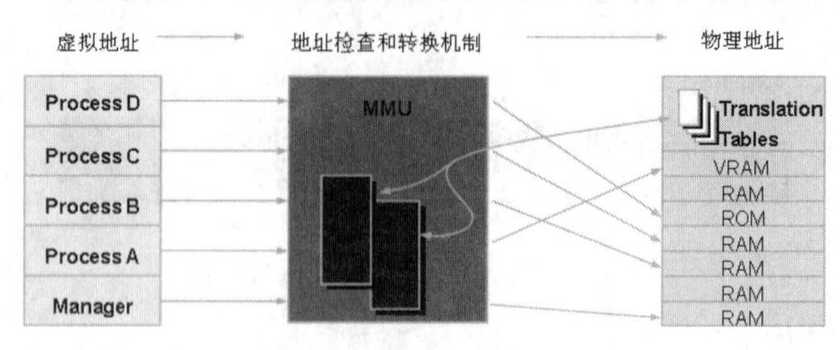

图 4.8　MMU 的实现过程

只有拥有了 MMU 才能真正实现内存保护。例如当 A 进程的程序试图直接访问属于 B 进程的虚拟地址中的数据，那么 MMU 会产生一个异常（Exception）来阻止 A 的越界操作。这样，通过内存保护，一个进程的失败并不会影响其他进程的运行，从而增强了系统的稳定性，如图 4.9 所示。ARM9 也正是因为拥有了 MMU，所以比 ARM7 具有更强的稳定性和可靠性。

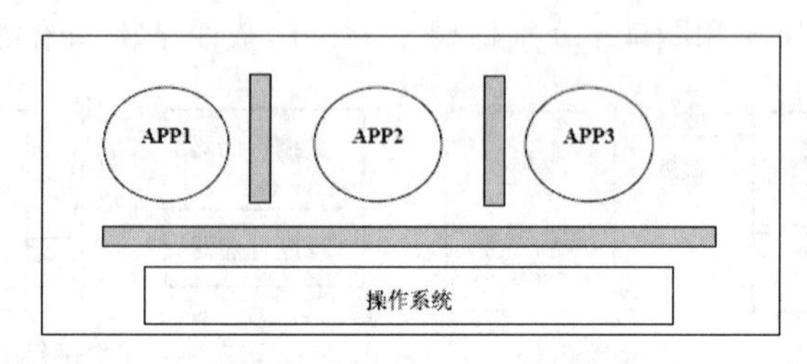

图 4.9　内存保护示意图

4.2.4　S3C2410 处理器详解

本书所采用的硬件平台是深圳优龙科技有限公司的开发板 FS2410（如图 4.10 所示），它的中央处理器是三星公司的 S3C2410X。S3C2410X 是使用 ARM920T 核、采用 0.18μm 工艺 CMOS 标准宏单元和存储编译器开发而成的。由于采用了由 ARM 公司设计的 16/32 位 ARM920T RISC 处理器，因此 S3C2410X 实现了 MMU 和独立的 16KB 指令和 16KB 数据哈佛结构的缓存，且每个缓存均为 8 个字长度的流水线。它的低功耗、精简而出色的全静态设计特别适用于对成本和功耗敏感的领域。

S3C2410X 提供全面的、通用的片上外设，大大降低了系统的成本，下面列举了 S3C2410X 的主要片上功能。

- 1.8V ARM920T 内核供电，1.8V/2.5V/3.3V 存储器供电；
- 16KB 指令和 16KB 数据缓存的 MMU 内存管理单元；
- 外部存储器控制（SDRAM 控制和芯片选择逻辑）；
- 提供 LCD 控制器（最大支持 4K 色的 STN 或 256K 色 TFT 的 LCD），并带有 1 个通道的 LCD 专用 DMA 控制器；
- 提供 4 通道 DMA，具有外部请求引脚；
- 提供 3 通道 UART（支持 IrDA1.0，16 字节发送 FIFO 及 16 字节接收 FIFO）/2 通道 SPI 接口；

- 提供 1 个通道多主 IIC 总线控制器/1 通道 IIS 总线控制器；
- 兼容 SD 主机接口 1.0 版及 MMC 卡协议 2.11 版；
- 提供 2 个主机接口的 USB 口/1 个设备 USB 口（1.1 版本）；
- 4 通道 PWM 定时器/1 通道内部计时器；

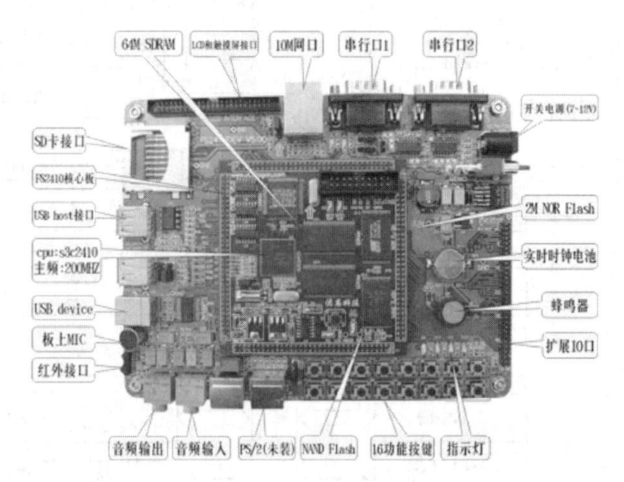

图 4.10　优龙 FS2410 开发板实物图

- 提供看门狗定时器；
- 提供 117 个通用 I/O 口/24 通道外部中断源；
- 提供不同的电源控制模式：正常、慢速、空闲及电源关闭模式；
- 提供带触摸屏接口的 8 通道 10 位 ADC；
- 提供带日历功能的实时时钟控制器（RTC）；
- 具有 PLL 的片上时钟发生器。

S3C2410X 系统结构图如图 4.11 所示。

下面依次对 S3C2410X 的系统管理器、Nand Flash 引导装载器、缓冲存储器、时钟和电源管理及中断控制进行简要讲解，要注意，其中所有模式的选择都是通过对相关寄存器特定值的设定来实现的，因此，当读者需要对此进行修改时，请参阅三星公司提供 S3C2410X 用户手册。

1．系统管理器

S3C2410X 支持小/大端模式，它将系统的存储空间分为 8 个组（bank），其中每个 bank 有 128MB，总共为 1GB。每个组可编程的数据总线宽度为 8/16/32 位，其中 bank0~bank5 具有固定的 bank 起始地址和结束地址，用于 ROM 和 SRAM。而 bank6 和 bank7 是大小可变的，用于 ROM、SRAM 或 SDRAM。这里，所有的存储器 bank 都具有可编程的操作周期，并且支持掉电时的 SDRAM 自刷新模式和多种类型的引导 ROM。

2．nand flash 引导装载器

S3C2410X 支持从 nand flash 存储器启动，其中，开始的 4KB 为内置缓冲存储器，它在启动时将被转载（装载 or 转载）到 SDRAM 中并执行引导，之后该 4KB 可以用作其他用途。

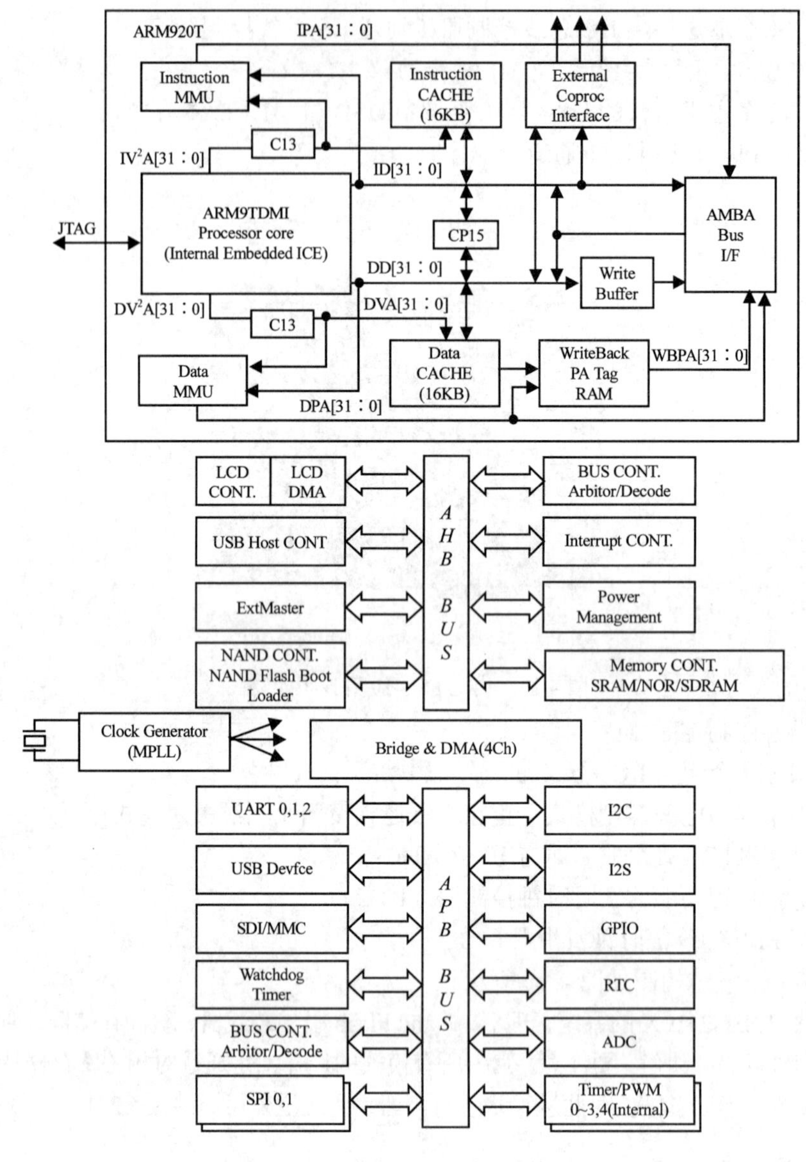

图 4.11 S3C2410X 系统结构图

小知识

Flash 是一种非易失闪存技术。Intel 于 1988 年首先开发出 Nor Flash 技术之后，彻底改变了原先由 EPROM 和 EEPROM 一统天下的局面。紧接着，1989 年东芝公司发布了 Nand Flash 结构，强调降低每比特的成本、更高的性能，并且像磁盘一样可以通过接口轻松升级。

Nor Flash 的特点是芯片内执行（Execute In Place），这样应用程序可以直接在 Flash 闪存内运行，而不必再把代码读到系统 RAM 中。Nor Flash 的传输效率很高，在 1～4MB 的小容量时具有很高的成本效益，但是很低的写入和擦除速度大大影响了它的性能。

NAND Flash 结构能提供极高的单元密度，可以达到高存储密度，NAND 读和写操作采用 512 字节的块，单元尺寸几乎是 Nor 器件的一半，同时由于生产过程更为简单，大大降低了生产的成本。NAND 闪存中每个块的最大擦写次数是 100 万次，是 Nor Flash 的 10 倍，这些都使得 NAND Flash 越来越受到人们的欢迎。

同时，S3C2410X 也支持从外部 nGCS0 片选的 Nor Flash 启动，如在优龙的开发板上将 JP1 跳线去掉就可从 Nor Flash 启动（默认从 NAND Flash 启动）。在这两种启动模式下，各片选的存储空间分配是不同的，如图 4.12 所示。

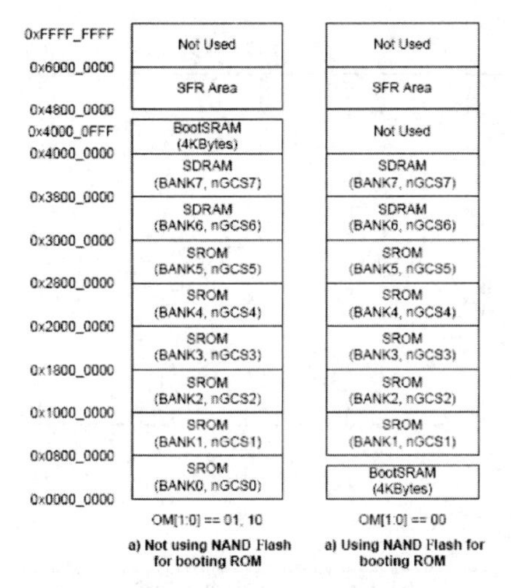

图 4.12　S3C2410 两种启动模式地址映射

3．缓冲存储器

S3C2410X 是带有指令缓存（16KB）和数据缓存（16KB）的联合缓存装置，一个缓冲区能够保持 16 字的数据和 4 个地址。

4．时钟和电源管理

S3C2410X 采用独特的时钟管理模式，它具有 PLL（相位锁定环路，用于稳定频率）的芯片时钟发生器，而在此，PLL 又分为 UPLL 和 MPLL。其中 UPLL 时钟发生器用于主/从 USB 操作，MPLL 时钟发生器用于产生主时钟，使其能以极限频率 203MHz（1.8V）运行。

S3C2410X 的电源管理模式又分为正常、慢速、空闲和掉电 4 种模式。其中慢速模式为不带 PLL 的低频时钟模式，空闲模式始终为 CPU 停止模式，掉电模式为所有外围设备全部掉电仅内核电源供电的模式。

另外，S3C2410X 对片内的各个部件采用独立的供电方式。

- 1.8V 的内核供电。
- 3.3V 的存储器独立供电（通常对 SDRAM 采用 3.3V，对移动 SDRAM 采用 1.8/2.5V）。
- 3.3V 的 VDDQ。
- 3.3V 的 I/O 独立供电。

由于在嵌入式系统中电源管理非常关键，它直接涉及功耗等各方面的系统性能，而 S3C2410X 的电源管理中独立的供电方式和多种模式可以有效地处理系统的不同状态，从而达到最优的配置。

5．中断控制

中断处理在嵌入式系统开发中非常重要，尤其对于从单片机转入到嵌入式的读者来说，与单片机中简单的中断模式相比，ARM 中的中断处理要复杂得多。如果读者无相关基础，建议先熟悉相关的基础概念再进行下一步学习。

首先给出了一般的中断处理流程，如图 4.13 所示。

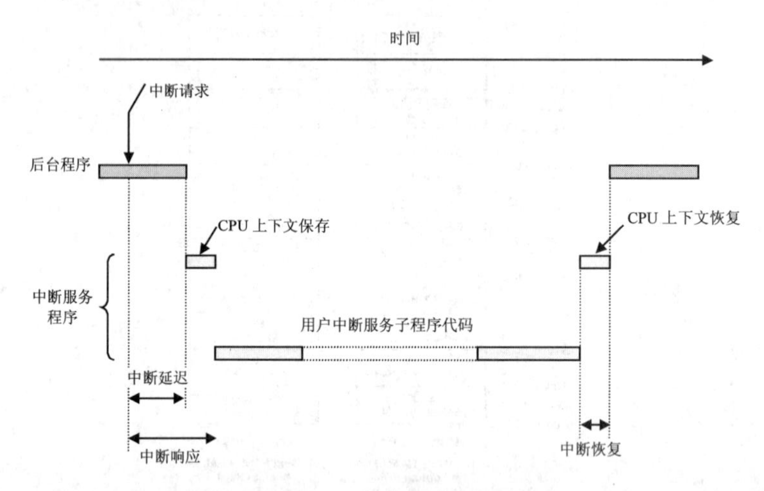

图 4.13　一般中断处理流程

S3C2410X 包括 55 个中断源，其中有 1 个看门狗定时器中断、5 个定时器中断、9 个通用异步串行口中断、24 个外部中断、4 个 DMA 中断、2 个 RTC（实时时钟控制器）中断、2 个 USB 中断、1 个 LCD 中断和 1 个电池故障。其中，对外部中断源具有电平/边沿两种触发模式。另外，对于非常紧急的中断可以支持使用快速中断请求（FIQ）。

S3C2410X 的中断处理流程（该图摘自 S3C2410X 用户手册）如图 4.14 所示。

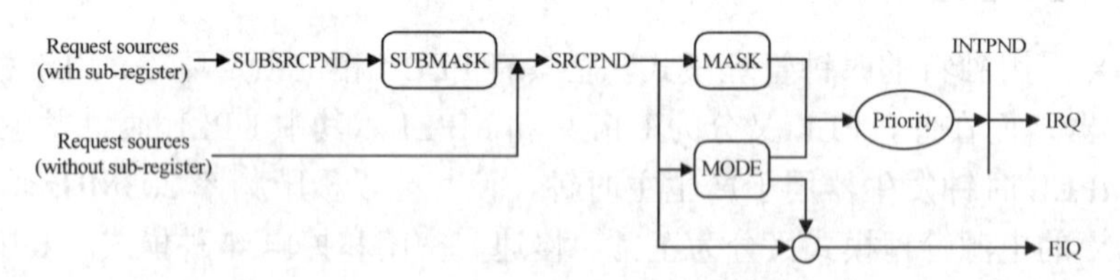

图 4.14　S3C2410X 中断处理流程

图中的 SUBSRCPND、SRCPND、SUBMASK、MASK 和 MODE 都是与中断相关的寄存器，其中 SUBSRCPND 和 SRCPND 寄存器用来表示有哪些中断被触发了和是否正在等待处理（pending）；SUBMASK（INTSUBMSK 寄存器）和 MASK（INTMSK 寄存器）用于屏蔽某些中断。

图中的“Request sources（with sub –register）”表示的是 INT_RXD0、INT_TXD0 等 11 个中断源，它们不同于“Request sources（without sub –register）”的操作如下：

（1）“Request sources（without sub –register）”中的中断源被触发之后，SRCPND 寄存器中相应位被置 1，如果此中断没有被 INTMSK 寄存器屏蔽、或者是快中断（FIQ）的话，它将被进一步处理。

（2）对于“Request sources（with sub –register）”中的中断源被触发之后，SUBSRCPND 寄存器中的相应位被置 1，如果此中断没有被 SUBMSK 寄存器屏蔽的话，它在 SRCPND 寄存器中的相应位也被置 1。在此之后的两者的处理过程是一样的。

接下来，在 SRCPND 寄存器中，被触发的中断的相应位被置 1，等待处理。

（1）如果被触发的中断中有快中断（FIQ）——MODE（INTMOD 寄存器）中为 1 的位对应的中断，则 CPU 的 FIQ 中断函数被调用。注意：FIQ 只能分配一个，即 INTMOD 中只能有一位被设为 1。

（2）对于一般中断 IRQ，可能同时有几个中断被触发，未被 INTMSK 寄存器屏蔽的中断经过比较后，选出优先级最高的中断，然后 CPU 调用 IRQ 中断处理函数。中断处理函数可以通过读取 INTPND（标识最高优先级的寄存器）寄存器来确定中断源是哪个，也可以读 INTOFFSET 寄存器来确定中断源。

4.3 嵌入式软件开发流程

4.3.1 嵌入式系统开发概述

由嵌入式系统本身的特性所影响，嵌入式系统开发与通用系统的开发有很大的区别。嵌入式系统的开发主要分为系统总体开发、嵌入式硬件开发和嵌入式软件开发 3 大部分，其总体流程图如图 4.15 所示。

在系统总体开发中，由于嵌入式系统与硬件依赖非常紧密，往往某些需求只能通过特定的硬件才能实现，因此需要进行处理器选型，以更好地满足产品的需求。另外，对于有些硬件和软件都可以实现的功能，就需要在成本和性能上做出抉择。往往通过硬件实现会增加产品的成品，但能大大提高产品的性能和可靠性。

再次，开发环境的选择对于嵌入式系统的开发也有很大的影响。这里的开发环境包括嵌入式操作系统的选择以及开发工具的选择等。本书在 4.1.5 节对各种不同的嵌入式操作系统进行了比较，读者可以以此为依据进行相关的选择。比如，对开发成本和进度限制较大的产品可以选择嵌入式 Linux，对实时性要求非常高的产品可以选择 Vxworks 等。

由于本书主要讨论嵌入式软件的应用开发，因此对硬件开发不做详细讲解，而主要讨论嵌入式软件开发的流程。

4.3.2 嵌入式软件开发概述

嵌入式软件开发总体流程为图 4.15 中“软件设计实现”部分所示，它同通用计算机软件开发一样，分为需求分析、软件概要设计、软件详细设计、软件实现和软件测试。其中嵌入式软件需求分析与硬件的需求分析合二为一，故没有分开画出。

由于在嵌入式软件开发的工具非常多，为了更好地帮助读者选择开发工具，下面首先对嵌入式软件开发过程中所使用的工具做一简单归纳。

嵌入式软件的开发工具根据不同的开发过程而划分，比如在需求分析阶段，可以选择 IBM 的 Rational Rose 等软件，而在程序开发阶段可以采用 CodeWarrior（下面要介绍的 ADS 的一个工具）等，在调试阶段所用的 Multi-ICE 等。同时，不同的嵌入式操作系统往往会有配套的开发工具，比如 Vxworks 有集成开发环境 Tornado，WindowsCE 的集成开发环境 WindowsCE Platform 等。此外，不同的处理器可能还有对应的开发工具，比如 ARM 的常用集成开发工具 ADS、IAR 和 RealView 等。在这里，大多数软件都有比较高的使用费用，但也可以大大加快产品的开发进度，用户可以根据需求自行选择。图 4.16 是嵌入式开发的不同阶段的常用软件。

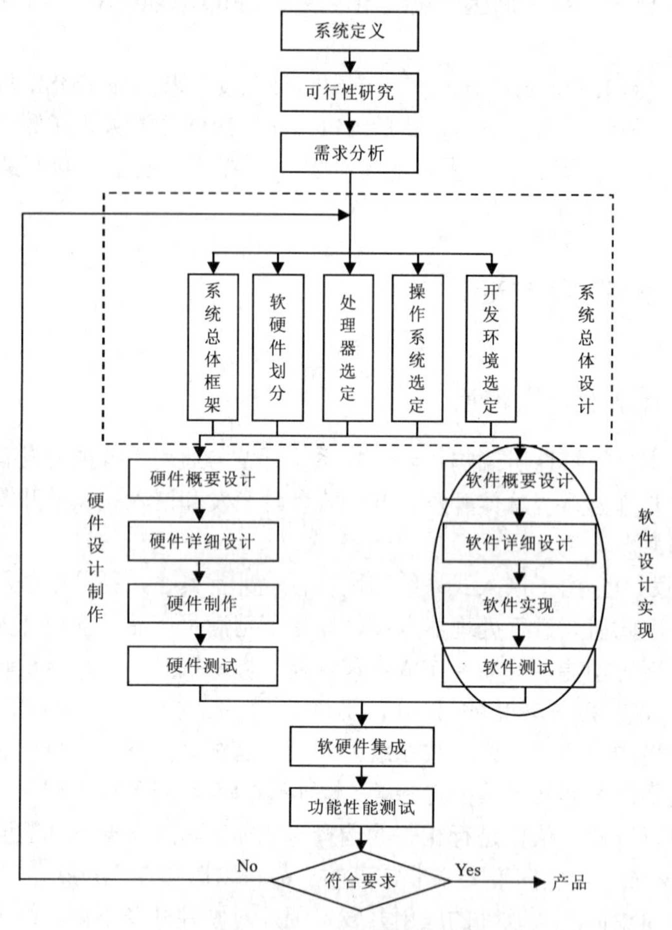

图 4.15　嵌入式系统开发流程图

嵌入式系统的软件开发与通常软件开发的区别主要在于软件实现部分，其中又可以分为编译和调试两部分，下面分别对这两部分进行讲解。

1．交叉编译

嵌入式软件开发所采用的编译为交叉编译。所谓交叉编译就是在一个平台上生成可以在另一个平台上执行的代码。在第 3 章中已经提到，编译的最主要的工作就在将程序转化成运行该程序的 CPU 所能识别的机器代码，由于不同的体系结构有不同的指令系统。因此，不同的 CPU 需要有相应的编译器，而交叉编译就如同翻译一样，把相同的程序代码翻译成不同 CPU 的对应可执行二进制文件。要注意的是，编译器本身也是程序，也要在与之对应的某一个 CPU 平台上运行。嵌入式系统交叉编译环境如图 4.16 所示。

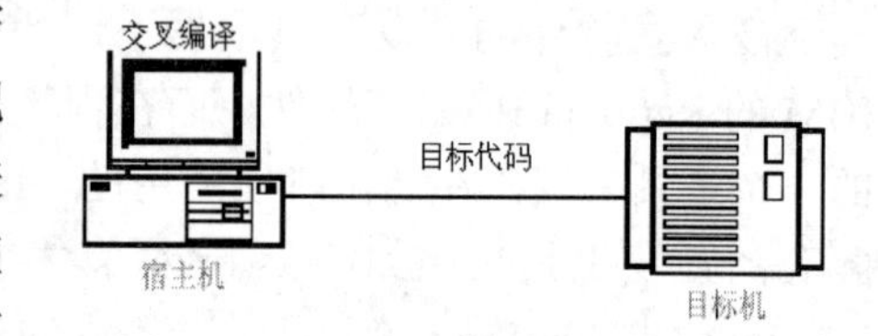

图 4.16　交叉编译环境

小知识 与交叉编译相对应，平时常用的编译称为本地编译。

这里一般将进行交叉编译的主机称为宿主机，也就是普通的通用PC，而将程序实际的运行环境称为目标机，也就是嵌入式系统环境。由于一般通用计算机拥有非常丰富的系统资源、使用方便的集成开发环境和调试工具等，而嵌入式系统的系统资源非常紧缺，无法在其上运行相关的编译工具，因此，嵌入式系统的开发需要借助宿主机（通用计算机）来编译出目标机的可执行代码。

由于编译的过程包括编译、链接等几个阶段，因此，嵌入式的交叉编译也包括交叉编译、交叉链接等过程，通常 ARM 的交叉编译器为 arm-elf-gcc、arm-linux-gcc 等，交叉链接器为 arm-elf-ld、arm-linux-ld 等，交叉编译过程如图 4.17 所示。

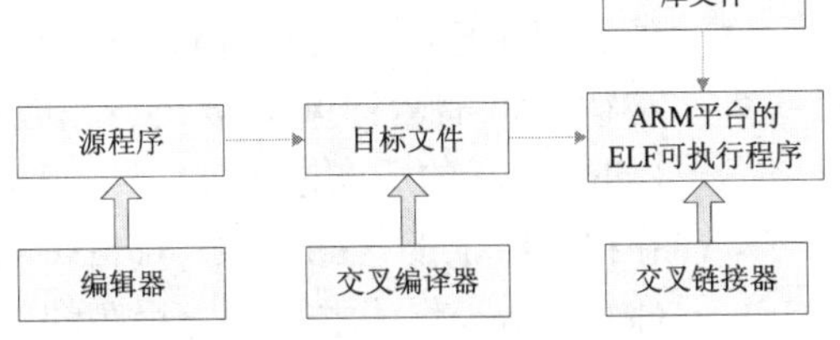

图 4.17 嵌入式交叉编译过程

2. 交叉调试

嵌入式软件经过编译和链接后即进入调试阶段，调试是软件开发过程中必不可少的一个环节，嵌入式软件开发过程中的交叉调试与通用软件开发过程中的调试方式有很大的差别。在常见软件开发中，调试器与被调试的程序往往运行在同一台计算机上，调试器是一个单独运行着的进程，它通过操作系统提供的调试接口来控制被调试的进程。而在嵌入式软件开发中，调试时采用的是在宿主机和目标机之间进行的交叉调试，调试器仍然运行在宿主机的通用操作系统之上，但被调试的进程却是运行在基于特定硬件平台的嵌入式操作系统中，调试器和被调试进程通过串口或者网络进行通信，调试器可以控制、访问被调试进程，读取被调试进程的当前状态，并能够改变被调试进程的运行状态。

嵌入式系统的交叉调试有多种方法，主要可分为软件方式和硬件方式两种。它们一般都具有如下一些典型特点。

- 调试器和被调试进程运行在不同的机器上，调试器运行在 PC 机（宿主机），而被调试的进程则运行在各种专业调试板上（目标板）。
- 调试器通过某种通信方式（串口、并口、网络、JTAG 等）控制被调试进程。
- 在目标机上一般会具备某种形式的调试代理，它负责与调试器共同配合完成对目标机上运行着的进程的调试。这种调试代理可能是某些支持调试功能的硬件设备，也可能是某些专门的调试软件（如 gdbserver）。
- 目标机可能是某种形式的系统仿真器，通过在宿主机上运行目标机的仿真软件，整个调试过程可以在一台计算机上运行。此时物理上虽然只有一台计算机，但逻辑上仍然存在着宿主机和目标机的区别。

下面分别就软件调试桩方式和硬件片上调试两种方式进行详细介绍。

（1）软件方式。

软件调试主要是通过插入调试桩的方式来进行的。调试桩方式进行调试是通过目标操作系统和调试器内分别加入某些功能模块，二者互通信息来进行调试。该方式的典型调试器有 gdb 调试器。

gdb 的交叉调试器分为 GdbServer 和 GdbClient，其中的 GdbServer 就作为调试桩在安装在目标板上，GdbClient 就是驻于本地的 gdb 调试器。它们的调试原理图如图 4.18 所示。

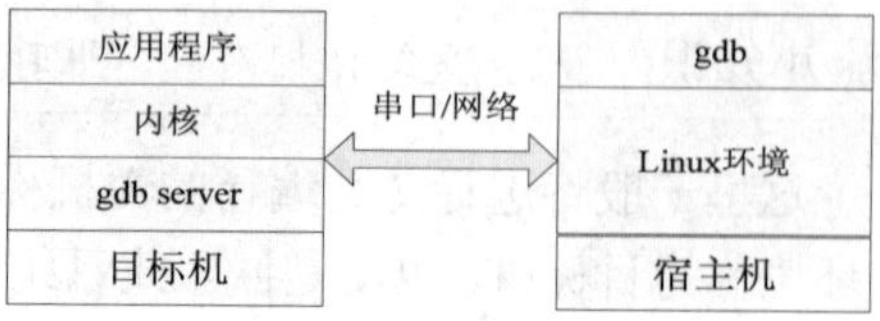

图 4.18　gdb 远程调试原理图

gdb 调试的工作流程。

- 首先，建立调试器（本地 gdb）与目标操作系统的通信连接，可通过串口、网卡、并口等多种方式。
- 然后，在目标机上开启 GdbServer 进程，并监听对应端口。
- 在宿主机上运行调试器 gdb，这时，gdb 就会自动寻找远端的通信进程，也就是 GdbServer 的所在进程。
- 在宿主机上的 gdb 通过 GdbServer 请求对目标机上的程序发出控制命令。这时，GdbServer 将请求转化为程序的地址空间或目标平台的某些寄存器的访问，这对于没有虚拟存储器的简单的嵌入式操作系统而言，是十分容易的。
- GdbServer 把目标操作系统的所有异常处理转向通信模块，并告知宿主机上 gdb 当前有异常。
- 宿主机上的 gdb 向用户显示被调试程序产生了哪一类异常。

这样就完成了调试的整个过程。这个方案的实质是用软件接管目标机的全部异常处理及部分中断处理，并在其中插入调试端口通信模块，与主机的调试器进行交互。但是它只能在目标机系统初始化完毕、调试通信端口初始化完成后才能起作用，因此，一般只能用于调试运行于目标操作系统之上的应用程序，而不宜用来调试目标操作系统的内核代码及启动代码。而且，它必须改变目标操作系统，因此，也就多了一个不用于正式发布的调试版。

（2）硬件调试。

相对于软件调试而言，使用硬件调试器可以获得更强大的调试功能和更优秀的调试性能。硬件调试器的基本原理是通过仿真硬件的执行过程，让开发者在调试时可以随时了解到系统的当前执行情况。目前嵌入式系统开发中最常用到的硬件调试器是 ROMMonitor、ROMEmulator、In-CircuitEmulator 和 In-CircuitDebugger。

- 采用 ROMMonitor 方式进行交叉调试需要在宿主机上运行调试器，在宿主机上运行 ROM 监视器（ROMMonitor）和被调试程序，宿主机通过调试器与目标机上的 ROM 监视器遵循远程调试协议建立通信连接。ROM 监视器可以是一段运行在目标机 ROM 上的可执行程序，也可以是一个专门的硬件调试设备，它负责监控目标机上被调试程序的运行情况，能够与宿主机端的调试器一同完成对应用程序的调试。

在使用这种调试方式时，被调试程序首先通过 ROM 监视器下载到目标机，然后在 ROM 监视器的监控下完成调试。

优点：ROM 监视器功能强大，能够完成设置断点、单步执行、查看寄存器、修改内存空间等各项调试功能。

确定：同软件调试一样，使用 ROM 监视器目标机和宿主机必须建立通信连接。

其原理图如图 4.19 所示。

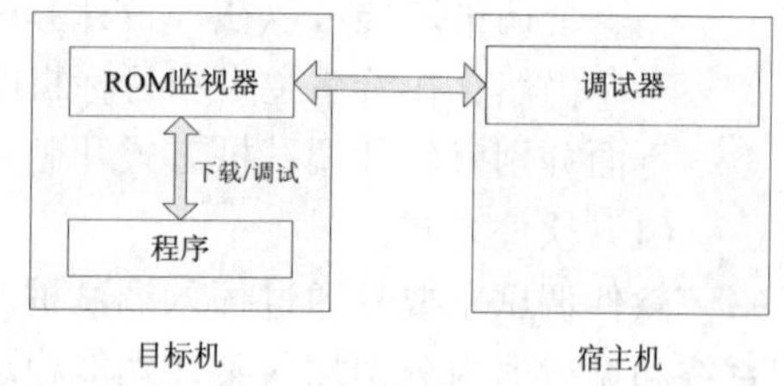

图 4.19　ROMMonitor 调试方式

- 采用 ROMEmulator 方式进行交叉调试时需要使用 ROM 仿真器，并且它通常被插入到目标机上的 ROM 插槽中，专门用于仿真目标机上的 ROM 芯片。

在使用这种调试方式时，被调试程序首先下载到 ROM 仿真器中，因此等效于下载到目标机的 ROM 芯片上，然后在 ROM 仿真器中完成对目标程序的调试。

优点：避免了每次修改程序后都必须重新烧写到目标机的 ROM 中。

缺点：ROM 仿真器本身比较昂贵，功能相对来讲又比较单一，只适应于某些特定场合。

其原理如图 4.20 所示。

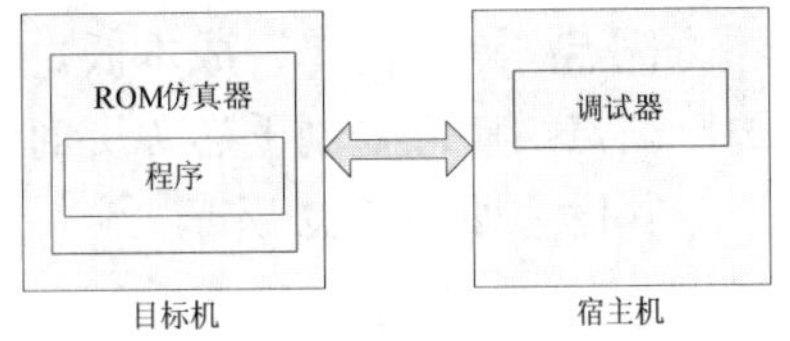

图 4.20 ROMEmulator 调试方式

- 采用 In-CircuitEmulator（ICE）方式进行交叉调试时需要使用在线仿真器，它是目前最为有效的嵌入式系统的调试手段。它是仿照目标机上的 CPU 而专门设计的硬件，可以完全仿真处理器芯片的行为。仿真器与目标板可以通过仿真头连接，与宿主机可以通过串口、并口、网线或 USB 口等连接方式。由于仿真器自成体系，所以调试时既可以连接目标板，也可以不连接目标板。

在线仿真器提供了非常丰富的调试功能。在使用在线仿真器进行调试的过程中，可以按顺序单步执行，也可以倒退执行，还可以实时查看所有需要的数据，从而给调试过程带来了很多的便利。嵌入式系统应用的一个显著特点是与现实世界中的硬件直接相关，并存在各种异变和事先未知的变化，从而给微处理器的指令执行带来各种不确定因素，这种不确定性在目前情况下只有通过在线仿真器才有可能发现。

优点：功能强大，软硬件都可做到完全实时在线调试。

缺点：价格昂贵。

其原理如图 4.21 所示。

图 4.21 ICE 调试方式

- 采用 In-CircuitDebugger（ICD）方式进行交叉调试时需要使用在线调试器。由于 ICE 的价格非常昂贵，并且每种 CPU 都需要一种与之对应的 ICE，使得开发成本非常高。一个比较好的解决办法是让 CPU 直接在其内部实现调试功能，并通过在开发板上引出的调试端口发送调试命令和接收调试信息，完成调试过程。如使用非常广泛的 ARM 处理器的 JTAG 端口技术就是由此而诞生的。

JTAG 是 1985 年指定的检测 PCB 和 IC 芯片的一个标准。1990 年被修改成为 IEEE 的一个标准，即 IEEE1149.1。JTAG 标准所采用的主要技术为边界扫描技术，它的基本思想就是在靠近芯片的输入输出管脚上增加一个移位寄存器单元。因为这些移位寄存器单元都分布在芯片的边界上（周围），所以被称为边界扫描寄存器（Boundary-Scan Register Cell）。

当芯片处于调试状态时候，这些边界扫描寄存器可以将芯片和外围的输入输出隔离开来。通过这些边界扫描寄存器单元，可以实现对芯片输入输出信号的观察和控制。对于芯片的输入管脚，可通过与之相连的边界扫描寄存器单元把信号（数据）加载到该管脚中去；对于芯片的输出管脚，可以通过与之相连的边界扫描寄存器单元"捕获"（CAPTURE）该管脚的输出信号。这样，边界扫描寄存器提供了一个便捷的方式用于观测和控制所需要调试的芯片。

现在较为高档的微处理器都带有 JTAG 接口，包括 ARM7、ARM9、StrongARM、DSP 等，通过 JTAG 接口可以方便地对目标系统进行测试，同时，还可以实现 Flash 编程，这是非常受欢迎的。

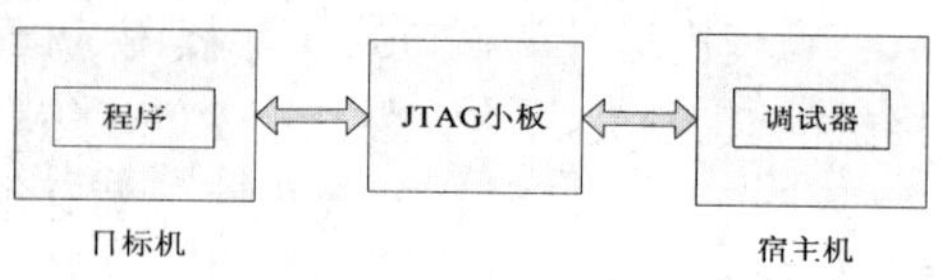

图 4.22　JTAG 调试方式

优点：连接简单，成本低。

缺点：特性受制于芯片厂商。

其原理如图 4.22 所示。

4.4　实验内容——使用 JTAG 烧写 Nand Flash

1．实验目的

通过使用 JTAG 烧写 Flash 的实验，了解嵌入式硬件环境，熟悉 JTAG 的使用，为今后的进一步学习打下良好的基础。本书以优龙的 FS2410 及 Flash 烧写工具为例进行讲解，不同厂商的开发板都会提供相应的 Flash 烧写工具，并有相应的说明文档，请读者在了解基本原理之后查阅相关手册。

2．实验内容

（1）熟悉开发板的硬件布局。

（2）连接 JTAG 口。

（3）安装 giveio（用于烧写 Flash）驱动。

（4）打开 SJF2410_BIOS.BAT（Flash 烧写程序）进行烧写。

3．实验步骤

（1）熟悉开发板硬件设备。

（2）用 20 针的排线将 20 针的 JTAG 接口与 JTAG 小板的 JP3 接口相连。

（3）安装 giveio 驱动，如图 4.23 所示。

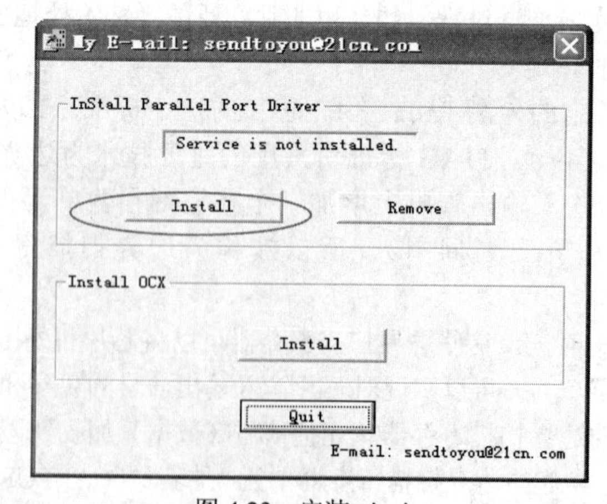

图 4.23　安装 giveio

单击“Install”按钮，出现如图 4.24 所示的效果，这就表明驱动安装成功。

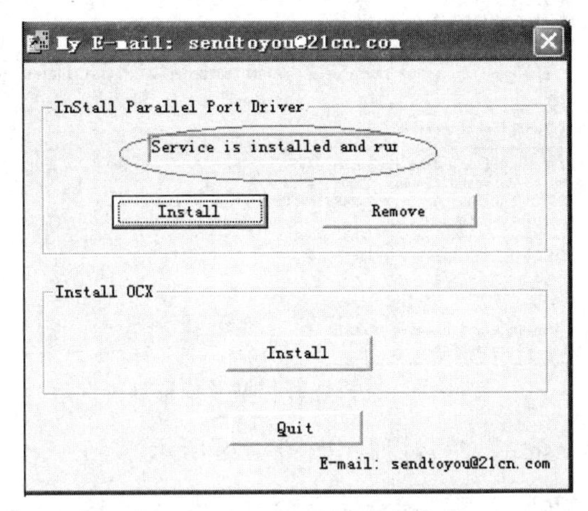

图 4.24 giveio 驱动安装完成

（4）打开 SJF2410_BIOS.BAT，如图 4.25 所示。

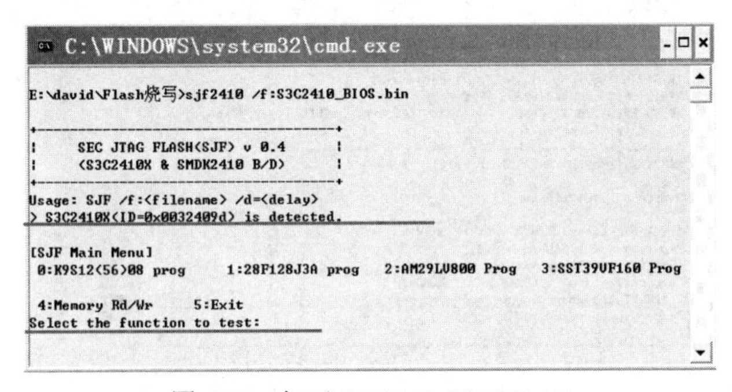

图 4.25 打开 SJF2410_BIOS.BAT

（5）在“Select the function to test:”输入“0”，表示对 K9S1208（FS2410 的 Nand Flash 的芯片型号）进行烧写，如图 4.26 所示。

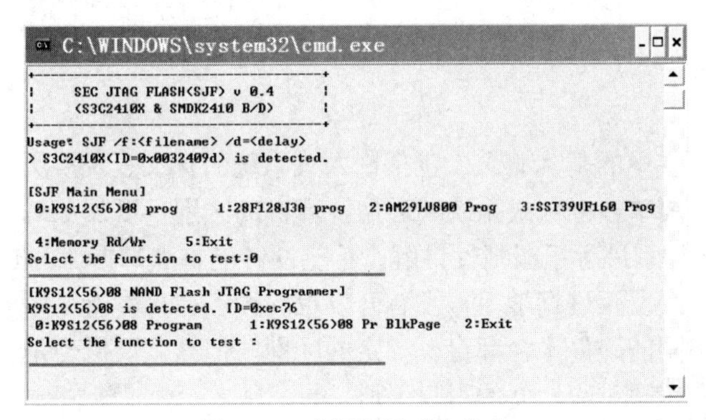

图 4.26 选择烧写对应芯片

（6）在接下来的“Select the function to test:”里输入“0”，表示烧写类型为程序。再在接下来的“Input the target block”里输入希望的偏移地址，在此处写为“0”，如图 4.27 所示。

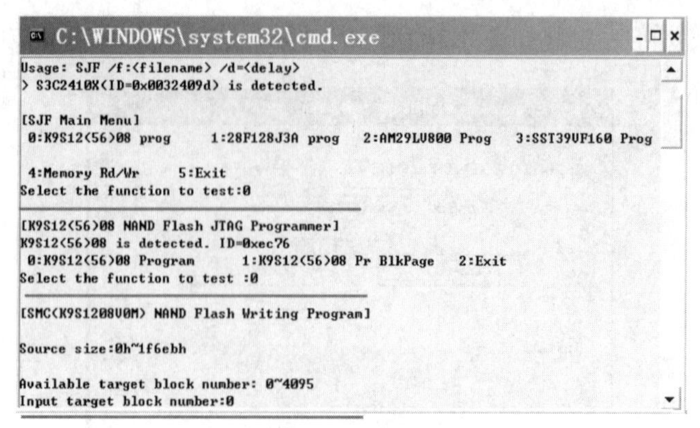

图 4.27　选择烧写类型及偏移地址

（7）接下来，执行 Flash 的烧写过程，如图 4.28 所示。

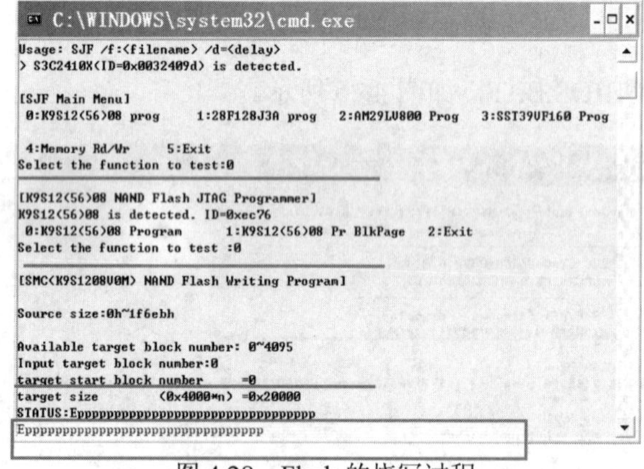

图 4.28　Flash 的烧写过程

4．实验结果

Flash 的烧写完成之后，用户可以选择退出（Exit）选项，这样整个过程就完成了。

4.5　本章小结

本章讲解了嵌入式中的基本概念，包括嵌入式系统的含义、发展历史、特点以及其体系结构。在这里，重点要掌握嵌入式系统和通用计算机的区别，以加深对嵌入式系统的理解。

接下来对 ARM 体系进行了概括性讲解，希望读者能重点掌握 ARM9 的特性，有条件的读者希望能结合实际开发板进行学习，没有开发板的读者也可参看书中的实物图，以获得感性的认识。另外，不同的硬件平台都会有一定的区别，但其主要原理是一样的，对于某些细节的不同处理请读者参阅对应厂商的用户手册。

本章的最后讲解了嵌入式软件开发的流程，其中重点讲解了交叉编译和交叉调试，这些概念初次学习会感觉比较枯燥，但这些概念又是非常重要的，在后面的具体开发中会经常涉及，希望读者对这些内容能够认真消化。

最后安排的一个实验希望有条件的读者能动手做做，当然在做之前一定认真阅读不同厂商提供的用户手册。

4.6 思考与练习

1．从各方面比较嵌入式系统与通用计算器的区别。
2．ARM9 有哪些优于 ARM7 的特性？
3．什么是交叉编译？为什么要进行交叉编译？
4．嵌入式开发的常用调试手段有哪几种？说出它们各自的优缺点。

第 5 章

嵌入式 Linux 开发环境的搭建

本章目标

在了解了嵌入式开发的基本概念之后，本章主要学习如何搭建嵌入式 Linux 开发的环境，通过本章的学习，读者能够掌握以下内容。

- 掌握嵌入式交叉编译环境的搭建
- 掌握嵌入式主机通信环境的配置
- 学会使用交叉编译工具链
- 学会配置 Linux 下的 minicom 和 Windows 下的超级终端
- 学会在 Linux 下和 Windows 下配置 TFTP 服务
- 学会配置 NFS 服务
- 学会编译 Linux 内核
- 学会搭建 Linux 的根文件系统
- 熟悉嵌入式 Linux 的内核相关代码的分布情况
- 掌握 Bootloader 的原理
- 了解 U-Boot 的代码结构和移植

5.1 嵌入式开发环境的搭建

5.1.1 嵌入式交叉编译环境的搭建

交叉编译的概念在第 4 章中已经详细讲述过，搭建交叉编译环境是嵌入式开发的第一步，也是必备的一步。搭建交叉编译环境的方法很多，不同的体系结构、不同的操作内容甚至是不同版本的内核，都会用到不同的交叉编译器，而且，有些交叉编译器经常会有部分的 bug，这都会导致最后的代码无法正常地运行。因此，选择合适的交叉编译器对于嵌入式开发是非常重要的。

交叉编译器完整的安装一般涉及多个软件的安装（读者可以从 ftp://gcc.gnu.org/pub/下

载），包括 binutils、gcc、glibc 等软件。其中，binutils 主要用于生成一些辅助工具，如 objdump、as、ld 等；gcc 是用来生成交叉编译器的，主要生成 arm-linux-gcc 交叉编译工具（应该说，生成此工具后已经搭建起了交叉编译环境，可以编译 Linux 内核了，但由于没有提供标准用户函数库，用户程序还无法编译）；glibc 主要是提供用户程序所使用的一些基本的函数库。这样，交叉编译环境就完全搭建起来了。

上面所述的搭建交叉编译环境比较复杂，很多步骤都涉及对硬件平台的选择。因此，现在嵌入式平台提供厂商一般会提供在该平台上测试通过的交叉编译器，而且很多公司把以上安装步骤全部写入脚本文件或者以发行包的形式提供，这样就大大方便了用户的使用。如优龙的 FS2410 开发光盘里就附带了 2.95.3 和 3.3.2 两个版本的交叉编译器，其中前一个版本是用于编译 Linux 2.4 内核的，而后一个版本是用于编译 Linux 2.6 版本内核的。由于这是厂商测试通过的编译器，因此可靠性会比较高，而且与开发板能够很好地吻合。所以推荐初学者直接使用厂商提供的编译器。当然，由于时间滞后的原因，这个编译器往往不是最新的版本，若需要更新时希望读者另外查找相关资料学习。本书就以优龙自带的 cross-3.3.2 为例进行讲解（具体的名称不同厂商可能会有区别）。

安装交叉编译器的具体步骤在第 2 章的实验二中已经进行了详细地讲解了，在此仅回忆关键步骤，对于细节请读者参见第 2 章的实验二。

在/usr/local/arm 下解压 cross-3.3.2.bar.bz2。

```
    [root@localhost arm]# tar -jxvf cross-3.3.2.bar.bz2
    [root@localhost arm]# ls
    3.3.2  cross-3.3.2.tar.bz2
    [root@localhost arm]# cd ./3.3.2
    [root@localhost arm]# ls
    arm-linux  bin  etc  include  info  lib  libexec  man  sbin  share
VERSIONS
    [root@localhost bin]# which arm-linux*
    /usr/local/arm/3.3.2/bin/arm-linux-addr2line
    /usr/local/arm/3.3.2/bin/arm-linux-ar
    /usr/local/arm/3.3.2/bin/arm-linux-as
    /usr/local/arm/3.3.2/bin/arm-linux-c++
    /usr/local/arm/3.3.2/bin/arm-linux-c++filt
    /usr/local/arm/3.3.2/bin/arm-linux-cpp
    /usr/local/arm/3.3.2/bin/arm-linux-g++
    /usr/local/arm/3.3.2/bin/arm-linux-gcc
    /usr/local/arm/3.3.2/bin/arm-linux-gcc-3.3.2
    /usr/local/arm/3.3.2/bin/arm-linux-gccbug
    /usr/local/arm/3.3.2/bin/arm-linux-gcov
    /usr/local/arm/3.3.2/bin/arm-linux-ld
    /usr/local/arm/3.3.2/bin/arm-linux-nm
    /usr/local/arm/3.3.2/bin/arm-linux-objcopy
    /usr/local/arm/3.3.2/bin/arm-linux-objdump
    /usr/local/arm/3.3.2/bin/arm-linux-ranlib
    /usr/local/arm/3.3.2/bin/arm-linux-readelf
    /usr/local/arm/3.3.2/bin/arm-linux-size
    /usr/local/arm/3.3.2/bin/arm-linux-strings
    /usr/local/arm/3.3.2/bin/arm-linux-strip
```

可以看到，在/usr/local/arm/3.3.2/bin/下已经安装了很多交叉编译工具。用户可以查看 arm 文件夹下的 VERSIONS 文件，显示如下：

```
Versions
  gcc-3.3.2
  glibc-2.3.2
  binutils-head
Tool chain binutils configuration:
../binutils-head/configure …
Tool chain glibc configuration:
../glibc-2.3.2/configure …
Tool chain gcc configuration
../gcc-3.3.2/configure …
```

可以看到，这个交叉编译工具确实集成了 binutils、gcc、glibc 这几个软件，而每个软件也都有比较复杂的配置信息，读者可以查看 VERSIONS 文件了解相关信息。

5.1.2 超级终端和 minicom 配置及使用

前文已知，嵌入式系统开发的程序只能在对应的嵌入式硬件平台上运行，那么如何把开发板上的信息显示给开发人员呢？最常用的就是通过串口线输出到宿主机的显示器上，这样，开发人员就可以看到系统的运行情况了。在 Windows 和 Linux 中都有不少串口通信软件，可以很方便地对串口进行配置，其中最主要的配置参数是波特率、数据位、停止位、奇偶校验位和数据流控制位等，但是它们一定要根据实际情况进行相应配置。下面介绍 Windows 中典型的串口通信软件“超级终端”和在 Linux 下的“minicom”。

1．超级终端

首先，打开 Windows 下的“开始”→“附件”→“通讯”→“超级终端”，这时会出现如图 5.1 所示的新建超级终端界面，在“名称”处可随意输入该连接的名称。

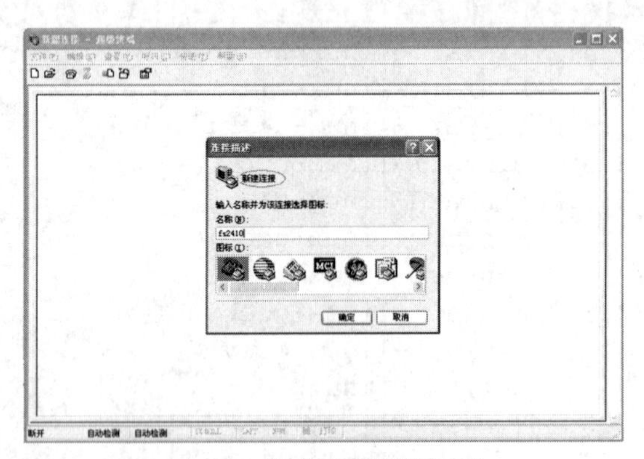

图 5.1　新建超级终端界面

接下来，将“连接时使用”的方式改为“COM1”，即通过串口 1，如图 5.2 所示。

接下来就到了最关键的一步——设置串口连接参数。要注意，每块开发板的连接参数有可能会有差异，其中的具体数据在开发商提供的用户手册中会有说明。如优龙的这款 FS2410 采用的是波特率为 115200，数据位数为 8，无奇偶校验位，停止位数为 1，无硬件流控，其对应配置如图 5.3 所示。

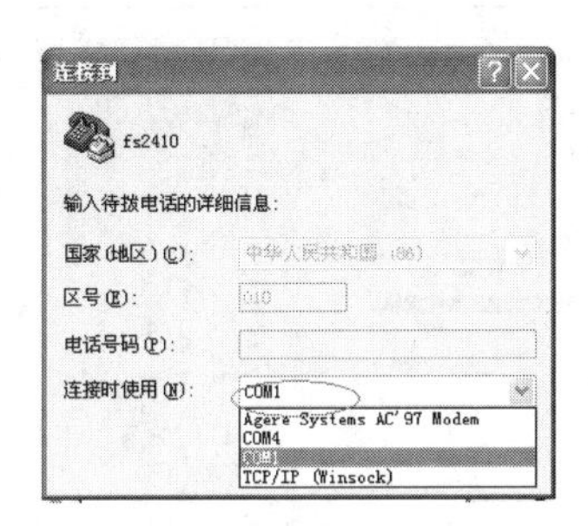

图 5.2　选择连接时使用方式

图 5.3　配置串口相关参数

这样，就基本完成了配置，最后一步单击“确定”按钮就可以了。这时，读者可以把开发板的串口线和 PC 机相连，若配置正确，在开发板上电后，在超级终端的窗口里应能显示类似于图 5.4 的串口信息。

注意　要分清开发板上的串口 1、串口 2，如在优龙的开发板上标有“UART1”、“UATR2”，否则串口无法打印出信息。

2. minicom

minicom 是 Linux 下串口通信的软件，它的使用完全依靠键盘的操作，虽然没有“超级终端”那么易用，但是使用习惯之后读者将会体会到它的高效与便利。下面主要讲解如何对 minicom 进行串口参数的配置。

首先在命令行中键入“minicom”，这就启动了 minicom 软件。minicom 在启动时默认会进行初始化配置，如图 5.5 所示。可以通过“minicom -s”命令进行 minicom 的配置。

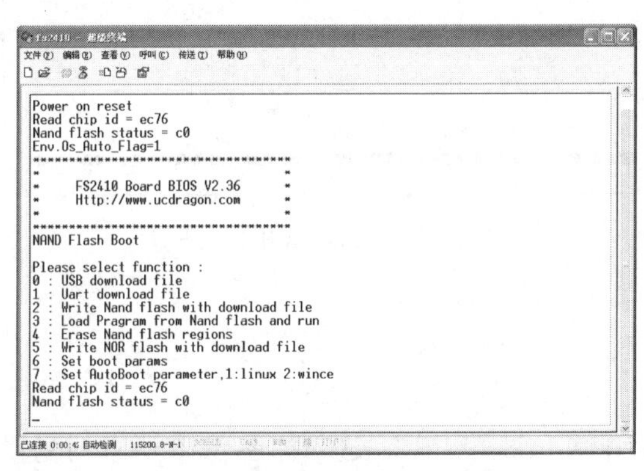

图 5.4　在超级终端上显示信息

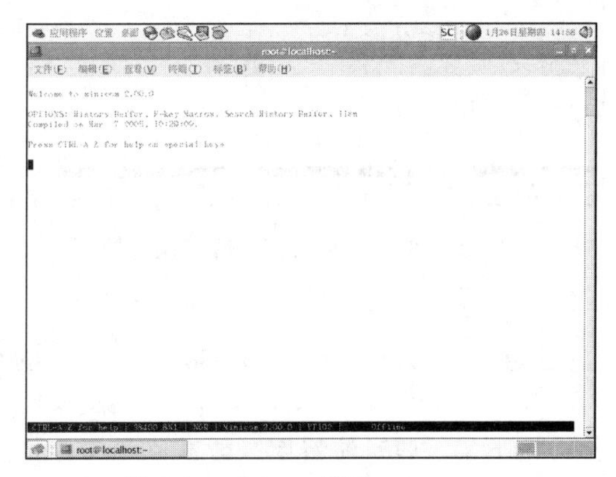

图 5.5　minicom 启动

注意　在 minicom 的使用中，经常会遇到 3 个键的操作，如“CTRL-A Z”，这表示先同时按下 CTRL 和“A”，然后松开这两个键再按下“Z”。

正如图 5.5 中的提示，接下来可键入 CTRL－A Z，来查看 minicom 的帮助，如图 5.6

所示。按照帮助所示，可键入“O”（代表 Configure minicom）来配置 minicom 的串口参数，当然也可以直接键入“CTRL-A O”来进行配置。如图 5.7 所示。

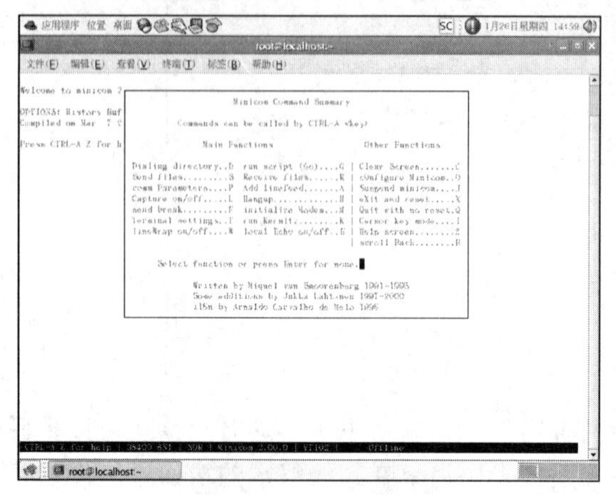

图 5.6　minicom 帮助

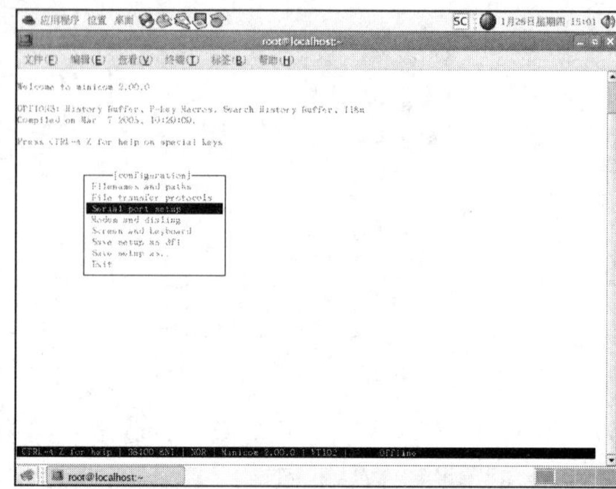

图 5.7　minicom 配置界面

在这个配置框中选择“Serial port setup”子项，进入如图 5.8 所示的配置界面。

上面列出的配置是 minicom 启动时的默认配置，用户可以通过键入每一项前的大写字母，分别对每一项进行更改。图 5.9 所示为在“Change which setting”中键入了“A”，此时光标转移到第 A 项的对应处。

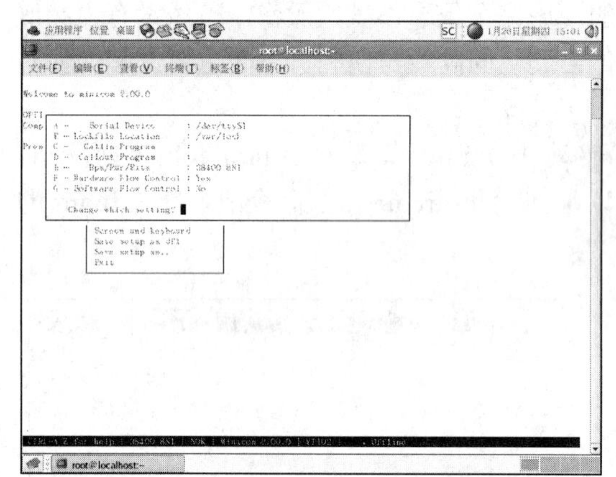

图 5.8　minicom 串口属性配置界面

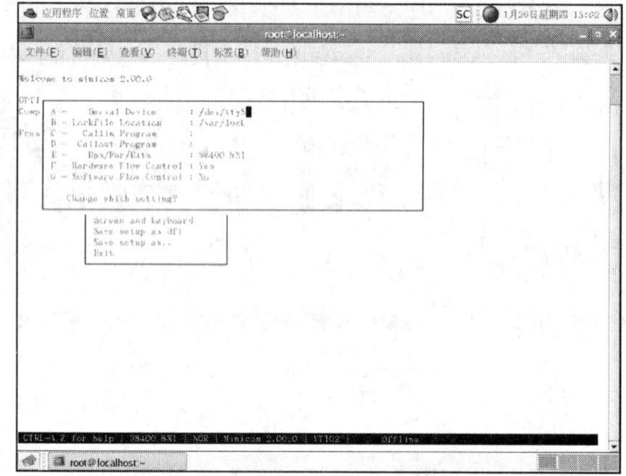

图 5.9　minicom 串口号配置

注意　在 minicom 中“ttyS0”对应“COM1”，“ttyS1”对应“COM2”。

接下来，要对波特率、数据位和停止位进行配置，键入“E”，进入如图 5.10 所示的配置界面。

在该配置界面中，可以键入相应波特率、停止位等对应的字母，即可实现配置，配置完成后按回车键就退出了该配置界面，在上层界面中显示如图 5.11 所示配置信息，要注意与图 5.8 进行对比，确定相应参数是否已被重新配置。

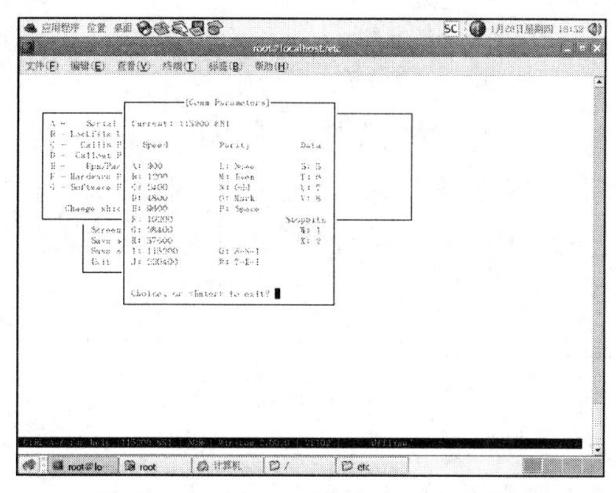

图 5.10 minicom 波特率等配置界面

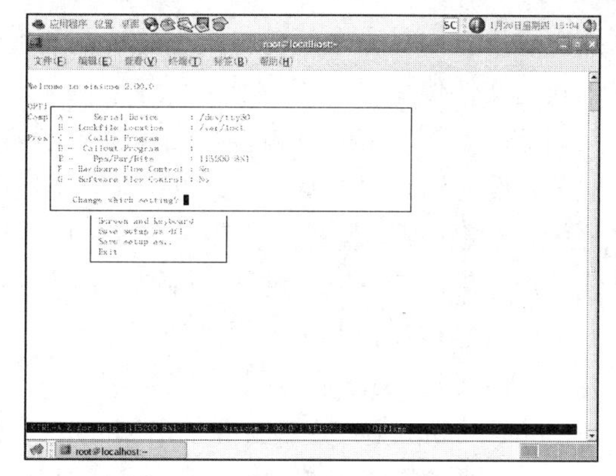

图 5.11 minicom 配置完成后界面

在确认配置正确后，可键入回车返回上级配置界面，并将其保存为默认配置，如图 5.12 所示。之后，可重新启动 minicom 使刚才配置生效，在用串口线将宿主机和开发板连接之后，就可在 minicom 中打印出正确的串口信息，如图 5.13 所示。

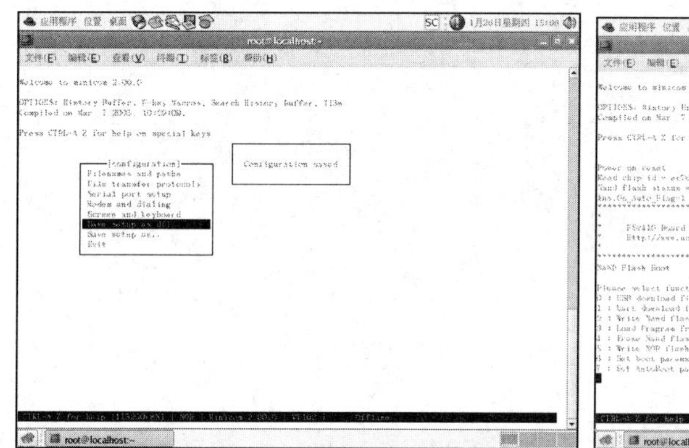

图 5.12 minicom 保存配置信息

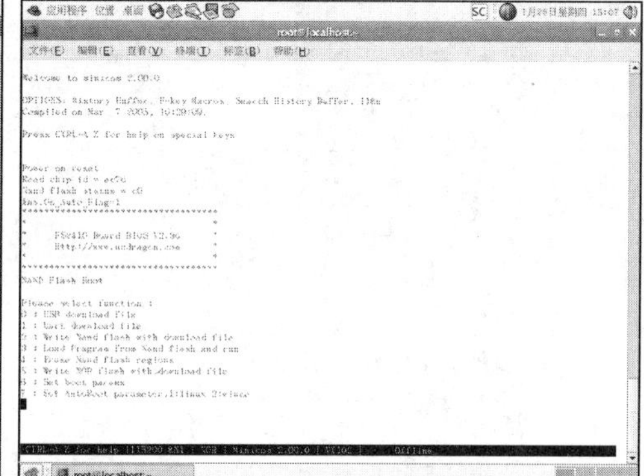

图 5.13 minicom 显示串口信息

到此为止，读者已经能将开发板的系统情况通过串口打印到宿主机上了，这样，就能很好地了解硬件的运行状况。

小知识　通过串口打印信息是一个很常见的手段，很多其他情况如路由器等也是通过配置串口的波特率这些参数来显示对应信息的。

5.1.3 下载映像到开发板

正如第 4 章中所述，嵌入式开发的运行环境是目标板，而开发环境是宿主机。因此，需要把宿主机中经过编译之后的可执行文件下载到目标板上。要注意的是，这里所说的下载是下载到目标机中的 SDRAM。然后，用户可以选择直接从 SDRAM 中运行或写入到 Flash 中再运行。运行常见的下载方式有网络下载（如 tftp、ftp 等方式）、串口下载、USB 下载等，本书主要讲解网络下载中的 tftp 方式和串口下载方式。

1．tftp

tftp 是简单文件传输协议，它可以看作是一个 FTP 的简化版本，与 FTP 相比，它的最大区别在于没有用户管理的功能。它的传输速度快，可以通过防火墙，使用方便快捷，因此在嵌入式的文件传输中广泛使用。

同 FTP 一样，tftp 分为客户端和服务器端两种。通常，首先在宿主机上开启 tftp 服务器端服务，设置好 tftp 的根目录内容（也就是供客户端访问的根目录），接着，在目标板上开启 tftp 的客户端程序（现在很多 Bootloader 几乎都提供该服务）。这样，把目标板和宿主机用直连线相连之后，就可以通过 tftp 协议传输可执行文件了。

下面分别讲述在 Linux 下和 Windows 下的配置方法。

（1）Linux 下 tftp 服务配置。

Linux 下 tftp 的服务器服务是由 xinetd 所设定的，默认情况下是处于关闭状态。

首先，要修改 tftp 的配置文件，开启 tftp 服务，如下所示：

```
[root@localhost tftpboot]# vim /etc/xinetd.d/tftp
# default: off
# description: The tftp server serves files using the trivial file transfer\
#         protocol.  The tftp protocol is often used to boot diskless \
#         workstations, download configuration files to network-aware printers,\
#         and to start the installation process for some operating systems.
service tftp
{
        socket_type             = dgram  /* 使用数据报套接字*/
        protocol                = udp    /* 使用 UDP 协议 */
        wait                    = yes    /* 允许等待 */
        user                    = root   /* 用户 */
        server                  = /usr/sbin/in.tftpd /* 服务程序*/
        server_args             = -s /tftpboot /* 服务器端的根目录*/
        disable                 = no           /* 使能 */
        per_source              = 11
        cps                     = 100 2
        flags                   = IPv4
}
```

在这里，主要要将“disable=yes”改为“no”，另外，从“server_args”可以看出，tftp 服务器端的默认根目录为“/tftpboot”，用户如果需要则可以更改为其他目录。

接下来，重启 xinetd 服务，使刚才的更改生效，如下所示：

```
[root@localhost tftpboot]# service xinetd restart
（或者使用/etc/init.d/xinetd restart，而且因发行版的不同具体路径会有所不同）
关闭 xinetd:                                        [  确定  ]
启动 xinetd:                                        [  确定  ]
```

接着，使用命令“netstat -au”以确认 tftp 服务是否已经开启，如下所示：

```
[root@localhost tftpboot]# netstat -au | grep tftp
Active Internet connections (servers and established)
Proto Recv-Q Send-Q Local Address             Foreign Address       State
udp        0      0 *:tftp                    *:*
```

这时，用户就可以把所需要的传输文件放到“/tftpboot”目录下，这样，主机上的 tftp 服务就可以建立起来了（注意：需要在服务端关闭防火墙）。

接下来，用直连线把目标板和宿主机连起来，并且将其配置成一个网段的地址（例如两个 IP 都可以设置为 192.168.1.XXX 格式），再在目标板上启动 tftp 客户端程序（注意：不同的 Bootloader 所使用的命令可能会不同，例如：在 RedBoot 中使用 load 命令下载文件是基于 tftp 协议的。读者可以查看帮助来获得确切的命令名及格式），如下所示：

```
=>tftpboot 0x30200000 zImage
TFTP from server 192.168.1.1; our IP address is 192.168.1.100
Filename 'zImage'.
Load address: 0x30200000
Loading: #################################################################
         #################################################################
         #################################################
done
Bytes transferred = 881988 (d7544 hex)
```

可以看到，此处目标板使用的 IP 为“192.168.1.100”，宿主机使用的 IP 为“192.168.1.1”，下载到目标板的地址为 0x30200000，文件名为“zImage”。

（2）Windows 下 tftp 服务配置。

在 Windows 下配置 tftp 服务器端需要下载 tftp 服务器软件，常见的为 tftpd32。

首先，单击 tftpd32 下方的设置按钮，进入设置界面，如图 5.14 所示。在这里，主要配置 tftp 服务器端地址，也就是宿主机的地址。

接下来，重新启动 tftpd32 软件使刚才的配置生效，这样服务器端的配置就完成了，这时，就可以用直连线连接目标机和宿主机，且在目标机上开启 tftp 服务进行文件传输，这时，tftp 服务器端如图 5.15 和图 5.16 所示。

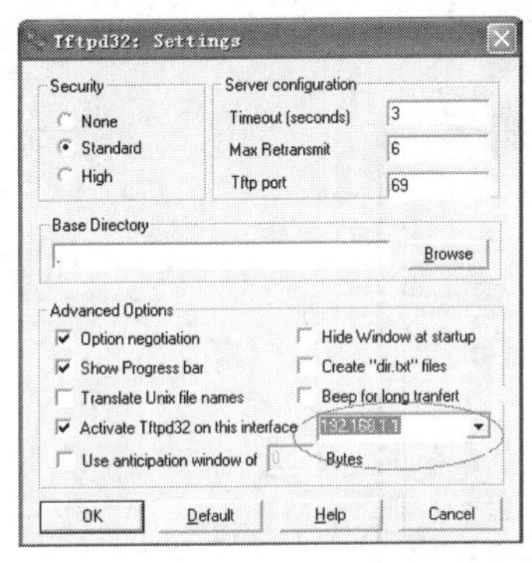

图 5.14　tftpd32 配置界面

图 5.15　tftp 文件传输

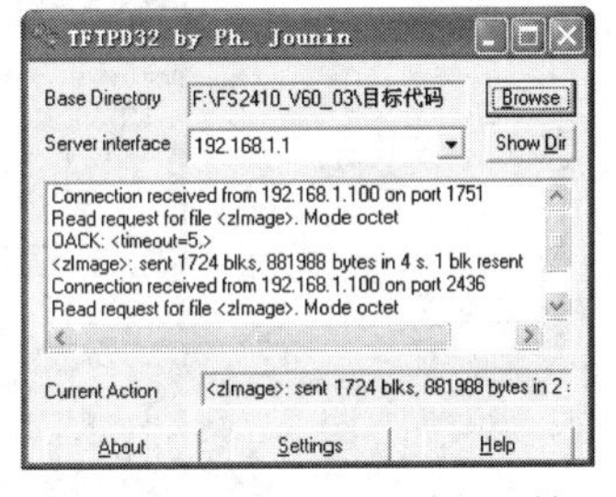

图 5.16　tftp 服务器端显示情况

小知识　tftp 是一个很好的文件传输协议，它的简单易用吸引了广大用户。但它同时也存在着较大的安全隐患。由于 tftp 不需要用户的身份认证，因此给了黑客的可乘之机。2003 年 8 月 12 日爆发的全球冲击波（Worm.Blaster）病毒就是模拟一个 tftp 服务器，并启动一个攻击传播线程，不断地随机生成攻击地址进行入侵。因此，在使用 tftp 时一定要设置一个单独的目录作为 tftp 服务的根目录，如上文所述的“/tftpboot”等。

2．串口下载

使用串口下载需要配合特定的下载软件，如优龙公司提供的DNW软件等，一般在Windows下进行操作。虽然串口下载的速度没有网络下载快，但由于它很方便，不需要额外的连线和设置 IP 等操作，因此也广受用户的青睐。下面就以 DNW 软件为例，介绍串口下载的方式。

与其他串口通信的软件一样，在 DNW 中也要设置“波特率”、“端口号”等。打开“Configuration”下的“Options”界面，如图 5.17 所示。

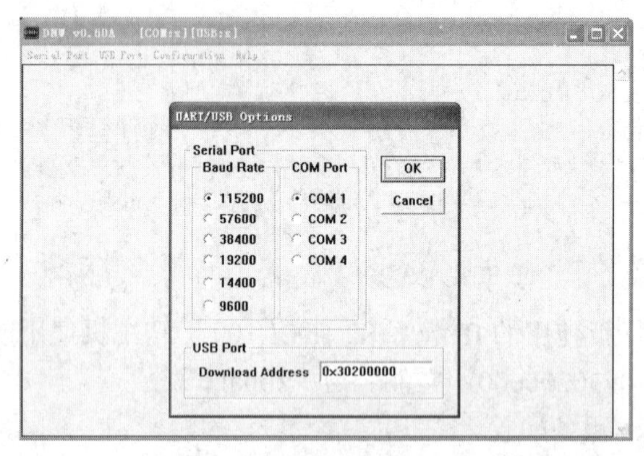

图 5.17　DNW 配置界面

在配置完之后，单击“Serial Port”下的“Connect”，再将开发板上电，选择“串口下载”，接着再在“Serial Port”下选择“Transmit”，这时，就可以进行文件传输了，如图 5.18 和图 5.19 所示。这里 DNW 默认串口下载的地址为 0x30200000。

图 5.18　DNW 串口下载图

```
Read chip id = ec76
Nand flash status = c0
Env.Os_Auto_Flag=1
************************************
*                                  *
*     FS2410 Board BIOS V2.36      *
*     Http://www.ucdragon.com      *
*                                  *
************************************
NAND Flash Boot

Please select function :
0 : USB download file
1 : Uart download file
2 : Write Nand flash with download file
3 : Load Pragram from Nand flash and run
4 : Erase Nand flash regions
5 : Write NOR flash with download file
6 : Set boot params
7 : Set AutoBoot parameter,1:linux 2:wince
1
Now download file from uart0...
Download File Size = 881994
```

图 5.19　DNW 串口下载情形图

5.1.4　编译嵌入式 Linux 内核

在做完了前期的准备工作之后，在这一步，读者就可以编译嵌入式 Linux 的内核了。在这里，本书主要介绍嵌入式 Linux 内核的编译过程，在下一节会进一步介绍嵌入式 Linux 中体系结构相关的内核代码，读者在此之后就可以尝试嵌入式 Linux 操作系统的移植。

编译嵌入式 Linux 内核都是通过 make 的不同命令来实现的，它的执行配置文件就是在第 3 章中讲述的 makefile。Linux 内核中不同的目录结构里都有相应的 makefile，而不同的 makefile 又通过彼此之间的依赖关系构成统一的整体，共同完成建立依赖关系、建立内核等功能。

内核的编译根据不同的情况会有不同的步骤，但其中最主要分别为 3 个步骤：内核配置、建立依赖关系、创建内核映像，除此之外还有一些辅助功能，如清除文件和依赖关系等。读者在实际编译时若出现错误等情况，可以考虑采用其他辅助功能。下面分别讲述这 3 步主要的步骤。

（1）内核配置。

第一步内核配置中的选项主要是用户用来为目标板选择处理器架构的选项，不同的处理器架构会有不同的处理器选项，比如 ARM 就有其专用的选项如“Multimedia capabilities port drivers”等。因此，在此之前，必须确保在根目录中 makefile 里“ARCH”的值已设定了目标板的类型，如：

```
ARCH          := arm
```

接下来就可以进行内核配置了，内核支持 4 种不同的配置方法，这几种方法只是与用户交互的界面不同，其实现的功能是一样的。每种方法都会通过读入一个默认的配置文件——根目录下“.config”隐藏文件（用户也可以手动修改该文件，但不推荐使用）。当然，用户也可以自己加载其他配置文件，也可以将当前的配置保存为其他名字的配置文件。这 4 种方式如下。

- make config：基于文本的最为传统的配置界面，不推荐使用。
- make menuconfig：基于文本选单的配置界面，字符终端下推荐使用。
- make xconfig：基于图形窗口模式的配置界面，Xwindow 下推荐使用。
- make oldconfig：自动读入“.config”配置文件，并且只要求用户设定前次没有设定过的选项。

在这 4 种模式中，make menuconfig 使用最为广泛，下面就以 make menuconfig 为例进行讲解，如图 5.20 所示。

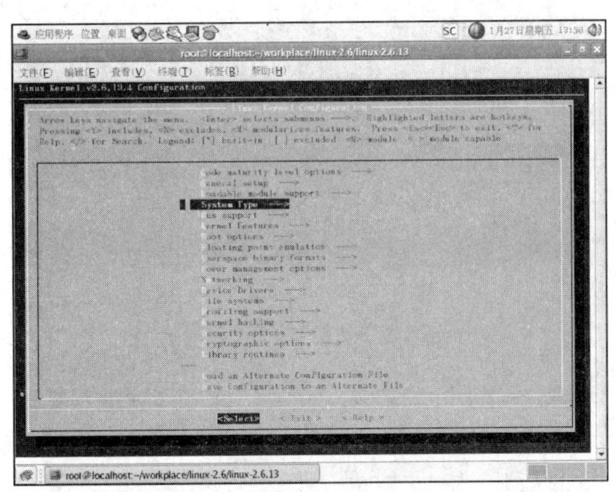

图 5.20　make menuconfig 配置界面

从该图中可以看出，Linux 内核允许用户对其各类功能逐项配置，一共有 18 类配置选项，这里就不对这 18 类配置选项进行一一讲解了，需要的时候读者可以参见相关选项的 help。在

menuconfig 的配置界面中是纯键盘的操作，用户可使用上下键和“Tab”键移动光标以进入相关子项，图 5.21 所示为进入了“System Type”子项的界面，该子项是一个重要的选项，主要用来选择处理器的类型。

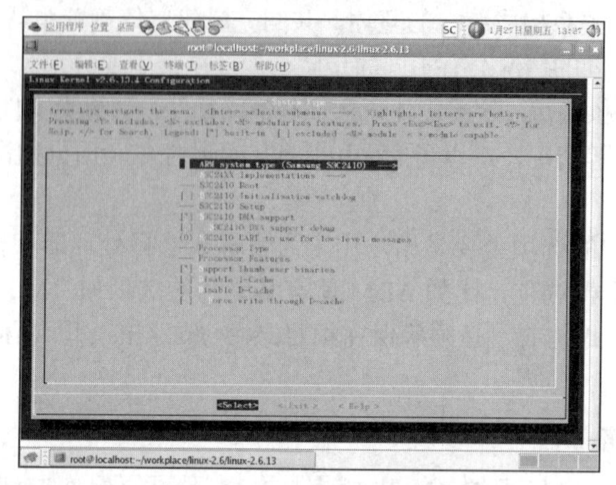

图 5.21　System Type 子项

可以看到，每个选项前都有个括号，可以通过按空格键或“Y”键表示包含该选项，按“N”表示不包含该选项。

另外，读者可以注意到，这里的括号有 3 种，即中括号、尖括号和圆括号。读者可以用空格键选择相应的选项时可以发现中括号里要么是空，要么是“*”；尖括号里可以是空，“*”和“M”，分别表示包含选项、不包含选项和编译成模块；圆括号的内容是要求用户在所提供的几个选项中选择一项。

此外，要注意 2.4 和 2.6 内核在串口命名上的一个重要区别，在 2.4 内核中“COM1”对应的是“ttyS0”，而在 2.6 内核中“COM1”对应“ttySAC0”，因此在启动参数的子项要格外注意，如图 5.22 所示，否则串口打印不出信息。

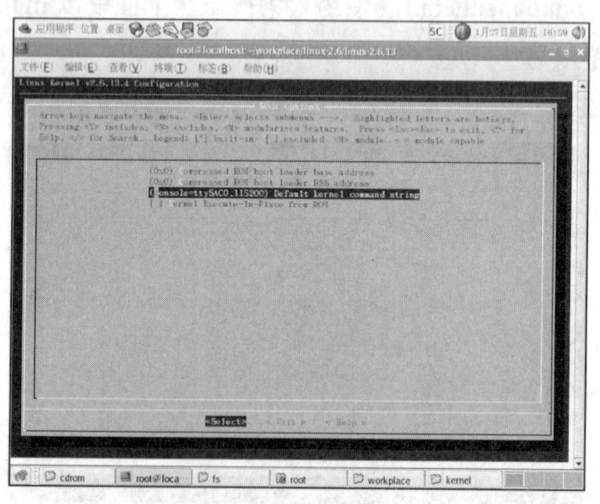

图 5.22　启动参数配置子项

一般情况下，使用厂商提供的默认配置文件都能正常运行，所以用户初次使用时可以不用对其进行额外的配置，在以后需要使用其他功能时再另行添加，这样可以大大减少出错的几率，有利于错误定位。在完成配置之后，就可以保存退出，如图 5.23 所示。

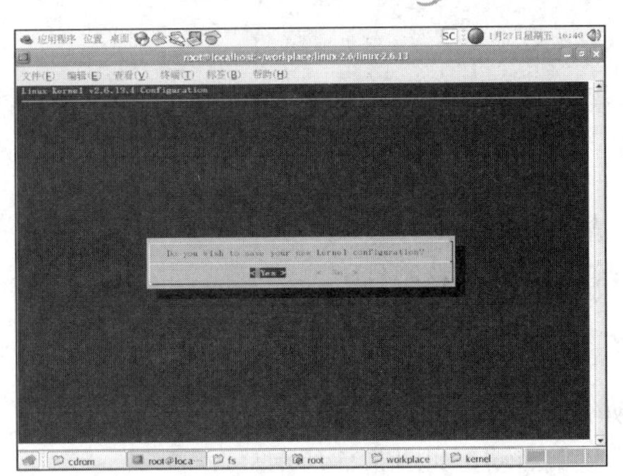

图 5.23　保存退出

（2）建立依赖关系。

由于内核源码树中的大多数文件都与一些头文件有依赖关系，因此要顺利建立内核，内核源码树中的每个 Makefile 都必须知道这些依赖关系。建立依赖关系通常在第一次编译内核的时候（或者源码目录树的结构发生变化的时候）进行，它会在内核源码树中每个子目录产生一个“.depend”文件。运行“make dep”即可。在编译 2.6 版本的内核通常不需要这个过程，直接输入“make”即可。

（3）建立内核。

建立内核可以使用“make”、“make zImage”或“make bzImage”，这里建立的为压缩的内核映像。通常在 Linux 中，内核映像分为压缩的内核映像和未压缩的内核映像。其中，压缩的内核映像通常名为 zImage，位于“arch/$（ARCH）/boot”目录中。而未压缩的内核映像通常名为 vmlinux，位于源码树的根目录中。

到这一步就完成了内核源代码的编译，之后，读者可以使用上一小节所讲述的方法把内核压缩文件下载到开发板上运行。

> **小知识**　在嵌入式 Linux 的源码树中通常有以下几个配置文件，“.config”、“autoconf.h”、“config.h”，其中“.config”文件是 make menuconfig 默认的配置文件，位于源码树的根目录中。“autoconf.h”和“config.h”是以宏的形式表示了内核的配置，当用户使用 make menuconfig 做了一定的更改之后，系统自动会在“autoconf.h”和“config.h”中做出相应的更改。它们位于源码树的“/include/linux/”下。

5.1.5　Linux 内核源码目录结构

Linux 内核源码的目录结构如图 5.24 所示。

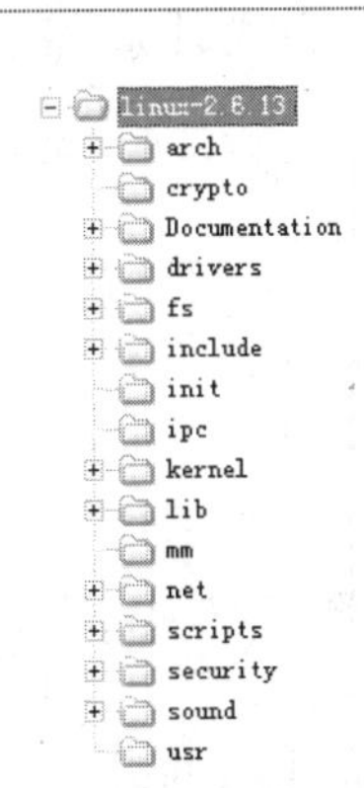

图 5.24　Linux 内核目录结构

- /include 子目录包含了建立内核代码时所需的大部分包含文件，这个模块利用其他模块重建内核。
- /init 子目录包含了内核的初始化代码，这里的代码是内核工作的起始入口。
- /arch 子目录包含了所有处理器体系结构特定的内核代码，如：arm、i386、alpha。
- /drivers 子目录包含了内核中所有的设备驱动程序，如块设备和 SCSI 设备。

- /fs 子目录包含了所有的文件系统的代码，如：ext2、vfat 等。
- /net 子目录包含了内核的网络相关代码。
- /mm 子目录包含了所有内存管理代码。
- /ipc 子目录包含了进程间通信代码。
- /kernel 子目录包含了内核核心代码。

5.1.6 制作文件系统

读者把上一节中所编译的内核压缩映像下载到开发板后会发现，系统在进行了一些初始化的工作之后，并不能正常启动，如图 5.25 所示。

可以看到，系统启动时发生了加载文件系统的错误。要记住，上一节所编译的仅仅是内核，文件系统和内核是完全独立的两个部分。读者可以回忆一下第 2 章讲解的 Linux 启动过程的分析（嵌入式 Linux 是 Linux 裁减后的版本，其精髓部分是一样的），其中在 head.S 中就加载了根文件系统。因此，加载根文件系统是 Linux 启动中不可缺少的一部分。本节将讲解嵌入式 Linux 中文件系统的制作方法。

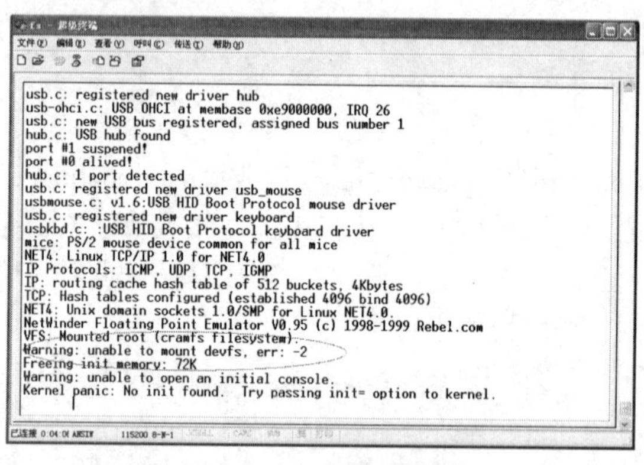

图 5.25　系统启动错误

制作文件系统的方法有很多，可以从零开始手工制作，也可以在现有的基础上添加部分内容并加载到目标板上去。由于完全手工制作工作量比较大，而且也很容易出错，因此，本节将主要介绍把现有的文件系统加载到目标板上的方法，主要包括制作文件系统映像和用 NFS 加载文件系统的方法。

1．制作文件系统映像

读者已经知道，Linux 支持多种文件系统，同样，嵌入式 Linux 也支持多种文件系统。虽然在嵌入式系统中，由于资源受限的原因，它的文件系统和 PC 机 Linux 的文件系统有较大的区别，但是，它们的总体架构是一样的，都是采用目录树的结构。在嵌入式系统中常见的文件系统有 cramfs、romfs、jffs、yaffs 等，这里就以制作 cramfs 文件系统为例进行讲解。cramfs 文件系统是一种经过压缩的、极为简单的只读文件系统，因此非常适合嵌入式系统。要注意的是，不同的文件系统都有相应的制作工具，但是其主要的原理和制作方法是类似的。

在嵌入式 Linux 中，busybox 是构造文件系统最常用的软件工具包，它被非常形象地称为嵌入式 Linux 系统中的“瑞士军刀”，因为它将许多常用的 Linux 命令和工具结合到了一个单独的可执行程序（busybox）中。虽然与相应的 GNU 工具比较起来，busybox 所提供的功能和参数略少，但在比较小的系统（例如启动盘）或者嵌入式系统中已经足够了。busybox 在设计上就充分考虑了硬件资源受限的特殊工作环境。它采用一种很巧妙的办法减少自己的体积：所有的命令都通过“插件”的方式集中到一个可执行文件中，在实际应用过程中通过不同的符号链接来确定到底要执行哪个操作。例如最终生成的可执行文件为 busybox，当为它建立一个符号链接 ls 的时候，就可以通过执行这个新命令实现列出目录的功能。采用单一执行文件的方式最大限度地共享了程序代码，甚至连文件头、内存中的程序控制块等其他系统资源都共享了，对于资源比较紧张的系统来说，真是最合适不过了。在 busybox 的编译过程中，可以非常方便地加减它的“插件”，最后的符号链接也可以由编译系统自动生成。

下面用 busybox 构建 FS2410 开发板的 cramfs 文件系统。

首先从 busybox 网站下载 busybox 源码（本实例采用的 busybox-1.0.0）并解压，接下来，根据实际需要进行 busybox 的配置。

```
[root@localhost fs2410]# tar jxvf busybox-1.00.tar.bz2
[root@localhost fs2410]# cd busybox-1.00
[root@localhost busybox-1.00]# make defconfig  /* 首先进行默认配置 */
[root@localhost busybox-1.00]# make menuconfig
```

此时需要设置平台相关的交叉编译选项，操作步骤为：先选中“Build Options”项的“Do you want to build Busybox with a Cross Complier？”选项，然后将“Cross Compiler prefix”设置为“/usr/local/arm/3.3.2/bin/arm-linux-”（这是在实验主机中的交叉编译器的安装路径）。

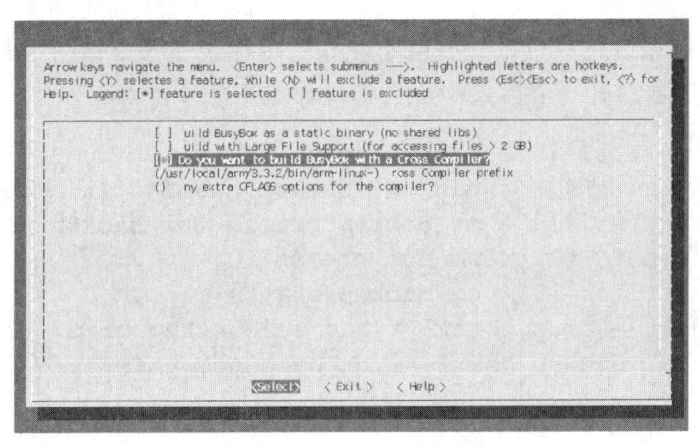

图 5.26　busybox 配置画面

下一步编译并安装 busybox。

```
[root@localhost busybox-1.00]# make
[root@localhost busybox-1.00]# make install PREFIX=/home/david/fs2410/cramfs
```

其中，PREFIX 用于指定安装目录，如果不设置该选项，则默认在当前目录下创建_install 目录。创建的安装目录的内容如下所示：

```
[root@localhost cramfs]# ls
bin  linuxrc  sbin  usr
```

从此可知，使用 busybox 软件包所创建的文件系统还缺少很多东西。下面我们通过创建系统所需要的目录和文件来完善一下文件系统的内容。

```
[root@localhost cramfs]# mkdir mnt root var tmp proc boot etc lib
[root@localhost cramfs]# mkdir /var/{lock,log,mail,run,spool}
```

如果 busybox 是动态编译的（即在配置 busybox 时没选中静态编译），则把所需的交叉编译的动态链接库文件复制到 lib 目录中。

接下来，需要创建一些重要文件。首先要创建/etc/inittab 和/etc/fstab 文件。inittab 是 Linux 启动之后第一个被访问的脚本文件，而 fstab 文件是定义了文件系统的各个"挂接点"，需要与实际的系统相配合。接下来要创建用户和用户组文件。

以上用 busybox 构造了文件系统的内容，下面要创建 cramfs 文件系统映像文件。制作 cramfs 映像文件需要用到的工具是 mkcramfs。此时可以采用两种方法，一种方法是使用我们所构建的文件系统（在目录"/home/david/fs2410/cramfs"中），另一种方法是在已经做好的 cramfs 映像文件的基础上进行适当的改动。下面的示例使用第二种方法，因为这个方法包含了第一种方法的所有步骤（假设已经做好的映像文件名为"fs2410.cramfs"）。

首先用 mount 命令将映像文件挂载到一个目录下，打开该目录并查看其内容。

```
[root@localhost fs2410]# mkdir cramfs
[root@localhost fs2410]# mount fs2410.cramgs cramfs -o loop
[root@localhost fs2410]# ls cramfs
bin  dev  etc  home  lib  linuxrc  proc  Qtopia  ramdisk  sbin  testshell
tmp  usr  var
```

因为 cramfs 文件系统是只读的，所以不能在这个挂载目录下直接进行修改，因此需要将文件系统中的内容复制到另一个目录中，具体操作如下所示：

```
[root@localhost fs2410]# mkdir backup_cramfs
[root@localhost fs2410]# tar xvf backup.cramfs.tar  cramfs/
[root@localhost fs2410]# mv backup.cramfs.tar backup_cramfs/
[root@localhost fs2410]# umount cramfs
[root@localhost fs2410]# cd backup_cramfs
[root@localhost backup_cramfs]# tar zvf backup.cramfs.tar
[root@localhost backup_cramfs]# rm backup.cramfs.tar
```

此时我们就像用 busybox 所构建的文件系统一样，可以在 backup_cramfs 的 cramfs 子目录中任意进行修改。例如可以添加用户自己的程序：

```
[root@localhost fs2410]# cp ~/hello backup_cramfs/cramfs/
```

在用户的修改工作结束之后，用下面的命令可以创建 cramfs 映像文件：

```
[root@localhost fs2410]#  mkcramfs backup_cramfs/cramfs/ new.cramfs
```

接下来，就可以将新创建的 new.cramfs 映像文件烧入到开发板的相应位置了。

2. NFS 文件系统

NFS 为 Network File System 的简称，最早是由 Sun 公司提出发展起来的，其目的就是让不同的机器、不同的操作系统之间通过网络可以彼此共享文件。NFS 可以让不同的主机通过网络将远端的 NFS 服务器共享出来的文件安装到自己的系统中，从客户端看来，使用 NFS 的远端文件就像是使用本地文件一样。在嵌入式中使用 NFS 会使应用程序的开发变得十分方便，并且不用反复地烧写映像文件。

NFS 的使用分为服务端和客户端，其中服务端是提供要共享的文件，而客户端则通过挂载（"mount"）这一动作来实现对共享文件的访问操作。下面主要介绍 NFS 服务端的使用。在嵌入式开发中，通常 NFS 服务端在宿主机上运行，而客户端在目标板上运行。

NFS 服务端是通过读入它的配置文件"/etc/exports"来决定所共享的文件目录的。下面首先讲解这个配置文件的书写规范。

在这个配置文件中，每一行都代表一项要共享的文件目录以及所指定的客户端对它的操作权限。客户端可以根据相应的权限，对该目录下的所有目录文件进行访问。配置文件中每一行的格式如下：

```
[共享的目录] [客户端主机名称或 IP] [参数 1，参数 2…]
```

在这里，主机名或 IP 是可供共享的客户端主机名或 IP，若对所有的 IP 都可以访问，则可用"*"表示。这里的参数有很多种组合方式，常见的参数如表 5.1 所示。

表 5.1　常见参数

选　项	参 数 含 义
rw	可读写的权限
ro	只读的权限
no_root_squash	NFS 客户端分享目录使用者的权限，即如果客户端使用的是 root 用户，那么对于这个共享的目录而言，该客户端就具有 root 的权限
sync	资料同步写入到内存与硬盘当中
async	资料会先暂存于内存当中，而非直接写入硬盘

如在本例中，配置文件"/etc/exports"的代码如下：

```
[root@localhost fs]# cat /etc/exports
/root/workplace    192.168.1.*(rw,no_root_squash)
```

在设定完配置文件之后，需要启动 nfs 服务和 portmap 服务，这里的 portmap 服务是允许 NFS 客户端查看 NFS 服务在用的端口，在它被激活之后，就会出现一个端口号为 111 的 sun RPC（远端过程调用）的服务。这是 NFS 服务中必须实现的一项，因此，也必须把它开启。如下所示：

```
[root@localhost fs]# service portmap start
启动 portmap:                                    [确定]
```

```
[root@localhost fs]# service nfs start
启动 NFS 服务:                                        [确定]
关掉 NFS 配额:                                        [确定]
启动 NFS 守护进程:                                    [确定]
启动 NFS mountd:                                      [确定]
```

可以看到，在启动 NFS 服务的时候启动了 mountd 进程。这是 NFS 挂载服务，用于处理 NFS 递交过来的客户端请求。另外还会激活至少两个以上的系统守护进程，然后就开始监听客户端的请求，用“cat /var/log/messages”命令可以查看操作是否成功。这样，就启动了 NFS 的服务，另外还有两个命令，可以便于使用 NFS。

其中一个是 exportfs，它可以重新扫描“/etc/exports”，使用户在修改了“/etc/exports”配置文件之后不需要每次重启 NFS 服务。其格式为：

exportfs [选项]

exportfs 的常见选项如表 5.2 所示。

表 5.2　　常见选项

选　项	参 数 含 义
-a	全部挂载（或卸载）/etc/exports 中的设定文件目录
-r	重新挂载/etc/exports 中的设定文件目录
-u	卸载某一目录
-v	在 export 的时候，将共享的目录显示到屏幕上

另外一个是 showmount 命令，它用于当前的挂载情况。其格式为：

```
showmount [选项] hostname
```

showmount 的常见选项如表 5.3 所示。

表 5.3　　常见选项

选　项	参 数 含 义
-a	在屏幕上显示目前主机与客户端所连上来的使用目录状态
-e	显示 hostname 中/etc/exports 里设定的共享目录

5.2　U-Boot 移植

5.2.1　Bootloader 介绍

1．概念

简单地说，Bootloader 就是在操作系统内核运行之前运行的一段程序，它类似于 PC 机中的 BIOS 程序。通过这段程序，可以完成硬件设备的初始化，并建立内存空间的映射关系，从而将系统的软硬件环境带到一个合适的状态，为最终加载系统内核做好准备。

通常，Bootloader 比较依赖于硬件平台，特别是在嵌入式系统中，更为如此。因此，在嵌入式世界里建立一个通用的 Bootloader 是一件比较困难的事情。尽管如此，仍然可以对 Bootloader 归纳出一些通用的概念来指导面向用户定制的 Bootloader 设计与实现。

（1）Bootloader 所支持的 CPU 和嵌入式开发板。

每种不同的 CPU 体系结构都有不同的 Bootloader。有些 Bootloader 也支持多种体系结构的 CPU，如后面要介绍的 U-Boot 支持 ARM、MIPS、PowerPC 等众多体系结构。除了依赖于 CPU 的体系结构外，Bootloader 实际上也依赖于具体的嵌入式板级设备的配置。

（2）Bootloader 的存储位置。

系统加电或复位后，所有的 CPU 通常都从某个由 CPU 制造商预先安排的地址上取指令。而基于 CPU 构建的嵌入式系统通常都有某种类型的固态存储设备（比如 ROM、EEPROM 或 Flash 等）被映射到这个预先安排的地址上。因此在系统加电后，CPU 将首先执行 Bootloader 程序。

（3）Bootloader 的启动过程分为单阶段和多阶段两种。通常多阶段的 Bootloader 能提供更为复杂的功能，以及更好的可移植性。

（4）Bootloader 的操作模式。大多数 Bootloader 都包含两种不同的操作模式："启动加载"模式和"下载"模式，这种区别仅对于开发人员才有意义。

- 启动加载模式：这种模式也称为"自主"模式。也就是 Bootloader 从目标机上的某个固态存储设备上将操作系统加载到 RAM 中运行，整个过程并没有用户的介入。这种模式是嵌入式产品发布时的通用模式。
- 下载模式：在这种模式下，目标机上的 Bootloader 将通过串口连接或网络连接等通信手段从主机（Host）下载文件，比如：下载内核映像和根文件系统映像等。从主机下载的文件通常首先被 Bootloader 保存到目标机的 RAM 中，然后再被 Bootloader 写入到目标机上的 Flash 类固态存储设备中。Bootloader 的这种模式在系统更新时使用。工作于这种模式下的 Bootloader 通常都会向它的终端用户提供一个简单的命令行接口。

（5）Bootloader 与主机之间进行文件传输所用的通信设备及协议，最常见的情况就是，目标机上的 Bootloader 通过串口与主机之间进行文件传输，传输协议通常是 xmodem/ymodem/zmodem 等。但是，串口传输的速度是有限的，因此通过以太网连接并借助 TFTP 等协议来下载文件是个更好的选择。

2．Bootloader 启动流程

Bootloader 的启动流程一般分为两个阶段：stage1 和 stage2，下面分别对这两个阶段进行讲解。

（1）Bootloader 的 stage1。

在 stage1 中 Bootloader 主要完成以下工作。

- 基本的硬件初始化，包括屏蔽所有的中断、设置 CPU 的速度和时钟频率、RAM 初始化、初始化外围设备、关闭 CPU 内部指令和数据 cache 等。
- 为加载 stage2 准备 RAM 空间，通常为了获得更快的执行速度，通常把 stage2 加载到 RAM 空间中来执行，因此必须为加载 Bootloader 的 stage2 准备好一段可用的 RAM 空间。

■ 复制 stage2 到 RAM 中，在这里要确定两点：①stage2 的可执行映像在固态存储设备的存放起始地址和终止地址；②RAM 空间的起始地址。

■ 设置堆栈指针 sp，这是为执行 stage2 的 C 语言代码做好准备。

（2）Bootloader 的 stage2。

在 stage2 中 Bootloader 主要完成以下工作。

■ 用汇编语言跳转到 main 入口函数。

由于 stage2 的代码通常用 C 语言来实现，目的是实现更复杂的功能和取得更好的代码可读性和可移植性。但是与普通 C 语言应用程序不同的是，在编译和链接 Bootloader 这样的程序时，不能使用 glibc 库中的任何支持函数。

■ 初始化本阶段要使用到的硬件设备，包括初始化串口、初始化计时器等。在初始化这些设备之前可以输出一些打印信息。

■ 检测系统的内存映射，所谓内存映射就是指在整个 4GB 物理地址空间中指出哪些地址范围被分配用来寻址系统的内存。

■ 加载内核映像和根文件系统映像，这里包括规划内存占用的布局和从 Flash 上复制数据。

■ 设置内核的启动参数。

5.2.2 U-Boot 概述

1．U-Boot 简介

U-Boot（UniversalBootloader）是遵循 GPL 条款的开放源码项目。它是从 FADSROM、8xxROM、PPCBOOT 逐步发展演化而来。其源码目录、编译形式与 Linux 内核很相似，事实上，不少 U-Boot 源码就是相应的 Linux 内核源程序的简化，尤其是一些设备的驱动程序，这从 U-Boot 源码的注释中能体现这一点。但是 U-Boot 不仅仅支持嵌入式 Linux 系统的引导，而且还支持 NetBSD、VxWorks、QNX、RTEMS、ARTOS、LynxOS 等嵌入式操作系统。其目前要支持的目标操作系统是 OpenBSD、NetBSD、FreeBSD、4.4BSD、Linux、SVR4、Esix、Solaris、Irix、SCO、Dell、NCR、VxWorks、LynxOS、pSOS、QNX、RTEMS、ARTOS。这是 U-Boot 中 Universal 的一层含义，另外一层含义则是 U-Boot 除了支持 PowerPC 系列的处理器外，还能支持 MIPS、x86、ARM、NIOS、XScale 等诸多常用系列的处理器。这两个特点正是 U-Boot 项目的开发目标，即支持尽可能多的嵌入式处理器和嵌入式操作系统。就目前为止，U-Boot 对 PowerPC 系列处理器支持最为丰富，对 Linux 的支持最完善。

2．U-Boot 特点

U-Boot 的特点如下。

■ 开放源码；

■ 支持多种嵌入式操作系统内核，如 Linux、NetBSD、VxWorks、QNX、RTEMS、ARTOS、LynxOS；

■ 支持多个处理器系列，如 PowerPC、ARM、x86、MIPS、XScale；

■ 较高的可靠性和稳定性；

■ 高度灵活的功能设置，适合 U-Boot 调试、操作系统不同引导要求和产品发布等；

- 丰富的设备驱动源码，如串口、以太网、SDRAM、Flash、LCD、NVRAM、EEPROM、RTC、键盘等；
- 较为丰富的开发调试文档与强大的网络技术支持。

3. U-Boot 主要功能

U-Boot 可支持的主要功能列表。

- 系统引导：支持 NFS 挂载、RAMDISK（压缩或非压缩）形式的根文件系统。支持 NFS 挂载，并从 Flash 中引导压缩或非压缩系统内核。
- 基本辅助功能：强大的操作系统接口功能；可灵活设置、传递多个关键参数给操作系统，适合系统在不同开发阶段的调试要求与产品发布，尤其对 Linux 支持最为强劲；支持目标板环境参数多种存储方式，如 Flash、NVRAM、EEPROM；CRC32 校验，可校验 Flash 中内核、RAMDISK 映像文件是否完好。
- 设备驱动：串口、SDRAM、Flash、以太网、LCD、NVRAM、EEPROM、键盘、USB、PCMCIA、PCI、RTC 等驱动支持。
- 上电自检功能：SDRAM、Flash 大小自动检测；SDRAM 故障检测；CPU 型号。
- 特殊功能：XIP 内核引导。

5.2.3 U-Boot 源码导读

1. U-Boot 源码结构

U-Boot 源码结构如图 5.27 所示。

- board：和一些已有开发板有关的代码，比如 makefile 和 U-Boot.lds 等都和具体开发板的硬件和地址分配有关。
- common：与体系结构无关的代码，用来实现各种命令的 C 程序。
- cpu：包含 CPU 相关代码，其中的子目录都是以 U-BOOT 所支持的 CPU 为名，比如有子目录 arm926ejs、mips、mpc8260 和 nios 等，每个特定的子目录中都包括 cpu.c 和 interrupt.c，start.S 等。其中 cpu.c 初始化 CPU、设置指令 Cache 和数据 Cache 等；interrupt.c 设置系统的各种中断和异常，比如快速中断、开关中断、时钟中断、软件中断、预取中止和未定义指令等；汇编代码文件 start.S 是 U-BOOT 启动时执行的第一个文件，它主要是设置系统堆栈和工作方式，为进入 C 程序奠定基础。

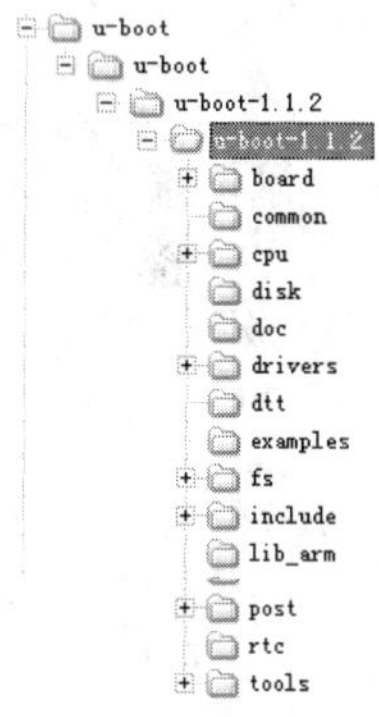

图 5.27 U-Boot 源码结构

- disk：disk 驱动的分区相关代码。
- doc：文档。
- drivers：通用设备驱动程序，比如各种网卡、支持 CFI 的 Flash、串口和 USB 总线等。
- fs：支持文件系统的文件，U-BOOT 现在支持 cramfs、fat、fdos、jffs2 和 registerfs 等。

- include：头文件，还有对各种硬件平台支持的汇编文件，系统的配置文件和对文件系统支持的文件。
- net：与网络有关的代码，BOOTP 协议、TFTP 协议、RARP 协议和 NFS 文件系统的实现。
- lib_arm：与 ARM 体系结构相关的代码。
- tools：创建 S-Record 格式文件和 U-BOOT images 的工具。

2．U-Boot 重要代码

（1）cpu/arm920t/start.S。

这是 U-Boot 的起始位置。在这个文件中设置了处理器的状态、初始化中断向量和内存时序等，从 Flash 中跳转到定位好的内存位置执行。

```
.globl_start （起始位置：中断向量设置）
_start:    b       reset
      ldr   pc, _undefined_instruction
      ldr   pc, _software_interrupt
      ldr   pc, _prefetch_abort
      ldr   pc, _data_abort
      ldr   pc, _not_used
      ldr   pc, _irq
      ldr   pc, _fiq

_undefined_instruction:   .word undefined_instruction
_software_interrupt:   .word software_interrupt
_prefetch_abort:   .word prefetch_abort
_data_abort:      .word data_abort
_not_used:      .word not_used
_irq:           .word irq
_fiq:           .word fiq

_TEXT_BASE: （代码段起始位置）
.word   TEXT_BASE

.globl _armboot_start
_armboot_start:
    .word _start

/*
 * These are defined in the board-specific linker script.
 */
.globl _bss_start （BSS 段起始位置）
_bss_start:
      .word __bss_start

.globl _bss_end
_bss_end:
     .word _end
reset: （执行入口）
```

```
    /*
     * set the cpu to SVC32 mode;使处理器进入特权模式
     */
    mrs     r0,cpsr
    bic     r0,r0,#0x1f
    orr     r0,r0,#0xd3
    msr     cpsr,r0
relocate:   （代码的重置）          /* relocate U-Boot to RAM     */
    adr    r0, _start       /* r0 <- current position of code   */
    ldr    r1, _TEXT_BASE      /* test if we run from flash or RAM */
    cmp     r0, r1              /* don't reloc during debug         */
    beq     stack_setup

    ldr    r2, _armboot_start
    ldr    r3, _bss_start
    sub    r2, r3, r2      /* r2 <- size of armboot            */
    add    r2, r0, r2      /* r2 <- source end address         */

copy_loop: （复制过程）
    ldmia r0!, {r3-r10}        /* copy from source address [r0]    */
    stmia r1!, {r3-r10}        /* copy to   target address [r1]    */
    cmp   r0, r2             /* until source end addreee [r2]    */
    ble   copy_loop

    /* Set up the stack; 设置堆栈  */
stack_setup:
    ldr   r0, _TEXT_BASE       /* upper 128 KiB: relocated uboot   */
    sub   r0, r0, #CFG_MALLOC_LEN    /* malloc area                      */
    sub   r0, r0, #CFG_GBL_DATA_SIZE /* bdinfo                        */

clear_bss: （清空 BSS 段）
    ldr    r0, _bss_start      /* find start of bss segment        */
    ldr    r1, _bss_end         /* stop here                        */
    mov     r2, #0x00000000      /* clear                            */

clbss_l:str    r2, [r0]        /* clear loop...                    */
    add   r0, r0, #4
    cmp   r0, r1
    bne   clbss_l
    ldr   pc, _start_armboot

_start_armboot:.word start_armboot
```

（2）interrupts.c。

这个文件是处理中断的，如打开和关闭中断等。

```
#ifdef CONFIG_USE_IRQ
/* enable IRQ interrupts; 中断使能函数 */
void enable_interrupts (void)
{
    unsigned long temp;
```

```
    __asm__ __volatile__("mrs %0, cpsr\n"
                    "bic %0, %0, #0x80\n"
                    "msr cpsr_c, %0"
                    : "=r" (temp)
                    :
                    : "memory");
}

/*
 * disable IRQ/FIQ interrupts; 中断屏蔽函数
 * returns true if interrupts had been enabled before we disabled them
 */
int disable_interrupts (void)
{
    unsigned long old,temp;
    __asm__ __volatile__("mrs %0, cpsr\n"
                    "orr %1, %0, #0xc0\n"
                    "msr cpsr_c, %1"
                    : "=r" (old), "=r" (temp)
                    :
                    : "memory");
    return (old & 0x80) == 0;
}
#endif
void show_regs (struct pt_regs *regs)
{
    unsigned long flags;
    const char *processor_modes[] = {
    "USER_26", "FIQ_26", "IRQ_26", "SVC_26",
    "UK4_26", "UK5_26", "UK6_26", "UK7_26",
    "UK8_26", "UK9_26", "UK10_26", "UK11_26",
    "UK12_26", "UK13_26", "UK14_26", "UK15_26",
    "USER_32", "FIQ_32", "IRQ_32", "SVC_32",
    "UK4_32", "UK5_32", "UK6_32", "ABT_32",
    "UK8_32", "UK9_32", "UK10_32", "UND_32",
    "UK12_32", "UK13_32", "UK14_32", "SYS_32",
    };
…
}
/* 在 U-Boot 启动模式下，在原则上要禁止中断处理，所以如果发生中断，当作出错处理 */
void do_fiq (struct pt_regs *pt_regs)
{
    printf ("fast interrupt request\n");
    show_regs (pt_regs);
    bad_mode ();
}

void do_irq (struct pt_regs *pt_regs)
{
    printf ("interrupt request\n");
```

```
        show_regs (pt_regs);
        bad_mode ();
}
```

（3）cpu.c。

这个文件是对处理器进行操作，如下所示：

```
int cpu_init (void)
{
    /*
      * setup up stacks if necessary; 设置需要的堆栈
     */
#ifdef CONFIG_USE_IRQ
    DECLARE_GLOBAL_DATA_PTR;

    IRQ_STACK_START=_armboot_start - CFG_MALLOC_LEN - CFG_GBL_DATA_SIZE - 4;
    FIQ_STACK_START = IRQ_STACK_START - CONFIG_STACKSIZE_IRQ;
#endif
    return 0;
}
int cleanup_before_linux (void) /* 准备加载 linux */
{
    /*
     * this function is called just before we call linux
     * it prepares the processor for linux
     *
     * we turn off caches etc ...
     */
    unsigned long i;
    disable_interrupts ();

    /* turn off I/D-cache: 关闭 cache */
    asm ("mrc p15, 0, %0, c1, c0, 0":"=r" (i));
    i &= ~(C1_DC | C1_IC);
    asm ("mcr p15, 0, %0, c1, c0, 0": :"r" (i));

    /* flush I/D-cache */
    i = 0;
    asm ("mcr p15, 0, %0, c7, c7, 0": :"r" (i));
    return (0);
}

OUTPUT_ARCH(arm)
ENTRY(_start)
SECTIONS
{
    . = 0x00000000;
        . = ALIGN(4);
    .text    :
    {
      cpu/arm920t/start.o (.text)
```

```
        *(.text)
    }

    . = ALIGN(4);
    .rodata : { *(.rodata) }

    . = ALIGN(4);
    .data : { *(.data) }

    . = ALIGN(4);
    .got : { *(.got) }

    __u_boot_cmd_start = .;
    .u_boot_cmd : { *(.u_boot_cmd) }
    __u_boot_cmd_end = .;

    . = ALIGN(4);
    __bss_start = .;
    .bss : { *(.bss) }
    _end = .;
}
```

（4）memsetup.S。

这个文件是用于配置开发板参数的，如下所示：

```
/* memsetup.c */
    /* memory control configuration */
    /* make r0 relative the current location so that it */
    /* reads SMRDATA out of FLASH rather than memory ! */
    ldr     r0, =SMRDATA
    ldr r1, _TEXT_BASE
    sub r0, r0, r1
    ldr r1, =BWSCON    /* Bus Width Status Controller */
    add     r2, r0, #52
0:
    ldr     r3, [r0], #4
    str     r3, [r1], #4
    cmp     r2, r0
    bne     0b

    /* everything is fine now */
    mov pc, lr

    .ltorg
```

5.2.4 U-Boot 移植主要步骤

（1）建立自己的开发板类型。

阅读 makefile 文件，在 makefile 文件中添加两行，如下所示：

```
fs2410_config: unconfig
```

```
    @./mkconfig $(@:_config=) arm arm920t fs2410
```

其中“arm”为表示处理器体系结构的种类，“arm920t”表示处理器体系结构的名称，“fs2410”为主板名称。

在 board 目录中建立 fs2410 目录，并将 smdk2410 目录中的内容（cp –a smdk2410/* fs2410）复制到该目录中。

- 在 include/configs/目录下将 smdk2410.h 复制到（cp smdk2410.h fs2410.h）。
- 修改 ARM 编译器的目录名及前缀（都要改成以“fs2410”开头）。
- 完成之后，可以测试配置。

```
$ make fs2410_config;make
```

（2）修改程序链接地址。

在 board/s3c2410 中有一个 config.mk 文件，它是用于设置程序链接的起始地址，因为会在 U-Boot 中增加功能，所以留下 6MB 的空间，修改 33F80000 为 33A00000。

为了以后能用 U-Boot 的“go”命令执行修改过的用 loadb 或 tftp 下载的 U-Boot，需要在 board/ s3c2410 的 memsetup.S 中标记符”0:”上加入 5 句：

```
mov r3, pc
ldr r4, =0x3FFF0000
and r3, r3, r4（以上 3 句得到实际代码启动的内存地址）
aad r0, r0, r3（用 go 命令调试 u-boot 时，启动地址在 RAM）
add r2, r2, r3（把初始化内存信息的地址，加上实际启动地址）
```

（3）将中断禁止的部分应该改为如下所示（/cpu/arm920t/start.S）：

```
# if defined(CONFIG_S3C2410)
    ldr    r1, =0x7ff
    ldr    r0, =INTSUBMSK
    str    r1, [r0]
# endif
```

（4）因为在 fs2410 开发板启动时是直接从 Nand Flash 加载代码，所以启动代码应该改成如下所示（/cpu/arm920t/start.S）。

```
#ifdef CONFIG_S3C2410_NAND_BOOT   @START
@ reset NAND
   mov r1, #NAND_CTL_BASE
   ldr  r2, =0xf830          @ initial value
   str  r2, [r1, #oNFCONF]
   ldr  r2, [r1, #oNFCONF]
   bic  r2, r2, #0x800             @ enable chip
   str  r2, [r1, #oNFCONF]
   mov r2, #0xff         @ RESET command
   strb r2, [r1, #oNFCMD]
   mov r3, #0                 @ wait
   nand1:
   add  r3, r3, #0x1
   cmp r3, #0xa
   blt  nand1
```

```
nand2:
    ldr   r2, [r1, #oNFSTAT]      @ wait ready
    tst    r2, #0x1
    beq  nand2
    ldr   r2, [r1, #oNFCONF]
    orr  r2, r2, #0x800             @ disable chip
    str   r2, [r1, #oNFCONF]
    @ get read to call C functions (for nand_read())
    ldr   sp, DW_STACK_START       @ setup stack pointer
    mov fp, #0                    @ no previous frame, so fp=0
@ copy U-Boot to RAM
    ldr   r0, =TEXT_BASE
    mov     r1, #0x0
    mov r2, #0x20000
    bl    nand_read_ll
    tst    r0, #0x0
    beq  ok_nand_read
bad_nand_read:
    loop2:   b    loop2          @ infinite loop
ok_nand_read:
@ verify
    mov r0, #0
    ldr   r1, =TEXT_BASE
    mov r2, #0x400    @ 4 bytes * 1024 = 4K-bytes
go_next:
    ldr   r3, [r0], #4
    ldr   r4, [r1], #4
    teq   r3, r4
    bne  notmatch
    subs r2, r2, #4
    beq  stack_setup
    bne  go_next
notmatch:
loop3:    b    loop3         @ infinite loop
#endif @ CONFIG_S3C2410_NAND_BOOT  @END
```

在“_start_armboot: .word start_armboot ”后加入：

```
.align    2
DW_STACK_START:  .word  STACK_BASE+STACK_SIZE-4
```

（5）修改内存配置（board/fs2410/lowlevel_init.S）。

```
#define BWSCON     0x48000000
#define PLD_BASE   0x2C000000
#define SDRAM_REG  0x2C000106

/* BWSCON */
#define DW8          (0x0)
#define DW16            (0x1)
#define DW32            (0x2)
#define WAIT            (0x1<<2)
```

```
#define UBLB            (0x1<<3)

/* BANKSIZE */
#define BURST_EN        (0x1<<7)

#define B1_BWSCON       (DW16 + WAIT)
#define B2_BWSCON       (DW32)
#define B3_BWSCON       (DW32)
#define B4_BWSCON       (DW16 + WAIT + UBLB)
#define B5_BWSCON       (DW8 + UBLB)
#define B6_BWSCON       (DW32)
#define B7_BWSCON       (DW32)

/* BANK0CON */
#define B0_Tacs          0x0 /*  0clk */
#define B0_Tcos            0x1 /*  1clk */
#define B0_Tacc            0x7 /*  14clk */
#define B0_Tcoh            0x0 /*  0clk */
#define B0_Tah             0x0   /*  0clk */
#define B0_Tacp            0x0    /* page mode is not used */
#define B0_PMC             0x0 /* page mode disabled */

/* BANK1CON */
#define B1_Tacs            0x0 /*  0clk */
#define B1_Tcos            0x1 /*  1clk */
#define B1_Tacc            0x7 /*  14clk */
#define B1_Tcoh            0x0 /*  0clk */
#define B1_Tah             0x0 /*  0clk */
#define B1_Tacp            0x0    /* page mode is not used */
#define B1_PMC             0x0 /* page mode disabled */
……
/* REFRESH parameter */
#define REFEN              0x1 /* Refresh enable */
#define TREFMD             0x0 /* CBR(CAS before RAS)/Auto refresh */
#define Trp          0x0 /* 2clk */
#define Trc          0x3 /* 7clk */
#define Tchr               0x2 /* 3clk */
#define REFCNT          1113 /*period=15.6us,HCLK=60Mhz, (2048+1-15.6*60)
*/
......
    .word ((B6_MT<<15)+(B6_Trcd<<2)+(B6_SCAN))
    .word ((B7_MT<<15)+(B7_Trcd<<2)+(B7_SCAN))
    .word ((REFEN<<23)+(TREFMD<<22)+(Trp<<20)+(Trc<<18)+(Tchr<<16)+REF
CNT)
    .word 0x32
    .word 0x30
    .word 0x30
```

（6）加入 Nand Flash 读函数（创建 board/fs2410/nand_read.c 文件）。

```
#include <config.h>
```

```
#define __REGb(x)  (*(volatile unsigned char *)(x))
#define __REGi(x)  (*(volatile unsigned int *)(x))
#define NF_BASE  0x4e000000
#define NFCONF  __REGi(NF_BASE + 0x0)
#define NFCMD  __REGb(NF_BASE + 0x4)
#define NFADDR  __REGb(NF_BASE + 0x8)
#define NFDATA  __REGb(NF_BASE + 0xc)
#define NFSTAT  __REGb(NF_BASE + 0x10)
#define BUSY 1
inline void wait_idle(void)
{
    Int i;
    while(!(NFSTAT & BUSY))
    {
        for (i = 0; i < 10; i++);
    }
}

/* low level nand read function */
int nand_read_ll(unsigned char *buf, unsigned long start_addr, int size)
{
    int i, j;
    if ((start_addr & NAND_BLOCK_MASK) || (size & NAND_BLOCK_MASK))
    {
        return -1; /* invalid alignment */
    }
    /* chip Enable */
    NFCONF &= ~0x800;
    for (i = 0; i < 10; i++);
    for (i = start_addr; i < (start_addr + size);)
    {
        /* READ0 */
        NFCMD = 0;
        /* Write Address */
        NFADDR = i & 0xff;
        NFADDR = (i >> 9) & 0xff;
        NFADDR = (i >> 17) & 0xff;
        NFADDR = (i >> 25) & 0xff;
        wait_idle();
        for (j = 0; j < NAND_SECTOR_SIZE; j++, i++)
        {
            *buf = (NFDATA & 0xff);
            buf++;
        }
    }
    /* chip Disable */
    NFCONF |= 0x800; /* chip disable */
    return 0;
}
```

修改 board/fs2410/makefile 文件，以增加 nand_read()函数。

```
OBJS := fs2410.o  flash.o  nand_read.o
```

（7）加入 Nand Flash 的初始化函数（board/fs2410/fs2410.c）。

```
#if (CONFIG_COMMANDS & CFG_CMD_NAND)
typedef enum
{
    NFCE_LOW,
    NFCE_HIGH
} NFCE_STATE;
static inline void NF_Conf(u16 conf)
{
    S3C2410_NAND * const nand = S3C2410_GetBase_NAND();
    nand->NFCONF = conf;
}
static inline void NF_Cmd(u8 cmd)
{
    S3C2410_NAND * const nand = S3C2410_GetBase_NAND();
    nand->NFCMD = cmd;
}
static inline void NF_CmdW(u8 cmd)
{
    NF_Cmd(cmd);
    udelay(1);
}
static inline void NF_Addr(u8 addr)
{
    S3C2410_NAND * const nand = S3C2410_GetBase_NAND();
    nand->NFADDR = addr;
}
static inline void NF_SetCE(NFCE_STATE s)
{
    S3C2410_NAND * const nand = S3C2410_GetBase_NAND();
    switch (s)
    {
        case NFCE_LOW:
           nand->NFCONF &= ~(1<<11);
           break;
        case NFCE_HIGH:
           nand->NFCONF |= (1<<11);
           break;
    }
}
static inline void NF_WaitRB(void)
{
    S3C2410_NAND * const nand = S3C2410_GetBase_NAND();
    while (!(nand->NFSTAT & (1<<0)));
}
static inline void NF_Write(u8 data)
{
    S3C2410_NAND * const nand = S3C2410_GetBase_NAND();
```

```
    nand->NFDATA = data;
}
static inline u8 NF_Read(void)
{
    S3C2410_NAND * const nand = S3C2410_GetBase_NAND();
    return(nand->NFDATA);
}
static inline void NF_Init_ECC(void)
{
    S3C2410_NAND * const nand = S3C2410_GetBase_NAND();
    nand->NFCONF |= (1<<12);
}
static inline u32 NF_Read_ECC(void)
{
    S3C2410_NAND * const nand = S3C2410_GetBase_NAND();
    return(nand->NFECC);
}
#endif
/*
* NAND flash initialization.
*/
#if (CONFIG_COMMANDS & CFG_CMD_NAND)
extern ulong nand_probe(ulong physadr);
static inline void NF_Reset(void)
{
    int i;
    NF_SetCE(NFCE_LOW);
    NF_Cmd(0xFF); /* reset command */
    for (i = 0; i < 10; i++); /* tWB = 100ns. */
    NF_WaitRB(); /* wait 200~500us; */
    NF_SetCE(NFCE_HIGH);
}
static inline void NF_Init(void)
{
    #define TACLS 0
    #define TWRPH0 4
    #define TWRPH1 2
    NF_Conf((1<<15)|(0<<14)|(0<<13)|(1<<12)
            |(1<<11)|(TACLS<<8)|(TWRPH0<<4)|(TWRPH1<<0));
    /* 1 1 1 1, 1 xxx, r xxx, r xxx */
    /* En 512B 4step ECCR nFCE=H tACLS tWRPH0 tWRPH1 */
    NF_Reset();
}
void nand_init(void)
{
    S3C2410_NAND * const nand = S3C2410_GetBase_NAND();
    NF_Init();
    #ifdef DEBUG
       printf("NAND flash probing at 0x%.8lX\n", (ulong)nand);
    #endif
```

```
    printf ("%4lu MB\n", nand_probe((ulong)nand) >> 20);
}
#endif
```

（8）修改 GPIO 配置（board/fs2410/fs2410.c）。

```
/* set up the I/O ports */
gpio->GPACON = 0x007FFFFF;
gpio->GPBCON = 0x002AAAAA;
gpio->GPBUP = 0x000002BF;
gpio->GPCCON = 0xAAAAAAAA;
gpio->GPCUP = 0x0000FFFF;
gpio->GPDCON = 0xAAAAAAAA;
gpio->GPDUP = 0x0000FFFF;
gpio->GPECON = 0xAAAAAAAA;
gpio->GPEUP = 0x000037F7;
gpio->GPFCON = 0x00000000;
gpio->GPFUP = 0x00000000;
gpio->GPGCON = 0xFFEAFF5A;
gpio->GPGUP = 0x0000F0DC;
gpio->GPHCON = 0x0018AAAA;
gpio->GPHDAT = 0x000001FF;
gpio->GPHUP = 0x00000656
```

（9）提供 nand flash 相关宏定义（include/configs/fs2410.h），具体参考源码。

（10）加入 Nand Flash 设备（include/linux/mtd/nand_ids.h）。

```
static struct nand_flash_dev nand_flash_ids[] =
{
    ......
   {"Samsung KM29N16000",NAND MFR SAMSUNG, 0x64, 21, 1, 2, 0x1000, 0},
   {"Samsung K9F1208U0M",  NAND_MFR_SAMSUNG, 0x76, 26, 0, 3, 0x4000, 0},
   {"Samsung unknown 4Mb", NAND_MFR_SAMSUNG, 0x6b, 22, 0, 2, 0x2000, 0},
    ......
    {NULL,}
};
```

（11）设置 Nand Flash 环境（common/env_nand.c）。

```
int nand_legacy_rw (struct nand_chip* nand, int cmd,
       size_t start, size_t len,
       size_t * retlen, u_char * buf);
extern struct nand_chip nand_dev_desc[CFG_MAX_NAND_DEVICE];
extern int nand_legacy_erase(struct nand_chip *nand,
                          size_t ofs, size_t len, int clean);

/* info for NAND chips, defined in drivers/nand/nand.c */
extern nand_info_t nand_info[CFG_MAX_NAND_DEVICE];
......
#else /* ! CFG_ENV_OFFSET_REDUND */
int saveenv(void)
{
```

```
    ulong total;
    int ret = 0;
    puts ("Erasing Nand...");
    if (nand_legacy_erase(nand_dev_desc + 0,
            CFG_ENV_OFFSET, CFG_ENV_SIZE, 0))
    {
        return 1;
    }
    puts ("Writing to Nand... ");
    total = CFG_ENV_SIZE;
    ret = nand_legacy_rw(nand_dev_desc + 0, 0x00 | 0x02, CFG_ENV_OFFSET,
            CFG_ENV_SIZE, &total, (u_char*)env_ptr);
    if (ret || total != CFG_ENV_SIZE)
    {
        return 1;
    }
    puts ("done\n");
    return ret;
    ......
#else /* ! CFG_ENV_OFFSET_REDUND */
void env_relocate_spec (void)
{
#if !defined(ENV_IS_EMBEDDED)
    ulong total;
    int ret;
    total = CFG_ENV_SIZE;
    ret = nand_legacy_rw(nand_dev_desc + 0, 0x01 | 0x02, CFG_ENV_OFFSET,
            CFG_ENV_SIZE, &total, (u_char*)env_ptr);
    ......
```

5.3 实验内容——创建 Linux 内核和文件系统

1．实验目的

通过移植 Linux 内核，熟悉嵌入式开发环境的搭建和 Linux 内核的编译配置。通过创建文件系统，熟练掌握使用 busybox 创建文件系统和如何创建文件系统映像文件。由于具体步骤在前面已经详细讲解过了，因此，相关部分请读者查阅本章前面内容。

2．实验内容

首先在 Linux 环境下配置 minicom，使之能够正常显示串口的信息。然后再编译配置 Linux 2.6 内核，并下载到开发板。接下来，用 busybox 创建文件系统并完善所缺的内容。用 mkcramfs 创建 cramfs 映像文件并下载到开发板。在 Linux 内核和文件系统加载完了之后，在开发板上启动 Linux。

3．实验步骤

（1）设置 minicom，按键“CTRL-A O”配置相应参数。

（2）连接开发板与主机，查看串口是否有正确输出。
（3）查看 Linux 内核顶层的 Makefile，确定相关参数是否正确。
（4）运行“make menuconfig”，进行相应配置。
（5）运行“make dep”。
（6）运行“make zImage”。
（7）将生成的内核映像通过 tftp 或串口下载到开发板中。
（8）用 busybox 创建文件系统。
（9）创建添加和修改所缺的目录和文件。
（10）在文件系统添加用户程序或者删除不需要的文件。
（11）用 mkcramfs 创建文件系统映像文件。
（12）将生成的文件系统映像通过 tftp 或串口下载到开发板中。
（13）在开发板上启动 Linux。

4．实验结果

开发板能够正确运行新生成的内核映像。

5.4　本章小结

本章详细讲解了嵌入式 Linux 开发环境的搭建，包括 minicom 和超级终端的配置，如何创建并下载映像文件到开发板，如何移植嵌入式 Linux 内核以及如何移植 U-Boot。这些都是操作性很强的内容，而且在嵌入式的开发中也是必不可少的一部分，因此希望读者切实掌握。

5.5　思考与练习

1．适当更改 Linux 内核配置，再进行编译下载查看结果。
2．配置 NFS 服务。
3．深入研究一下 U-Boot 源码以及移植的具体步骤。

第6章

文件I/O编程

本章目标

在搭建起嵌入式开发环境之后，从本章开始，读者将真正开始学习嵌入式 Linux 的应用开发。由于嵌入式 Linux 是经 Linux 裁减而来的，它的系统调用及用户编程接口 API 与 Linux 基本是一致的，因此，在以后的章节中，笔者将首先介绍 Linux 中相关内容的基本编程开发，主要讲解与嵌入式 Linux 中一致的部分，然后再将程序移植到嵌入式的开发板上运行。因此，没有开发板的读者也可以先在 Linux 上开发相关应用程序，这对以后进入嵌入式 Linux 的实际开发是十分有帮助的。本章主要讲解文件 I/O 相关开发，经过本章的学习，读者将会掌握以下内容。

- 掌握 Linux 中系统调用的基本概念
- 掌握 Linux 中用户编程接口（API）及系统命令的相互关系
- 掌握文件描述符的概念
- 掌握 Linux 下文件相关的不带缓存 I/O 函数的使用
- 掌握 Linux 下设备文件读写方法
- 掌握 Linux 中对串口的操作
- 熟悉 Linux 中标准文件 I/O 函数的使用

6.1 Linux 系统调用及用户编程接口（API）

由于本章是讲解 Linux 编程开发的第 1 章，因此希望读者更加明确 Linux 系统调用和用户编程接口（API）的概念。在了解了这些之后，会对 Linux 以及 Linux 的应用编程有更深入的理解。

6.1.1 系统调用

所谓系统调用是指操作系统提供给用户程序调用的一组“特殊”接口，用户程序可以通过这组“特殊”接口来获得操作系统内核提供的服务。例如用户可以通过进程控制相关的系统调用来创建进程、实现进程调度、进程管理等。

在这里，为什么用户程序不能直接访问系统内核提供的服务呢？这是由于在 Linux 中，为了更好地保护内核空间，将程序的运行空间分为内核空间和用户空间（也就是常称的内核态和用户态），它们分别运行在不同的级别上，在逻辑上是相互隔离的。因此，用户进程在通常情况下不允许访问内核数据，也无法使用内核函数，它们只能在用户空间操作用户数据，调用用户空间的函数。

但是，在有些情况下，用户空间的进程需要获得一定的系统服务（调用内核空间程序），这时操作系统就必须利用系统提供给用户的“特殊接口”——系统调用规定用户进程进入内核空间的具体位置。进行系统调用时，程序运行空间需要从用户空间进入内核空间，处理完后再返回用户空间。

Linux 系统调用部分是非常精简的系统调用（只有 250 个左右），它继承了 UNIX 系统调用中最基本和最有用的部分。这些系统调用按照功能逻辑大致可分为进程控制、进程间通信、文件系统控制、系统控制、存储管理、网络管理、socket 控制、用户管理等几类。

6.1.2　用户编程接口（API）

前面讲到的系统调用并不是直接与程序员进行交互的，它仅仅是一个通过软中断机制向内核提交请求，以获取内核服务的接口。在实际使用中程序员调用的通常是用户编程接口——API，也就是本书后面要讲到的 API 函数。但并不是所有的函数都一一对应一个系统调用，有时，一个 API 函数会需要几个系统调用来共同完成函数的功能，甚至还有一些 API 函数不需要调用相应的系统调用（因此它所完成的不是内核提供的服务）。

在 Linux 中，用户编程接口（API）遵循了在 UNIX 中最流行的应用编程界面标准——POSIX 标准。POSIX 标准是由 IEEE 和 ISO/IEC 共同开发的标准系统。该标准基于当时现有的 UNIX 实践和经验，描述了操作系统的系统调用编程接口（实际上就是 API），用于保证应用程序可以在源代码一级上在多种操作系统上移植运行。这些系统调用编程接口主要是通过 C 库（libc）实现的。

6.1.3　系统命令

以上讲解了系统调用、用户编程接口（API）的概念，分析了它们之间的相互关系，那么，读者在第 2 章中学到的那么多的 Shell 系统命令与它们之间又是怎样的关系呢？

系统命令相对 API 更高了一层，它实际上是一个可执行程序，它的内部引用了用户编程接口（API）来实现相应的功能。它们之间的关系如图 6.1 所示。

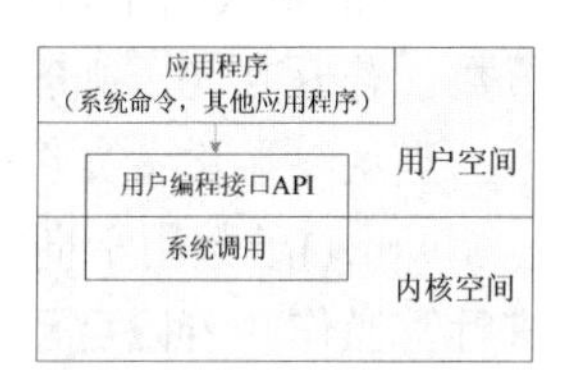

图 6.1　系统调用、API 及系统命令之间的关系

6.2　Linux 中文件及文件描述符概述

在 Linux 中对目录和设备的操作都等同于文件的操作，因此，大大简化了系统对不同设备的处理，提高了效率。Linux 中的文件主要分为 4 种：普通文件、目录文件、链接文件和设备文件。

那么，内核如何区分和引用特定的文件呢？这里用到了一个重要的概念——文件描述符。对于 Linux 而言，所有对设备和文件的操作都是使用文件描述符来进行的。文件描述符是一个非负的整数，它是一个索引值，并指向在内核中每个进程打开文件的记录表。当打开一个现存文件或创建一个新文件时，内核就向进程返回一个文件描述符；当需要读写文件时，也需要把文件描述符作为参数传递给相应的函数。

通常，一个进程启动时，都会打开 3 个文件：标准输入、标准输出和标准出错处理。这 3 个文件分别对应文件描述符为 0、1 和 2（也就是宏替换 STDIN_FILENO、STDOUT_FILENO 和 STDERR_FILENO，鼓励读者使用这些宏替换）。

基于文件描述符的 I/O 操作虽然不能移植到类 Linux 以外的系统上去（如 Windows），但它往往是实现某些 I/O 操作的惟一途径，如 Linux 中低级文件操作函数、多路 I/O、TCP/IP 套接字编程接口等。同时，它们也很好地兼容 POSIX 标准，因此，可以很方便地移植到任何 POSIX 平台上。基于文件描述符的 I/O 操作是 Linux 中最常用的操作之一，希望读者能够很好地掌握。

6.3 底层文件 I/O 操作

本节主要介绍文件 I/O 操作的系统调用，主要用到 5 个函数：open()、read()、write()、lseek() 和 close()。这些函数的特点是不带缓存，直接对文件（包括设备）进行读写操作。这些函数虽然不是 ANSI C 的组成部分，但是是 POSIX 的组成部分。

6.3.1 基本文件操作

（1）函数说明。

open()函数用于打开或创建文件，在打开或创建文件时可以指定文件的属性及用户的权限等各种参数。

close()函数用于关闭一个被打开的文件。当一个进程终止时，所有被它打开的文件都由内核自动关闭，很多程序都使用这一功能而不显示地关闭一个文件。

read()函数用于将从指定的文件描述符中读出的数据放到缓存区中，并返回实际读入的字节数。若返回 0，则表示没有数据可读，即已达到文件尾。读操作从文件的当前指针位置开始。当从终端设备文件中读出数据时，通常一次最多读一行。

write()函数用于向打开的文件写数据，写操作从文件的当前指针位置开始。对磁盘文件进行写操作，若磁盘已满或超出该文件的长度，则 write()函数返回失败。

lseek()函数用于在指定的文件描述符中将文件指针定位到相应的位置。它只能用在可定位（可随机访问）文件操作中。管道、套接字和大部分字符设备文件是不可定位的，所以在这些文件的操作中无法使用 lseek()调用。

（2）函数格式。

open()函数的语法格式如表 6.1 所示。

表 6.1　　open()函数语法要点

所需头文件	#include <sys/types.h> /* 提供类型 pid_t 的定义 */ #include <sys/stat.h> #include <fcntl.h>
函数原型	int open(const char *pathname, int flags, int perms)

续表

函数传入值	pathname	被打开的文件名（可包括路径名）
	flag：文件打开的方式	O_RDONLY：以只读方式打开文件
		O_WRONLY：以只写方式打开文件
		O_RDWR：以读写方式打开文件
		O_CREAT：如果该文件不存在，就创建一个新的文件，并用第三个参数为其设置权限
		O_EXCL：如果使用 O_CREAT 时文件存在，则可返回错误消息。这一参数可测试文件是否存在。此时 open 是原子操作，防止多个进程同时创建同一个文件
		O_NOCTTY：使用本参数时，若文件为终端，那么该终端不会成为调用 open()的那个进程的控制终端
		O_TRUNC：若文件已经存在，那么会删除文件中的全部原有数据，并且设置文件大小为 0
		O_APPEND：以添加方式打开文件，在打开文件的同时，文件指针指向文件的末尾，即将写入的数据添加到文件的末尾
	perms	被打开文件的存取权限 可以用一组宏定义：S_I(R/W/X)(USR/GRP/OTH) 其中 R/W/X 分别表示读/写/执行权限 USR/GRP/OTH 分别表示文件所有者/文件所属组/其他用户 例如，S_IRUSR | S_IWUSR 表示设置文件所有者的可读可写属性。八进制表示法中 600 也表示同样的权限
函数返回值	成功：返回文件描述符 失败：−1	

在 open()函数中，flag 参数可通过“|”组合构成，但前 3 个标志常量（O_RDONLY、O_WRONLY 以及 O_RDWR）不能相互组合。perms 是文件的存取权限，既可以用宏定义表示法，也可以用八进制表示法。

close()函数的语法格式如表 6.2 所示。

表 6.2　　close()函数语法要点

所需头文件	#include <unistd.h>
函数原型	int close(int fd)
函数输入值	fd：文件描述符
函数返回值	0：成功 −1：出错

read()函数的语法格式如表 6.3 所示。

表 6.3　　read()函数语法要点

所需头文件	#include <unistd.h>
函数原型	ssize_t read(int fd, void *buf, size_t count)

续表

函数传入值	fd：文件描述符
	buf：指定存储器读出数据的缓冲区
	count：指定读出的字节数
函数返回值	成功：读到的字节数 0：已到达文件尾 −1：出错

在读普通文件时，若读到要求的字节数之前已到达文件的尾部，则返回的字节数会小于希望读出的字节数。

write()函数的语法格式如表 6.4 所示。

表 6.4　　write()函数语法要点

所需头文件	#include <unistd.h>
函数原型	ssize_t write(int fd, void *buf, size_t count)
函数传入值	fd：文件描述符
	buf：指定存储器写入数据的缓冲区
	count：指定读出的字节数
函数返回值	成功：已写的字节数 −1：出错

在写普通文件时，写操作从文件的当前指针位置开始。

lseek()函数的语法格式如表 6.5 所示。

表 6.5　　lseek()函数语法要点

<table>
<tr><td>所需头文件</td><td colspan="2">#include <unistd.h>
#include <sys/types.h></td></tr>
<tr><td>函数原型</td><td colspan="2">off_t lseek(int fd, off_t offset, int whence)</td></tr>
<tr><td rowspan="2">函数传入值</td><td colspan="2">fd：文件描述符</td></tr>
<tr><td colspan="2">offset：偏移量，每一读写操作所需要移动的距离，单位是字节，可正可负（向前移，向后移）</td></tr>
<tr><td rowspan="3"></td><td rowspan="3">whence：
当前位置的基点</td><td>SEEK_SET：当前位置为文件的开头，新位置为偏移量的大小</td></tr>
<tr><td>SEEK_CUR：当前位置为文件指针的位置，新位置为当前位置加上偏移量</td></tr>
<tr><td>SEEK_END：当前位置为文件的结尾，新位置为文件的大小加上偏移量的大小</td></tr>
<tr><td>函数返回值</td><td colspan="2">成功：文件的当前位移
−1：出错</td></tr>
</table>

（3）函数使用实例。

下面实例中的 open()函数带有 3 个 flag 参数：O_CREAT、O_TRUNC 和 O_WRONLY，这样就可以对不同的情况指定相应的处理方法。另外，这里对该文件的权限设置为 0600。其源码如下所示：

下面列出文件基本操作的实例，基本功能是从一个文件（源文件）中读取最后 10KB 数据并复制到另一个文件（目标文件）。在实例中源文件是以只读方式打开，目标文件是以只写方式打开（可以是读写方式）。若目标文件不存在，可以创建并设置权限的初始值为 644，即文件所有者可读可写，文件所属组和其他用户只能读。

读者需要留意的地方是改变每次读写的缓存大小（实例中为 1KB）会怎样影响运行效率。

```
/* copy_file.c */
#include <unistd.h>
#include <sys/types.h>
#include <sys/stat.h>
#include <fcntl.h>
#include <stdlib.h>
#include <stdio.h>

#define BUFFER_SIZE    1024            /* 每次读写缓存大小，影响运行效率*/
#define SRC_FILE_NAME  "src_file"  /* 源文件名 */
#define DEST_FILE_NAME "dest_file" /* 目标文件名文件名 */
#define OFFSE      10240            /* 复制的数据大小 */

int main()
{
    int src_file, dest_file;
    unsigned char buff[BUFFER_SIZE];
    int real_read_len;

    /* 以只读方式打开源文件 */
    src_file = open(SRC_FILE_NAME, O_RDONLY);

    /* 以只写方式打开目标文件，若此文件不存在则创建该文件，访问权限值为 644 */
    dest_file = open(DEST_FILE_NAME,
                 O_WRONLY|O_CREAT, S_IRUSR|S_IWUSR|S_IRGRP|S_IROTH);
    if (src_file < 0 || dest_file < 0)
    {
        printf("Open file error\n");
        exit(1);
    }

    /* 将源文件的读写指针移到最后 10KB 的起始位置*/
    lseek(src_file, -OFFSET, SEEK_END);

    /* 读取源文件的最后 10KB 数据并写到目标文件中，每次读写 1KB */
    while ((real_read_len = read(src_file, buff, sizeof(buff))) > 0)
    {
        write(dest_file, buff, real_read_len);
    }
    close(dest_file);
    close(src_file);
```

```
    return 0;
}

$ ./copy_file
$ ls -lh  dest_file
-rw-r--r-- 1 david root 10K 14:06 dest_file
```

注意　open()函数返回的文件描述符一定是最小的未用文件描述符。由于一个进程在启动时自动打开了 0、1、2 三个文件描述符，因此，该文件运行结果中返回的文件描述符为 3。读者可以尝试在调用 open()函数之前，加一句 close(0)，则此后在调用 open()函数时返回的文件描述符为 0（若关闭文件描述符 1，则在程序执行时会由于没有标准输出文件而无法输出）。

6.3.2 文件锁

（1）fcntl()函数说明。

前面的这 5 个基本函数实现了文件的打开、读写等基本操作，本小节将讨论的是，在文件已经共享的情况下如何操作，也就是当多个用户共同使用、操作一个文件的情况，这时，Linux 通常采用的方法是给文件上锁，来避免共享的资源产生竞争的状态。

文件锁包括建议性锁和强制性锁。建议性锁要求每个上锁文件的进程都要检查是否有锁存在，并且尊重已有的锁。在一般情况下，内核和系统都不使用建议性锁。强制性锁是由内核执行的锁，当一个文件被上锁进行写入操作的时候，内核将阻止其他任何文件对其进行读写操作。采用强制性锁对性能的影响很大，每次读写操作都必须检查是否有锁存在。

在 Linux 中，实现文件上锁的函数有 lockf()和 fcntl()，其中 lockf()用于对文件施加建议性锁，而 fcntl()不仅可以施加建议性锁，还可以施加强制锁。同时，fcntl()还能对文件的某一记录上锁，也就是记录锁。

记录锁又可分为读取锁和写入锁，其中读取锁又称为共享锁，它能够使多个进程都能在文件的同一部分建立读取锁。而写入锁又称为排斥锁，在任何时刻只能有一个进程在文件的某个部分上建立写入锁。当然，在文件的同一部分不能同时建立读取锁和写入锁。

注意　fcntl()是一个非常通用的函数，它可以对已打开的文件描述符进行各种操作，不仅包括管理文件锁，还包括获得和设置文件描述符和文件描述符标志、文件描述符的复制等很多功能。在本节中，主要介绍建立记录锁的方法。

（2）fcntl()函数格式。

用于建立记录锁的 fcntl()函数格式如表 6.6 所示。

表 6.6　　fcntl()函数语法要点

所需头文件	#include <sys/types.h> #include <unistd.h> #include <fcntl.h>
函数原型	int fcnt1(int fd, int cmd, struct flock *lock)
函数传入值	fd：文件描述符

续表

函数传入值	cmd	F_DUPFD：复制文件描述符
		F_GETFD：获得 fd 的 close-on-exec 标志，若标志未设置，则文件经过 exec()函数之后仍保持打开状态
		F_SETFD：设置 close-on-exec 标志，该标志由参数 arg 的 FD_CLOEXEC 位决定
		F_GETFL：得到 open 设置的标志
		F_SETFL：改变 open 设置的标志
		F_GETLK：根据 lock 参数值，决定是否上文件锁
		F_SETLK：设置 lock 参数值的文件锁
		F_SETLKW：这是 F_SETLK 的阻塞版本（命令名中的 W 表示等待（wait））。在无法获取锁时，会进入睡眠状态；如果可以获取锁或者捕捉到信号则会返回
	lock：结构为 flock，设置记录锁的具体状态	
函数返回值	0：成功 -1：出错	

这里，lock 的结构如下所示：

```
struct flock
{
    short l_type;
    off_t l_start;
    short l_whence;
    off_t l_len;
    pid_t l_pid;
}
```

lock 结构中每个变量的取值含义如表 6.7 所示。

表 6.7　　lock 结构变量取值

l_type	F_RDLCK：读取锁（共享锁）
	F_WRLCK：写入锁（排斥锁）
	F_UNLCK：解锁
l_stat	相对位移量（字节）
l_whence：相对位移量的起点（同 lseek 的 whence）	SEEK_SET：当前位置为文件的开头，新位置为偏移量的大小
	SEEK_CUR：当前位置为文件指针的位置，新位置为当前位置加上偏移量
	SEEK_END：当前位置为文件的结尾，新位置为文件的大小加上偏移量的大小
l_len	加锁区域的长度

小技巧　为加锁整个文件，通常的方法是将 l_start 设置为 0，l_whence 设置为 SEEK_SET，l_len 设置为 0。

（3）fcntl()使用实例。

下面首先给出了使用 fcntl()函数的文件记录锁功能的代码实现。在该代码中，首先给 flock 结构体的对应位赋予相应的值。接着使用两次 fcntl()函数，分别用于判断文件是否可以上锁和给相关文件上锁，这里用到的 cmd 值分别为 F_GETLK 和 F_SETLK（或 F_SETLKW）。

用 F_GETLK 命令判断是否可以进行 flock 结构所描述的锁操作：若可以进行，则 flock 结构的 l_type 会被设置为 F_UNLCK，其他域不变；若不可行，则 l_pid 被设置为拥有文件锁的进程号，其他域不变。

用 F_SETLK 和 F_SETLKW 命令设置 flock 结构所描述的锁操作，后者是前者的阻塞版。

文件记录锁功能的源代码如下所示：

```
/* lock_set.c */
int lock_set(int fd, int type)
{
    struct flock old_lock, lock;
    lock.l_whence = SEEK_SET;
    lock.l_start = 0;
    lock.l_len = 0;
    lock.l_type = type;
    lock.l_pid = -1;

    /* 判断文件是否可以上锁 */
    fcntl(fd, F_GETLK, &lock);
    if (lock.l_type != F_UNLCK)
    {
        /* 判断文件不能上锁的原因 */
        if (lock.l_type == F_RDLCK) /* 该文件已有读取锁 */
        {
            printf("Read lock already set by %d\n", lock.l_pid);
        }
        else if (lock.l_type == F_WRLCK) /* 该文件已有写入锁 */
        {
            printf("Write lock already set by %d\n", lock.l_pid);
        }
    }

    /* l_type 可能已被 F_GETLK 修改过 */
    lock.l_type = type;

    /* 根据不同的 type 值进行阻塞式上锁或解锁 */
    if ((fcntl(fd, F_SETLKW, &lock)) < 0)
    {
        printf("Lock failed:type = %d\n", lock.l_type);
        return 1;
    }

    switch(lock.l_type)
    {
        case F_RDLCK:
        {
            printf("Read lock set by %d\n", getpid());
        }
```

```
        break;

        case F_WRLCK:
        {
            printf("Write lock set by %d\n", getpid());
        }
        break;

        case F_UNLCK:
        {
            printf("Release lock by %d\n", getpid());
            return 1;
        }
        break;

        default:
        break;
    }/* end of switch  */
    return 0;
}
```

下面的实例是文件写入锁的测试用例，这里首先创建了一个 hello 文件，之后对其上写入锁，最后释放写入锁，代码如下所示：

```
/* write_lock.c */
#include <unistd.h>
#include <sys/file.h>
#include <sys/types.h>
#include <sys/stat.h>
#include <stdio.h>
#include <stdlib.h>
#include "lock_set.c"

int main(void)
{
    int fd;

    /* 首先打开文件 */
    fd = open("hello",O_RDWR | O_CREAT, 0644);
    if(fd < 0)
    {
        printf("Open file error\n");
        exit(1);
    }

    /* 给文件上写入锁 */
    lock_set(fd, F_WRLCK);
    getchar();
```

```
    /* 给文件解锁 */
    lock_set(fd, F_UNLCK);
    getchar();
    close(fd);
    exit(0);
}
```

为了能够使用多个终端，更好地显示写入锁的作用，本实例主要在 PC 机上测试，读者可将其交叉编译，下载到目标板上运行。下面是在 PC 机上的运行结果。为了使程序有较大的灵活性，笔者采用文件上锁后由用户键入一任意键使程序继续运行。建议读者开启两个终端，并且在两个终端上同时运行该程序，以达到多个进程操作一个文件的效果。在这里，笔者首先运行终端一，请读者注意终端二中的第一句。

终端一：

```
$ ./write_lock
write lock set by 4994
release lock by 4994
```

终端二：

```
$ ./write_lock
write lock already set by 4994
write lock set by 4997
release lock by 4997
```

由此可见，写入锁为互斥锁，同一时刻只能有一个写入锁存在。

接下来的程序是文件读取锁的测试用例，原理和上面的程序一样。

```
/* fcntl_read.c */
#include <unistd.h>
#include <sys/file.h>
#include <sys/types.h>
#include <sys/stat.h>
#include <stdio.h>
#include <stdlib.h>
#include "lock_set.c"

int main(void)
{
    int fd;
    fd = open("hello",O_RDWR | O_CREAT, 0644);
    if(fd < 0)
    {
        printf("Open file error\n");
        exit(1);
    }

    /* 给文件上读取锁 */
    lock_set(fd, F_RDLCK);
    getchar();
```

```
    /* 给文件解锁 */
    lock_set(fd, F_UNLCK);
    getchar();
    close(fd);
    exit(0);
}
```

同样开启两个终端，并首先启动终端一上的程序，其运行结果如下所示：

终端一：

```
$ ./read_lock
read lock set by 5009
release lock by 5009
```

终端二：

```
$ ./read_lock
read lock set by 5010
release lock by 5010
```

读者可以将此结果与写入锁的运行结果相比较，可以看出，读取锁为共享锁，当进程 5009 已设置读取锁后，进程 5010 仍然可以设置读取锁。

思考　如果在一个终端上运行设置读取锁的程序，则在另一个终端上运行设置写入锁的程序，会有什么结果呢？

6.3.3 多路复用

（1）函数说明。

前面的 fcntl()函数解决了文件的共享问题，接下来该处理 I/O 复用的情况了。

总的来说，I/O 处理的模型有 5 种。

- 阻塞 I/O 模型：在这种模型下，若所调用的 I/O 函数没有完成相关的功能，则会使进程挂起，直到相关数据到达才会返回。对管道设备、终端设备和网络设备进行读写时经常会出现这种情况。
- 非阻塞模型：在这种模型下，当请求的 I/O 操作不能完成时，则不让进程睡眠，而且立即返回。非阻塞 I/O 使用户可以调用不会阻塞的 I/O 操作，如 open()、write()和 read()。如果该操作不能完成，则会立即返回出错（例如：打不开文件）或者返回 0（例如：在缓冲区中没有数据可以读取或者没有空间可以写入数据）。
- I/O 多路转接模型：在这种模型下，如果请求的 I/O 操作阻塞，且它不是真正阻塞 I/O，而是让其中的一个函数等待，在这期间，I/O 还能进行其他操作。本节要介绍的 select()和 poll 函数()就是属于这种模型。
- 信号驱动 I/O 模型：在这种模型下，通过安装一个信号处理程序，系统可以自动捕获特定信号的到来，从而启动 I/O。这是由内核通知用户何时可以启动一个 I/O 操作决定的。
- 异步 I/O 模型：在这种模型下，当一个描述符已准备好，可以启动 I/O 时，进程会通知内核。现在，并不是所有的系统都支持这种模型。

可以看到，select()和 poll()的 I/O 多路转接模型是处理 I/O 复用的一个高效的方法。它可以具体设置程序中每一个所关心的文件描述符的条件、希望等待的时间等，从 select()和 poll()函数返回时，内核会通知用户已准备好的文件描述符的数量、已准备好的条件等。通过使用 select()和 poll()函数的返回结果，就可以调用相应的 I/O 处理函数。

（2）函数格式。

select()函数的语法格式如表 6.8 所示。

表 6.8　select()函数语法要点

<table>
<tr><td>所需头文件</td><td colspan="2">#include <sys/types.h>
#include <sys/time.h>
#include <unistd.h></td></tr>
<tr><td>函数原型</td><td colspan="2">int select(int numfds, fd_set *readfds, fd_set *writefds,
fd_set *exeptfds, struct timeval *timeout)</td></tr>
<tr><td rowspan="7">函数传入值</td><td colspan="2">numfds：该参数值为需要监视的文件描述符的最大值加 1</td></tr>
<tr><td colspan="2">readfds：由 select()监视的读文件描述符集合</td></tr>
<tr><td colspan="2">writefds：由 select()监视的写文件描述符集合</td></tr>
<tr><td colspan="2">exeptfds：由 select()监视的异常处理文件描述符集合</td></tr>
<tr><td rowspan="3">timeout</td><td>NULL：永远等待，直到捕捉到信号或文件描述符已准备好为止</td></tr>
<tr><td>具体值：struct timeval 类型的指针，若等待了 timeout 时间还没有检测到任何文件描符准备好，就立即返回</td></tr>
<tr><td>0：从不等待，测试所有指定的描述符并立即返回</td></tr>
<tr><td>函数返回值</td><td colspan="2">大于 0：成功，返回准备好的文件描述符的数目
0：超时；−1：出错</td></tr>
</table>

思考　请读者考虑一下如何确定被监视的文件描述符的最大值？

可以看到，select()函数根据希望进行的文件操作对文件描述符进行了分类处理，这里，对文件描述符的处理主要涉及 4 个宏函数，如表 6.9 所示。

表 6.9　select()文件描述符处理函数

FD_ZERO(fd_set *set)	清除一个文件描述符集
FD_SET(int fd, fd_set *set)	将一个文件描述符加入文件描述符集中
FD_CLR(int fd, fd_set *set)	将一个文件描述符从文件描述符集中清除
FD_ISSET(int fd, fd_set *set)	如果文件描述符 fd 为 fd_set 集中的一个元素，则返回非零值，可以用于调用 select()之后测试文件描述符集中的文件描述符是否有变化

一般来说，在使用 select()函数之前，首先使用 FD_ZERO()和 FD_SET()来初始化文件描述符集，在使用了 select()函数时，可循环使用 FD_ISSET()来测试描述符集，在执行完对相关文件描述符的操作之后，使用 FD_CLR()来清除描述符集。

另外，select()函数中的 timeout 是一个 struct timeval 类型的指针，该结构体如下所示：

```
struct timeval
{
```

```
    long tv_sec; /* 秒 */
    long tv_unsec; /* 微秒 */
}
```

可以看到，这个时间结构体的精确度可以设置到微秒级，这对于大多数的应用而言已经足够了。

poll()函数的语法格式如表6.10所示。

表6.10　　poll()函数语法要点

所需头文件	#include <sys/types.h> #include <poll.h>
函数原型	int poll(struct pollfd *fds, int numfds, int timeout)

函数传入值	fds：struct pollfd结构的指针，用于描述需要对哪些文件的哪种类型的操作进行监控。
	struct pollfd
	{
	    int fd; /* 需要监听的文件描述符 */
	    short events; /* 需要监听的事件 */
	    short revents; /* 已发生的事件 */
	}
	events成员描述需要监听哪些类型的事件，可以用以下几种标志来描述。
	POLLIN：文件中有数据可读，下面实例中使用到了这个标志
	POLLPRI：文件中有紧急数据可读
	POLLOUT：可以向文件写入数据
	POLLERR：文件中出现错误，只限于输出
	POLLHUP：与文件的连接被断开了，只限于输出
	POLLNVAL：文件描述符是不合法的，即它并没有指向一个成功打开的文件

	numfds：需要监听的文件个数，即第一个参数所指向的数组中的元素数目
	timeout：表示poll阻塞的超时时间（毫秒）。如果该值小于等于0，则表示无限等待
函数返回值	成功：返回大于0的值，表示事件发生的pollfd结构的个数 0：超时；−1：出错

（3）使用实例。

由于多路复用通常用于I/O操作可能会被阻塞的情况，而对于可能会有阻塞I/O的管道、网络编程，本书到现在为止还没有涉及。这里通过手动创建（用mknod命令）两个管道文件，重点说明如何使用两个多路复用函数。

在本实例中，分别用select()函数和poll()函数实现同一个功能，以下功能说明是以select()函数为例描述的。

本实例中主要实现通过调用select()函数来监听3个终端的输入（分别重定向到两个管道文件的虚拟终端以及主程序所运行的虚拟终端），并分别进行相应的处理。在这里我们建立了一个select()函数监视的读文件描述符集，其中包含3个文件描述符，分别为一个标准输入文件描述符和两个管道文件描述符。通过监视主程序的虚拟终端标准输入来实现程序的控制（例如：程序结束）；以两个管道作为数据输入，主程序将从两个管道读取的输入字符串写入到标准输出文件（屏幕）。

为了充分表现select()调用的功能，在运行主程序的时候，需要打开3个虚拟终端：首先用mknod命令创建两个管道in1和in2。接下来，在两个虚拟终端上分别运行cat>in1和cat>in2。

同时在第三个虚拟终端上运行主程序。在程序运行之后，如果在两个管道终端上输入字符串，则可以观察到同样的内容将在主程序的虚拟终端上逐行显示。如果想结束主程序，只要在主程序的虚拟终端下输入以"q"或"Q"字符开头的字符串即可。如果三个文件一直在无输入状态中，则主程序一直处于阻塞状态。为了防止无限期的阻塞，在 select 程序中设置超时值（本实例中设置为 60s），当无输入状态持续到超时值时，主程序主动结束运行并退出。而 poll 程序中依然无限等待，当然 poll()函数也可以设置超时参数。

该程序的流程图如图 6.2 所示。

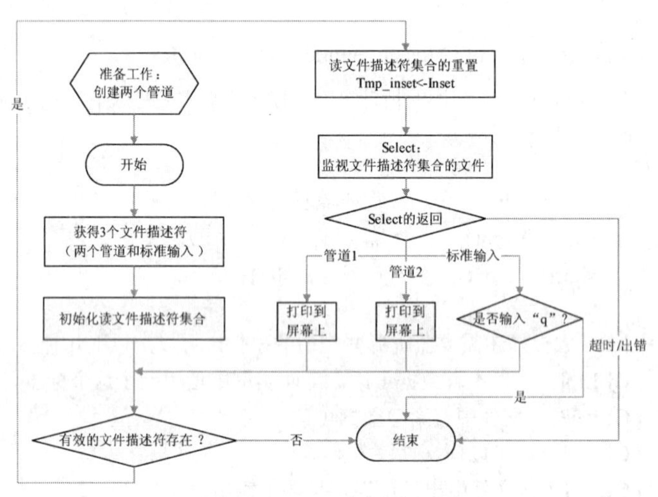

图 6.2　select 实例流程图

使用 select()函数实现的代码如下所示：

```
/* multiplex_select */
#include <fcntl.h>
#include <stdio.h>
#include <unistd.h>
#include <stdlib.h>
#include <time.h>
#include <errno.h>

#define MAX_BUFFER_SIZE     1024               /* 缓冲区大小*/
#define IN_FILES             3                 /* 多路复用输入文件数目*/
#define TIME_DELAY           60                /* 超时值秒数 */
#define MAX(a, b)            ((a > b)?(a):(b))

int main(void)
{
    int fds[IN_FILES];
    char buf[MAX_BUFFER_SIZE];
    int i, res, real_read, maxfd;
    struct timeval tv;
    fd_set inset,tmp_inset;

/*首先以只读非阻塞方式打开两个管道文件*/
```

```
fds[0] = 0;

if((fds[1] = open ("in1", O_RDONLY|O_NONBLOCK)) < 0)
{
   printf("Open in1 error\n");
   return 1;
}

if((fds[2] = open ("in2", O_RDONLY|O_NONBLOCK)) < 0)
{
   printf("Open in2 error\n");
   return 1;
}

/*取出两个文件描述符中的较大者*/
maxfd = MAX(MAX(fds[0], fds[1]), fds[2]);
/*初始化读集合 inset，并在读集合中加入相应的描述集*/
    FD_ZERO(&inset);
    for (i = 0; i < IN_FILES; i++)
{
   FD_SET(fds[i], &inset);
}
FD_SET(0, &inset);
    tv.tv_sec = TIME_DELAY;
    tv.tv_usec = 0;

    /*循环测试该文件描述符是否准备就绪，并调用 select 函数对相关文件描述符做对应操作*/
    while(FD_ISSET(fds[0],&inset)
          || FD_ISSET(fds[1],&inset) || FD_ISSET(fds[2], &inset))
    {
        /* 文件描述符集合的备份， 这样可以避免每次进行初始化 */
        tmp_inset = inset;
        res = select(maxfd + 1, &tmp_inset, NULL, NULL, &tv);

        switch(res)
        {
          case -1:
           {
               printf("Select error\n");
               return 1;
           }
           break;

           case 0: /* Timeout */
           {
               printf("Time out\n");
               return 1;
           }
           break;
```

```
            default:
            {
                for (i = 0; i < IN_FILES; i++)
                {
                    if (FD_ISSET(fds[i], &tmp_inset))
                    {
                        memset(buf, 0, MAX_BUFFER_SIZE);
                        real_read = read(fds[i], buf, MAX_BUFFER_SIZE);

                        if (real_read < 0)
                        {
                            if (errno != EAGAIN)
                            {
                                return 1;
                            }
                        }
                         else if (!real_read)
                         {
                            close(fds[i]);
                            FD_CLR(fds[i], &inset);
                        }
                        else
                        {
                            if (i == 0)
                            {/* 主程序终端控制 */
                                if ((buf[0] == 'q') || (buf[0] == 'Q'))
                                {
                                    return 1;
                                }
                            }
                            else
                            {/* 显示管道输入字符串 */
                                buf[real_read] = '\0';
                                printf("%s", buf);
                            }
                        }
                    } /* end of if */
                } /* end of for */
            }
            break;

        } /* end of switch */
    } /*end of while */

    return 0;
}
```

读者可以将以上程序交叉编译，并下载到开发板上运行。以下是运行结果：

```
$ mknod in1 p
$ mknod in2 p
```

```
$ cat > in1
SELECT CALL
TEST PROGRAMME
END
$ cat > in2
select call
test programme
end
$ ./multiplex_select
SELECT CALL
select call
TEST PROGRAMME
test programme
END
end
q /* 在终端上输入 'q' 或 'Q' ,则立刻结束程序运行 */
```

程序的超时结束结果如下：

```
$ ./multiplex_select
……
Time out
```

可以看到，使用 select()可以很好地实现 I/O 多路复用。

但是当使用 select()函数时，存在一系列的问题，例如：内核必须检查多余的文件描述符，每次调用 select()之后必须重置被监听的文件描述符集，而且可监听的文件个数受限制（使用 FD_SETSIZE 宏来表示 fd_set 结构能够容纳的文件描述符的最大数目）等。实际上，poll 机制与 select 机制相比效率更高，使用范围更广，下面给出用 poll()函数实现同样功能的代码。

```
/* multiplex_poll.c */
#include <fcntl.h>
#include <stdio.h>
#include <unistd.h>
#include <stdlib.h>
#include <string.h>
#include <time.h>
#include <errno.h>
#include <poll.h>

#define MAX_BUFFER_SIZE        1024   /* 缓冲区大小*/
#define IN_FILES       3             /* 多路复用输入文件数目*/
#define TIME_DELAY     60             /* 超时时间秒数 */
#define MAX(a, b)      ((a > b)?(a):(b))

int main(void)
{
    struct pollfd fds[IN_FILES];
    char buf[MAX_BUFFER_SIZE];
    int i, res, real_read, maxfd;
```

```
        /*首先按一定的权限打开两个源文件*/
        fds[0].fd = 0;
        if((fds[1].fd = open ("in1", O_RDONLY|O_NONBLOCK)) < 0)
        {
           printf("Open in1 error\n");
           return 1;
        }

        if((fds[2].fd = open ("in2", O_RDONLY|O_NONBLOCK)) < 0)
        {
            printf("Open in2 error\n");
            return 1;
        }

        /*取出两个文件描述符中的较大者*/
        for (i = 0; i < IN_FILES; i++)
        {
            fds[i].events = POLLIN;
        }

        /*循环测试该文件描述符是否准备就绪，并调用 select 函数对相关文件描述符做对应操
作*/
        while(fds[0].events || fds[1].events || fds[2].events)
        {
            if (poll(fds, IN_FILES, 0) < 0)
            {
               printf("Poll error\n");
               return 1;
            }

            for (i = 0; i< IN_FILES; i++)
            {
               if (fds[i].revents)
               {
                    memset(buf, 0, MAX_BUFFER_SIZE);
                    real_read = read(fds[i].fd, buf, MAX_BUFFER_SIZE);

                    if (real_read < 0)
                    {
                        if (errno != EAGAIN)
                        {
                            return 1;
                        }
                    }
                    else if (!real_read)
                    {
                       close(fds[i].fd);
```

```
                    fds[i].events = 0;
                }
                else
                {
                    if (i == 0)
                    {
                        if ((buf[0] == 'q') || (buf[0] == 'Q'))
                        {
                            return 1;
                        }
                    }
                    else
                    {
                        buf[real_read] = '\0';
                        printf("%s", buf);
                    }
                } /* end of if real_read*/
            } /* end of if revents */
        } /* end of for */
    } /*end of while */
    exit(0);
}
```

运行结果与 select 程序类似。请读者比较使用 select()和 poll()函数实现的代码的运行效率（提示：使用获得时间的函数计算程序运行时间，可以证明 poll()函数的效率更高）。

6.4 嵌入式 Linux 串口应用编程

6.4.1 串口概述

常见的数据通信的基本方式可分为并行通信与串行通信两种。

- 并行通信是指利用多条数据传输线将一个字数据的各比特位同时传送。它的特点是传输速度快，适用于传输距离短且传输速度较高的通信。
- 串行通信是指利用一条传输线将数据以比特位为单位顺序传送。特点是通信线路简单，利用简单的线缆就可实现通信，降低成本，适用于传输距离长且传输速度较慢的通信。

串口是计算机一种常用的接口，常用的串口有 RS-232-C 接口。它是于 1970 年由美国电子工业协会（EIA）联合贝尔系统、调制解调器厂家及计算机终端生产厂家共同制定的用于串行通信的标准，它的全称是“数据终端设备（DTE）和数据通信设备（DCE）之间串行二进制数据交换接口技术标准”。该标准规定采用一个 DB25 芯引脚的连接器或 9 芯引脚的连接器，其中 25 芯引脚的连接器如图 6.3 所示。

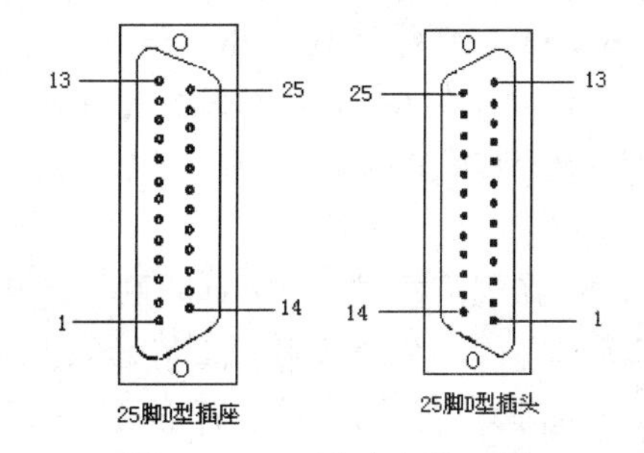

图 6.3 25 引脚串行接口图

S3C2410X 内部具有两个独立的 UART 控制器，每个控制器都可以工作在 Interrupt（中断）模式或者 DMA

（直接存储访问）模式。同时，每个 UART 均具有 16 字节的 FIFO（先入先出寄存器），支持的最高波特率可达到 230.4Kbit/s。UART 的操作主要可分为以下几个部分：数据发送、数据接收、产生中断、设置波特率、Loopback 模式、红外模式以及硬软流控模式。

串口参数的配置读者在配置超级终端和 minicom 时也已经接触过，一般包括波特率、起始位比特数、数据位比特数、停止位比特数和流控模式。在此，可以将其配置为波特率 115200、起始位 1b、数据位 8b、停止位 1b 和无流控模式。

在 Linux 中，所有的设备文件一般都位于“/dev”下，其中串口 1 和串口 2 对应的设备名依次为“/dev/ttyS0”和“/dev/ttyS1”，而且 USB 转串口的设备名通常为“/dev/ttyUSB0”和“/dev/ttyUSB1”（因版本不同该设备名会有所不同），可以查看在“/dev”下的文件以确认。在本章中已经提到过，在 Linux 下对设备的操作方法与对文件的操作方法是一样的，因此，对串口的读写就可以使用简单的 read()、write()函数来完成，所不同的只是需要对串口的其他参数另做配置，下面就来详细讲解串口应用开发的步骤。

6.4.2 串口设置详解

串口的设置主要是设置 struct termios 结构体的各成员值，如下所示：

```
#include<termios.h>
struct termios
{
    unsigned short c_iflag;         /* 输入模式标志 */
    unsigned short c_oflag;         /* 输出模式标志 */
    unsigned short c_cflag;         /* 控制模式标志*/
    unsigned short c_lflag;         /* 本地模式标志 */
    unsigned char  c_line;          /* 线路规程 */
    unsigned char  c_cc[NCC];       /* 控制特性 */
    speed_t    c_ispeed;            /* 输入速度 */
    speed_t    c_ospeed;            /* 输出速度 */
};
```

termios 是在 POSIX 规范中定义的标准接口，表示终端设备（包括虚拟终端、串口等）。串口是一种终端设备，一般通过终端编程接口对其进行配置和控制。在具体讲解串口相关编程之前，先了解一下终端相关知识。

终端有 3 种工作模式，分别为规范模式（canonical mode）、非规范模式（non-canonical mode）和原始模式（raw mode）。

通过在 termios 结构的 c_lflag 中设置 ICANNON 标志来定义终端是以规范模式（设置 ICANNON 标志）还是以非规范模式（清除 ICANNON 标志）工作，默认情况为规范模式。

在规范模式下，所有的输入是基于行进行处理。在用户输入一个行结束符（回车符、EOF 等）之前，系统调用 read()函数读不到用户输入的任何字符。除了 EOF 之外的行结束符（回车符等）与普通字符一样会被 read()函数读取到缓冲区之中。在规范模式中，行编辑是可行的，而且一次调用 read()函数最多只能读取一行数据。如果在 read()函数中被请求读取的数据字节数小于当前行可读取的字节数，则 read()函数只会读取被请求的字节数，剩下的字节下次再被读取。

在非规范模式下，所有的输入是即时有效的，不需要用户另外输入行结束符，而且不可进行行编辑。在非规范模式下，对参数 MIN（c_cc[VMIN]）和 TIME（c_cc[VTIME]）的设置决定 read()函数的调用方式。设置可以有 4 种不同的情况。

- MIN = 0 和 TIME = 0：read()函数立即返回。若有可读数据，则读取数据并返回被读取的字节数，否则读取失败并返回 0。
- MIN > 0 和 TIME = 0：read()函数会被阻塞直到 MIN 个字节数据可被读取。
- MIN = 0 和 TIME > 0：只要有数据可读或者经过 TIME 个十分之一秒的时间，read()函数则立即返回，返回值为被读取的字节数。如果超时并且未读到数据，则 read()函数返回 0。
- MIN > 0 和 TIME > 0：当有 MIN 个字节可读或者两个输入字符之间的时间间隔超过 TIME 个十分之一秒时，read()函数才返回。因为在输入第一个字符之后系统才会启动定时器，所以在这种情况下，read()函数至少读取一个字节之后才返回。

按照严格意义来讲，原始模式是一种特殊的非规范模式。在原始模式下，所有的输入数据以字节为单位被处理。在这个模式下，终端是不可回显的，而且所有特定的终端输入/输出控制处理不可用。通过调用 cfmakeraw()函数可以将终端设置为原始模式，而且该函数通过以下代码可以得到实现。

```
termios_p->c_iflag &= ~(IGNBRK | BRKINT | PARMRK | ISTRIP
                       | INLCR | IGNCR | ICRNL | IXON);
    termios_p->c_oflag &= ~OPOST;
    termios_p->c_lflag &= ~(ECHO | ECHONL | ICANON | ISIG | IEXTEN);
    termios_p->c_cflag &= ~(CSIZE | PARENB);
    termios_p->c_cflag |= CS8;
```

下面讲解设置串口的基本方法。设置串口中最基本的包括波特率设置，校验位和停止位设置。在这个结构中最为重要的是 c_cflag，通过对它的赋值，用户可以设置波特率、字符大小、数据位、停止位、奇偶校验位和硬软流控等。另外 c_iflag 和 c_cc 也是比较常用的标志。在此主要对这 3 个成员进行详细说明。c_cflag 支持的常量名称如表 6.11 所示。其中设置波特率宏名为相应的波特率数值前加上‘B’，由于数值较多，本表没有全部列出。

表 6.11　　c_cflag 支持的常量名称

CBAUD	波特率的位掩码
B0	0 波特率（放弃 DTR）
…	…
B1800	1800 波特率
B2400	2400 波特率
B4800	4800 波特率
B9600	9600 波特率
B19200	19200 波特率
B38400	38400 波特率

续表

B57600	57600 波特率
B115200	115200 波特率
EXTA	外部时钟率
EXTB	外部时钟率
CSIZE	数据位的位掩码
CS5	5 个数据位
CS6	6 个数据位
CS7	7 个数据位
CS8	8 个数据位
CSTOPB	2 个停止位（不设则是 1 个停止位）
CREAD	接收使能
PARENB PARODD	校验位使能 使用奇校验而不使用偶校验
HUPCL	最后关闭时挂线（放弃 DTR）
CLOCAL	本地连接（不改变端口所有者）
CRTSCTS	硬件流控

在这里，不能直接对 c_cflag 成员初始化，而要将其通过“与”、“或”操作使用其中的某些选项。输入模式标志 c_iflag 用于控制端口接收端的字符输入处理。c_iflag 支持的常量名称如表 6.12 所示。

表 6.12　　c_iflag 支持的常量名称

INPCK	奇偶校验使能
IGNPAR	忽略奇偶校验错误
PARMRK	奇偶校验错误掩码
ISTRIP	裁减掉第 8 位比特
IXON	启动输出软件流控
IXOFF	启动输入软件流控
IXANY	输入任意字符可以重新启动输出（默认为输入起始字符才重启输出）
IGNBRK	忽略输入终止条件
BRKINT	当检测到输入终止条件时发送 SIGINT 信号
INLCR	将接收到的 NL（换行符）转换为 CR（回车符）
IGNCR	忽略接收到的 CR（回车符）
ICRNL	将接收到的 CR（回车符）转换为 NL（换行符）
IUCLC	将接收到的大写字符映射为小写字符
IMAXBEL	当输入队列满时响铃

c_oflag 用于控制终端端口发送出去的字符处理，c_oflag 支持的常量名称如表 6.12 所示。因为现在终端的速度比以前快得多，所以大部分延时掩码几乎没什么用途。

表 6.13　　c_oflag 支持的常量名称

OPOST	启用输出处理功能，如果不设置该标志，则其他标志都被忽略
OLCUC	将输出中的大写字符转换成小写字符
ONLCR	将输出中的换行符（‘\n’）转换成回车符（‘\r’）
ONOCR	如果当前列号为 0，则不输出回车符
OCRNL	将输出中的回车符（‘\r’）转换成换行符（‘\n’）
ONLRET	不输出回车符
OFILL	发送填充字符以提供延时
OFDEL	如果设置该标志，则表示填充字符为 DEL 字符，否则为 NUL 字符
NLDLY	换行延时掩码
CRDLY	回车延时掩码
TABDLY	制表符延时掩码
BSDLY	水平退格符延时掩码
VTDLY	垂直退格符延时掩码
FFLDY	换页符延时掩码

c_lflag 用于控制控制终端的本地数据处理和工作模式，c_lflag 所支持的常量名称如表 6.14 所示。

表 6.14　　c_lflag 支持的常量名称

ISIG	若收到信号字符（INTR、QUIT 等），则会产生相应的信号
ICANON	启用规范模式
ECHO	启用本地回显功能
ECHOE	若设置 ICANON，则允许退格操作
ECHOK	若设置 ICANON，则 KILL 字符会删除当前行
ECHONL	若设置 ICANON，则允许回显换行符
ECHOCTL	若设置 ECHO，则控制字符（制表符、换行符等）会显示成“^X”，其中 X 的 ASCII 码等于给相应控制字符的 ASCII 码加上 0x40。例如：退格字符（0x08）会显示为“^H”（‘H’的 ASCII 码为 0x48）
ECHOPRT	若设置 ICANON 和 IECHO，则删除字符（退格符等）和被删除的字符都会被显示
ECHOKE	若设置 ICANON，则允许回显在 ECHOE 和 ECHOPRT 中设定的 KILL 字符
NOFLSH	在通常情况下，当接收到 INTR、QUIT 和 SUSP 控制字符时，会清空输入和输出队列。如果设置该标志，则所有的队列不会被清空
TOSTOP	若一个后台进程试图向它的控制终端进行写操作，则系统向该后台进程的进程组发送 SIGTTOU 信号。该信号通常终止进程的执行
IEXTEN	启用输入处理功能

c_cc 定义特殊控制特性。c_cc 所支持的常量名称如表 6.15 所示。

表 6.15　　c_cc 支持的常量名称

VINTR	中断控制字符，对应键为 CTRL+C
VQUIT	退出操作符，对应键为 CRTL+Z
VERASE	删除操作符，对应键为 Backspace（BS）
VKILL	删除行符，对应键为 CTRL+U
VEOF	文件结尾符，对应键为 CTRL+D
VEOL	附加行结尾符，对应键为 Carriage return（CR）
VEOL2	第二行结尾符，对应键为 Line feed（LF）
VMIN	指定最少读取的字符数
VTIME	指定读取的每个字符之间的超时时间

下面就详细讲解设置串口属性的基本流程。

1．保存原先串口配置

首先，为了安全起见和以后调试程序方便，可以先保存原先串口的配置，在这里可以使用函数 tcgetattr(fd, &old_cfg)。该函数得到 fd 指向的终端的配置参数，并将它们保存于 termios 结构变量 old_cfg 中。该函数还可以测试配置是否正确、该串口是否可用等。若调用成功，函数返回值为 0，若调用失败，函数返回值为–1，其使用如下所示：

```
if  (tcgetattr(fd, &old_cfg)  !=  0)
{
    perror("tcgetattr");
    return -1;
}
```

2．激活选项

CLOCAL 和 CREAD 分别用于本地连接和接受使能，因此，首先要通过位掩码的方式激活这两个选项。

```
newtio.c_cflag  |=  CLOCAL | CREAD;
```

调用 cfmakeraw()函数可以将终端设置为原始模式，在后面的实例中，采用原始模式进行串口数据通信。

```
cfmakeraw(&new_cfg);
```

3．设置波特率

设置波特率有专门的函数，用户不能直接通过位掩码来操作。设置波特率的主要函数有：cfsetispeed()和 cfsetospeed()。这两个函数的使用很简单，如下所示：

```
cfsetispeed(&new_cfg, B115200);
cfsetospeed(&new_cfg, B115200);
```

一般地，用户需将终端的输入和输出波特率设置成一样的。这几个函数在成功时返回 0，失败时返回–1。

4．设置字符大小

与设置波特率不同，设置字符大小并没有现成可用的函数，需要用位掩码。一般首先去除数据位中的位掩码，再重新按要求设置。如下所示：

```
new_cfg.c_cflag &= ~CSIZE; /* 用数据位掩码清空数据位设置 */
new_cfg.c_cflag |= CS8;
```

5．设置奇偶校验位

设置奇偶校验位需要用到 termios 中的两个成员：c_cflag 和 c_iflag。首先要激活 c_cflag 中的校验位使能标志 PARENB 和是否要进行偶校验，同时还要激活 c_iflag 中的对于输入数据的奇偶校验使能（INPCK）。如使能奇校验时，代码如下所示：

```
new_cfg.c_cflag |= (PARODD | PARENB);
new_cfg.c_iflag |= INPCK;
```

而使能偶校验时，代码如下所示：

```
new_cfg.c_cflag |= PARENB;
new_cfg.c_cflag &= ~PARODD;   /* 清除偶校验标志，则配置为奇校验*/
new_cfg.c_iflag |= INPCK;
```

6．设置停止位

设置停止位是通过激活 c_cflag 中的 CSTOPB 而实现的。若停止位为一个，则清除 CSTOPB，若停止位为两个，则激活 CSTOPB。以下分别是停止位为一个和两个比特时的代码：

```
new_cfg.c_cflag &=  ~CSTOPB;   /* 将停止位设置为一个比特 */
new_cfg.c_cflag |=  CSTOPB;    /* 将停止位设置为两个比特 */
```

7．设置最少字符和等待时间

在对接收字符和等待时间没有特别要求的情况下，可以将其设置为 0，则在任何情况下 read()函数立即返回，如下所示：

```
new_cfg.c_cc[VTIME]  = 0;
new_cfg.c_cc[VMIN] = 0;
```

8．清除串口缓冲

由于串口在重新设置之后，需要对当前的串口设备进行适当的处理，这时就可调用在<termios.h>中声明的 tcdrain()、tcflow()、tcflush()等函数来处理目前串口缓冲中的数据，它们的格式如下所示。

```
int tcdrain(int fd); /* 使程序阻塞，直到输出缓冲区的数据全部发送完毕*/
int tcflow(int fd, int action) ; /* 用于暂停或重新开始输出 */
int tcflush(int fd, int queue_selector); /* 用于清空输入/输出缓冲区*/
```

在本实例中使用 tcflush()函数，对于在缓冲区中的尚未传输的数据，或者收到的但是尚未读取的数据，其处理方法取决于 queue_selector 的值，它可能的取值有以下几种。

- TCIFLUSH：对接收到而未被读取的数据进行清空处理。
- TCOFLUSH：对尚未传送成功的输出数据进行清空处理。
- TCIOFLUSH：包括前两种功能，即对尚未处理的输入输出数据进行清空处理。

如在本例中所采用的是第一种方法：

```
tcflush(fd, TCIFLUSH);
```

9．激活配置

在完成全部串口配置之后，要激活刚才的配置并使配置生效。这里用到的函数是 tcsetattr()，它的函数原型是：

```
tcsetattr(int fd, int optional_actions, const struct termios *termios_p);
```

其中参数 termios_p 是 termios 类型的新配置变量。

参数 optional_actions 可能的取值有以下 3 种：

- TCSANOW：配置的修改立即生效。
- TCSADRAIN：配置的修改在所有写入 fd 的输出都传输完毕之后生效。
- TCSAFLUSH：所有已接受但未读入的输入都将在修改生效之前被丢弃。

该函数若调用成功则返回 0，若失败则返回–1，代码如下所示：

```
if ((tcsetattr(fd, TCSANOW, &new_cfg)) != 0)
{
    perror("tcsetattr");
    return -1;
}
```

下面给出了串口配置的完整函数。通常，为了函数的通用性，通常将常用的选项都在函数中列出，这样可以大大方便以后用户的调试使用。该设置函数如下所示：

```
int set_com_config(int fd,int baud_rate,
                   int data_bits, char parity, int stop_bits)
{
    struct termios new_cfg,old_cfg;
    int speed;

    /*保存并测试现有串口参数设置，在这里如果串口号等出错，会有相关的出错信息*/
    if  (tcgetattr(fd, &old_cfg)  !=  0)
    {
        perror("tcgetattr");
        return -1;
    }

    /* 设置字符大小*/
    new_cfg = old_cfg;
    cfmakeraw(&new_cfg); /* 配置为原始模式 */
```

```
    new_cfg.c_cflag &= ~CSIZE;

    /*设置波特率*/
    switch (baud_rate)
    {
        case 2400:
        {
            speed = B2400;
        }
        break;
        case 4800:
        {
            speed = B4800;
        }
        break;
        case 9600:
        {
            speed = B9600;
        }
        break;
        case 19200:
        {
            speed = B19200;
        }
        break;
        case 38400:
        {
            speed = B38400;
        }
        break;

        default:
        case 115200:
        {
            speed = B115200;
        }
        break;
    }
    cfsetispeed(&new_cfg, speed);
    cfsetospeed(&new_cfg, speed);

    /*设置停止位*/
    switch (data_bits)
    {
        case 7:
        {
            new_cfg.c_cflag |= CS7;
        }
        break;
```

```
        default:
        case 8:
        {
            new_cfg.c_cflag |= CS8;
        }
        break;
    }

    /*设置奇偶校验位*/
    switch (parity)
    {
        default:
        case 'n':
        case 'N':
        {
            new_cfg.c_cflag &= ~PARENB;
            new_cfg.c_iflag &= ~INPCK;
        }
        break;

        case 'o':
        case 'O':
        {
            new_cfg.c_cflag |= (PARODD | PARENB);
            new_cfg.c_iflag |= INPCK;
        }
        break;

        case 'e':
        case 'E':
        {
            new_cfg.c_cflag |= PARENB;
            new_cfg.c_cflag &= ~PARODD;
            new_cfg.c_iflag |= INPCK;
        }
        break;

        case 's':  /*as no parity*/
        case 'S':
        {
        new_cfg.c_cflag &= ~PARENB;
        new_cfg.c_cflag &= ~CSTOPB;
        }
        break;
    }

    /*设置停止位*/
    switch (stop_bits)
    {
```

```
        default:
        case 1:
        {
            new_cfg.c_cflag &=  ~CSTOPB;
        }
        break;

        case 2:
        {
            new_cfg.c_cflag |= CSTOPB;
        }
    }

    /*设置等待时间和最小接收字符*/
    new_cfg.c_cc[VTIME]  = 0;
    new_cfg.c_cc[VMIN] = 1;

    /*处理未接收字符*/
    tcflush(fd, TCIFLUSH);
    /*激活新配置*/
    if ((tcsetattr(fd, TCSANOW, &new_cfg)) != 0)
    {
        perror("tcsetattr");
        return -1;
    }
    return 0;
}
```

6.4.3 串口使用详解

在配置完串口的相关属性后，就可以对串口进行打开和读写操作了。它所使用的函数和普通文件的读写函数一样，都是 open()、write()和 read()。它们之间的区别的只是串口是一个终端设备，因此在选择函数的具体参数时会有一些区别。另外，这里会用到一些附加的函数，用于测试终端设备的连接情况等。下面将对其进行具体讲解。

1. 打开串口

打开串口和打开普通文件一样，都是使用 open()函数，如下所示：

```
fd = open( "/dev/ttyS0", O_RDWR|O_NOCTTY|O_NDELAY);
```

可以看到，这里除了普通的读写参数外，还有两个参数 O_NOCTTY 和 O_NDELAY。

- O_NOCTTY 标志用于通知 Linux 系统，该参数不会使打开的文件成为这个进程的控制终端。如果没有指定这个标志，那么任何一个输入（诸如键盘中止信号等）都将会影响用户的进程。
- O_NDELAY 标志通知 Linux 系统，这个程序不关心 DCD 信号线所处的状态（端口的另一端是否激活或者停止）。如果用户指定了这个标志，则进程将会一直处在睡眠状态，直到 DCD 信号线被激活。

接下来可恢复串口的状态为阻塞状态，用于等待串口数据的读入，可用 fcntl()函数实现，如下所示：

```
fcntl(fd, F_SETFL, 0);
```

再接着可以测试打开文件描述符是否连接到一个终端设备，以进一步确认串口是否正确打开，如下所示：

```
isatty(STDIN_FILENO);
```

该函数调用成功则返回 0，若失败则返回-1。

这时，一个串口就已经成功打开了。接下来就可以对这个串口进行读和写操作。下面给出了一个完整的打开串口的函数，同样考虑到了各种不同的情况。程序如下所示：

```
/*打开串口函数*/
int open_port(int com_port)
{
    int fd;
#if (COM_TYPE == GNR_COM)  /* 使用普通串口 */
    char *dev[] = {"/dev/ttyS0", "/dev/ttyS1", "/dev/ttyS2"};
#else /* 使用 USB 转串口 */
    char *dev[] = {"/dev/ttyUSB0", "/dev/ttyUSB1", "/dev/ttyUSB2"};
#endif
    if ((com_port < 0) || (com_port > MAX_COM_NUM))
    {
        return -1;
    }
    /* 打开串口 */
    fd = open(dev[com_port - 1], O_RDWR|O_NOCTTY|O_NDELAY);
    if (fd < 0)
    {
            perror("open serial port");
            return(-1);
    }

    /*恢复串口为阻塞状态*/
    if (fcntl(fd, F_SETFL, 0) < 0)
    {
        perror("fcntl F_SETFL\n");
    }

    /*测试是否为终端设备*/
    if (isatty(STDIN_FILENO) == 0)
    {
        perror("standard input is not a terminal device");
    }
    return fd;
}
```

2. 读写串口

读写串口操作和读写普通文件一样，使用 read()和 write()函数即可，如下所示：

```
write(fd, buff, strlen(buff));
read(fd, buff, BUFFER_SIZE);
```

下面两个实例给出了串口读和写的两个程序，其中用到前面所讲述的 open_port()和 set_com_config ()函数。写串口的程序将在宿主机上运行，读串口的程序将在目标板上运行。

写串口的程序如下所示。

```
/* com_writer.c */
#include <stdio.h>
#include <stdlib.h>
#include <string.h>
#include <sys/types.h>
#include <sys/stat.h>
#include <errno.h>
#include "uart_api.h"

int main(void)
{
    int fd;
    char buff[BUFFER_SIZE];
    if((fd = open_port(HOST_COM_PORT)) < 0) /* 打开串口 */
    {
        perror("open_port");
        return 1;
    }

    if(set_com_config(fd, 115200, 8, 'N', 1) < 0) /* 配置串口 */
    {
        perror("set_com_config");
        return 1;
    }

    do
    {
        printf("Input some words(enter 'quit' to exit):");
        memset(buff, 0, BUFFER_SIZE);
        if (fgets(buff, BUFFER_SIZE, stdin) == NULL)
        {
            perror("fgets");
            break;
        }
        write(fd, buff, strlen(buff));
    } while(strncmp(buff, "quit", 4));
    close(fd);
    return 0;
}
```

读串口的程序如下所示：

```
/* com_reader.c */
#include <stdio.h>
#include <stdlib.h>
#include <string.h>
#include <sys/types.h>
#include <sys/stat.h>
#include <errno.h>
#include "uart_api.h"

int main(void)
{
    int fd;
    char buff[BUFFER_SIZE];

    if((fd = open_port(TARGET_COM_PORT)) < 0) /* 打开串口 */
    {
        perror("open_port");
        return 1;
    }

    if(set_com_config(fd, 115200, 8, 'N', 1) < 0) /* 配置串口 */
    {
        perror("set_com_config");
        return 1;
    }

    do
    {
        memset(buff, 0, BUFFER_SIZE);
        if (read(fd, buff, BUFFER_SIZE) > 0)
        {
            printf("The received words are : %s", buff);
        }
    } while(strncmp(buff, "quit", 4));
    close(fd);
    return 0;
}
```

在宿主机上运行写串口的程序，而在目标板上运行读串口的程序，运行结果如下所示。

```
/* 宿主机 ，写串口*/
$ ./com_writer
Input some words(enter 'quit' to exit):hello, Reader!
Input some words(enter 'quit' to exit):I'm Writer!
Input some words(enter 'quit' to exit):This is a serial port testing program.
Input some words(enter 'quit' to exit):quit
/* 目标板 ，读串口*/
$ ./com_reader
The received words are : hello, Reader!
The received words are : I'm Writer!
```

```
The received words are : This is a serial port testing program.
The received words are : quit
```

另外，读者还可以考虑一下如何使用 select()函数实现串口的非阻塞读写，具体实例会在本章的后面的实验中给出。

6.5 标准 I/O 编程

本章前面几节所述的文件及 I/O 读写都是基于文件描述符的。这些都是基本的 I/O 控制，是不带缓存的。而本节所要讨论的 I/O 操作都是基于流缓冲的，它是符合 ANSI C 的标准 I/O 处理，这里有很多函数读者已经非常熟悉了（如 printf()、scantf()函数等），因此本节中仅简要介绍最主要的函数。

前面讲述的系统调用是操作系统直接提供的函数接口。因为运行系统调用时，Linux 必须从用户态切换到内核态，执行相应的请求，然后再返回到用户态，所以应该尽量减少系统调用的次数，从而提高程序的效率。

标准 I/O 提供流缓冲的目的是尽可能减少使用 read()和 write()等系统调用的数量。标准 I/O 提供了 3 种类型的缓冲存储。

- 全缓冲：在这种情况下，当填满标准 I/O 缓存后才进行实际 I/O 操作。存放在磁盘上的文件通常是由标准 I/O 库实施全缓冲的。在一个流上执行第一次 I/O 操作时，通常调用 malloc()就是使用全缓冲。
- 行缓冲：在这种情况下，当在输入和输出中遇到行结束符时，标准 I/O 库执行 I/O 操作。这允许我们一次输出一个字符（如 fputc()函数），但只有写了一行之后才进行实际 I/O 操作。标准输入和标准输出就是使用行缓冲的典型例子。
- 不带缓冲：标准 I/O 库不对字符进行缓冲。如果用标准 I/O 函数写若干字符到不带缓冲的流中，则相当于用系统调用 write()函数将这些字符全写到被打开的文件上。标准出错 stderr 通常是不带缓存的，这就使得出错信息可以尽快显示出来，而不管它们是否含有一个行结束符。

在下面讨论具体函数时，请读者注意区分以上的三种不同情况。

6.5.1 基本操作

1．打开文件

（1）函数说明。

打开文件有三个标准函数，分别为：fopen()、fdopen()和 freopen()。它们可以以不同的模式打开，但都返回一个指向 FILE 的指针，该指针指向对应的 I/O 流。此后，对文件的读写都是通过这个 FILE 指针来进行。其中 fopen()可以指定打开文件的路径和模式，fdopen()可以指定打开的文件描述符和模式，而 freopen()除可指定打开的文件、模式外，还可指定特定的 I/O 流。

（2）函数格式定义。

fopen()函数格式如表 6.16 所示。

表 6.16　　　　　　　　　　　　**fopen()函数语法要点**

所需头文件	#include <stdio.h>
函数原型	FILE * fopen(const char * path, const char * mode)
函数传入值	Path：包含要打开的文件路径及文件名
	mode：文件打开状态（后面会具体说明）
函数返回值	成功：指向 FILE 的指针 失败：NULL

其中，mode 类似于 open()函数中的 flag，可以定义打开文件的访问权限等，表 6.17 说明了 fopen()中 mode 的各种取值。

表 6.17　　　　　　　　　　　　**mode 取值说明**

r 或 rb	打开只读文件，该文件必须存在
r+或 r+b	打开可读写的文件，该文件必须存在
W 或 wb	打开只写文件，若文件存在则文件长度清为 0，即会擦写文件以前的内容。若文件不存在则建立该文件
w+或 w+b	打开可读写文件，若文件存在则文件长度清为 0，即会擦写文件以前的内容。若文件不存在则建立该文件
a 或 ab	以附加的方式打开只写文件。若文件不存在，则会建立该文件；如果文件存在，写入的数据会被加到文件尾，即文件原先的内容会被保留
a+或 a+b	以附加方式打开可读写的文件。若文件不存在，则会建立该文件；如果文件存在，写入的数据会被加到文件尾后，即文件原先的内容会被保留

注意在每个选项中加入 b 字符用来告诉函数库打开的文件为二进制文件，而非纯文本文件。不过在 Linux 系统中会自动识别不同类型的文件而将此符号忽略。

fdopen()函数格式如表 6.18 所示。

表 6.18　　　　　　　　　　　　**fdopen()函数语法要点**

所需头文件	#include <stdio.h>
函数原型	FILE * fdopen(int fd, const char * mode)
函数传入值	fd：要打开的文件描述符
	mode：文件打开状态（后面会具体说明）
函数返回值	成功：指向 FILE 的指针 失败：NULL

freopen()函数格式如表 6.19 所示。

表 6.19　　　　　　　　　　　　**freopen()函数语法要点**

所需头文件	#include <stdio.h>
函数原型	FILE * freopen(const char *path, const char * mode, FILE * stream)
函数传入值	path：包含要打开的文件路径及文件名
	mode：文件打开状态（后面会具体说明）
	stream：已打开的文件指针
函数返回值	成功：指向 FILE 的指针 失败：NULL

2．关闭文件

（1）函数说明。

关闭标准流文件的函数为 fclose()，该函数将缓冲区内的数据全部写入到文件中，并释放系统所提供的文件资源。

（2）函数格式说明。

fclose()函数格式如表 6.20 所示。

表 6.20　　fclose()函数语法要点

所需头文件	#include <stdio.h>
函数原型	int fclose(FILE * stream)
函数传入值	stream：已打开的文件指针
函数返回值	成功：0 失败：EOF

3．读文件

（1）fread()函数说明。

在文件流被打开之后，可对文件流进行读写等操作，其中读操作的函数为 fread()。

（2）fread()函数格式。

fread()函数格式如表 6.21 所示。

表 6.21　　fread()函数语法要点

所需头文件	#include <stdio.h>
函数原型	size_t fread(void * ptr,size_t size,size_t nmemb,FILE * stream)
函数传入值	ptr：存放读入记录的缓冲区
	size：读取的记录大小
	nmemb：读取的记录数
	stream：要读取的文件流
函数返回值	成功：返回实际读取到的 nmemb 数目 失败：EOF

4．写文件

（1）fwrite()函数说明。

fwrite()函数用于对指定的文件流进行写操作。

（2）fwrite()函数格式。

fwrite()函数格式如表 6.22 所示。

表 6.22　　fwrite()函数语法要点

所需头文件	#include <stdio.h>
函数原型	size_t fwrite(const void * ptr,size_t size, size_t nmemb, FILE * stream)

续表

函数传入值	ptr：存放写入记录的缓冲区
	size：写入的记录大小
	nmemb：写入的记录数
	stream：要写入的文件流
函数返回值	成功：返回实际写入的记录数目 失败：EOF

5．使用实例

下面实例的功能跟底层 I/O 操作的实例基本相同，运行结果也相同（请参考 6.3.1 节的实例），只是用标准 I/O 库的文件操作来替代原先的底层文件系统调用而已。

读者可以观察哪种方法的效率更高，其原因又是什么。

```
#include <stdlib.h>
#include <stdio.h>

#define BUFFER_SIZE      1024        /* 每次读写缓存大小 */
#define SRC_FILE_NAME    "src_file"  /* 源文件名 */
#define DEST_FILE_NAME   "dest_file" /* 目标文件名文件名 */
#define OFFSET           10240       /* 复制的数据大小 */

int main()
{
    FILE *src_file, *dest_file;
    unsigned char buff[BUFFER_SIZE];
    int real_read_len;

    /* 以只读方式打开源文件 */
    src_file = fopen(SRC_FILE_NAME, "r");

    /* 以写方式打开目标文件，若此文件不存在则创建 */
    dest_file = fopen(DEST_FILE_NAME, "w");

    if (!src_file || !dest_file)
    {
        printf("Open file error\n");
        exit(1);
    }

    /* 将源文件的读写指针移到最后 10KB 的起始位置*/
    fseek(src_file, -OFFSET, SEEK_END);

    /* 读取源文件的最后 10KB 数据并写到目标文件中，每次读写 1KB */
    while ((real_read_len = fread(buff, 1, sizeof(buff), src_file)) > 0)
    {
        fwrite(buff, 1, real_read_len, dest_file);
```

```
    }
    fclose(dest_file);
    fclose(src_file);
    return 0;
}
```

读者可以尝试用其他文件打开函数进行练习。

6.5.2　其他操作

文件打开之后，根据一次读写文件中字符的数目可分为字符输入输出、行输入输出和格式化输入输出，下面分别对这 3 种不同的方式进行讲解。

1．字符输入输出

字符输入输出函数一次仅读写一个字符。其中字符输入输出函数如表 6.23 和表 6.24 所示。

表 6.23　字符输出函数语法要点

所需头文件	#include <stdio.h>
函数原型	int getc(FILE * stream) int fgetc(FILE * stream) int getchar(void)
函数传入值	stream：要输入的文件流
函数返回值	成功：下一个字符 失败：EOF

表 6.24　字符输入函数语法要点

所需头文件	#include <stdio.h>
函数原型	int putc(int c, FILE * stream) int fputc(int c, FILE * stream) int putchar(int c)
函数返回值	成功：字符 c 失败：EOF

这几个函数功能类似，其区别仅在于 getc()和 putc()通常被实现为宏，而 fgetc()和 fputc()不能实现为宏，因此，函数的实现时间会有所差别。

下面这个实例结合 fputc()和 fgetc()将标准输入复制到标准输出中去。

```
/*fput.c*/
#include<stdio.h>
main()
{
    int c;
    /*把 fgetc()的结果作为 fputc()的输入*/
    fputc(fgetc(stdin), stdout);
}
```

运行结果如下所示：

```
$ ./fput
w（用户输入）
w（屏幕输出）
```

2．行输入/输出

行输入/输出函数一次操作一行。其中行输入/输出函数如表 6.25 和表 6.26 所示。

表 6.25　　行输出函数语法要点

所需头文件	#include <stdio.h>
函数原型	char * gets(char *s) char fgets(char * s, int size, FILE * stream)
函数传入值	s：要输入的字符串 size：输入的字符串长度 stream：对应的文件流
函数返回值	成功：s 失败：NULL

表 6.26　　行输入函数语法要点

所需头文件	#include <stdio.h>
函数原型	int puts(const char *s) int fputs(const char * s, FILE * stream)
函数传入值	s：要输出的字符串 stream：对应的文件流
函数返回值	成功：s 失败：NULL

这里以 gets()和 puts()为例进行说明，本实例将标准输入复制到标准输出，如下所示：

```
/*gets.c*/
#include<stdio.h>
main()
{
    char s[80];
    /*同上例，把 fgets()的结果作为 fputs()的输入*/
    fputs(fgets(s, 80, stdin), stdout);
}
```

运行该程序，结果如下所示：

```
$ ./gets
This is stdin（用户输入）
This is stdin（屏幕输出）
```

3．格式化输入/输出

格式化输入/输出函数可以指定输入/输出的具体格式，这里有读者已经非常熟悉的 printf()、scanf()等函数，这里就简要介绍一下它们的格式，如表 6.27～表 6.29 所示。

表 6.27　　格式化输出函数 1

所需头文件	#include <stdio.h>
函数原型	int printf(const char *format,…) int fprintf(FILE *fp, const char *format,…) int sprintf(char *buf, const char *format,…)

续表

函数传入值	format：记录输出格式 fp：文件描述符 buf：记录输出缓冲区
函数返回值	成功：输出字符数（sprintf 返回存入数组中的字符数） 失败：NULL

表 6.28　　格式化输出函数 2

所需头文件	#include <stdarg.h> #include <stdio.h>
函数原型	int vprintf(const char *format, va_list arg) int vfprintf(FILE *fp, const char *format, va_list arg) int vsprintf(char *buf, const char *format, va_list arg)
函数传入值	format：记录输出格式 fp：文件描述符 arg：相关命令参数
函数返回值	成功：存入数组的字符数 失败：NULL

表 6.29　　格式化输入函数

所需头文件	#include <stdio.h>
函数原型	int scanf(const char *format,…) int fscanf(FILE *fp, const char *format,…) int sscanf(char *buf, const char *format,…)
函数传入值	format：记录输出格式 fp：文件描述符 buf：记录输入缓冲区
函数返回值	成功：输出字符数（sprintf 返回存入数组中的字符数） 失败：NULL

由于本节的函数用法比较简单，并且比较常用，因此就不再举例了，请读者需要用到时自行查找其用法。

6.6 实验内容

6.6.1 文件读写及上锁

1．实验目的

通过编写文件读写及上锁的程序，进一步熟悉 Linux 中文件 I/O 相关的应用开发，并且熟练掌握 open()、read()、write()、fcntl()等函数的使用。

2．实验内容

在 Linux 中 FIFO 是一种进程之间的管道通信机制。Linux 支持完整的 FIFO 通信机制。

本实验内容比较有趣，通过使用文件操作，仿真 FIFO（先进先出）结构以及生产者-消费者运行模型。

本实验中需要打开两个虚拟终端，分别运行生产者程序（producer）和消费者程序（customer）。此时两个进程同时对同一个文件进行读写操作。因为这个文件是临界资源，所以可以使用文件锁机制来保证两个进程对文件的访问都是原子操作。

先启动生产者进程，它负责创建仿真 FIFO 结构的文件（其实是一个普通文件）并投入生产，就是按照给定的时间间隔，向 FIFO 文件写入自动生成的字符（在程序中用宏定义选择使用数字还是使用英文字符），生产周期以及要生产的资源数通过参数传递给进程（默认生产周期为 1s，要生产的资源数为 10 个字符）。

后启动的消费者进程按照给定的数目进行消费，首先从文件中读取相应数目的字符并在屏幕上显示，然后从文件中删除刚才消费过的数据。为了仿真 FIFO 结构，此时需要使用两次复制来实现文件内容的偏移。每次消费的资源数通过参数传递给进程，默认值为 10 个字符。

3．实验步骤

（1）画出实验流程图。

本实验的两个程序的流程图如图 6.4 所示。

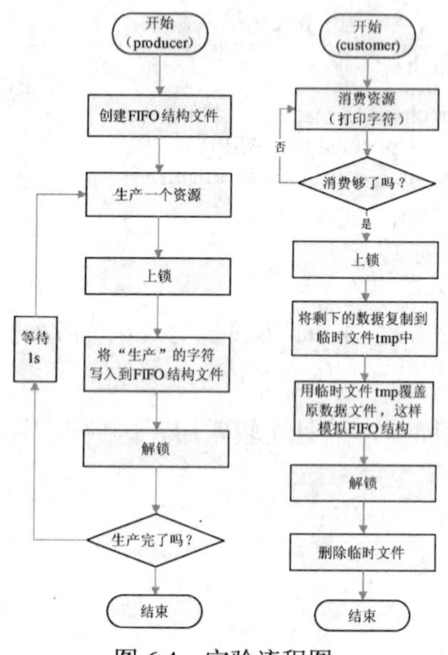

图 6.4　实验流程图

（2）编写代码。

本实验中的生产者程序的源代码如下所示，其中用到的 lock_set()函数可参见第 6.3.2 节。

```
/* producer.c */
#include <stdio.h>
#include <unistd.h>
#include <stdlib.h>
#include <string.h>
#include <fcntl.h>
#include "mylock.h"
```

```
#define MAXLEN          10      /* 缓冲区大小最大值*/

#define ALPHABET         1       /* 表示使用英文字符 */
#define ALPHABET_START      'a' /* 头一个字符，可以用 'A'*/
#define COUNT_OF_ALPHABET   26  /* 字母字符的个数 */

#define DIGIT            2       /* 表示使用数字字符 */
#define DIGIT_START         '0'     /* 头一个字符 */
#define COUNT_OF_DIGIT      10   /* 数字字符的个数 */

#define SIGN_TYPE  ALPHABET     /* 本实例选用英文字符 */
const char *fifo_file = "./myfifo";     /* 仿真 FIFO 文件名 */
char buff[MAXLEN];            /* 缓冲区 */

/* 功能：生产一个字符并写入仿真 FIFO 文件中 */
int product(void)
{
    int fd;
    unsigned int sign_type, sign_start, sign_count, size;
    static unsigned int counter = 0;

    /* 打开仿真 FIFO 文件 */
    if ((fd = open(fifo_file, O_CREAT|O_RDWR|O_APPEND, 0644)) < 0)
    {
        printf("Open fifo file error\n");
        exit(1);
    }

    sign_type =  SIGN_TYPE;
    switch(sign_type)
    {
        case ALPHABET:/* 英文字符 */
        {
            sign_start = ALPHABET_START;
            sign_count = COUNT_OF_ALPHABET;
        }
        break;

        case DIGIT:/* 数字字符 */
        {
            sign_start = DIGIT_START;
            sign_count = COUNT_OF_DIGIT;
        }
        break;

        default:
        {
```

```
            return -1;
        }
    }/*end of switch*/

    sprintf(buff, "%c", (sign_start + counter));
    counter = (counter + 1) % sign_count;

    lock_set(fd, F_WRLCK); /* 上写锁*/
    if ((size = write(fd, buff, strlen(buff))) < 0)
    {
        printf("Producer: write error\n");
        return -1;
    }
    lock_set(fd, F_UNLCK); /* 解锁 */

    close(fd);
    return 0;
}

int main(int argc ,char *argv[])
{
    int time_step = 1; /* 生产周期 */
    int time_life = 10; /* 需要生产的资源数 */

    if (argc > 1)
    {/* 第一个参数表示生产周期 */
        sscanf(argv[1], "%d", &time_step);
    }

    if (argc > 2)
    {/* 第二个参数表示需要生产的资源数 */
        sscanf(argv[2], "%d", &time_life);
    }
    while (time_life--)
    {
        if (product() < 0)
        {
           break;
        }
        sleep(time_step);
    }
```

```
    exit(EXIT_SUCCESS);
}
```

本实验中的消费者程序的源代码如下所示。

```
/* customer.c */
#include <stdio.h>
#include <unistd.h>
#include <stdlib.h>
#include <fcntl.h>

#define MAX_FILE_SIZE       100 * 1024 * 1024 /* 100M*/

const char *fifo_file = "./myfifo";          /* 仿真 FIFO 文件名 */
const char *tmp_file = "./tmp";              /* 临时文件名 */

/* 资源消费函数 */
int customing(const char *myfifo, int need)
{
    int fd;
    char buff;
    int counter = 0;

    if ((fd = open(myfifo, O_RDONLY)) < 0)
    {
        printf("Function customing error\n");
        return -1;
    }

    printf("Enjoy:");
    lseek(fd, SEEK_SET, 0);
    while (counter < need)
    {
        while ((read(fd, &buff, 1) == 1) && (counter < need))
        {
            fputc(buff, stdout); /* 消费就是在屏幕上简单的显示 */
            counter++;
        }
    }
    fputs("\n", stdout);
    close(fd);
    return 0;
}

/* 功能:从 sour_file 文件的 offset 偏移处开始
```

```
    将 count 个字节数据复制到 dest_file 文件 */
int myfilecopy(const char *sour_file,
            const char *dest_file, int offset, int count, int copy_mode)
{
    int in_file, out_file;
    int counter = 0;
    char buff_unit;

    if ((in_file = open(sour_file, O_RDONLY|O_NONBLOCK)) < 0)
    {
        printf("Function myfilecopy error in source file\n");
        return -1;
    }

    if ((out_file = open(dest_file,
                O_CREAT|O_RDWR|O_TRUNC|O_NONBLOCK, 0644)) < 0)
    {
        printf("Function myfilecopy error in destination file:");
        return -1;
    }

    lseek(in_file, offset, SEEK_SET);
    while ((read(in_file, &buff_unit, 1) == 1) && (counter < count))
    {
        write(out_file, &buff_unit, 1);
        counter++;
    }

    close(in_file);
    close(out_file);
    return 0;
}

/* 功能: 实现 FIFO 消费者 */
int custom(int need)
{
    int fd;

    /* 对资源进行消费，need 表示该消费的资源数目 */
    customing(fifo_file, need);

    if ((fd = open(fifo_file, O_RDWR)) < 0)
    {
        printf("Function myfilecopy error in source_file:");
        return -1;
    }
```

```
    /* 为了模拟 FIFO 结构，对整个文件内容进行平行移动 */
    lock_set(fd, F_WRLCK);
    myfilecopy(fifo_file, tmp_file, need, MAX_FILE_SIZE, 0);
    myfilecopy(tmp_file, fifo_file, 0, MAX_FILE_SIZE, 0);
    lock_set(fd, F_UNLCK);
    unlink(tmp_file);
    close(fd);
    return 0;
}

int main(int argc ,char *argv[])
{
    int customer_capacity = 10;

    if (argc > 1) /* 第一个参数指定需要消费的资源数目，默认值为 10 */
    {
        sscanf(argv[1], "%d", &customer_capacity);
    }
    if (customer_capacity > 0)
    {
        custom(customer_capacity);
    }
    exit(EXIT_SUCCESS);
}
```

（3）先在宿主机上编译该程序，如下所示：

```
$ make clean; make
```

（4）在确保没有编译错误后，交叉编译该程序，此时需要修改 Makefile 中的变量。

```
CC = arm-linux-gcc /* 修改 Makefile 中的编译器 */
$ make clean; make
```

（5）将生成的可执行程序下载到目标板上运行。

4．实验结果

此实验在目标板上的运行结果如下所示。实验结果会和这两个进程运行的具体过程相关，希望读者能具体分析每种情况。下面列出其中一种情况：

终端一：

```
$ ./producer 1 20 /* 生产周期为 1s，需要生产的资源数为 20 个 */
Write lock set by 21867
Release lock by 21867
Write lock set by 21867
Release lock by 21867
……
```

终端二：

```
$ ./customer 5 /* 需要消费的资源数为 5 个 */
Enjoy:abcde     /* 消费资源，即打印到屏幕上 */
Write lock set by 21872  /* 为了仿真 FIFO 结构，进行两次复制 */
Release lock by 21872
```

在两个进程结束之后，仿真 FIFO 文件的内容如下：

```
$ cat myfifo
fghijklmnopqr   /* a~e 的 5 个字符已经被消费，就剩下后面 15 个字符 */
```

6.6.2 多路复用式串口操作

1．实验目的

通过编写多路复用式串口读写，进一步理解多路复用函数的用法，同时更加熟练掌握 Linux 设备文件的读写方法。

2．实验内容

本实验主要实现两台机器（宿主机和目标板）之间的串口通信，每台机器都可以发送和接收数据。除了串口设备名称不同（宿主机上使用串口 1：/dev/ttyS0，而在目标板上使用串口 2：/dev/ttyS1），两台机器上的程序基本相同。

3．实验步骤

（1）画出流程图。

如图 6.5 所示为程序流程图，两台机器上的程序使用同样的流程图。

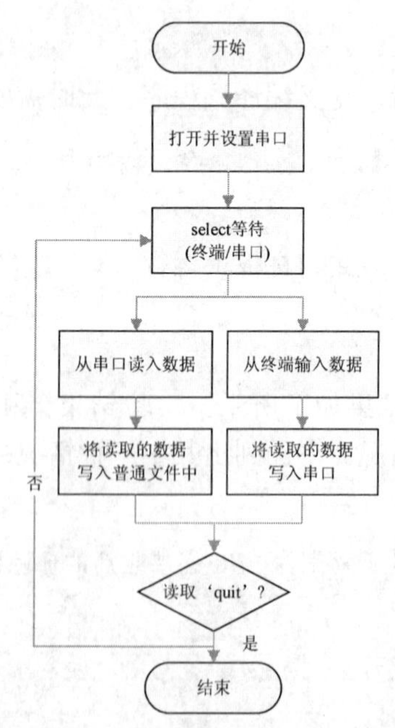

图 6.5　宿主机/目标板程序的流程图

（2）编写代码。

编写宿主机和目标板上的代码，在这些程序中用到的open_port()和set_com_config()函数请参照6.4节。这里只列出宿主机上的代码。

```
/* com_host.c */
#include <stdio.h>
#include <stdlib.h>
#include <unistd.h>
#include <string.h>
#include <fcntl.h>
#include <sys/types.h>
#include <sys/stat.h>
#include <errno.h>
#include "uart_api.h"

int main(void)
{
    int fds[SEL_FILE_NUM], recv_fd, maxfd;
    char buff[BUFFER_SIZE];
    fd_set inset,tmp_inset;
    struct timeval tv;
    unsigned loop = 1;
    int res, real_read, i;
    /* 将从串口读取的数据写入这个文件中 */
    if ((recv_fd = open(RECV_FILE_NAME, O_CREAT|O_WRONLY, 0644)) < 0)
    {
        perror("open");
        return 1;
    }

    fds[0] = STDIN_FILENO; /* 标准输入 */
    if ((fds[1] = open_port(HOST_COM_PORT)) < 0) /* 打开串口 */
    {
        perror("open_port");
        return 1;
    }

    if (set_com_config(fds[1], 115200, 8, 'N', 1) < 0) /* 配置串口 */
    {
        perror("set_com_config");
        return 1;
    }

    FD_ZERO(&inset);
    FD_SET(fds[0], &inset);
    FD_SET(fds[1], &inset);
    maxfd = (fds[0] > fds[1])?fds[0]:fds[1];
    tv.tv_sec = TIME_DELAY;
    tv.tv_usec = 0;
    printf("Input some words(enter 'quit' to exit):\n");
```

```
    while (loop && (FD_ISSET(fds[0], &inset) || FD_ISSET(fds[1], &inset)))
    {
        tmp_inset = inset;
        res = select(maxfd + 1, &tmp_inset, NULL, NULL, &tv);
        switch(res)
        {
        case -1:
            {
                perror("select");
                loop = 0;
            }
            break;

            case 0: /* Timeout */
            {
                perror("select time out");
                loop = 0;
            }
            break;

            default:
            {
                for (i = 0; i < SEL_FILE_NUM; i++)
                {
                    if (FD_ISSET(fds[i], &tmp_inset))
                    {
                        memset(buff, 0, BUFFER_SIZE);
                        /* 读取标准输入或者串口设备文件 */
                        real_read = read(fds[i], buff, BUFFER_SIZE);
                        if ((real_read < 0) && (errno != EAGAIN))
                        {
                            loop = 0;
                        }
                        else if (!real_read)
                        {
                            close(fds[i]);
                        FD_CLR(fds[i], &inset);
                        }
                        else
                        {
                            buff[real_read] = '\0';
                            if (i == 0)
                            { /* 将从终端读取的数据写入串口*/
                                write(fds[1], buff, strlen(buff));
                                printf("Input some words
                                    (enter 'quit' to exit):\n");
                            }
                            else if (i == 1)
                            { /* 将从串口读取的数据写入普通文件中*/
                                write(recv_fd, buff, real_read);
```

```
                            }
                            if (strncmp(buff, "quit", 4) == 0)
                            { /* 如果读取为 'quit' 则退出*/
                                loop = 0;
                            }
                        }
                    } /* end of if FD_ISSET */
                } /* for i */
            }
        } /* end of switch */
    } /* end of while */
    close(recv_fd);
    return 0;
}
```

（3）接下来，将目标板的串口程序交叉编译，再将宿主机的串口程序在PC机上编译。

（4）连接PC的串口1和开发板的串口2。然后将目标板串口程序下载到开发板上，分别在两台机器上运行串口程序。

4．实验结果

宿主机上的运行结果如下所示：

```
$ ./com_host
Input some words(enter 'quit' to exit):
Hello, Target!
Input some words(enter 'quit' to exit):
I'm host program!
Input some words(enter 'quit' to exit):
Byebye!
Input some words(enter 'quit' to exit):
quit     /* 这个输入使双方的程序都结束*/
```

从串口读取的数据（即目标板中发送过来的数据）写入同目录下的recv.dat文件中。

```
$ cat recv.dat
Hello, Host!
I'm target program!
Byebye!
```

目标板上的运行结果如下所示：

```
$ ./com_target
Input some words(enter 'quit' to exit):
Hello, Host!
Input some words(enter 'quit' to exit):
I'm target program!
Input some words(enter 'quit' to exit):
Byebye!
```

与宿主机上的代码相同，从串口读取的数据（即目标板中发送过来的数据）写入同目录下的recv.dat文件中。

```
$ cat recv.dat
Hello, Target!
I'm host program!
Byebye!
Quit
```

请读者用 poll()函数实现具有以上功能的代码。

6.7 本章小结

本章首先讲解了系统调用（System Call）、用户函数接口（API）和系统命令之间的联系和区别，这也是贯穿本书的一条主线，本书就是按照系统命令、用户函数接口（API）、系统调用的顺序逐层深入讲解，希望读者能有一个较为深刻的认识。

接着，本章讲解了嵌入式 Linux 中文件 I/O 相关的开发，在这里主要讲解了不带缓存的 I/O 系统调用函数的使用，这也是本章的重点，其中主要讲解了 open()、close()、read()、write()、lseek()、fcntl()、select()以及 poll()等函数。

接下来，本章讲解了嵌入式 Linux 串口编程。这其实是 Linux 中设备文件读写的实例，由于它能很好地体现前面所介绍的内容，而且在嵌入式开发中也较为常见，因此对它进行了比较详细的讲解。

之后，本章简单介绍了标准 I/O 的相关函数，希望读者也能对它有一个总体的认识。

最后，本章安排了两个实验，分别是文件使用及上锁和多用复用串口操作。希望读者能够认真完成。

6.8 思考与练习

使用多路复用函数实现 3 个串口的通信：串口 1 接收数据，串口 2 和串口 3 向串口 1 发送数据。

第7章

进程控制开发

本章目标

文件是Linux中最常见、最基础的操作对象，而进程则是系统资源的单位，本章主要讲解进程控制开发部分，通过本章的学习，读者将会掌握以下内容。

- 掌握进程相关的基本概念
- 掌握Linux下的进程结构
- 掌握Linux下进程创建及进程管理
- 掌握Linux下进程创建相关的系统调用
- 掌握守护进程的概念
- 掌握守护进程的启动方法
- 掌握守护进程的输出及建立方法
- 学会编写多进程程序
- 学会编写守护进程

7.1 Linux进程概述

7.1.1 进程的基本概念

1. 进程的定义

进程的概念首先是在20世纪60年代初期由MIT的Multics系统和IBM的TSS/360系统引入的。在40多年的发展中，人们对进程有过各种各样的定义。现列举较为著名的几种。

（1）进程是一个独立的可调度的活动（E. Cohen，D. Jofferson）。

（2）进程是一个抽象实体，当它执行某个任务时，要分配和释放各种资源（P. Denning）。

（3）进程是可以并行执行的计算单位（S. E. Madnick，J. T. Donovan）。

以上进程的概念都不相同，但其本质是一样的。它指出了进程是一个程序的一次执行的过程，同时也是资源分配的最小单元。它和程序是有本质区别的，程序是静态的，它是一些保存在磁盘上的指令的有序集合，没有任何执行的概念；而进程是一个动态的概念，它是程序执行的过程，包括了动态创建、调度和消亡的整个过程。它是程序执行和资源管理的最小单位。因此，对系统而言，当用户在系统中键入命令执行一个程序的时候，它将启动一个进程。

2．进程控制块

进程是 Linux 系统的基本调度和管理资源的单位，那么从系统的角度看如何描述并表示它的变化呢？在这里，是通过进程控制块来描述的。进程控制块包含了进程的描述信息、控制信息以及资源信息，它是进程的一个静态描述。在 Linux 中，进程控制块中的每一项都是一个 task_struct 结构，它是在 include/linux/sched.h 中定义的。

3．进程的标识

在 Linux 中最主要的进程标识有进程号（PID，Process Idenity Number）和它的父进程号（PPID，parent process ID）。其中 PID 惟一地标识一个进程。PID 和 PPID 都是非零的正整数。

在 Linux 中获得当前进程的 PID 和 PPID 的系统调用函数为 getpid()和 getppid()，通常程序获得当前进程的 PID 和 PPID 之后，可以将其写入日志文件以做备份。getpid()和 getppid()系统调用过程如下所示：

```
/* pid.c */
#include<stdio.h>
#include<unistd.h>
#include <stdlib.h>

int main()
{
    /*获得当前进程的进程 ID 和其父进程 ID*/
    printf("The PID of this process is %d\n", getpid());
        printf("The PPID of this process is %d\n", getppid());
}
```

使用 arm-linux-gcc 进行交叉编译，再将其下载到目标板上运行该程序，可以得到如下结果，该值在不同的系统上会有所不同：

```
$ ./pid
The PID of this process is 78
THe PPID of this process is 36
```

另外，进程标识还有用户和用户组标识、进程时间、资源利用情况等，这里就不做一一介绍，感兴趣的读者可以参见 W.Richard Stevens 编著的《Advanced Programming in the UNIX Environmen》。

4．进程运行的状态

进程是程序的执行过程，根据它的生命周期可以划分成 3 种状态。

- 执行态：该进程正在运行，即进程正在占用 CPU。
- 就绪态：进程已经具备执行的一切条件，正在等待分配 CPU 的处理时间片。
- 等待态：进程不能使用 CPU，若等待事件发生（等待的资源分配到）则可将其唤醒。

它们之间转换的关系如图 7.1 所示。

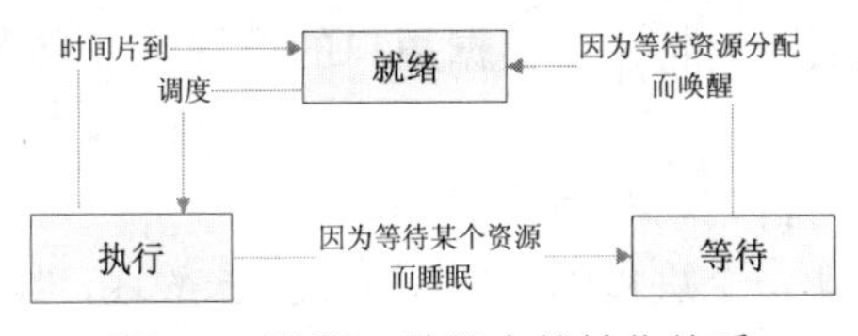

图 7.1 进程 3 种状态的转化关系

7.1.2 Linux 下的进程结构

Linux 系统是一个多进程的系统，它的进程之间具有并行性、互不干扰等特点。也就是说，每个进程都是一个独立的运行单位，拥有各自的权利和责任。其中，各个进程都运行在独立的虚拟地址空间，因此，即使一个进程发生异常，它也不会影响到系统中的其他进程。

Linux 中的进程包含 3 个段，分别为“数据段”、“代码段”和“堆栈段”。

- “数据段”存放的是全局变量、常数以及动态数据分配的数据空间，根据存放的数据，数据段又可以分成普通数据段（包括可读可写/只读数据段，存放静态初始化的全局变量或常量）、BSS 数据段（存放未初始化的全局变量）以及堆（存放动态分配的数据）。
- “代码段”存放的是程序代码的数据。
- “堆栈段”存放的是子程序的返回地址、子程序的参数以及程序的局部变量等。如图 7.2 所示。

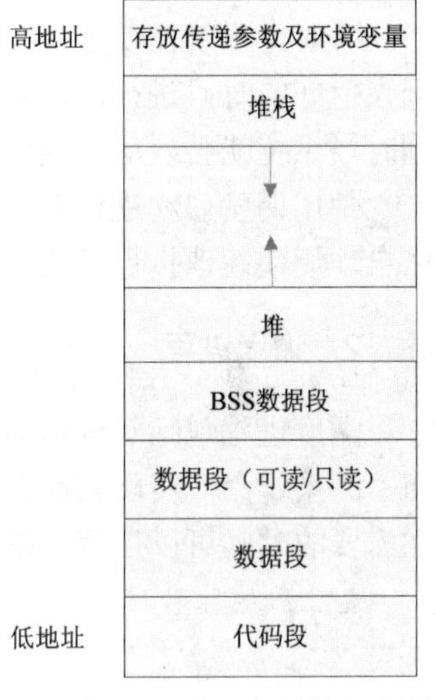

图 7.2 Linux 中进程结构示意图

7.1.3 Linux 下进程的模式和类型

在 Linux 系统中，进程的执行模式划分为用户模式和内核模式。如果当前运行的是用户程序、应用程序或者内核之外的系统程序，那么对应进程就在用户模式下运行；如果在用户程序执行过程中出现系统调用或者发生中断事件，那么就要运行操作系统（即核心）程序，进程模式就变成内核模式。在内核模式下运行的进程可以执行机器的特权指令，而且此时该进程的运行不受用户的干扰，即使是 root 用户也不能干扰内核模式下进程的运行。

用户进程既可以在用户模式下运行，也可以在内核模式下运行，如图 7.3 所示。

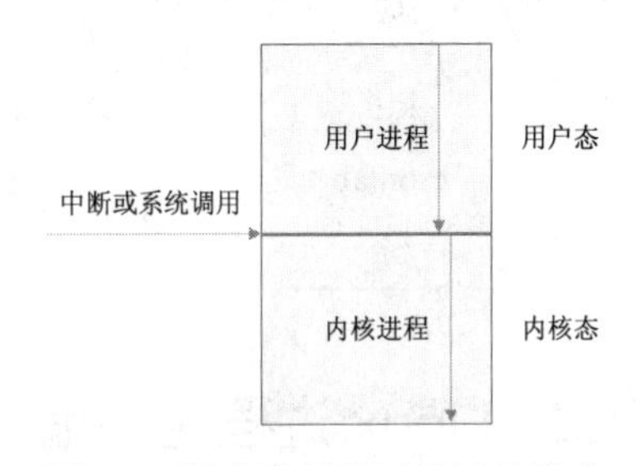

图 7.3 用户进程的两种运行模式

7.1.4 Linux 下的进程管理

Linux 下的进程管理包括启动进程和调度进程，下面就分别对这两方面进行简要讲解。

1．启动进程

Linux 下启动一个进程有两种主要途径：手工启动和调度启动。手工启动是由用户输入命令直接启动进程，而调度启动是指系统根据用户的设置自行启动进程。

（1）手工启动。

手工启动进程又可分为前台启动和后台启动。

- 前台启动是手工启动一个进程的最常用方式。一般地，当用户键入一个命令如“ls -l”时，就已经启动了一个进程，并且是一个前台的进程。
- 后台启动往往是在该进程非常耗时，且用户也不急着需要结果的时候启动的。比如用户要启动一个需要长时间运行的格式化文本文件的进程。为了不使整个 shell 在格式化过程中都处于“瘫痪”状态，从后台启动这个进程是明智的选择。

（2）调度启动。

有时，系统需要进行一些比较费时而且占用资源的维护工作，并且这些工作适合在深夜无人值守的时候进行，这时用户就可以事先进行调度安排，指定任务运行的时间或者场合，到时候系统就会自动完成这一切工作。

使用调度启动进程有几个常用的命令，如 at 命令在指定时刻执行相关进程，cron 命令可以自动周期性地执行相关进程，在需要使用时读者可以查看相关帮助手册。

2．调度进程

调度进程包括对进程的中断操作、改变优先级、查看进程状态等，在 Linux 下可以使用相关的系统命令实现其操作，在表 7.1 中列出了 Linux 中常见的调用进程的系统命令，读者在需要的时候可以自行查找其用法。

表 7.1　Linux 中进程调度常见命令

选　　项	参 数 含 义
ps	查看系统中的进程
top	动态显示系统中的进程
nice	按用户指定的优先级运行
renice	改变正在运行进程的优先级
kill	向进程发送信号（包括后台进程）
crontab	用于安装、删除或者列出用于驱动 cron 后台进程的任务
bg	将挂起的进程放到后台执行

7.2　Linux 进程控制编程

1．fork()

在 Linux 中创建一个新进程的惟一方法是使用 fork()函数。fork()函数是 Linux 中一个非常重要的函数，和读者以往遇到的函数有一些区别，因为它看起来执行一次却返回两个值。难道一个函数真的能返回两个值吗？希望读者能认真地学习这一部分的内容。

（1）fork()函数说明。

fork()函数用于从已存在的进程中创建一个新进程。新进程称为子进程，而原进程称为父进程。使用 fork()函数得到的子进程是父进程的一个复制品，它从父进程处继承了整个进程的地址空间，包括进程上下文、代码段、进程堆栈、内存信息、打开的文件描述符、信号控制设定、进程优先级、进程组号、当前工作目录、根目录、资源限制和控制终端等，而子进程所独有的只有它的进程号、资源使用和计时器等。

因为子进程几乎是父进程的完全复制，所以父子两个进程会运行同一个程序。因此需要用一种方式来区分它们，并使它们照此运行，否则，这两个进程不可能做不同的事。

实际上是在父进程中执行 fork()函数时，父进程会复制出一个子进程，而且父子进程的代码从 fork()函数的返回开始分别在两个地址空间中同时运行。从而两个进程分别获得其所属 fork()的返回值，其中在父进程中的返回值是子进程的进程号，而在子进程中返回 0。因此，可以通过返回值来判定该进程是父进程还是子进程。

同时可以看出，使用 fork()函数的代价是很大的，它复制了父进程中的代码段、数据段和堆栈段里的大部分内容，使得 fork()函数的系统开销比较大，而且执行速度也不是很快。

（2）fork()函数语法。

表 7.2 列出了 fork()函数的语法要点。

表 7.2　　fork()函数语法要点

所需头文件	#include <sys/types.h> // 提供类型 pid_t 的定义 #include <unistd.h>
函数原型	pid_t fork(void)
函数返回值	0：子进程
	子进程 ID（大于 0 的整数）：父进程
	–1：出错

（3）fork()函数使用实例。

```
/* fork.c */
#include <sys/types.h>
#include <unistd.h>
#include <stdio.h>
#include <stdlib.h>

int main(void)
{
    pid_t result;

    /*调用 fork()函数*/
    result = fork();

    /*通过 result 的值来判断 fork()函数的返回情况，首先进行出错处理*/
    if(result ==  -1)
    {
    printf("Fork error\n");
    }
    else if (result == 0) /*返回值为 0 代表子进程*/
```

```
    {
        printf("The returned value is %d\n
                In child process!!\nMy PID is %d\n",result,getpid());
    }
    else /*返回值大于 0 代表父进程*/
    {
        printf("The returned value is %d\n
                In father process!!\nMy PID is %d\n",result,getpid());
    }
    return result;
}
```

将可执行程序下载到目标板上，运行结果如下所示：

```
$ arm-linux-gcc fork.c -o fork （或者修改 Makefile）
$ ./fork
The returned value is 76        /* 在父进程中打印的信息 */
In father process!!
My PID is 75
The returned value is :0        /* 在子进程中打印的信息 */
In child process!!
My PID is 76
```

从该实例中可以看出，使用 fork()函数新建了一个子进程，其中的父进程返回子进程的PID，而子进程的返回值为 0。

（4）函数使用注意点。

fork()函数使用一次就创建一个进程，所以若把 fork()函数放在了 if else 判断语句中则要小心，不能多次使用 fork()函数。

小知识

由于 fork()完整地复制了父进程的整个地址空间，因此执行速度是比较慢的。为了加快 fork()的执行速度，有些 UNIX 系统设计者创建了 vfork()。vfork()也能创建新进程，但它不产生父进程的副本。它是通过允许父子进程可访问相同物理内存从而伪装了对进程地址空间的真实拷贝，当子进程需要改变内存中数据时才复制父进程。这就是著名的“写操作时复制”（copy-on-write）技术。
现在很多嵌入式 Linux 系统的 fork()函数调用都采用 vfork()函数的实现方式，实际上μClinux 所有的多进程管理都通过 vfork()来实现。

2．exec 函数族

（1）exec 函数族说明。

fork()函数是用于创建一个子进程，该子进程几乎复制了父进程的全部内容，但是，这个新创建的进程如何执行呢？这个 exec 函数族就提供了一个在进程中启动另一个程序执行的方法。它可以根据指定的文件名或目录名找到可执行文件，并用它来取代原调用进程的数据段、代码段和堆栈段，在执行完之后，原调用进程的内容除了进程号外，其他全部被新的进程替换了。另外，这里的可执行文件既可以是二进制文件，也可以是 Linux 下任何可执行的脚本文件。

在 Linux 中使用 exec 函数族主要有两种情况。

- 当进程认为自己不能再为系统和用户做出任何贡献时，就可以调用 exec 函数族中的任意一个函数让自己重生。
- 如果一个进程想执行另一个程序，那么它就可以调用 fork()函数新建一个进程，然后调用 exec 函数族中的任意一个函数，这样看起来就像通过执行应用程序而产生了一个新进程（这种情况非常普遍）。

（2）exec 函数族语法。

实际上，在 Linux 中并没有 exec()函数，而是有 6 个以 exec 开头的函数，它们之间语法有细微差别，本书在下面会详细讲解。

表 7.3 列举了 exec 函数族的 6 个成员函数的语法。

表 7.3　exec 函数族成员函数语法

所需头文件	#include <unistd.h>
函数原型	int execl(const char *path, const char *arg, ...)
	int execv(const char *path, char *const argv[])
	int execle(const char *path, const char *arg, ..., char *const envp[])
	int execve(const char *path, char *const argv[], char *const envp[])
	int execlp(const char *file, const char *arg, ...)
	int execvp(const char *file, char *const argv[])
函数返回值	–1：出错

这 6 个函数在函数名和使用语法的规则上都有细微的区别，下面就可执行文件查找方式、参数表传递方式及环境变量这几个方面进行比较。

- 查找方式。

读者可以注意到，表 7.3 中的前 4 个函数的查找方式都是完整的文件目录路径，而最后 2 个函数（也就是以 p 结尾的两个函数）可以只给出文件名，系统就会自动按照环境变量“$PATH”所指定的路径进行查找。

- 参数传递方式。

exec 函数族的参数传递有两种方式：一种是逐个列举的方式，而另一种则是将所有参数整体构造指针数组传递。

在这里是以函数名的第 5 位字母来区分的，字母为“l”（list）的表示逐个列举参数的方式，其语法为 char *arg；字母为“v”（vertor）的表示将所有参数整体构造指针数组传递，其语法为*const argv[]。读者可以观察 execl()、execle()、execlp()的语法与 execv()、execve()、execvp()的区别。它们具体的用法在后面的实例讲解中会具体说明。

这里的参数实际上就是用户在使用这个可执行文件时所需的全部命令选项字符串（包括该可执行程序命令本身）。要注意的是，这些参数必须以 NULL 表示结束，如果使用逐个列举方式，那么要把它强制转化成一个字符指针，否则 exec 将会把它解释为一个整型参数，如果一个整型数的长度 char *的长度不同，那么 exec 函数就会报错。

- 环境变量。

exec 函数族可以默认系统的环境变量，也可以传入指定的环境变量。这里以“e”

（environment）结尾的两个函数 execle()和 execve()就可以在 envp[]中指定当前进程所使用的环境变量。

表 7.4 是对这 4 个函数中函数名和对应语法的小结，主要指出了函数名中每一位所表明的含义，希望读者结合此表加以记忆。

表 7.4　　exec 函数名对应含义

前 4 位	统一为：exec	
第 5 位	l：参数传递为逐个列举方式	execl、execle、execlp
	v：参数传递为构造指针数组方式	execv、execve、execvp
第 6 位	e：可传递新进程环境变量	execle、execve
	p：可执行文件查找方式为文件名	execlp、execvp

（3）exec 使用实例。

下面的第一个示例说明了如何使用文件名的方式来查找可执行文件，同时使用参数列表的方式。这里用的函数是 execlp()。

```
/*execlp.c*/
#include <unistd.h>
#include <stdio.h>
#include <stdlib.h>

int main()
{
    if (fork() == 0)
    {
        /*调用 execlp()函数，这里相当于调用了"ps -ef"命令*/
        if ((ret = execlp("ps", "ps", "-ef", NULL)) < 0)
        {
            printf("Execlp error\n");
        }
    }
}
```

在该程序中，首先使用 fork()函数创建一个子进程，然后在子进程里使用 execlp()函数。读者可以看到，这里的参数列表列出了在 shell 中使用的命令名和选项。并且当使用文件名进行查找时，系统会在默认的环境变量 PATH 中寻找该可执行文件。读者可将编译后的结果下载到目标板上，运行结果如下所示：

```
$ ./execlp
  PID TTY     Uid        Size State Command
    1         root       1832     S    init
    2         root          0     S    [keventd]
    3         root          0     S    [ksoftirqd_CPU0]
    4         root          0     S    [kswapd]
    5         root          0     S    [bdflush]
    6         root          0     S    [kupdated]
    7         root          0     S    [mtdblockd]
```

```
    8       root       0    S    [khubd]
    35      root    2104    S    /bin/bash /usr/etc/rc.local
    36      root    2324    S    /bin/bash
    41      root    1364    S    /sbin/inetd
    53      root   14260    S    /Qtopia/qtopia-free-1.7.0/bin/qpe
-qws
    54      root   11672    S    quicklauncher
    65      root       0    S    [usb-storage-0]
    66      root       0    S    [scsi_eh_0]
    83      root    2020    R    ps -ef
  $ env
  ……
  PATH=/Qtopia/qtopia-free-1.7.0/bin:/usr/bin:/bin:/usr/sbin:/sbin
  ……
```

此程序的运行结果与在 shell 中直接键入命令“ps -ef”是一样的，当然，在不同系统的不同时刻都可能会有不同的结果。

接下来的示例使用完整的文件目录来查找对应的可执行文件。注意目录必须以“/”开头，否则将其视为文件名。

```
/*execl.c*/
#include <unistd.h>
#include <stdio.h>
#include <stdlib.h>

int main()
{
    if (fork() == 0)
    {
        /*调用 execl()函数，注意这里要给出 ps 程序所在的完整路径*/
        if (execl("/bin/ps","ps","-ef",NULL) < 0)
        {
     printf("Execl error\n");
        }
    }
}
```

同样下载到目标板上运行，运行结果同上例。

下面的示例利用函数 execle()，将环境变量添加到新建的子进程中，这里的“env”是查看当前进程环境变量的命令，如下所示：

```
/* execle.c */
#include <unistd.h>
#include <stdio.h>
#include <stdlib.h>

int main()
{
    /*命令参数列表，必须以 NULL 结尾*/
    char *envp[]={"PATH=/tmp","USER=david", NULL};
```

```
    if (fork() == 0)
    {
        /*调用 execle()函数，注意这里也要指出 env 的完整路径*/
        if (execle("/usr/bin/env", "env", NULL, envp) < 0)
        {
            printf("Execle error\n");
        }
    }
}
```

下载到目标板后的运行结果如下所示：

```
$./execle
PATH=/tmp
USER=sunq
```

最后一个示例使用 execve()函数，通过构造指针数组的方式来传递参数，注意参数列表一定要以 NULL 作为结尾标识符。其代码和运行结果如下所示：

```
#include <unistd.h>
#include <stdio.h>
#include <stdlib.h>

int main()
{
    /*命令参数列表，必须以 NULL 结尾*/
    char *arg[] = {"env", NULL};
    char *envp[] = {"PATH=/tmp", "USER=david", NULL};

    if (fork() == 0)
    {
        if (execve("/usr/bin/env", arg, envp) < 0)
        {
     printf("Execve error\n");
       }
    }
}
```

下载到目标板后的运行结果如下所示：

```
$ ./execve
PATH=/tmp
USER=david
```

（4）exec 函数族使用注意点。

在使用 exec 函数族时，一定要加上错误判断语句。exec 很容易执行失败，其中最常见的原因有：

- 找不到文件或路径，此时 errno 被设置为 ENOENT；
- 数组 argv 和 envp 忘记用 NULL 结束，此时 errno 被设置为 EFAULT；
- 没有对应可执行文件的运行权限，此时 errno 被设置为 EACCES。

小知识 事实上，这 6 个函数中真正的系统调用只有 execve()，其他 5 个都是库函数，它们最终都会调用 execve()这个系统调用。

3．exit()和_exit()

（1）exit()和_exit()函数说明。

exit()和_exit()函数都是用来终止进程的。当程序执行到 exit()或_exit()时，进程会无条件地停止剩下的所有操作，清除包括 PCB 在内的各种数据结构，并终止本进程的运行。但是，这两个函数还是有区别的，这两个函数的调用过程如图 7.4 所示。

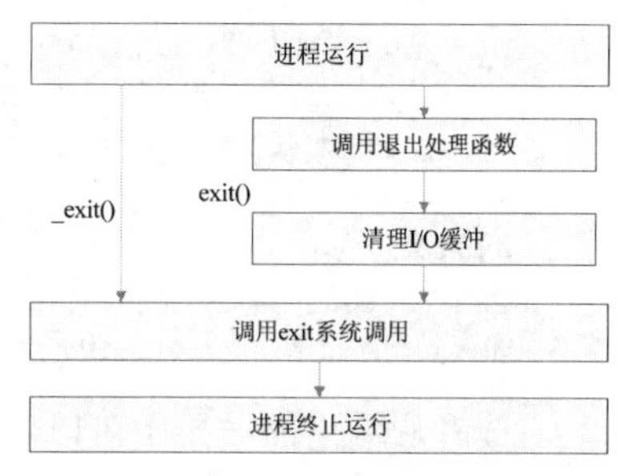

图 7.4 exit 和_exit 函数流程图

从图中可以看出，_exit()函数的作用是：直接使进程停止运行，清除其使用的内存空间，并清除其在内核中的各种数据结构；exit()函数则在这些基础上做了一些包装，在执行退出之前加了若干道工序。exit()函数与_exit()函数最大的区别就在于 exit()函数在调用 exit 系统之前要检查文件的打开情况，把文件缓冲区中的内容写回文件，就是图中的"清理 I/O 缓冲"一项。

由于在 Linux 的标准函数库中，有一种被称作"缓冲 I/O（buffered I/O）"操作，其特征就是对应每一个打开的文件，在内存中都有一片缓冲区。每次读文件时，会连续读出若干条记录，这样在下次读文件时就可以直接从内存的缓冲区中读取；同样，每次写文件的时候，也仅仅是写入内存中的缓冲区，等满足了一定的条件（如达到一定数量或遇到特定字符等），再将缓冲区中的内容一次性写入文件。

这种技术大大增加了文件读写的速度，但也为编程带来了一些麻烦。比如有些数据，认为已经被写入文件中，实际上因为没有满足特定的条件，它们还只是被保存在缓冲区内，这时用_exit()函数直接将进程关闭，缓冲区中的数据就会丢失。因此，若想保证数据的完整性，就一定要使用 exit()函数。

（2）exit()和_exit()函数语法。

表 7.5 列出了 exit()和_exit()函数的语法规范。

表 7.5 **exit()和_exit()函数族语法**

所需头文件	exit：#include <stdlib.h>
	_exit：#include <unistd.h>
函数原型	exit：void exit(int status)
	_exit：void _exit(int status)
函数传入值	status 是一个整型的参数，可以利用这个参数传递进程结束时的状态。一般来说，0 表示正常结束；其他的数值表示出现了错误，进程非正常结束。 在实际编程时，可以用 wait()系统调用接收子进程的返回值，从而针对不同的情况进行不同的处理

（3）exit()和_exit()使用实例。

这两个示例比较了 exit()和_exit()两个函数的区别。由于 printf()函数使用的是缓冲 I/O 方式，该函数在遇到“\n”换行符时自动从缓冲区中将记录读出。示例中就是利用这个性质来进行比较的。以下是示例 1 的代码：

```
/* exit.c */
#include <stdio.h>
#include <stdlib.h>

int main()
{
	printf("Using exit...\n");
	printf("This is the content in buffer");
	exit(0);
}
$./exit
Using exit...
This is the content in buffer $
```

读者从输出的结果中可以看到，调用 exit()函数时，缓冲区中的记录也能正常输出。以下是示例 2 的代码：

```
/* _exit.c */
#include <stdio.h>
#include <unistd.h>

int main()
{
	printf("Using _exit...\n");
	printf("This is the content in buffer"); /* 加上回车符之后结果又如何 */
	_exit(0);
}
$ ./_exit
Using _exit...
$
```

读者从最后的结果中可以看到，调用_exit()函数无法输出缓冲区中的记录。

小知识 在一个进程调用了 exit()之后，该进程并不会立刻完全消失，而是留下一个称为僵尸进程（Zombie）的数据结构。僵尸进程是一种非常特殊的进程，它已经放弃了几乎所有的内存空间，没有任何可执行代码，也不能被调度，仅仅在进程列表中保留一个位置，记载该进程的退出状态等信息供其他进程收集，除此之外，僵尸进程不再占有任何内存空间。

4．wait()和 waitpid()

（1）wait()和 waitpid()函数说明。

wait()函数是用于使父进程（也就是调用 wait()的进程）阻塞，直到一个子进程结束或者该进程接到了一个指定的信号为止。如果该父进程没有子进程或者它的子进程已经结束，则 wait()就会立即返回。

waitpid()的作用和 wait()一样，但它并不一定要等待第一个终止的子进程，它还有若干选项，如可提供一个非阻塞版本的wait()功能，也能支持作业控制。实际上wait()函数只是waitpid()函数的一个特例，在 Linux 内部实现 wait()函数时直接调用的就是 waitpid()函数。

（2）wait()和 waitpid()函数格式说明。

表 7.6 列出了 wait()函数的语法规范。

表 7.6　　wait()函数族语法

所需头文件	#include <sys/types.h> #include <sys/wait.h>
函数原型	pid_t wait(int *status)
函数传入值	这里的 status 是一个整型指针，是该子进程退出时的状态 • status 若不为空，则通过它可以获得子进程的结束状态 另外，子进程的结束状态可由 Linux 中一些特定的宏来测定
函数返回值	成功：已结束运行的子进程的进程号 失败：−1

表 7.7 列出了 waitpid()函数的语法规范。

表 7.7　　waitpid()函数语法

所需头文件	#include <sys/types.h> #include <sys/wait.h>	
函数原型	pid_t waitpid(pid_t pid, int *status, int options)	
函数传入值	Pid	pid > 0：只等待进程 ID 等于 pid 的子进程，不管已经有其他子进程运行结束退出了，只要指定的子进程还没有结束，waitpid()就会一直等下去
		pid = −1：等待任何一个子进程退出，此时和 wait()作用一样
		pid = 0：等待其组 ID 等于调用进程的组 ID 的任一子进程
		pid < −1：等待其组 ID 等于 pid 的绝对值的任一子进程
	status	同 wait()
	options	WNOHANG：若由 pid 指定的子进程不立即可用，则 waitpid()不阻塞，此时返回值为 0
		WUNTRACED：若实现某支持作业控制，则由 pid 指定的任一子进程状态已暂停，且其状态自暂停以来还未报告过，则返回其状态
		0：同 wait()，阻塞父进程，等待子进程退出
函数返回值	正常：已经结束运行的子进程的进程号	
	使用选项 WNOHANG 且没有子进程退出：0	
	调用出错：−1	

（3）waitpid()使用实例。

由于 wait()函数的使用较为简单，在此仅以 waitpid()为例进行讲解。本例中首先使用 fork()创建一个子进程，然后让其子进程暂停 5s（使用了 sleep()函数）。接下来对原有的父进程使用 waitpid()函数，并使用参数 WNOHANG 使该父进程不会阻塞。若有子进程退出，则 waitpid()返回子进程号；若没有子进程退出，则 waitpid()返回 0，并且父进程每隔一秒循环判断一次。该程序的流程图如图 7.5 所示。

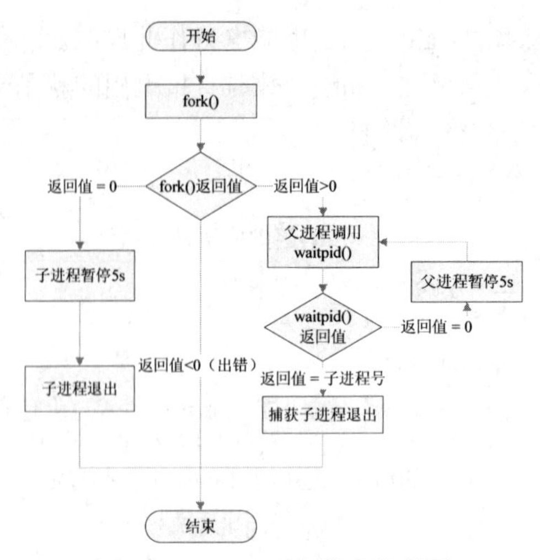

图 7.5　waitpid 示例程序流程图

该程序源代码如下所示：

```
/* waitpid.c */
#include <sys/types.h>
#include <sys/wait.h>
#include <unistd.h>
#include <stdio.h>
#include <stdlib.h>

int main()
{
   pid_t pc, pr;

   pc = fork();
   if (pc < 0)
   {
      printf("Error fork\n");
   }
   else if (pc == 0) /*子进程*/
   {
      /*子进程暂停 5s*/
      sleep(5);
      /*子进程正常退出*/
      exit(0);
   }
   else /*父进程*/
   {
      /*循环测试子进程是否退出*/
       do
      {
         /*调用 waitpid，且父进程不阻塞*/
         pr = waitpid(pc, NULL, WNOHANG);

         /*若子进程还未退出，则父进程暂停 1s*/
```

```
            if (pr == 0)
            {
                printf("The child process has not exited\n");
                sleep(1);
            }
        } while (pr == 0);

        /*若发现子进程退出，打印出相应情况*/
        if (pr == pc)
        {
            printf("Get child exit code: %d\n",pr);
        }
        else
        {
            printf("Some error occured.\n");
        }
    }
}
```

将该程序交叉编译，下载到目标板后的运行结果如下所示：

```
$./waitpid
The child process has not exited
The child process has not exited
The child process has not exited
The child process has not exited
The child process has not exited
Get child exit code: 75
```

可见，该程序在经过 5 次循环之后，捕获到了子进程的退出信号，具体的子进程号在不同的系统上会有所区别。

读者还可以尝试把“pr = **waitpid(pc, NULL, WNOHANG);**”这句改为“pr = waitpid(pc, NULL, 0);”或者“pr = wait(NULL);”，运行的结果为：

```
$./waitpid
Get child exit code: 76
```

可见，在上述两种情况下，父进程在调用 waitpid()或 wait()之后就将自己阻塞，直到有子进程退出为止。

7.3　Linux 守护进程

7.3.1　守护进程概述

守护进程，也就是通常所说的 Daemon 进程，是 Linux 中的后台服务进程。它是一个生存期较长的进程，通常独立于控制终端并且周期性地执行某种任务或等待处理某些发生的事件。守护进程常常在系统引导载入时启动，在系统关闭时终止。Linux 有很多系统服务，大多数服务都是通过守护进程实现的，如本书在第 2 章中讲到的多种系统服务都是守护进程。

同时，守护进程还能完成许多系统任务，例如，作业规划进程 crond、打印进程 lqd 等（这里的结尾字母 d 就是 Daemon 的意思）。

由于在 Linux 中，每一个系统与用户进行交流的界面称为终端，每一个从此终端开始运行的进程都会依附于这个终端，这个终端就称为这些进程的控制终端，当控制终端被关闭时，相应的进程都会自动关闭。但是守护进程却能够突破这种限制，它从被执行开始运转，直到整个系统关闭时才会退出。如果想让某个进程不因为用户、终端或者其他的变化而受到影响，那么就必须把这个进程变成一个守护进程。可见，守护进程是非常重要的。

7.3.2 编写守护进程

编写守护进程看似复杂，但实际上也是遵循一个特定的流程。只要将此流程掌握了，就能很方便地编写出用户自己的守护进程。下面就分 4 个步骤来讲解怎样创建一个简单的守护进程。在讲解的同时，会配合介绍与创建守护进程相关的几个系统函数，希望读者能很好地掌握。

1．创建子进程，父进程退出

这是编写守护进程的第一步。由于守护进程是脱离控制终端的，因此，完成第一步后就会在 shell 终端里造成一种程序已经运行完毕的假象。之后的所有工作都在子进程中完成，而用户在 shell 终端里则可以执行其他的命令，从而在形式上做到了与控制终端的脱离。

到这里，有心的读者可能会问，父进程创建了子进程之后退出，此时该子进程不就没有父进程了吗？守护进程中确实会出现这么一个有趣的现象，由于父进程已经先于子进程退出，会造成子进程没有父进程，从而变成一个孤儿进程。在 Linux 中，每当系统发现一个孤儿进程，就会自动由 1 号进程（也就是 init 进程）收养它，这样，原先的子进程就会变成 init 进程的子进程了。其关键代码如下所示：

```
pid = fork();
if (pid > 0)
{
    exit(0); /*父进程退出*/
}
```

2．在子进程中创建新会话

这个步骤是创建守护进程中最重要的一步，虽然它的实现非常简单，但它的意义却非常重大。在这里使用的是系统函数 setsid()，在具体介绍 setsid()之前，读者首先要了解两个概念：进程组和会话期。

■ 进程组。

进程组是一个或多个进程的集合。进程组由进程组 ID 来惟一标识。除了进程号（PID）之外，进程组 ID 也是一个进程的必备属性。

每个进程组都有一个组长进程，其组长进程的进程号等于进程组 ID。且该进程 ID 不会因组长进程的退出而受到影响。

■ 会话期。

会话组是一个或多个进程组的集合。通常，一个会话开始于用户登录，终止于用户退出，在此期间该用户运行的所有进程都属于这个会话期，它们之间的关系如图 7.6 所示。

接下来就可以具体介绍 setsid()的相关内容。

（1）setsid()函数作用。

setsid()函数用于创建一个新的会话，并担任该会话组的组长。调用 setsid()有下面的 3 个作用。

- 让进程摆脱原会话的控制。
- 让进程摆脱原进程组的控制。
- 让进程摆脱原控制终端的控制。

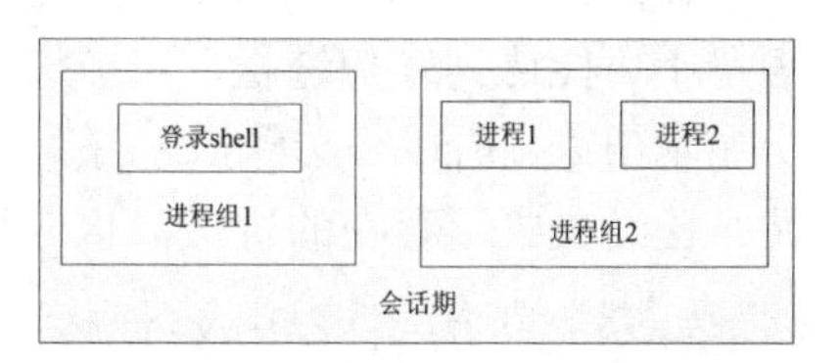

图 7.6　进程组和会话期之间的关系图

那么，在创建守护进程时为什么要调用 setsid()函数呢？读者可以回忆一下创建守护进程的第一步，在那里调用了 fork()函数来创建子进程再令父进程退出。由于在调用 fork()函数时，子进程全盘复制了父进程的会话期、进程组和控制终端等，虽然父进程退出了，但原先的会话期、进程组和控制终端等并没有改变，因此，还不是真正意义上的独立，而 setsid()函数能够使进程完全独立出来，从而脱离所有其他进程的控制。

（2）setsid()函数格式。

表 7.8 列出了 setsid()函数的语法规范。

表 7.8　setsid()函数语法

所需头文件	#include <sys/types.h> #include <unistd.h>
函数原型	pid_t setsid(void)
函数返回值	成功：该进程组 ID 出错：-1

3．改变当前目录为根目录

这一步也是必要的步骤。使用 fork()创建的子进程继承了父进程的当前工作目录。由于在进程运行过程中，当前目录所在的文件系统（比如“/mnt/usb”等）是不能卸载的，这对以后的使用会造成诸多的麻烦（比如系统由于某种原因要进入单用户模式）。因此，通常的做法是让“/”作为守护进程的当前工作目录，这样就可以避免上述的问题，当然，如有特殊需要，也可以把当前工作目录换成其他的路径，如/tmp。改变工作目录的常见函数是 chdir()。

4．重设文件权限掩码

文件权限掩码是指屏蔽掉文件权限中的对应位。比如，有一个文件权限掩码是 050，它就屏蔽了文件组拥有者的可读与可执行权限。由于使用 fork()函数新建的子进程继承了父进程的文件权限掩码，这就给该子进程使用文件带来了诸多的麻烦。因此，把文件权限掩码设置为 0，可以大大增强该守护进程的灵活性。设置文件权限掩码的函数是 umask()。在这里，通常的使用方法为 umask(0)。

5．关闭文件描述符

同文件权限掩码一样，用 fork()函数新建的子进程会从父进程那里继承一些已经打开了的文件。这些被打开的文件可能永远不会被守护进程读或写，但它们一样消耗系统资源，而且可能导致所在的文件系统无法被卸载。

在上面的第二步之后，守护进程已经与所属的控制终端失去了联系。因此从终端输入的字符不可能达到守护进程，守护进程中用常规方法（如 printf()）输出的字符也不可能在终端上显示出来。所以，文件描述符为 0、1 和 2 的 3 个文件（常说的输入、输出和报错这 3 个文件）已经失去了存在的价值，也应被关闭。通常按如下方式关闭文件描述符：

```
for(i = 0; i < MAXFILE; i++)
{
    close(i);
}
```

这样，一个简单的守护进程就建立起来了，创建守护进程的流程图如图 7.7 所示。

下面是实现守护进程的一个完整实例，该实例首先按照以上的创建流程建立了一个守护进程，然后让该守护进程每隔 10s 向日志文件/tmp/daemon.log 写入一句话。

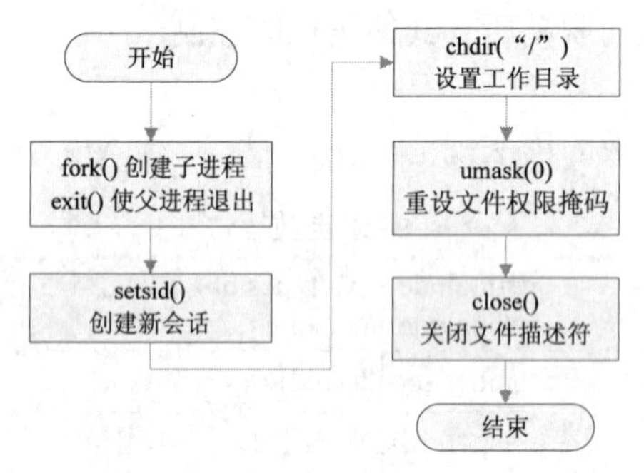

图 7.7　创建守护进程流程图

```
/* daemon.c 创建守护进程实例 */
#include<stdio.h>
#include<stdlib.h>
#include<string.h>
#include<fcntl.h>
#include<sys/types.h>
#include<unistd.h>
#include<sys/wait.h>

int main()
{
    pid_t pid;
    int   i, fd;
    char  *buf = "This is a Daemon\n";

    pid = fork(); /* 第一步 */
    if (pid < 0)
    {
        printf("Error fork\n");
        exit(1);
    }
    else if (pid > 0)
    {
        exit(0); /* 父进程推出 */
```

```
    }

    setsid(); /*第二步*/
    chdir("/"); /*第三步*/
    umask(0); /*第四步*/
    for(i = 0; i < getdtablesize(); i++) /*第五步*/
    {
        close(i);
    }

    /*这时创建完守护进程，以下开始正式进入守护进程工作*/
    while(1)
    {
        if ((fd = open("/tmp/daemon.log",
                        O_CREAT|O_WRONLY|O_APPEND, 0600)) < 0)
        {
            printf("Open file error\n");
            exit(1);
        }
        write(fd, buf, strlen(buf) + 1);
        close(fd);
        sleep(10);
    }
    exit(0);
}
```

将该程序下载到开发板上，可以看到该程序每隔 10s 就会在对应的文件中输入相关内容。并且使用 ps 可以看到该进程在后台运行。如下所示：

```
$ tail -f /tmp/daemon.log
This is a Daemon
This is a Daemon
This is a Daemon
This is a Daemon
…
$ ps -ef|grep daemon
   76          root          1272   S   ./daemon
   85          root          1520   S   grep daemon
```

7.3.3 守护进程的出错处理

读者在前面编写守护进程的具体调试过程中会发现，由于守护进程完全脱离了控制终端，因此，不能像其他普通进程一样将错误信息输出到控制终端来通知程序员，即使使用 gdb 也无法正常调试。那么，守护进程的进程要如何调试呢？一种通用的办法是使用 syslog 服务，将程序中的出错信息输入到系统日志文件中（例如："/var/log/messages"），从而可以直观地看到程序的问题所在。

> 注意　"/var/log/message" 系统日志文件只能由拥有 root 权限的超级用户查看。在不同 Linux 发行版本中，系统日志文件路径全名可能有所不同，例如可能是 "/var/log/syslog"。

syslog 是 Linux 中的系统日志管理服务，通过守护进程 syslogd 来维护。该守护进程在启动时会读一个配置文件“/etc/syslog.conf”。该文件决定了不同种类的消息会发送向何处。例如，紧急消息可被送向系统管理员并在控制台上显示，而警告消息则可被记录到一个文件中。

该机制提供了 3 个 syslog 相关函数，分别为 openlog()、syslog()和 closelog()。下面就分别介绍这 3 个函数。

（1）syslog 相关函数说明。

通常，openlog()函数用于打开系统日志服务的一个连接；syslog()函数是用于向日志文件中写入消息，在这里可以规定消息的优先级、消息输出格式等；closelog()函数是用于关闭系统日志服务的连接。

（2）syslog 相关函数格式。

表 7.9 列出了 openlog()函数的语法规范。

表 7.9　　openlog()函数语法

<table>
<tr><td>所需头文件</td><td colspan="2">#include <syslog.h></td></tr>
<tr><td>函数原型</td><td colspan="2">void openlog (char *ident, int option , int facility)</td></tr>
<tr><td rowspan="17">函数传入值</td><td>ident</td><td>要向每个消息加入的字符串，通常为程序的名称</td></tr>
<tr><td rowspan="4">option</td><td>LOG_CONS：如果消息无法送到系统日志服务，则直接输出到系统控制终端</td></tr>
<tr><td>LOG_NDELAY：立即打开系统日志服务的连接。在正常情况下，直接发送到第一条消息时才打开连接</td></tr>
<tr><td>LOG_PERROR：将消息也同时送到 stderr 上</td></tr>
<tr><td>LOG_PID：在每条消息中包含进程的 PID</td></tr>
<tr><td rowspan="12">facility：指定程序发送的消息类型</td><td>LOG_AUTHPRIV：安全/授权信息</td></tr>
<tr><td>LOG_CRON：时间守护进程（cron 及 at）</td></tr>
<tr><td>LOG_DAEMON：其他系统守护进程</td></tr>
<tr><td>LOG_KERN：内核信息</td></tr>
<tr><td>LOG_LOCAL[0~7]：保留</td></tr>
<tr><td>LOG_LPR：行打印机子系统</td></tr>
<tr><td>LOG_MAIL：邮件子系统</td></tr>
<tr><td>LOG_NEWS：新闻子系统</td></tr>
<tr><td>LOG_SYSLOG：syslogd 内部所产生的信息</td></tr>
<tr><td>LOG_USER：一般使用者等级信息</td></tr>
<tr><td>LOG_UUCP：UUCP 子系统</td></tr>
</table>

表 7.10 列出了 syslog()函数的语法规范。

表 7.10　　syslog()函数语法

<table>
<tr><td>所需头文件</td><td colspan="2">#include <syslog.h></td></tr>
<tr><td>函数原型</td><td colspan="2">void syslog(int priority, char *format, ...)</td></tr>
<tr><td>函数传入值</td><td>priority：指定消息的重要性</td><td>LOG_EMERG：系统无法使用</td></tr>
</table>

续表

函数传入值	priority：指定消息的重要性	LOG_ALERT：需要立即采取措施
		LOG_CRIT：有重要情况发生
		LOG_ERR：有错误发生
		LOG_WARNING：有警告发生
		LOG_NOTICE：正常情况，但也是重要情况
		LOG_INFO：信息消息
		LOG_DEBUG：调试信息
	format	以字符串指针的形式表示输出的格式，类似 printf 中的格式

表 7.11 列出了 closelog()函数的语法规范。

表 7.11　　closelog 函数语法

所需头文件	#include <syslog.h>
函数原型	void closelog(void)

（3）使用实例。

这里将上一节中的示例程序用 syslog 服务进行重写，其中有区别的地方用加粗的字体表示，源代码如下所示：

```
/* syslog_daemon.c 利用 syslog 服务的守护进程实例 */
#include <stdio.h>
#include <stdlib.h>
#include <string.h>
#include <fcntl.h>
#include <sys/types.h>
#include <unistd.h>
#include <sys/wait.h>
#include <syslog.h>

int main()
{
    pid_t pid, sid;
    int   i, fd;
    char  *buf = "This is a Daemon\n";

    pid = fork(); /* 第一步 */
    if (pid < 0)
    {
        printf("Error fork\n");
        exit(1);
    }
    else if (pid > 0)
    {
```

```
        exit(0); /* 父进程推出 */
    }

     /* 打开系统日志服务，openlog */
    openlog("daemon_syslog", LOG_PID, LOG_DAEMON);
    if ((sid = setsid()) < 0) /*第二步*/
    {
        syslog(LOG_ERR, "%s\n", "setsid");
        exit(1);
    }

    if ((sid = chdir("/")) < 0) /*第三步*/
    {
        syslog(LOG_ERR, "%s\n", "chdir");
        exit(1);
    }

    umask(0); /*第四步*/
    for(i = 0; i < getdtablesize(); i++) /*第五步*/
    {
        close(i);
    }

    /*这时创建完守护进程，以下开始正式进入守护进程工作*/
    while(1)
    {
        if ((fd = open("/tmp/daemon.log",
                          O_CREAT|O_WRONLY|O_APPEND, 0600))<0)
        {
            syslog(LOG_ERR, "open");
            exit(1);
        }

        write(fd, buf, strlen(buf) + 1);
        close(fd);
        sleep(10);
    }

    closelog();
    exit(0);
}
```

读者可以尝试用普通用户的身份执行此程序，由于这里的 open()函数必须具有 root 权限，因此，syslog 就会将错误信息写入到系统日志文件（例如“/var/log/messages”）中，如下所示：

```
Jan 30 18:20:08  localhost daemon_syslog[612]: open
```

7.4 实验内容

7.4.1 编写多进程程序

1．实验目的

通过编写多进程程序，使读者熟练掌握 fork()、exec()、wait()和 waitpid()等函数的使用，进一步理解在 Linux 中多进程编程的步骤。

2．实验内容

该实验有 3 个进程，其中一个为父进程，其余两个是该父进程创建的子进程，其中一个子进程运行“ls -l”指令，另一个子进程在暂停 5s 之后异常退出，父进程先用阻塞方式等待第一个子进程的结束，然后用非阻塞方式等待另一个子进程的退出，待收集到第二个子进程结束的信息，父进程就返回。

3．实验步骤

（1）画出该实验流程图。

该实验流程图如图 7.8 所示。

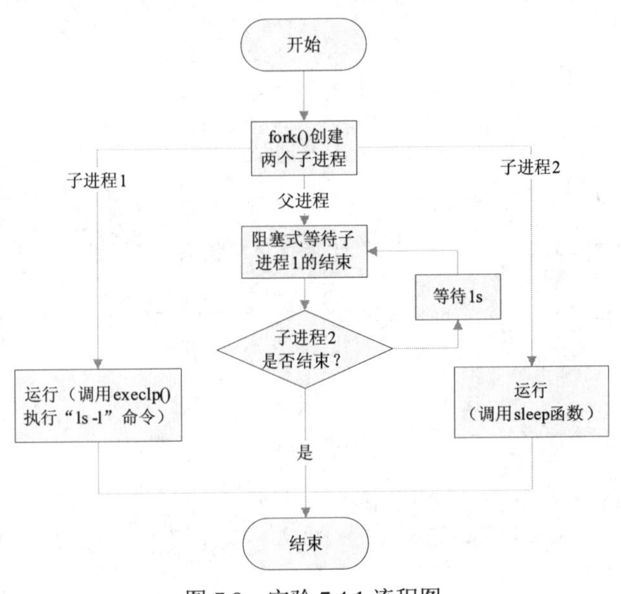

图 7.8　实验 7.4.1 流程图

（2）实验源代码。

先看一下下面的代码，这个程序能得到我们所希望的结果吗，它的运行会产生几个进程？请读者回忆一下 fork()调用的具体过程。

```
/* multi_proc_wrong.c */
#include <stdio.h>
```

```
#include <stdlib.h>
#include <sys/types.h>
#include <unistd.h>
#include <sys/wait.h>

int main(void)
{
    pid_t child1, child2, child;
    /*创建两个子进程*/
    child1 = fork();
    child2 = fork();
    /*子进程 1 的出错处理*/
    if (child1 == -1)
    {
        printf("Child1 fork error\n");
        exit(1);
    }
    else if (child1 == 0) /*在子进程 1 中调用 execlp()函数*/
    {
        printf("In child1: execute 'ls -l'\n");
        if (execlp("ls", "ls","-l", NULL)<0)
        {
            printf("Child1 execlp error\n");
        }
    }

    if (child2 == -1) /*子进程 2 的出错处理*/
    {
        printf("Child2 fork error\n");
        exit(1);
    }
    else if( child2 == 0 ) /*在子进程 2 中使其暂停 5s*/
    {
        printf("In child2: sleep for 5 seconds and then exit\n");
        sleep(5);
        exit(0);
    }
    else /*在父进程中等待两个子进程的退出*/
    {
        printf("In father process:\n");
        child = waitpid(child1, NULL, 0); /* 阻塞式等待 */
        if (child == child1)
        {
            printf("Get child1 exit code\n");
        }
        else
        {
            printf("Error occured!\n");
        }
```

```
        do
        {
            child =waitpid(child2, NULL, WNOHANG);/* 非阻塞式等待 */
            if (child == 0)
            {
                printf("The child2 process has not exited!\n");
                sleep(1);
            }
        } while (child == 0);

        if (child == child2)
        {
            printf("Get child2 exit code\n");
        }
        else
        {
            printf("Error occured!\n");
        }
    }
    exit(0);
}
```

编译和运行以上代码，并观察其运行结果。它的结果是我们所希望的吗？

看完前面的代码之后，再观察下面的代码，它们之间有什么区别，会解决哪些问题。

```
/*multi_proc.c */
#include <stdio.h>
#include <stdlib.h>
#include <sys/types.h>
#include <unistd.h>
#include <sys/wait.h>

int main(void)
{
    pid_t child1, child2, child;

    /*创建两个子进程*/
    child1 = fork();

    /*子进程 1 的出错处理*/
    if (child1 == -1)
    {
        printf("Child1 fork error\n");
        exit(1);
    }
    else if (child1 == 0) /*在子进程 1 中调用 execlp()函数*/
    {
        printf("In child1: execute 'ls -l'\n");
        if (execlp("ls", "ls", "-l", NULL) < 0)
        {
            printf("Child1 execlp error\n");
        }
    }
    else /*在父进程中再创建进程 2，然后等待两个子进程的退出*/
    {
```

```
        child2 = fork();
        if (child2 == -1) /*子进程 2 的出错处理*/
        {
            printf("Child2 fork error\n");
            exit(1);
        }
        else if(child2 == 0) /*在子进程 2 中使其暂停 5s*/
        {
            printf("In child2: sleep for 5 seconds and then exit\n");
            sleep(5);
            exit(0);
        }

        printf("In father process:\n");
        child = waitpid(child1, NULL, 0); /* 阻塞式等待 */
        if (child == child1)
        {
            printf("Get child1 exit code\n");
        }
        else
        {
             printf("Error occured!\n");
        }

        do
        {
            child = waitpid(child2, NULL, WNOHANG ); /* 非阻塞式等待 */
            if (child == 0)
            {
                printf("The child2 process has not exited!\n");
                sleep(1);
            }
        } while (child == 0);

        if (child == child2)
        {
            printf("Get child2 exit code\n");
        }
        else
        {
            printf("Error occured!\n");
        }
    }
    exit(0);
}
```

（3）首先在宿主机上编译调试该程序：

```
$ gcc multi_proc.c -o multi_proc（或者使用 Makefile）
```

（4）在确保没有编译错误后，使用交叉编译该程序：

```
$ arm-linux-gcc multi_proc.c -o multi_proc （或者使用 Makefile）
```

（5）将生成的可执行程序下载到目标板上运行。

4．实验结果

在目标板上运行的结果如下所示（具体内容与各自的系统有关）：

```
$ ./multi_proc
In child1: execute 'ls -l'       /* 子进程 1 的显示， 以下是“ls -l”的运行结果 */
total 28
-rwxr-xr-x 1 david root  232 2008-07-18 04:18 Makefile
-rwxr-xr-x 1 david root 8768 2008-07-20 19:51 multi_proc
-rw-r--r-- 1 david root 1479 2008-07-20 19:51 multi_proc.c
-rw-r--r-- 1 david root 3428 2008-07-20 19:51 multi_proc.o
-rw-r--r-- 1 david root 1463 2008-07-20 18:55 multi_proc_wrong.c
In child2: sleep for 5 seconds and then exit /* 子进程 2 的显示 */
In father process:                           /* 以下是父进程显示 */
Get child1 exit code                          /* 表示子进程 1 结束（阻塞等
待）*/
The child2 process has not exited!            /* 等待子进程 2 结束（非阻塞等
待）*/
The child2 process has not exited!
The child2 process has not exited!
The child2 process has not exited!
The child2 process has not exited!
Get child2 exit code                          /* 表示子进程 2 终于结束了*/
```

因为几个子进程的执行有竞争关系，因此，结果中的顺序是随机的。读者可以思考，怎样才可以保证子进程的执行顺序呢？

7.4.2 编写守护进程

1．实验目的

通过编写一个完整的守护进程，使读者掌握守护进程编写和调试的方法，并且进一步熟悉如何编写多进程程序。

2．实验内容

在该实验中，读者首先建立起一个守护进程，然后在该守护进程中新建一个子进程，该子进程暂停 10s，然后自动退出，并由守护进程收集子进程退出的消息。在这里，子进程和守护进程的退出消息都在系统日志文件（例如“/var/log/messages”，日志文件的全路径名因版本的不同可能会有所不同）中输出。子进程退出后，守护进程循环暂停，其间隔时间为 10s。

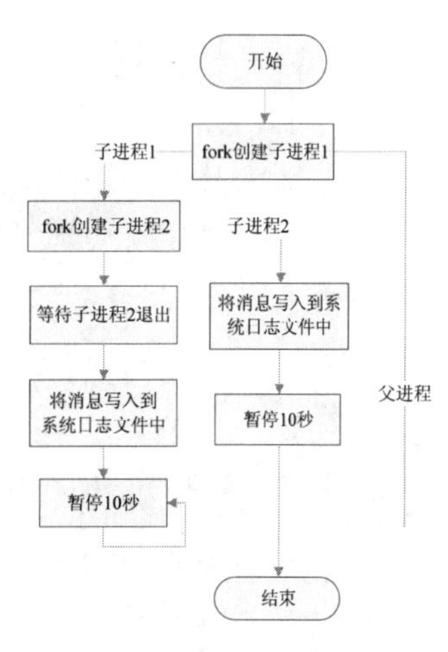

图 7.9 实验 7.4.2 流程图

3．实验步骤

（1）画出该实验流程图。

该程序流程图如图 7.9 所示。

（2）实验源代码。

具体代码设置如下：

```
/* daemon_proc.c */
#include <stdio.h>
#include <stdlib.h>
#include <sys/types.h>
#include <unistd.h>
#include <sys/wait.h>
#include <syslog.h>

int main(void)
{
    pid_t child1,child2;
    int i;

     /*创建子进程 1*/
    child1 = fork();
    if (child1 ==  1)
    {
        perror("child1 fork");
        exit(1);
    }
    else if (child1 > 0)
    {
       exit(0);        /* 父进程退出*/
    }
    /*打开日志服务*/
    openlog("daemon_proc_info", LOG_PID, LOG_DAEMON);

    /*以下几步是编写守护进程的常规步骤*/
    setsid();
    chdir("/");
    umask(0);
    for(i = 0; i < getdtablesize(); i++)
    {
      close(i);
    }

    /*创建子进程 2*/
    child2 = fork();
    if (child2 ==  1)
    {
        perror("child2 fork");
        exit(1);
    }
    else if (child2 == 0)
    { /* 进程 child2 */
      /*在日志中写入字符串*/
       syslog(LOG_INFO, " child2 will sleep for 10s ");
       sleep(10);
```

```
        syslog(LOG_INFO, " child2 is going to exit! ");
        exit(0);
    }
    else
    { /* 进程 child1*/
        waitpid(child2, NULL, 0);
        syslog(LOG_INFO, " child1 noticed that child2 has exited ");
        /*关闭日志服务*/
        closelog();
        while(1)
        {
            sleep(10);
        }
    }
}
```

（3）由于有些嵌入式开发板没有 syslog 服务，读者可以在宿主机上编译运行。

```
$ gcc daemon_proc.c -o daemon_proc （或者使用 Makefile）
```

（4）运行该程序。

（5）等待 10s 后，以 root 身份查看系统日志文件（例如“/var/log/messages”）。

（6）使用 ps –ef | grep daemon_proc 查看该守护进程是否在运行。

4. 实验结果

（1）在系统日志文件中有类似如下的信息显示：

```
Jul 20 21:15:08 localhost daemon_proc_info[4940]:  child2 will sleep for 10s
Jul 20 21:15:18 localhost daemon_proc_info[4940]:  child2 is going to exit!
Jul 20 21:15:18 localhost daemon_proc_info[4939]:  child1 noticed that child2 has exited
```

读者可以从时间戳里清楚地看到 child2 确实暂停了 10s。

（2）使用命令 ps –ef | grep daemon_proc 可看到如下结果：

```
david    4939    1  0 21:15 ?        00:00:00 ./daemon_proc
```

可见，daemon_proc 确实一直在运行。

7.5 本章小结

本章主要介绍进程的控制开发，首先给出了进程的基本概念，Linux 下进程的基本结构、模式与类型以及 Linux 进程管理。进程是 Linux 中程序运行和资源管理的最小单位，对进程的处理也是嵌入式 Linux 应用编程的基础，因此，读者一定要牢牢掌握。

接下来，本章具体讲解了进程控制编程，主要讲解了 fork()函数和 exec 函数族，并且举实例加以区别。exec 函数族较为庞大，希望读者能够仔细比较它们之间的区别，认真体会并理解。

最后，本章讲解了 Linux 守护进程的编写，包括守护进程的概念、编写守护进程的步骤以及守护进程的出错处理。由于守护进程非常特殊，因此，在编写时有不少的细节需要特别注意。守护进程的编写实际上涉及进程控制编程的很多部分，需要加以综合应用。

本章的实验安排了多进程编程和编写完整的守护进程两个部分。这两个实验都是较为综合的，希望读者能够认真完成。

7.6 思考与练习

查阅资料，明确 Linux 中进程处理和嵌入式 Linux 中的进程处理有什么区别？

第8章

进程间通信

本章目标

在上一章讲解了如何创建进程以及如何对进程进行基本的控制，而这些都只是停留在父子进程之间的控制。本章将讲解不同的进程间进行通信的方法。通过本章的学习，读者将会掌握如下内容。

- 掌握 Linux 中管道的基本概念
- 掌握 Linux 中管道的创建
- 掌握 Linux 中管道的读写
- 掌握 Linux 中有名管道的创建读写方法
- 掌握 Linux 中消息队列的处理
- 掌握 Linux 共享内存的处理

8.1 Linux 下进程间通信概述

在上一章中，读者已经知道了进程是一个程序的一次执行。这里所说的进程一般是指运行在用户态的进程，而由于处于用户态的不同进程之间是彼此隔离的，就像处于不同城市的人们，它们必须通过某种方式来进行通信，例如人们现在广泛使用的手机等方式。本章就是讲述如何建立这些不同的通话方式，就像人们有多种通信方式一样。

Linux 下的进程通信手段基本上是从 UNIX 平台上的进程通信手段继承而来的。而对UNIX 发展做出重大贡献的两大主力 AT&T 的贝尔实验室及 BSD（加州大学伯克利分校的伯克利软件发布中心）在进程间的通信方面的侧重点有所不同。前者是对 UNIX 早期的进程间通信手段进行了系统的改进和扩充，形成了“system V IPC”，其通信进程主要局限在单个计算机内；后者则跳过了该限制，形成了基于套接口（socket）的进程间通信机制。而 Linux 则把两者的优势都继承了下来，如图 8.1 所示。

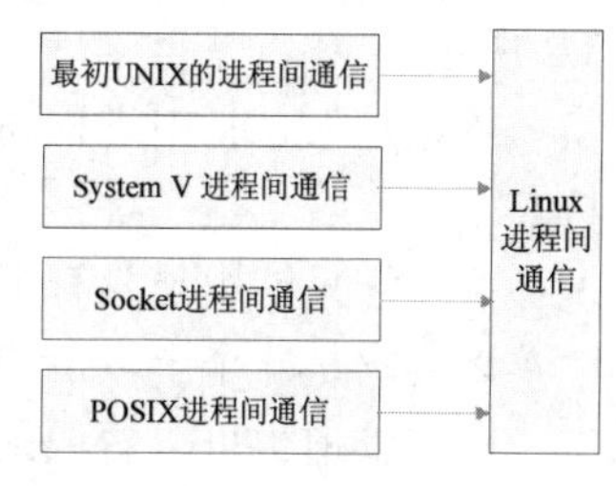

图 8.1　进程间通信发展历程

- UNIX 进程间通信（IPC）方式包括管道、FIFO 以及信号。

- System V 进程间通信（IPC）包括 System V 消息队列、System V 信号量以及 System V 共享内存区。
- Posix 进程间通信（IPC）包括 Posix 消息队列、Posix 信号量以及 Posix 共享内存区。

现在在 Linux 中使用较多的进程间通信方式主要有以下几种。

（1）管道（Pipe）及有名管道（named pipe）：管道可用于具有亲缘关系进程间的通信，有名管道，除具有管道所具有的功能外，它还允许无亲缘关系进程间的通信。

（2）信号（Signal）：信号是在软件层次上对中断机制的一种模拟，它是比较复杂的通信方式，用于通知进程有某事件发生，一个进程收到一个信号与处理器收到一个中断请求效果上可以说是一样的。

（3）消息队列（Messge Queue）：消息队列是消息的链接表，包括 Posix 消息队列 SystemV 消息队列。它克服了前两种通信方式中信息量有限的缺点，具有写权限的进程可以按照一定的规则向消息队列中添加新消息；对消息队列有读权限的进程则可以从消息队列中读取消息。

（4）共享内存（Shared memory）：可以说这是最有用的进程间通信方式。它使得多个进程可以访问同一块内存空间，不同进程可以及时看到对方进程中对共享内存中数据的更新。这种通信方式需要依靠某种同步机制，如互斥锁和信号量等。

（5）信号量（Semaphore）：主要作为进程之间以及同一进程的不同线程之间的同步和互斥手段。

（6）套接字（Socket）：这是一种更为一般的进程间通信机制，它可用于网络中不同机器之间的进程间通信，应用非常广泛。

本章会详细介绍前 5 种进程通信方式，对第 6 种通信方式将会在第 10 章中单独介绍。

8.2 管道

8.2.1 管道概述

本书在第 2 章中介绍“ps”的命令时提到过管道，当时指出了管道是 Linux 中一种很重要的通信方式，它是把一个程序的输出直接连接到另一个程序的输入，这里仍以第 2 章中的“ps –ef | grep ntp”为例，描述管道的通信过程，如图 8.2 所示。

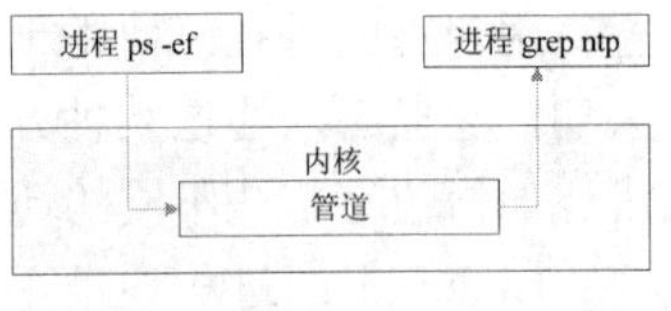

图 8.2 管道的通信过程

管道是 Linux 中进程间通信的一种方式。这里所说的管道主要指无名管道，它具有如下特点。

- 它只能用于具有亲缘关系的进程之间的通信（也就是父子进程或者兄弟进程之间）。
- 它是一个半双工的通信模式，具有固定的读端和写端。
- 管道也可以看成是一种特殊的文件，对于它的读写也可以使用普通的 read()和 write()等函数。但是它不是普通的文件，并不属于其他任何文件系统，并且只存在于内核的内存空间中。

8.2.2　管道系统调用

1．管道创建与关闭说明

管道是基于文件描述符的通信方式，当一个管道建立时，它会创建两个文件描述符 fds[0]和 fds[1]，其中 fds[0]固定用于读管道，而 fd[1]固定用于写管道，如图 8.3 所示，这样就构成了一个半双工的通道。

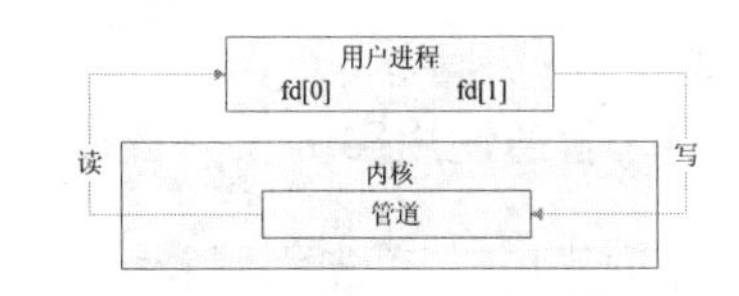

图 8.3　Linux 中管道与文件描述符的关系

管道关闭时只需将这两个文件描述符关闭即可，可使用普通的 close()函数逐个关闭各个文件描述符。

> 注意　当一个管道共享多对文件描述符时，若将其中的一对读写文件描述符都删除，则该管道就失效。

2．管道创建函数

创建管道可以通过调用 pipe()来实现，表 8.1 列出了 pipe()函数的语法要点。

表 8.1　pipe()函数语法要点

所需头文件	#include <unistd.h>
函数原型	int pipe(int fd[2])
函数传入值	fd[2]：管道的两个文件描述符，之后就可以直接操作这两个文件描述符
函数返回值	成功：0
	出错：–1

3．管道读写说明

用 pipe()函数创建的管道两端处于一个进程中，由于管道是主要用于在不同进程间通信的，因此这在实际应用中没有太大意义。实际上，通常先是创建一个管道，再通过 fork()函数创建一子进程，该子进程会继承父进程所创建的管道，这时，父子进程管道的文件描述符对应关系如图 8.4 所示。

此时的关系看似非常复杂，实际上却已经给不同进程之间的读写创造了很好的条件。父子进程分别拥有自己的读写通道，为了实现父子进程之间的读写，只需把无关的读端或写端的文件描述符关闭即可。例如在图 8.5 中将父进程的写端 fd[1]和子进程的读端 fd[0]关闭。此时，父子进程之间就建立起了一条“子进程写入父进程读取”的通道。

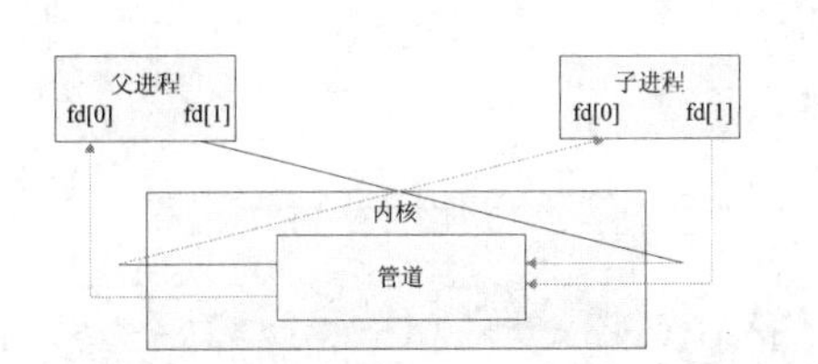

图 8.4　父子进程管道的文件描述符对应关系

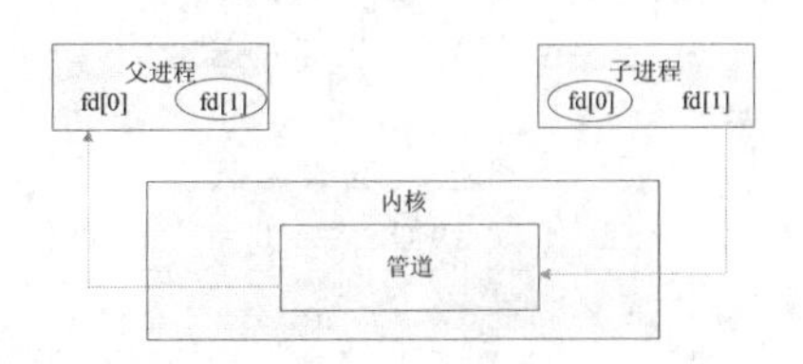

图 8.5　关闭父进程 fd[1]和子进程 fd[0]

同样，也可以关闭父进程的 fd[0]和子进程的 fd[1]，这样就可以建立一条“父进程写入子进程读取”的通道。另外，父进程还可以创建多个子进程，各个子进程都继承了相应的 fd[0] 和 fd[1]，这时，只需要关闭相应端口就可以建立其各子进程之间的通道。

想一想 为什么无名管道只能在具有亲缘关系的进程之间建立？

4．管道使用实例

在本例中，首先创建管道，之后父进程使用 fork()函数创建子进程，之后通过关闭父进程的读描述符和子进程的写描述符，建立起它们之间的管道通信。

```
/* pipe.c */
#include <unistd.h>
#include <sys/types.h>
#include <errno.h>
#include <stdio.h>
#include <stdlib.h>

#define MAX_DATA_LEN   256
#define DELAY_TIME 1

int main()
{
   pid_t pid;
   int pipe_fd[2];
   char buf[MAX_DATA_LEN];
   const char data[] = "Pipe Test Program";
   int real_read, real_write;

   memset((void*)buf, 0, sizeof(buf));
   /* 创建管道 */
   if (pipe(pipe_fd) < 0)
   {
      printf("pipe create error\n");
      exit(1);
   }

   /* 创建一子进程 */
   if ((pid = fork()) == 0)
   {
      /* 子进程关闭写描述符，并通过使子进程暂停 1s 等待父进程已关闭相应的读描述符 */
      close(pipe_fd[1]);
      sleep(DELAY_TIME * 3);

      /* 子进程读取管道内容 */
      if ((real_read = read(pipe_fd[0], buf, MAX_DATA_LEN)) > 0)
      {
         printf("%d bytes read from the pipe is '%s'\n", real_read, buf);
      }

      /* 关闭子进程读描述符 */
```

```
        close(pipe_fd[0]);
        exit(0);
    }
    else if (pid > 0)
    {
        /* 父进程关闭读描述符，并通过使父进程暂停 1s 等待子进程已关闭相应的写描述符 */
        close(pipe_fd[0]);
        sleep(DELAY_TIME);

        if((real_write = write(pipe_fd[1], data, strlen(data))) !=  -1)
        {
            printf("Parent wrote %d bytes : '%s'\n", real_write, data);
        }

        /*关闭父进程写描述符*/
        close(pipe_fd[1]);

        /*收集子进程退出信息*/
        waitpid(pid, NULL, 0);
        exit(0);
    }
}
```

将该程序交叉编译，下载到开发板上的运行结果如下所示：

```
$ ./pipe
Parent wrote 17 bytes : 'Pipe Test Program'
17 bytes read from the pipe is 'Pipe Test Program'
```

5. 管道读写注意点

- 只有在管道的读端存在时，向管道写入数据才有意义。否则，向管道写入数据的进程将收到内核传来的 SIGPIPE 信号（通常为 Broken pipe 错误）。
- 向管道写入数据时，Linux 将不保证写入的原子性，管道缓冲区一有空闲区域，写进程就会试图向管道写入数据。如果读进程不读取管道缓冲区中的数据，那么写操作将会一直阻塞。
- 父子进程在运行时，它们的先后次序并不能保证，因此，在这里为了保证父子进程已经关闭了相应的文件描述符，可在两个进程中调用 sleep()函数，当然这种调用不是很好的解决方法，在后面学到进程之间的同步与互斥机制之后，请读者自行修改本小节的实例程序。

8.2.3 标准流管道

1. 标准流管道函数说明

与 Linux 的文件操作中有基于文件流的标准 I/O 操作一样，管道的操作也支持基于文件流的模式。这种基于文件流的管道主要是用来创建一个连接到另一个进程的管道，这里的“另一个进程”也就是一个可以进行一定操作的可执行文件，例如，用户执行“ls -l”或者自己编写的程序“./pipe”等。由于这一类操作很常用，因此标准流管道就将一系列的创建过程合并到一个函数 popen()中完成。它所完成的工作有以下几步。

- 创建一个管道。
- fork()一个子进程。
- 在父子进程中关闭不需要的文件描述符。
- 执行 exec 函数族调用。
- 执行函数中所指定的命令。

这个函数的使用可以大大减少代码的编写量，但同时也有一些不利之处。例如，它不如前面管道创建的函数那样灵活多样，并且用 popen()创建的管道必须使用标准 I/O 函数进行操作，但不能使用前面的 read()、write()一类不带缓冲的 I/O 函数。

与之相对应，关闭用 popen()创建的流管道必须使用函数 pclose()来关闭该管道流。该函数关闭标准 I/O 流，并等待命令执行结束。

2．函数格式

popen()和 pclose()函数格式如表 8.2 和表 8.3 所示。

表 8.2　popen()函数语法要点

所需头文件	#include <stdio.h>	
函数原型	FILE *popen(const char *command, const char *type)	
函数传入值	command：指向的是一个以 null 结束符结尾的字符串，这个字符串包含一个 shell 命令，并被送到/bin/sh 以-c 参数执行，即由 shell 来执行	
	type：	“r”：文件指针连接到 command 的标准输出，即该命令的结果产生输出 “w”：文件指针连接到 command 的标准输入，即该命令的结果产生输入
函数返回值	成功：文件流指针	
	出错：–1	

表 8.3　pclose()函数语法要点

所需头文件	#include <stdio.h>
函数原型	int pclose(FILE *stream)
函数传入值	stream：要关闭的文件流
函数返回值	成功：返回由 popen()所执行的进程的退出码
	出错：–1

3．函数使用实例

在该实例中，使用 popen()来执行“ps -ef”命令。可以看出，popen()函数的使用能够使程序变得短小精悍。

```
/* standard_pipe.c */
#include <stdio.h>
#include <unistd.h>
#include <stdlib.h>
```

```
#include <fcntl.h>
#define BUFSIZE 1024

int main()
{
    FILE *fp;
    char *cmd = "ps -ef";
    char buf[BUFSIZE];

    /*调用 popen()函数执行相应的命令*/
    if ((fp = popen(cmd, "r")) == NULL)
    {
        printf("Popen error\n");
        exit(1);
    }

    while ((fgets(buf, BUFSIZE, fp)) != NULL)
    {
        printf("%s",buf);
    }
    pclose(fp);
    exit(0);
}
```

下面是该程序在目标板上的执行结果。

```
$ ./standard_pipe
  PID TTY          Uid         Size State Command
    1              root        1832   S   init
    2              root           0   S   [keventd]
    3              root           0   S   [ksoftirqd_CPU0]
   ......
   74              root        1284   S   ./standard_pipe
   75              root        1836   S   sh -c ps -ef
   76              root        2020   R   ps -ef
```

8.2.4 FIFO

1. 有名管道说明

前面介绍的管道是无名管道，它只能用于具有亲缘关系的进程之间，这就大大地限制了管道的使用。有名管道的出现突破了这种限制，它可以使互不相关的两个进程实现彼此通信。该管道可以通过路径名来指出，并且在文件系统中是可见的。在建立了管道之后，两个进程就可以把它当作普通文件一样进行读写操作，使用非常方便。不过值得注意的是，FIFO 是严格地遵循先进先出规则的，对管道及 FIFO 的读总是从开始处返回数据，对它们的写则把数据添加到末尾，它们不支持如 lseek()等文件定位操作。

有名管道的创建可以使用函数 mkfifo()，该函数类似文件中的 open()操作，可以指定管道的路径和打开的模式。

小知识　用户还可以在命令行使用“mknod 管道名 p”来创建有名管道。

在创建管道成功之后，就可以使用 open()、read()和 write()这些函数了。与普通文件的开发设置一样，对于为读而打开的管道可在 open()中设置 O_RDONLY，对于为写而打开的管道可在 open()中设置 O_WRONLY，在这里与普通文件不同的是阻塞问题。由于普通文件的读写时不会出现阻塞问题，而在管道的读写中却有阻塞的可能，这里的非阻塞标志可以在 open()函数中设定为 O_NONBLOCK。下面分别对阻塞打开和非阻塞打开的读写进行讨论。

（1）对于读进程。

- 若该管道是阻塞打开，且当前 FIFO 内没有数据，则对读进程而言将一直阻塞到有数据写入。
- 若该管道是非阻塞打开，则不论 FIFO 内是否有数据，读进程都会立即执行读操作。即如果 FIFO 内没有数据，则读函数将立刻返回 0。

（2）对于写进程。

- 若该管道是阻塞打开，则写操作将一直阻塞到数据可以被写入。
- 若该管道是非阻塞打开而不能写入全部数据，则读操作进行部分写入或者调用失败。

2．mkfifo()函数格式

表 8.4 列出了 mkfifo()函数的语法要点。

表 8.4　　**mkfifo()函数语法要点**

所需头文件	#include <sys/types.h> #include <sys/state.h>	
函数原型	int mkfifo(const char *filename,mode_t mode)	
函数传入值	filename：要创建的管道	
函数传入值	mode：	O_RDONLY：读管道
		O_WRONLY：写管道
		O_RDWR：读写管道
		O_NONBLOCK：非阻塞
		O_CREAT：如果该文件不存在，那么就创建一个新的文件，并用第三个参数为其设置权限
		O_EXCL：如果使用 O_CREAT 时文件存在，那么可返回错误消息。这一参数可测试文件是否存在
函数返回值	成功：0	
	出错：–1	

表 8.5 再对 FIFO 相关的出错信息做一归纳，以方便用户查错。

表 8.5　　**FIFO 相关的出错信息**

EACCESS	参数 filename 所指定的目录路径无可执行的权限
EEXIST	参数 filename 所指定的文件已存在
ENAMETOOLONG	参数 filename 的路径名称太长

续表

ENOENT	参数 filename 包含的目录不存在
ENOSPC	文件系统的剩余空间不足
ENOTDIR	参数 filename 路径中的目录存在但却非真正的目录
EROFS	参数 filename 指定的文件存在于只读文件系统内

3. 使用实例

下面的实例包含了两个程序，一个用于读管道，另一个用于写管道。其中在读管道的程序里创建管道，并且作为 main()函数里的参数由用户输入要写入的内容。读管道的程序会读出用户写入到管道的内容，这两个程序采用的是阻塞式读写管道模式。

以下是写管道的程序：

```
/* fifo_write.c */
#include <sys/types.h>
#include <sys/stat.h>
#include <errno.h>
#include <fcntl.h>
#include <stdio.h>
#include <stdlib.h>
#include <limits.h>
#define MYFIFO              "/tmp/myfifo"      /* 有名管道文件名*/
#define MAX_BUFFER_SIZE         PIPE_BUF       /*定义在于 limits.h 中*/

int main(int argc, char * argv[]) /*参数为即将写入的字符串*/
{
   int fd;
   char buff[MAX_BUFFER_SIZE];
   int nwrite;

   if(argc <= 1)
   {
      printf("Usage: ./fifo_write string\n");
      exit(1);
   }
   sscanf(argv[1], "%s", buff);

   /* 以只写阻塞方式打开 FIFO 管道 */
   fd = open(MYFIFO, O_WRONLY);
   if (fd == -1)
   {
      printf("Open fifo file error\n");
      exit(1);
   }
```

```
    /*向管道中写入字符串*/
    if ((nwrite = write(fd, buff, MAX_BUFFER_SIZE)) > 0)
    {
        printf("Write '%s' to FIFO\n", buff);
    }
    close(fd);
    exit(0);
}
```

以下是读管道程序：

```
/*fifo_read.c*/
(头文件和宏定义同 fifo_write.c)
int main()
{
    char buff[MAX_BUFFER_SIZE];
    int  fd;
    int  nread;

    /* 判断有名管道是否已存在，若尚未创建，则以相应的权限创建*/
    if (access(MYFIFO, F_OK) == -1)
    {
        if ((mkfifo(MYFIFO, 0666) < 0) && (errno != EEXIST))
        {
            printf("Cannot create fifo file\n");
            exit(1);
        }
    }
    /* 以只读阻塞方式打开有名管道 */
    fd = open(MYFIFO, O_RDONLY);
    if (fd == -1)
    {
        printf("Open fifo file error\n");
        exit(1);
    }

    while (1)
    {
        memset(buff, 0, sizeof(buff));
        if ((nread = read(fd, buff, MAX_BUFFER_SIZE)) > 0)
        {
            printf("Read '%s' from FIFO\n", buff);
        }
    }
    close(fd);
    exit(0);
}
```

为了能够较好地观察运行结果，需要把这两个程序分别在两个终端里运行，在这里首先启动读管道程序。读管道进程在建立管道之后就开始循环地从管道里读出内容，如果没有数据可读，则一直阻塞到写管道进程向管道写入数据。在启动了写管道程序后，读进程能够从管道里读出用户的输入内容，程序运行结果如下所示。

终端一：

```
$ ./fifo_read
Read 'FIFO' from FIFO
Read 'Test' from FIFO
Read 'Program' from FIFO
……
```

终端二：

```
$ ./fifo_write FIFO
Write 'FIFO' to FIFO
$ ./fifo_write Test
Write 'Test' to FIFO
$ ./fifo_write Program
Write 'Program' to FIFO
……
```

8.3 信号

8.3.1 信号概述

信号是 UNIX 中所使用的进程通信的一种最古老的方法。它是在软件层次上对中断机制的一种模拟，是一种异步通信方式。信号可以直接进行用户空间进程和内核进程之间的交互，内核进程也可以利用它来通知用户空间进程发生了哪些系统事件。它可以在任何时候发给某一进程，而无需知道该进程的状态。如果该进程当前并未处于执行态，则该信号就由内核保存起来，直到该进程恢复执行再传递给它为止；如果一个信号被进程设置为阻塞，则该信号的传递被延迟，直到其阻塞被取消时才被传递给进程。

在第 2 章 kill 命令中曾讲解到“-l”选项，这个选项可以列出该系统所支持的所有信号的列表。在笔者的系统中，信号值在 32 之前的则有不同的名称，而信号值在 32 以后的都是用“SIGRTMIN”或“SIGRTMAX”开头的，这就是两类典型的信号。前者是从 UNIX 系统中继承下来的信号，为不可靠信号（也称为非实时信号）；后者是为了解决前面“不可靠信号”的问题而进行了更改和扩充的信号，称为“可靠信号”（也称为实时信号）。那么为什么之前的信号不可靠呢？这里首先要介绍一下信号的生命周期。

一个完整的信号生命周期可以分为 3 个重要阶段，这 3 个阶段由 4 个重要事件来刻画的：信号产生、信号在进程中注册、信号在进程中注销、执行信号处理函数，如图 8.6 所示。相邻两个事件的时间间隔构成信号生命周期的一个阶段。要注意这里的信号处理有多种方式，一般是由内核完成的，当然也可以由用户进程来完成，故在此没有明确画出。

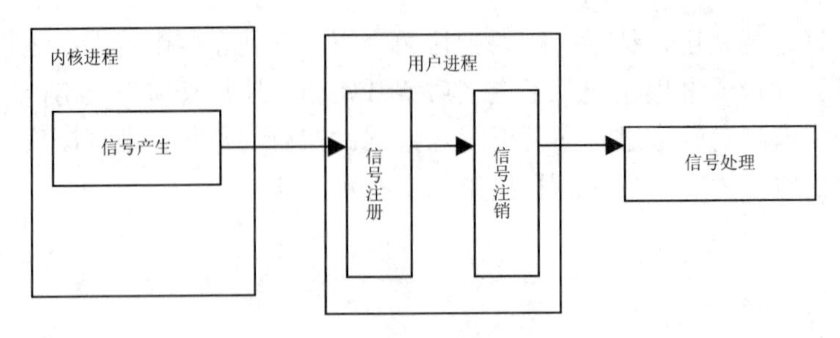

图 8.6 信号生命周期

一个不可靠信号的处理过程是这样的：如果发现该信号已经在进程中注册，那么就忽略该信号。因此，若前一个信号还未注销又产生了相同的信号就会产生信号丢失。而当可靠信号发送给一个进程时，不管该信号是否已经在进程中注册，都会被再注册一次，因此信号就不会丢失。所有可靠信号都支持排队，而所有不可靠信号都不支持排队。

注意　这里信号的产生、注册和注销等是指信号的内部实现机制，而不是调用信号的函数实现。因此，信号注册与否，与本节后面讲到的发送信号函数（如 kill()等）以及信号安装函数（如 signal()等）无关，只与信号值有关。

用户进程对信号的响应可以有 3 种方式。

- 忽略信号，即对信号不做任何处理，但是有两个信号不能忽略，即 SIGKILL 及 SIGSTOP。
- 捕捉信号，定义信号处理函数，当信号发生时，执行相应的自定义处理函数。
- 执行默认操作，Linux 对每种信号都规定了默认操作。

Linux 中的大多数信号是提供给内核的，表 8.6 列出了 Linux 中最为常见信号的含义及其默认操作。

表 8.6　常见信号的含义及其默认操作

信 号 名	含 义	默 认 操 作
SIGHUP	该信号在用户终端连接（正常或非正常）结束时发出，通常是在终端的控制进程结束时，通知同一会话内的各个作业与控制终端不再关联	终止
SIGINT	该信号在用户键入 INTR 字符（通常是 Ctrl-C）时发出，终端驱动程序发送此信号并送到前台进程中的每一个进程	终止
SIGQUIT	该信号和 SIGINT 类似，但由 QUIT 字符（通常是 Ctrl-\）来控制	终止
SIGILL	该信号在一个进程企图执行一条非法指令时（可执行文件本身出现错误，或者试图执行数据段、堆栈溢出时）发出	终止
SIGFPE	该信号在发生致命的算术运算错误时发出。这里不仅包括浮点运算错误，还包括溢出及除数为 0 等其他所有的算术错误	终止
SIGKILL	该信号用来立即结束程序的运行，并且不能被阻塞、处理或忽略	终止
SIGALRM	该信号当一个定时器到时的时候发出	终止
SIGSTOP	该信号用于暂停一个进程，且不能被阻塞、处理或忽略	暂停进程
SIGTSTP	该信号用于交互停止进程，用户键入 SUSP 字符时（通常是 Ctrl+Z）发出这个信号	停止进程
SIGCHLD	子进程改变状态时，父进程会收到这个信号	忽略
SIGABORT	进程异常终止时发出	

8.3.2　信号发送与捕捉

发送信号的函数主要有 kill()、raise()、alarm()以及 pause()，下面就依次对其进行介绍。

1．kill()和 raise()

（1）函数说明。

kill()函数同读者熟知的 kill 系统命令一样，可以发送信号给进程或进程组（实际上，kill 系统命令只是 kill()函数的一个用户接口）。这里需要注意的是，它不仅可以中止进程（实际上发出 SIGKILL 信号），也可以向进程发送其他信号。

与 kill()函数所不同的是，raise()函数允许进程向自身发送信号。

（2）函数格式。

表 8.7 列出了 kill()函数的语法要点。

表 8.7　　kill()函数语法要点

所需头文件	#include <signal.h> #include <sys/types.h>	
函数原型	int kill(pid_t pid, int sig)	
函数传入值	pid：	正数：要发送信号的进程号
		0：信号被发送到所有和当前进程在同一个进程组的进程
		–1：信号发给所有的进程表中的进程（除了进程号最大的进程外）
		<-1：信号发送给进程组号为-pid 的每一个进程
	sig：信号	
函数返回值	成功：0	
	出错：–1	

表 8.8 列出了 raise()函数的语法要点。

表 8.8　　raise()函数语法要点

所需头文件	#include <signal.h> #include <sys/types.h>
函数原型	int raise(int sig)
函数传入值	sig：信号
函数返回值	成功：0
	出错：–1

（3）函数实例。

下面这个示例首先使用 fork()创建了一个子进程，接着为了保证子进程不在父进程调用 kill()之前退出，在子进程中使用 raise()函数向自身发送 SIGSTOP 信号，使子进程暂停。接下来再在父进程中调用 kill()向子进程发送信号，在该示例中使用的是 SIGKILL，读者可以使用其他信号进行练习。

```
/* kill_raise.c */
#include <stdio.h>
```

```
#include <stdlib.h>
#include <signal.h>
#include <sys/types.h>
#include <sys/wait.h>

int main()
{
    pid_t pid;
    int ret;

    /* 创建一子进程 */
    if ((pid = fork()) < 0)
    {
            printf("Fork error\n");
            exit(1);
    }

    if (pid == 0)
    {
        /* 在子进程中使用 raise()函数发出 SIGSTOP 信号,使子进程暂停 */
        printf("Child(pid : %d) is waiting for any signal\n", getpid());
        raise(SIGSTOP);
        exit(0);
    }
    else
    {
        /* 在父进程中收集子进程发出的信号，并调用 kill()函数进行相应的操作 */
        if ((waitpid(pid, NULL, WNOHANG)) == 0)
        {
            if ((ret = kill(pid, SIGKILL)) == 0)
            {
                printf("Parent kill %d\n",pid);
            }
        }

        waitpid(pid, NULL, 0);
        exit(0);
    }
}
```

该程序运行结果如下所示：

```
$ ./kill_raise
Child(pid : 4877) is waiting for any signal
Parent kill 4877
```

2．alarm()和 pause()

（1）函数说明。

alarm()也称为闹钟函数，它可以在进程中设置一个定时器，当定时器指定的时间到时，它就向进程发送 SIGALARM 信号。要注意的是，一个进程只能有一个闹钟时间，如果在调用 alarm()之前已设置过闹钟时间，则任何以前的闹钟时间都被新值所代替。

pause()函数是用于将调用进程挂起直至捕捉到信号为止。这个函数很常用，通常可以用于判断信号是否已到。

（2）函数格式。

表 8.9 列出了 alarm()函数的语法要点。

表 8.9　　alarm()函数语法要点

所需头文件	#include <unistd.h>
函数原型	unsigned int alarm(unsigned int seconds)
函数传入值	seconds：指定秒数，系统经过 seconds 秒之后向该进程发送 SIGALRM 信号
函数返回值	成功：如果调用此 alarm()前，进程中已经设置了闹钟时间，则返回上一个闹钟时间的剩余时间，否则返回 0
	出错：−1

表 8.10 列出了 pause()函数的语法要点。

表 8.10　　pause()函数语法要点

所需头文件	#include <unistd.h>
函数原型	int pause(void)
函数返回值	−1，并且把 error 值设为 EINTR

（3）函数实例。

该实例实际上已完成了一个简单的 sleep()函数的功能，由于 SIGALARM 默认的系统动作为终止该进程，因此程序在打印信息之前，就会被结束了。代码如下所示：

```
/* alarm_pause.c */
#include <unistd.h>
#include <stdio.h>
#include <stdlib.h>

int main()
{
    /*调用 alarm 定时器函数*/
    int ret = alarm(5);
    pause();
    printf("I have been waken up.\n",ret); /* 此语句不会被执行 */
}
$./alarm_pause
Alarm clock
```

想一想　用这种形式实现的 sleep()功能有什么问题？

8.3.3　信号的处理

在了解了信号的产生与捕获之后，接下来就要对信号进行具体的操作了。从前面的信号概述中读者也可以看到，特定的信号是与一定的进程相联系的。也就是说，一个进程可以决定在该进程中需要对哪些信号进行什么样的处理。例如，一个进程可以选择忽略某些信号而只处理其他一些信号，另外，一个进程还可以选择如何处理信号。总之，这些都是与特定的进程相联系的。因此，首先就要建立进程与其信号之间的对应关系，这就是信号的处理。

注意　请读者注意信号的注册与信号的处理之间的区别，前者信号是主动方，而后者进程是主动方。信号的注册是在进程选择了特定信号处理之后特定信号的主动行为。

信号处理的主要方法有两种，一种是使用简单的 signal()函数，另一种是使用信号集函数组。下面分别介绍这两种处理方式。

1．信号处理函数

（1）函数说明。

使用 signal()函数处理时，只需要指出要处理的信号和处理函数即可。它主要是用于前 32 种非实时信号的处理，不支持信号传递信息，但是由于使用简单、易于理解，因此也受到很多程序员的欢迎。

Linux 还支持一个更健壮、更新的信号处理函数 sigaction()，推荐使用该函数。

（2）函数格式。

signal()函数的语法要点如表 8.11 所示。

表 8.11　signal()函数语法要点

所需头文件	#include <signal.h>	
函数原型	void (*signal(int signum, void (*handler)(int)))(int)	
函数传入值	signum：指定信号代码	
	handler：	SIG_IGN：忽略该信号
		SIG_DFL：采用系统默认方式处理信号
		自定义的信号处理函数指针
函数返回值	成功：以前的信号处理配置	
	出错：–1	

这里需要对这个函数原型进行说明。这个函数原型有点复杂。可先用如下的 typedef 进行替换说明：

```
typedef void sign(int);
sign *signal(int, handler *);
```

可见，首先该函数原型整体指向一个无返回值并且带一个整型参数的函数指针，也就是信号的原始配置函数。接着该原型又带有两个参数，其中的第二个参数可以是用户自定义的信号处理函数的函数指针。

表 8.12 列举了 sigaction()的语法要点。

表 8.12　sigaction()函数语法要点

所需头文件	#include <signal.h>

续表

函数原型	int sigaction(int signum, const struct sigaction *act, struct sigaction *oldact)
函数传入值	signum：信号代码，可以为除 SIGKILL 及 SIGSTOP 外的任何一个特定有效的信号
	act：指向结构 sigaction 的一个实例的指针，指定对特定信号的处理
	oldact：保存原来对相应信号的处理
函数返回值	成功：0
	出错：–1

这里要说明的是 sigaction()函数中第 2 个和第 3 个参数用到的 sigaction 结构。这是一个看似非常复杂的结构，希望读者能够慢慢阅读此段内容。

首先给出了 sigaction 的定义，如下所示：

```
struct sigaction
{
    void (*sa_handler)(int signo);
    sigset_t sa_mask;
    int sa_flags;
    void (*sa_restore)(void);
}
```

sa_handler 是一个函数指针，指定信号处理函数，这里除可以是用户自定义的处理函数外，还可以为 SIG_DFL（采用默认的处理方式）或 SIG_IGN（忽略信号）。它的处理函数只有一个参数，即信号值。

sa_mask 是一个信号集，它可以指定在信号处理程序执行过程中哪些信号应当被屏蔽，在调用信号捕获函数之前，该信号集要加入到信号的信号屏蔽字中。

sa_flags 中包含了许多标志位，是对信号进行处理的各个选择项。它的常见可选值如表 8.13 所示。

表 8.13　　常见信号的含义及其默认操作

选　　项	含　　义
SA_NODEFER \ SA_NOMASK	当捕捉到此信号时，在执行其信号捕捉函数时，系统不会自动屏蔽此信号
SA_NOCLDSTOP	进程忽略子进程产生的任何 SIGSTOP、SIGTSTP、SIGTTIN 和 SIGTTOU 信号
SA_RESTART	令重启的系统调用起作用
SA_ONESHOT\SA_RESETHAND	自定义信号只执行一次，在执行完毕后恢复信号的系统默认动作

（3）使用实例。

第一个实例表明了如何使用 signal()函数捕捉相应信号，并做出给定的处理。这里，my_func 就是信号处理的函数指针。读者还可以将其改为 SIG_IGN 或 SIG_DFL 查看运行结果。第二个实例是用 sigaction()函数实现同样的功能。

以下是使用 signal()函数的示例：

```
/* signal.c */
```

```
#include <signal.h>
#include <stdio.h>
#include <stdlib.h>

/*自定义信号处理函数*/
void my_func(int sign_no)
{
    if (sign_no == SIGINT)
    {
        printf("I have get SIGINT\n");
    }
    else if (sign_no == SIGQUIT)
    {
        printf("I have get SIGQUIT\n");
    }
}

int main()
{
    printf("Waiting for signal SIGINT or SIGQUIT...\n");

    /* 发出相应的信号，并跳转到信号处理函数处 */
    signal(SIGINT, my_func);
    signal(SIGQUIT, my_func);
    pause();
    exit(0);
}
```

运行结果如下所示。

```
$ ./signal
Waiting for signal SIGINT or SIGQUIT...
I have get SIGINT （按 ctrl-c 组合键）
$ ./signal
Waiting for signal SIGINT or SIGQUIT...
I have get SIGQUIT （按 ctrl-\ 组合键）
```

以下是用 sigaction()函数实现同样的功能，下面只列出更新的 main()函数部分。

```
/* sigaction.c */
/* 前部分省略 */
int main()
{
    struct sigaction action;
    printf("Waiting for signal SIGINT or SIGQUIT...\n");

    /* sigaction 结构初始化 */
    action.sa_handler = my_func;
    sigemptyset(&action.sa_mask);
    action.sa_flags = 0;
```

```
    /* 发出相应的信号，并跳转到信号处理函数处 */
    sigaction(SIGINT, &action, 0);
    sigaction(SIGQUIT, &action, 0);
    pause();
    exit(0);
}
```

2. 信号集函数组

（1）函数说明。

使用信号集函数组处理信号时涉及一系列的函数，这些函数按照调用的先后次序可分为以下几大功能模块：创建信号集合、注册信号处理函数以及检测信号。

其中，创建信号集合主要用于处理用户感兴趣的一些信号，其函数包括以下几个。

- sigemptyset()：将信号集合初始化为空。
- sigfillset()：将信号集合初始化为包含所有已定义的信号的集合。
- sigaddset()：将指定信号加入到信号集合中去。
- sigdelset()：将指定信号从信号集合中删除。
- sigismember()：查询指定信号是否在信号集合之中。

注册信号处理函数主要用于决定进程如何处理信号。这里要注意的是，信号集里的信号并不是真正可以处理的信号，只有当信号的状态处于非阻塞状态时才会真正起作用。因此，首先使用 sigprocmask()函数检测并更改信号屏蔽字（信号屏蔽字是用来指定当前被阻塞的一组信号，它们不会被进程接收），然后使用 sigaction()函数来定义进程接收到特定信号之后的行为。检测信号是信号处理的后续步骤，因为被阻塞的信号不会传递给进程，所以这些信号就处于“未处理”状态（也就是进程不清楚它的存在）。sigpending()函数允许进程检测“未处理”信号，并进一步决定对它们作何处理。

（2）函数格式。

首先介绍创建信号集合的函数格式，表 8.14 列举了这一组函数的语法要点。

表 8.14　　创建信号集合函数语法要点

所需头文件	#include <signal.h>
函数原型	int sigemptyset(sigset_t *set)
	int sigfillset(sigset_t *set)
	int sigaddset(sigset_t *set, int signum)
	int sigdelset(sigset_t *set, int signum)
	int sigismember(sigset_t *set, int signum)
函数传入值	set：信号集
	signum：指定信号代码
函数返回值	成功：0（sigismember 成功返回 1，失败返回 0）
	出错：–1

表 8.15 列举了 sigprocmask 的语法要点。

表 8.15　　　　**sigprocmask** 函数语法要点

所需头文件	#include <signal.h>	
函数原型	int sigprocmask(int how, const sigset_t *set, sigset_t *oset)	
函数传入值	how：决定函数的操作方式	SIG_BLOCK：增加一个信号集合到当前进程的阻塞集合之中
		SIG_UNBLOCK：从当前的阻塞集合之中删除一个信号集合
		SIG_SETMASK：将当前的信号集合设置为信号阻塞集合
	set：指定信号集	
	oset：信号屏蔽字	
函数返回值	成功：0	
	出错：–1	

此处，若 set 是一个非空指针，则参数 how 表示函数的操作方式；若 how 为空，则表示忽略此操作。

最后，表 8.16 列举了 sigpending 函数的语法要点。

表 8.16　　　　**sigpending** 函数语法要点

所需头文件	#include <signal.h>
函数原型	int sigpending(sigset_t *set)
函数传入值	set：要检测的信号集
函数返回值	成功：0
	出错：–1

总之，在处理信号时，一般遵循如图 8.7 所示的操作流程。

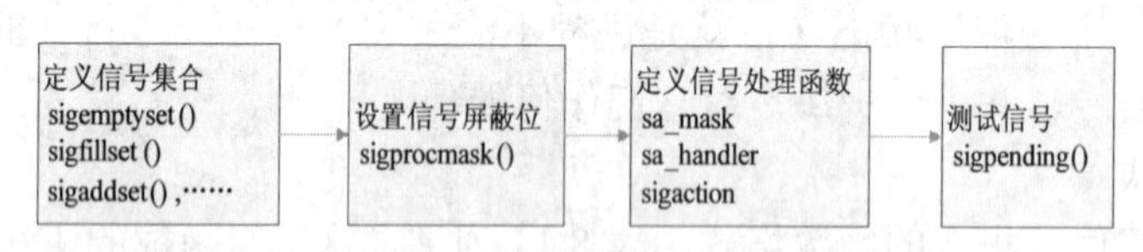

图 8.7　一般的信号操作处理流程

（3）使用实例。

该实例首先把 SIGQUIT、SIGINT 两个信号加入信号集，然后将该信号集合设为阻塞状态，并进入用户输入状态。用户只需按任意键，就可以立刻将信号集合设置为非阻塞状态，再对这两个信号分别操作，其中 SIGQUIT 执行默认操作，而 SIGINT 执行用户自定义函数的操作。源代码如下所示：

```
/* sigset.c */
#include <sys/types.h>
#include <unistd.h>
#include <signal.h>
#include <stdio.h>
#include <stdlib.h>

/*自定义的信号处理函数*/
void my_func(int signum)
```

```
{
    printf("If you want to quit,please try SIGQUIT\n");
}

int main()
{
    sigset_t set,pendset;
    struct sigaction action1,action2;

    /* 初始化信号集为空 */
    if (sigemptyset(&set) < 0)
    {
        perror("sigemptyset");
        exit(1);
    }

    /* 将相应的信号加入信号集 */
    if (sigaddset(&set, SIGQUIT) < 0)
    {
        perror("sigaddset");
        exit(1);
    }

    if (sigaddset(&set, SIGINT) < 0)
    {
        perror("sigaddset");
        exit(1);
    }

    if (sigismember(&set, SIGINT))
    {
        sigemptyset(&action1.sa_mask);
        action1.sa_handler = my_func;
        action1.sa_flags = 0;
        sigaction(SIGINT, &action1, NULL);
    }

    if (sigismember(&set, SIGQUIT))
    {
        sigemptyset(&action2.sa_mask);
        action2.sa_handler = SIG_DFL;
        action2.sa_flags = 0;
        sigaction(SIGQUIT, &action2,NULL);
    }

    /* 设置信号集屏蔽字，此时 set 中的信号不会被传递给进程，暂时进入待处理状态 */
    if (sigprocmask(SIG_BLOCK, &set, NULL) < 0)
    {
        perror("sigprocmask");
        exit(1);
```

```
    }
    else
    {
        printf("Signal set was blocked, Press any key!");
        getchar();
    }

    /* 在信号屏蔽字中删除 set 中的信号 */
    if (sigprocmask(SIG_UNBLOCK, &set, NULL) < 0)
    {
        perror("sigprocmask");
        exit(1);
    }
    else
    {
        printf("Signal set is in unblock state\n");
    }

    while(1);
    exit(0);
}
```

该程序的运行结果如下所示，可以看见，在信号处于阻塞状态时，所发出的信号对进程不起作用，并且该信号进入待处理状态。读者输入任意键，并且信号脱离了阻塞状态之后，用户发出的信号才能正常运行。这里 SIGINT 已按照用户自定义的函数运行，请读者注意阻塞状态下 SIGINT 的处理和非阻塞状态下 SIGINT 的处理有何不同。

```
$ ./sigset
Signal set was blocked, Press any key!     /* 此时按任何键可以解除阻塞屏蔽字 */
If you want to quit,please try SIGQUIT     /* 阻塞状态下 SIGINT 的处理*/
Signal set is in unblock state              /* 从信号屏蔽字中删除 set 中的信号 */
If you want to quit,please try SIGQUIT     /* 非阻塞状态下 SIGINT 的处理 */
If you want to quit,please try SIGQUIT
Quit                                        /* 非阻塞状态下 SIGQUIT 处理 */
```

8.4 信号量

8.4.1 信号量概述

在多任务操作系统环境下，多个进程会同时运行，并且一些进程之间可能存在一定的关联。多个进程可能为了完成同一个任务会相互协作，这样形成进程之间的同步关系。而且在不同进程之间，为了争夺有限的系统资源（硬件或软件资源）会进入竞争状态，这就是进程之间的互斥关系。

进程之间的互斥与同步关系存在的根源在于临界资源。临界资源是在同一个时刻只允许有限个（通常只有一个）进程可以访问（读）或修改（写）的资源，通常包括硬件资源（处理器、内存、存储器以及其他外围设备等）和软件资源（共享代码段，共享结构和变量等）。

访问临界资源的代码叫做临界区，临界区本身也会成为临界资源。

信号量是用来解决进程之间的同步与互斥问题的一种进程之间通信机制，包括一个称为信号量的变量和在该信号量下等待资源的进程等待队列，以及对信号量进行的两个原子操作（PV 操作）。其中信号量对应于某一种资源，取一个非负的整型值。信号量值指的是当前可用的该资源的数量，若它等于 0 则意味着目前没有可用的资源。PV 原子操作的具体定义如下：

P 操作：如果有可用的资源（信号量值>0），则占用一个资源（给信号量值减去一，进入临界区代码）;如果没有可用的资源（信号量值等于 0），则被阻塞到，直到系统将资源分配给该进程（进入等待队列，一直等到资源轮到该进程）。

V 操作：如果在该信号量的等待队列中有进程在等待资源，则唤醒一个阻塞进程。如果没有进程等待它，则释放一个资源（给信号量值加一）。

使用信号量访问临界区的伪代码所下所示：

```
{
    /* 设 R 为某种资源，S 为资源 R 的信号量*/
    INIT_VAL(S);              /* 对信号量 S 进行初始化 */
    非临界区;
    P(S);                     /* 进行 P 操作 */
    临界区 (使用资源 R);       /* 只有有限个 (通常只有一个) 进程被允许进入该区*/
    V(S);                     /* 进行 V 操作 */
    非临界区;
}
```

最简单的信号量是只能取 0 和 1 两种值，这种信号量被叫做二维信号量。在本节中，主要讨论二维信号量。二维信号量的应用比较容易地扩展到使用多维信号量的情况。

8.4.2 信号量的应用

1. 函数说明

在 Linux 系统中，使用信号量通常分为以下几个步骤。

（1）创建信号量或获得在系统已存在的信号量，此时需要调用 semget()函数。不同进程通过使用同一个信号量键值来获得同一个信号量。

（2）初始化信号量，此时使用 semctl()函数的 SETVAL 操作。当使用二维信号量时，通常将信号量初始化为 1。

（3）进行信号量的 PV 操作，此时调用 semop()函数。这一步是实现进程之间的同步和互斥的核心工作部分。

（4）如果不需要信号量，则从系统中删除它，此时使用 semclt()函数的 IPC_RMID 操作。此时需要注意，在程序中不应该出现对已经被删除的信号量的操作。

2. 函数格式

表 8.17 列举了 semget()函数的语法要点。

表 8.17　　semget()函数语法要点

所需头文件	#include <sys/types.h> #include <sys/ipc.h> #include <sys/sem.h>
函数原型	int semget(key_t key, int nsems, int semflg)
函数传入值	key：信号量的键值，多个进程可以通过它访问同一个信号量，其中有个特殊值 IPC_PRIVATE。它用于创建当前进程的私有信号量
	nsems：需要创建的信号量数目，通常取值为 1
	semflg：同 open()函数的权限位，也可以用八进制表示法，其中使用 IPC_CREAT 标志创建新的信号量，即使该信号量已经存在（具有同一个键值的信号量已在系统中存在），也不会出错。如果同时使用 IPC_EXCL 标志可以创建一个新的惟一的信号量，此时如果该信号量已经存在，该函数会返回出错
函数返回值	成功：信号量标识符，在信号量的其他函数中都会使用该值
	出错：-1

表 8.18 列举了 semctl()函数的语法要点。

表 8.18　　semctl()函数语法要点

所需头文件	#include <sys/types.h> #include <sys/ipc.h> #include <sys/sem.h>
函数原型	int semctl(int semid, int semnum, int cmd, union semun arg)
函数传入值	semid：semget()函数返回的信号量标识符
	semnum：信号量编号，当使用信号量集时才会被用到。通常取值为 0，就是使用单个信号量（也是第一个信号量）
	cmd：指定对信号量的各种操作，当使用单个信号量（而不是信号量集）时，常用的有以下几种： IPC_STAT：获得该信号量（或者信号量集合）的 semid_ds 结构，并存放在由第 4 个参数 arg 的 buf 指向的 semid_ds 结构中。semid_ds 是在系统中描述信号量的数据结构 IPC_SETVAL：将信号量值设置为 arg 的 val 值 IPC_GETVAL：返回信号量的当前值 IPC_RMID：从系统中，删除信号量（或者信号量集）

	arg：是 union semnn 结构，该结构可能在某些系统中并不给出定义，此时必须由程序员自己定义
	union semun
	{
	int val;
	struct semid_ds *buf;
	unsigned short *array;
	}

续表

函数返回值	成功：根据 cmd 值的不同而返回不同的值 IPC_STAT、IPC_SETVAL、IPC_RMID：返回 0 IPC_GETVAL：返回信号量的当前值
	出错：-1

表 8.19 列举了 semop()函数的语法要点。

表 8.19　semop()函数语法要点

所需头文件	#include <sys/types.h> #include <sys/ipc.h> #include <sys/sem.h>
函数原型	int semop(int semid, struct sembuf *sops, size_t nsops)
函数传入值	semid：semget()函数返回的信号量标识符

	sops：指向信号量操作数组，一个数组包括以下成员：
	struct sembuf
	{
	short sem_num;　/* 信号量编号，使用单个信号量时，通常取值为 0 */
	short sem_op;
	/* 信号量操作：取值为-1 则表示 P 操作，取值为+1 则表示 V 操作*/
	short sem_flg;
	/* 通常设置为 SEM_UNDO。这样在进程没释放信号量而退出时，系统自动释放该进程中未释放的信号量 */
	}

	nsops：操作数组 sops 中的操作个数（元素数目），通常取值为 1（一个操作）
函数返回值	成功：信号量标识符，在信号量的其他函数中都会使用该值
	出错：-1

3．使用实例

本实例说明信号量的概念以及基本用法。在实例程序中，首先创建一个子进程，接下来使用信号量来控制两个进程（父子进程）之间的执行顺序。

因为信号量相关的函数调用接口比较复杂，我们可以将它们封装成二维单个信号量的几个基本函数。它们分别为信号量初始化函数（或者信号量赋值函数）init_sem()、P 操作函数 sem_p()、V 操作函数 sem_v()以及删除信号量的函数 del_sem()等，具体实现如下所示：

```
/* sem_com.c */
#include "sem_com.h"
/* 信号量初始化（赋值）函数*/
int init_sem(int sem_id, int init_value)
```

```
{
    union semun sem_union;
    sem_union.val = init_value;    /* init_value 为初始值 */
    if (semctl(sem_id, 0, SETVAL, sem_union) == -1)
    {
        perror("Initialize semaphore");
        return -1;
    }
    return 0;
}
/* 从系统中删除信号量的函数 */
int del_sem(int sem_id)
{
    union semun sem_union;
    if (semctl(sem_id, 0, IPC_RMID, sem_union) == -1)
    {
        perror("Delete semaphore");
        return -1;
    }
}
/* P 操作函数 */
int sem_p(int sem_id)
{
    struct sembuf sem_b;
    sem_b.sem_num = 0;  /* 单个信号量的编号应该为 0 */
    sem_b.sem_op = -1;  /* 表示 P 操作 */
    sem_b.sem_flg = SEM_UNDO; /* 系统自动释放将会在系统中残留的信号量*/
    if (semop(sem_id, &sem_b, 1) == -1)
    {
        perror("P operation");
        return -1;
    }
    return 0;
}
/* V 操作函数*/
int sem_v(int sem_id)
{
    struct sembuf sem_b;
    sem_b.sem_num = 0; /* 单个信号量的编号应该为 0 */
    sem_b.sem_op = 1; /* 表示 V 操作 */
    sem_b.sem_flg = SEM_UNDO; /* 系统自动释放将会在系统中残留的信号量*/
    if (semop(sem_id, &sem_b, 1) == -1)
    {
        perror("V operation");
        return -1;
    }
```

```
    return 0;
}
```

现在我们调用这些简单易用的接口，可以轻松解决控制两个进程之间的执行顺序的同步问题。实现代码如下所示：

```
/* fork.c */
#include <sys/types.h>
#include <unistd.h>
#include <stdio.h>
#include <stdlib.h>
#include <sys/types.h>
#include <sys/ipc.h>
#include <sys/shm.h>
#define DELAY_TIME     3        /* 为了突出演示效果，等待几秒钟，*/

int main(void)
{
    pid_t result;
    int sem_id;

    sem_id = semget(ftok(".", 'a'),  1, 0666|IPC_CREAT); /* 创建一个信号量*/
    init_sem(sem_id, 0);

    /*调用 fork()函数*/
    result = fork();
    if(result ==  -1)
    {
        perror("Fork\n");
    }
    else if (result == 0) /*返回值为 0 代表子进程*/
    {
        printf("Child process will wait for some seconds...\n");
        sleep(DELAY_TIME);
        printf("The returned value is %d in the child process(PID = %d)\n",
 result, getpid());
        sem_v(sem_id);
    }
    else /*返回值大于 0 代表父进程*/
    {
        sem_p(sem_id);
        printf("The returned value is %d in the father process(PID = %d)\n",
                result, getpid());
        sem_v(sem_id);
        del_sem(sem_id);
    }
    exit(0);
```

```
}
```

读者可以先从该程序中删除掉信号量相关的代码部分并观察运行结果。

```
$ ./simple_fork
Child process will wait for some seconds… /*子进程在运行中*/
The returned value is 4185 in the father process(PID = 4184)/*父进程先结
束*/
[…]$ The returned value is 0 in the child process(PID = 4185) /* 子进程
后结束了*/
```

再添加信号量的控制部分并运行结果。

```
$ ./sem_fork
Child process will wait for some seconds…
                                /*子进程在运行中，父进程在等待子进程结束*/
The returned value is 0 in the child process(PID = 4185) /* 子进程结束了*/
The returned value is 4185 in the father process(PID = 4184) /* 父进程结束*/
```

本实例说明使用信号量怎么解决多进程之间存在的同步问题。我们将在后面讲述的共享内存和消息队列的实例中，看到使用信号量实现多进程之间的互斥。

8.5 共享内存

8.5.1 共享内存概述

可以说，共享内存是一种最为高效的进程间通信方式。因为进程可以直接读写内存，不需要任何数据的复制。为了在多个进程间交换信息，内核专门留出了一块内存区。这段内存区可以由需要访问的进程将其映射到自己的私有地址空间。因此，进程就可以直接读写这一内存区而不需要进行数据的复制，从而大大提高了效率。当然，由于多个进程共享一段内存，因此也需要依靠某种同步机制，如互斥锁和信号量等（请参考本章的共享内存实验）。其原理示意图如图 8.8 所示。

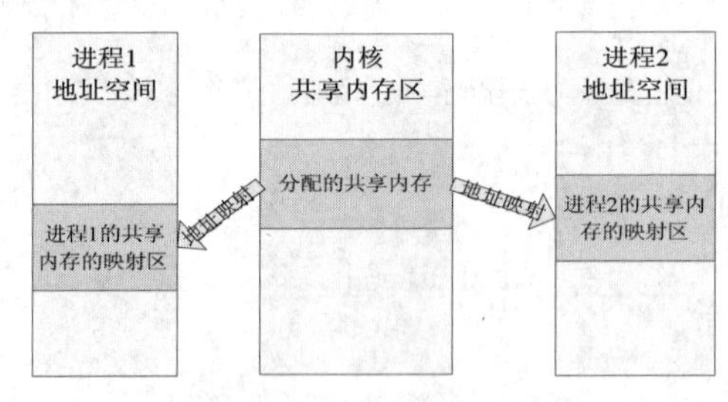

图 8.8　共享内存原理示意图

8.5.2 共享内存的应用

1．函数说明

共享内存的实现分为两个步骤，第一步是创建共享内存，这里用到的函数是

shmget()，也就是从内存中获得一段共享内存区域；第二步映射共享内存，也就是把这段创建的共享内存映射到具体的进程空间中，这里使用的函数是 shmat()。到这里，就可以使用这段共享内存了，也就是可以使用不带缓冲的 I/O 读写命令对其进行操作。除此之外，当然还有撤销映射的操作，其函数为 shmdt()。这里就主要介绍这 3 个函数。

2．函数格式

表 8.20 列举了 shmget()函数的语法要点。

表 8.20　　shmget()函数语法要点

所需头文件	#include <sys/types.h> #include <sys/ipc.h> #include <sys/shm.h>
函数原型	int shmget(key_t key, int size, int shmflg)
函数传入值	key：共享内存的键值，多个进程可以通过它访问同一个共享内存，其中有个特殊值 IPC_PRIVATE。它用于创建当前进程的私有共享内存
	size：共享内存区大小
	shmflg：同 open()函数的权限位，也可以用八进制表示法
函数返回值	成功：共享内存段标识符
	出错：−1

表 8.21 列举了 shmat()函数的语法要点。

表 8.21　　shmat()函数语法要点

所需头文件	#include <sys/types.h> #include <sys/ipc.h> #include <sys/shm.h>	
函数原型	char *shmat(int shmid, const void *shmaddr, int shmflg)	
函数传入值	shmid：要映射的共享内存区标识符	
	shmaddr：将共享内存映射到指定地址（若为 0 则表示系统自动分配地址并把该段共享内存映射到调用进程的地址空间）	
	shmflg	SHM_RDONLY：共享内存只读
		默认 0：共享内存可读写
函数返回值	成功：被映射的段地址	
	出错：−1	

表 8.22 列举了 shmdt()函数的语法要点。

表 8.22　　shmdt()函数语法要点

所需头文件	#include <sys/types.h> #include <sys/ipc.h> #include <sys/shm.h>
函数原型	int shmdt(const void *shmaddr)

续表

函数传入值	shmaddr：被映射的共享内存段地址
函数返回值	成功：0
	出错：-1

3．使用实例

该实例说明如何使用基本的共享内存函数。首先是创建一个共享内存区（采用的共享内存的键值为 IPC_PRIVATE，是因为本实例中创建的共享内存是父子进程之间的共用部分），之后创建子进程，在父子两个进程中将共享内存分别映射到各自的进程地址空间之中。

父进程先等待用户输入，然后将用户输入的字符串写入到共享内存，之后往共享内存的头部写入"WROTE"字符串表示父进程已成功写入数据。子进程一直等到共享内存的头部字符串为"WROTE"，然后将共享内存的有效数据（在父进程中用户输入的字符串）在屏幕上打印。父子两个进程在完成以上工作之后，分别解除与共享内存的映射关系。

最后在子进程中删除共享内存。因为共享内存自身并不提供同步机制，所以应该额外实现不同进程之间的同步（例如：信号量）。为了简单起见，在本实例中用标志字符串来实现非常简单的父子进程之间的同步。

这里要介绍的一个命令是 ipcs，这是用于报告进程间通信机制状态的命令。它可以查看共享内存、消息队列等各种进程间通信机制的情况，这里使用了 system()函数用于调用 shell 命令"ipcs"。程序源代码如下所示：

```
/* shmem.c */
#include <sys/types.h>
#include <sys/ipc.h>
#include <sys/shm.h>
#include <stdio.h>
#include <stdlib.h>
#include <string.h>

#define BUFFER_SIZE 2048

int main()
{
    pid_t pid;
    int shmid;
    char *shm_addr;
    char flag[] = "WROTE";
    char *buff;

    /* 创建共享内存 */
    if ((shmid = shmget(IPC_PRIVATE, BUFFER_SIZE, 0666)) < 0)
```

```
    {
        perror("shmget");
        exit(1);
    }
    else
    {
        printf("Create shared-memory: %d\n",shmid);
    }

    /* 显示共享内存情况 */
    system("ipcs -m");

    pid = fork();
    if (pid == -1)
    {
        perror("fork");
        exit(1);
    }
    else if (pid == 0) /* 子进程处理 */
    {
        /*映射共享内存*/
        if ((shm_addr = shmat(shmid, 0, 0)) == (void*)-1)
        {
            perror("Child: shmat");
            exit(1);
        }
        else
        {
            printf("Child: Attach shared-memory: %p\n", shm_addr);
        }
        system("ipcs -m");

        /* 通过检查在共享内存的头部是否标志字符串"WROTE"来确认
        父进程已经向共享内存写入有效数据 */
        while (strncmp(shm_addr, flag, strlen(flag)))
        {
            printf("Child: Wait for enable data...\n");
            sleep(5);
        }

        /* 获取共享内存的有效数据并显示 */
        strcpy(buff, shm_addr + strlen(flag));
        printf("Child: Shared-memory :%s\n", buff);

        /* 解除共享内存映射 */
        if ((shmdt(shm_addr)) < 0)
```

```
        {
            perror("shmdt");
            exit(1);
        }
        else
        {
            printf("Child: Deattach shared-memory\n");
        }
        system("ipcs -m");

        /* 删除共享内存 */
        if (shmctl(shmid, IPC_RMID, NULL) == -1)
        {
            perror("Child: shmctl(IPC_RMID)\n");
            exit(1);
        }
        else
        {
            printf("Delete shared-memory\n");
        }

        system("ipcs -m");
    }
    else /* 父进程处理 */
    {
        /*映射共享内存*/
        if ((shm_addr = shmat(shmid, 0, 0)) == (void*)-1)
        {
            perror("Parent: shmat");
            exit(1);
        }
        else
        {
            printf("Parent: Attach shared-memory: %p\n", shm_addr);
        }

        sleep(1);
        printf("\nInput some string:\n");
        fgets(buff, BUFFER_SIZE, stdin);
        strncpy(shm_addr + strlen(flag), buff, strlen(buff));
        strncpy(shm_addr, flag, strlen(flag));

        /* 解除共享内存映射 */
        if ((shmdt(shm_addr)) < 0)
        {
            perror("Parent: shmdt");
```

```
            exit(1);
        }
        else
        {
            printf("Parent: Deattach shared-memory\n");
        }
        system("ipcs -m");

        waitpid(pid, NULL, 0);
        printf("Finished\n");
    }

    exit(0);
}
```

下面是运行结果。从该结果可以看出，nattch 的值随着共享内存状态的变化而变化，共享内存的值根据不同的系统会有所不同。

```
$ ./shmem
Create shared-memory: 753665
/* 在刚创建共享内存时（尚未有任何地址映射）共享内存的情况 */
------ Shared Memory Segments --------
key        shmid      owner      perms      bytes      nattch     status
0x00000000 753665      david      666        2048       0

Child: Attach shared-memory: 0xb7f59000 /* 共享内存的映射地址 */
Parent: Attach shared-memory: 0xb7f59000
/* 在父子进程中进行共享内存的地址映射之后共享内存的情况*/
------ Shared Memory Segments --------
key        shmid      owner      perms      bytes      nattch     status
0x00000000 753665      david      666        2048       2

Child: Wait for enable data...

Input some string:
Hello /* 用户输入字符串 "Hello" */
Parent: Deattach shared-memory
/* 在父进程中解除共享内存的映射关系之后共享内存的情况 */
------ Shared Memory Segments --------
key        shmid      owner      perms      bytes      nattch     status
0x00000000 753665      david      666        2048       1
/*在子进程中读取共享内存的有效数据并打印*/
Child: Shared-memory :hello

Child: Deattach shared-memory
/* 在子进程中解除共享内存的映射关系之后共享内存的情况 */
------ Shared Memory Segments --------
```

```
key       shmid     owner     perms     bytes     nattch     status
0x00000000 753665    david     666       2048      0

Delete shared-memory
/* 在删除共享内存之后共享内存的情况 */
------ Shared Memory Segments --------
key       shmid     owner     perms     bytes     nattch     status

Finished
```

8.6 消息队列

8.6.1 消息队列概述

顾名思义，消息队列就是一些消息的列表。用户可以从消息队列中添加消息和读取消息等。从这点上看，消息队列具有一定的 FIFO 特性，但是它可以实现消息的随机查询，比 FIFO 具有更大的优势。同时，这些消息又是存在于内核中的，由“队列 ID”来标识。

8.6.2 消息队列的应用

1．函数说明

消息队列的实现包括创建或打开消息队列、添加消息、读取消息和控制消息队列这 4 种操作。其中创建或打开消息队列使用的函数是 msgget()，这里创建的消息队列的数量会受到系统消息队列数量的限制；添加消息使用的函数是 msgsnd()函数，它把消息添加到已打开的消息队列末尾；读取消息使用的函数是 msgrcv()，它把消息从消息队列中取走，与 FIFO 不同的是，这里可以指定取走某一条消息；最后控制消息队列使用的函数是 msgctl()，它可以完成多项功能。

2．函数格式

表 8.23 列举了 msgget()函数的语法要点。

表 8.23　　msgget()函数语法要点

所需头文件	#include <sys/types.h> #include <sys/ipc.h> #include <sys/shm.h>
函数原型	int msgget(key_t key, int msgflg)
函数传入值	key：消息队列的键值，多个进程可以通过它访问同一个消息队列，其中有个特殊值 IPC_PRIVATE。它用于创建当前进程的私有消息队列
	msgflg：权限标志位
函数返回值	成功：消息队列 ID
	出错：–1

表 8.24 列举了 msgsnd()函数的语法要点。

表 8.24　　msgsnd()函数语法要点

<table>
<tr><td>所需头文件</td><td colspan="2">#include <sys/types.h>
#include <sys/ipc.h>
#include <sys/shm.h></td></tr>
<tr><td>函数原型</td><td colspan="2">int msgsnd(int msqid, const void *msgp, size_t msgsz, int msgflg)</td></tr>
<tr><td rowspan="5">函数传入值</td><td colspan="2">msqid：消息队列的队列 ID</td></tr>
<tr><td colspan="2">msgp：指向消息结构的指针。该消息结构 msgbuf 通常为：
struct msgbuf
{
　long mtype;　　/* 消息类型，该结构必须从这个域开始 */
　char mtext[1];　　/* 消息正文 */
}</td></tr>
<tr><td colspan="2">msgsz：消息正文的字节数（不包括消息类型指针变量）</td></tr>
<tr><td rowspan="2">msgflg：</td><td>IPC_NOWAIT 若消息无法立即发送（比如：当前消息队列已满），函数会立即返回</td></tr>
<tr><td>0：msgsnd 调阻塞直到发送成功为止</td></tr>
<tr><td rowspan="2">函数返回值</td><td colspan="2">成功：0</td></tr>
<tr><td colspan="2">出错：−1</td></tr>
</table>

表 8.25 列举了 msgrcv()函数的语法要点。

表 8.25　　msgrcv()函数语法要点

<table>
<tr><td>所需头文件</td><td colspan="2">#include <sys/types.h>
#include <sys/ipc.h>
#include <sys/shm.h></td></tr>
<tr><td>函数原型</td><td colspan="2">int msgrcv(int msgid, void *msgp, size_t msgsz, long int msgtyp, int msgflg)</td></tr>
<tr><td rowspan="6">函数传入值</td><td colspan="2">msqid：消息队列的队列 ID</td></tr>
<tr><td colspan="2">msgp：消息缓冲区，同于 msgsnd()函数的 msgp</td></tr>
<tr><td colspan="2">msgsz：消息正文的字节数（不包括消息类型指针变量）</td></tr>
<tr><td rowspan="3">msgtyp：</td><td>0：接收消息队列中第一个消息</td></tr>
<tr><td>大于 0：接收消息队列中第一个类型为 msgtyp 的消息</td></tr>
<tr><td>小于 0：接收消息队列中第一个类型值不小于 msgtyp 绝对值且类型值又最小的消息</td></tr>
<tr><td rowspan="3">函数传入值</td><td rowspan="3">msgflg：</td><td>MSG_NOERROR：若返回的消息比 msgsz 字节多，则消息就会截短到 msgsz 字节，且不通知消息发送进程</td></tr>
<tr><td>IPC_NOWAIT 若在消息队列中并没有相应类型的消息可以接收，则函数立即返回</td></tr>
<tr><td>0：msgsnd()调用阻塞直到接收一条相应类型的消息为止</td></tr>
<tr><td rowspan="2">函数返回值</td><td colspan="2">成功：0</td></tr>
<tr><td colspan="2">出错：−1</td></tr>
</table>

表 8.26 列举了 msgctl()函数的语法要点。

表 8.26　　msgctl()函数语法要点

<table>
<tr><td>所需头文件</td><td colspan="2">#include <sys/types.h>
#include <sys/ipc.h>
#include <sys/shm.h></td></tr>
<tr><td>函数原型</td><td colspan="2">int msgctl (int msgqid, int cmd, struct msqid_ds *buf)</td></tr>
<tr><td rowspan="5">函数传入值</td><td colspan="2">msqid：消息队列的队列 ID</td></tr>
<tr><td rowspan="3">cmd：
命令参数</td><td>IPC_STAT：读取消息队列的数据结构 msqid_ds，并将其存储在 buf 指定的地址中</td></tr>
<tr><td>IPC_SET：设置消息队列的数据结构 msqid_ds 中的 ipc_perm 域（IPC 操作权限描述结构）值。这个值取自 buf 参数</td></tr>
<tr><td>IPC_RMID：从系统内核中删除消息队列</td></tr>
<tr><td colspan="2">buf：描述消息队列的 msgqid_ds 结构类型变量</td></tr>
<tr><td rowspan="2">函数返回值</td><td colspan="2">成功：0</td></tr>
<tr><td colspan="2">出错：-1</td></tr>
</table>

3．使用实例

这个实例体现了如何使用消息队列进行两个进程（发送端和接收端）之间的通信，包括消息队列的创建、消息发送与读取、消息队列的撤销和删除等多种操作。

消息发送端进程和消息接收端进程之间不需要额外实现进程之间的同步。在该实例中，发送端发送的消息类型设置为该进程的进程号（可以取其他值），因此接收端根据消息类型确定消息发送者的进程号。注意这里使用了函数 fotk()，它可以根据不同的路径和关键字产生标准的 key。以下是消息队列发送端的代码：

```
/* msgsnd.c */
#include <sys/types.h>
#include <sys/ipc.h>
#include <sys/msg.h>
#include <stdio.h>
#include <stdlib.h>
#include <unistd.h>
#include <string.h>
#define  BUFFER_SIZE       512

struct message
{
    long msg_type;
    char msg_text[BUFFER_SIZE];
};

int main()
{
```

```
    int qid;
    key_t key;
    struct message msg;

    /*根据不同的路径和关键字产生标准的key*/
    if ((key = ftok(".", 'a')) == -1)
    {
       perror("ftok");
       exit(1);
    }

    /*创建消息队列*/
    if ((qid = msgget(key, IPC_CREAT|0666)) == -1)
    {
       perror("msgget");
       exit(1);
    }
    printf("Open queue %d\n",qid);

    while(1)
    {
       printf("Enter some message to the queue:");
       if ((fgets(msg.msg_text, BUFFER_SIZE, stdin)) == NULL)
       {
          puts("no message");
          exit(1);
       }

       msg.msg_type = getpid();

       /*添加消息到消息队列*/
       if ((msgsnd(qid, &msg, strlen(msg.msg_text), 0)) < 0)
       {
          perror("message posted");
          exit(1);
       }

       if (strncmp(msg.msg_text, "quit", 4) == 0)
       {
          break;
       }
    }
    exit(0);
}
```

以下是消息队列接收端的代码：

```
/* msgrcv.c */
#include <sys/types.h>
#include <sys/ipc.h>
#include <sys/msg.h>
#include <stdio.h>
#include <stdlib.h>
#include <unistd.h>
#include <string.h>
#define  BUFFER_SIZE       512

struct message
{
    long msg_type;
    char msg_text[BUFFER_SIZE];
};

int main()
{
    int qid;
    key_t key;
    struct message msg;

    /*根据不同的路径和关键字产生标准的 key*/
    if ((key = ftok(".", 'a')) == -1)
    {
      perror("ftok");
      exit(1);
    }

    /*创建消息队列*/
    if ((qid = msgget(key, IPC_CREAT|0666)) == -1)
    {
      perror("msgget");
      exit(1);
    }
    printf("Open queue %d\n", qid);

    do
    {
      /*读取消息队列*/
      memset(msg.msg_text, 0, BUFFER_SIZE);
      if (msgrcv(qid, (void*)&msg, BUFFER_SIZE, 0, 0) < 0)
      {
         perror("msgrcv");
         exit(1);
      }
```

```
        printf("The message from process %d : %s", msg.msg_type, 
msg.msg_text);

    } while(strncmp(msg.msg_text, "quit", 4));

    /*从系统内核中移走消息队列 */
    if ((msgctl(qid, IPC_RMID, NULL)) < 0)
    {
        perror("msgctl");
        exit(1);
    }

    exit(0);
}
```

以下是程序的运行结果。输入“quit”则两个进程都将结束。

```
$ ./msgsnd
Open queue 327680
Enter some message to the queue:first message
Enter some message to the queue:second message
Enter some message to the queue:quit
$ ./msgrcv
Open queue 327680
The message from process 6072 : first message
The message from process 6072 : second message
The message from process 6072 : quit
```

8.7 实验内容

8.7.1 管道通信实验

1．实验目的

通过编写有名管道多路通信实验，读者可进一步掌握管道的创建、读写等操作，同时，也复习使用 select()函数实现管道的通信。

2．实验内容

读者还记得在 6.3.3 小节中，通过 mknod 命令创建两个管道的实例吗？本实例只是在它的基础上添加有名管道的创建，而不用再输入 mknod 命令。

3．实验步骤

（1）画出流程图。
该实验流程图如图 8.9 所示。

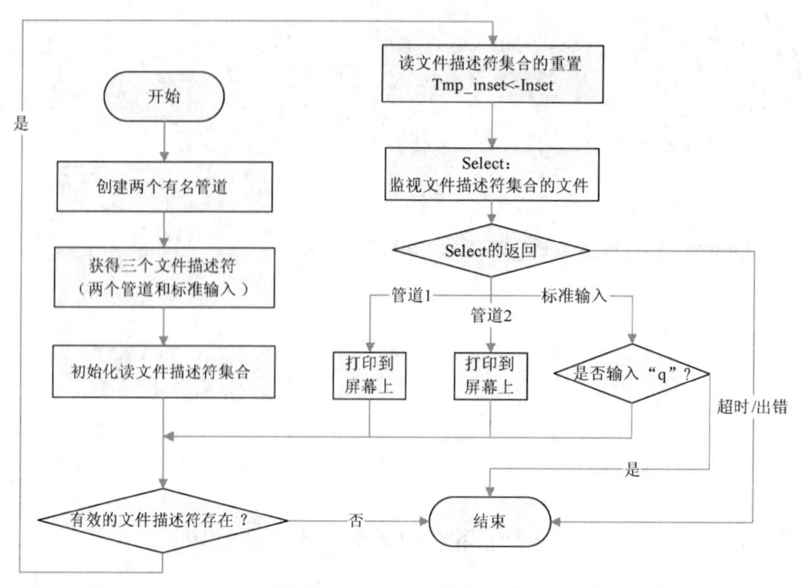

图 8.9　8.6.1 实验流程图

（2）编写代码。

该实验源代码如下所示。

```
/* pipe_select.c*/
#include <fcntl.h>
#include <stdio.h>
#include <unistd.h>
#include <stdlib.h>
#include <string.h>
#include <time.h>
#include <errno.h>

#define FIFO1                    "in1"
#define FIFO2                    "in2"
#define MAX_BUFFER_SIZE              1024          /* 缓冲区大小*/
#define IN_FILES                 3                 /* 多路复用输入文件数目*/
#define TIME_DELAY               60             /* 超时值秒数 */
#define MAX(a, b)                ((a > b)?(a):(b))

int main(void)
{
    int fds[IN_FILES];
    char buf[MAX_BUFFER_SIZE];
    int i, res, real_read, maxfd;
    struct timeval tv;
    fd_set inset,tmp_inset;

    fds[0] = 0;
```

```
    /* 创建两个有名管道 */
    if (access(FIFO1, F_OK) == -1)
    {
        if ((mkfifo(FIFO1, 0666) < 0) && (errno != EEXIST))
        {
            printf("Cannot create fifo file\n");
            exit(1);
        }
    }
    if (access(FIFO2, F_OK) == -1)
    {
        if ((mkfifo(FIFO2, 0666) < 0) && (errno != EEXIST))
        {
            printf("Cannot create fifo file\n");
            exit(1);
        }
    }

    /* 以只读非阻塞方式打开两个管道文件 */
    if((fds[1] = open (FIFO1, O_RDONLY|O_NONBLOCK)) < 0)
    {
        printf("Open in1 error\n");
        return 1;
    }
    if((fds[2] = open (FIFO2, O_RDONLY|O_NONBLOCK)) < 0)
    {
        printf("Open in2 error\n");
        return 1;
    }

    /*取出两个文件描述符中的较大者*/
    maxfd = MAX(MAX(fds[0], fds[1]), fds[2]);
    /*初始化读集合 inset，并在读文件描述符集合中加入相应的描述集*/
    FD_ZERO(&inset);
    for (i = 0; i < IN_FILES; i++)
    {
        FD_SET(fds[i], &inset);
    }
    FD_SET(0, &inset);

    tv.tv_sec = TIME_DELAY;
    tv.tv_usec = 0;
    /*循环测试该文件描述符是否准备就绪，并调用 select()函数对相关文件描述符做相应操
作*/
    while(FD_ISSET(fds[0],&inset)
            || FD_ISSET(fds[1],&inset) || FD_ISSET(fds[2], &inset))
```

```
{
    /* 文件描述符集合的备份， 免得每次进行初始化 */
    tmp_inset = inset;
    res = select(maxfd + 1, &tmp_inset, NULL, NULL, &tv);
    switch(res)
    {
        case -1:
        {
            printf("Select error\n");
            return 1;
        }
        break;
        case 0: /* Timeout */
        {
            printf("Time out\n");
            return 1;
        }
        break;
        default:
        {
            for (i = 0; i < IN_FILES; i++)
            {
                if (FD_ISSET(fds[i], &tmp_inset))
                {
                    memset(buf, 0, MAX_BUFFER_SIZE);
                    real_read = read(fds[i], buf, MAX_BUFFER_SIZE);
                    if (real_read < 0)
                    {
                        if (errno != EAGAIN)
                        {
                            return 1;
                        }
                    }
                    else if (!real_read)
                    {
                        close(fds[i]);
                        FD_CLR(fds[i], &inset);
                    }
                    else
                    {
                        if (i == 0)
                        {/* 主程序终端控制 */
                            if ((buf[0] == 'q') || (buf[0] == 'Q'))
                            {
                                return 1;
                            }
```

```
                    }
                    else
                    {/* 显示管道输入字符串 */
                        buf[real_read] = '\0';
                        printf("%s", buf);
                    }
                }
            } /* end of if */
        } /* end of for */
    }
    break;
  } /* end of switch */
} /*end of while */
return 0;
}
```

（3）编译并运行该程序。

（4）另外打开两个虚拟终端，分别键入“cat > in1”和“cat > in2”，接着在该管道中键入相关内容，并观察实验结果。

4．实验结果

实验运行结果与第 6 章的例子完全相同。

```
$ ./pipe_select （必须先运行主程序）
SELECT CALL
select call
TEST PROGRAMME
test programme
END
end
q /* 在终端上输入'q'或'Q'立刻结束程序运行 */

$ cat > in1
SELECT CALL
TEST PROGRAMME
END

$ cat > in2
select call
test programme
end
```

8.7.2　共享内存实验

1．实验目的

通过编写共享内存实验，读者可以进一步了解使用共享内存的具体步骤，同时也进一步加深对共享内存的理解。在本实验中，采用信号量作为同步机制完善两个进程（“生产者”和

“消费者”）之间的通信。其功能类似于“消息队列”中的实例，详见 8.5.2 小节。在实例中使用的与信号量相关的函数，详见 8.3.3 小节。

2．实验内容

该实现要求利用共享内存实现文件的打开和读写操作。

3．实验步骤

（1）画出流程图。

该实验流程图如图 8.10 所示。

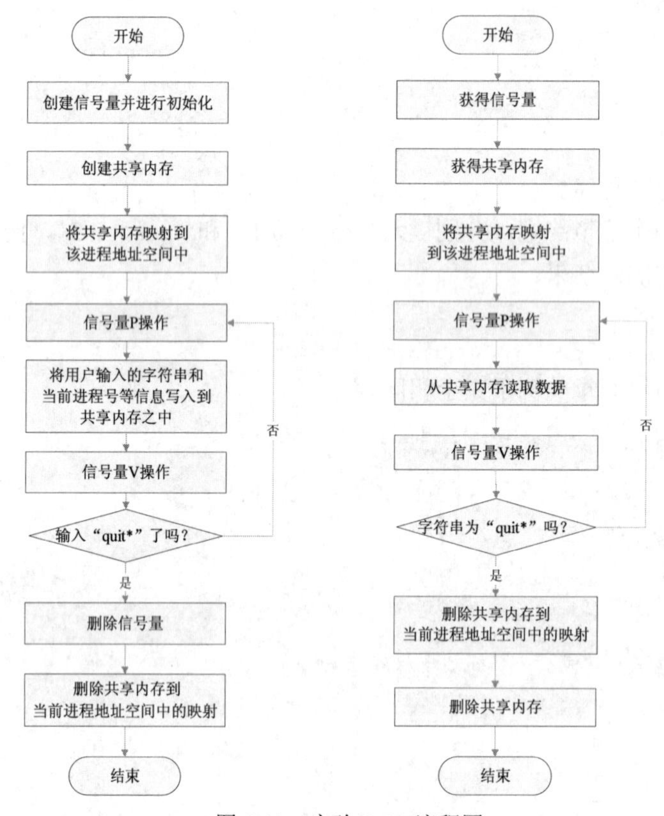

图 8.10　实验 8.6.2 流程图

（2）编写代码。

下面是共享内存缓冲区的数据结构的定义。

```
/* shm_com.h */
#include <unistd.h>
#include <stdlib.h>
#include <stdio.h>
#include <string.h>
#include <sys/types.h>
#include <sys/ipc.h>
#include <sys/shm.h>
#define SHM_BUFF_SZ 2048
```

```
struct shm_buff
{
    int pid;
    char buffer[SHM_BUFF_SZ];
};
```

以下是“生产者”程序部分。

```
/* sem_com.h 和 sem_com.c 与“信号量”小节示例中的同名程序相同 */
/* producer.c */
#include "shm_com.h"
#include "sem_com.h"
#include <signal.h>
int ignore_signal(void)
{ /* 忽略一些信号，免得非法退出程序 */
    signal(SIGINT, SIG_IGN);
    signal(SIGSTOP, SIG_IGN);
    signal(SIGQUIT, SIG_IGN);
    return 0;
}

int main()
{
    void *shared_memory = NULL;
    struct shm_buff *shm_buff_inst;
    char buffer[BUFSIZ];
    int shmid, semid;
    /* 定义信号量，用于实现访问共享内存的进程之间的互斥*/
    ignore_signal(); /* 防止程序非正常退出 */
    semid = semget(ftok(".", 'a'), 1, 0666|IPC_CREAT); /* 创建一个信号量*/
    init_sem(semid);/* 初始值为 1 */

    /* 创建共享内存 */
    shmid = shmget(ftok(".", 'b'), sizeof(struct shm_buff), 0666|IPC_CREAT);
    if (shmid == -1)
    {
        perror("shmget failed");
        del_sem(semid);
        exit(1);
    }

    /* 将共享内存地址映射到当前进程地址空间 */
    shared_memory = shmat(shmid, (void*)0, 0);
    if (shared_memory == (void*)-1)
    {
        perror("shmat");
        del_sem(semid);
        exit(1);
    }
    printf("Memory attached at %X\n", (int)shared_memory);
    /* 获得共享内存的映射地址 */
```

```
    shm_buff_inst = (struct shared_use_st *)shared_memory;
    do
    {
        sem_p(semid);
        printf("Enter some text to the shared memory(enter 'quit' to exit):");
        /* 向共享内存写入数据 */
        if (fgets(shm_buff_inst->buffer, SHM_BUFF_SZ, stdin) == NULL)
        {
            perror("fgets");
            sem_v(semid);
            break;
        }
        shm_buff_inst->pid = getpid();
        sem_v(semid);
    } while(strncmp(shm_buff_inst->buffer, "quit", 4) != 0);

    /* 删除信号量 */
    del_sem(semid);
    /* 删除共享内存到当前进程地址空间中的映射 */
    if (shmdt(shared_memory) == 1)
    {
        perror("shmdt");
        exit(1);
    }
    exit(0);
}
```

以下是“消费者”程序部分。

```
/* customer.c */
#include "shm_com.h"
#include "sem_com.h"

int main()
{
    void *shared_memory = NULL;
    struct shm_buff *shm_buff_inst;
    int shmid, semid;
    /* 获得信号量 */
    semid = semget(ftok(".", 'a'), 1, 0666);
    if (semid == -1)
    {
        perror("Producer is'nt exist");
        exit(1);
    }
    /* 获得共享内存 */
    shmid = shmget(ftok(".", 'b'), sizeof(struct shm_buff), 0666|IPC_CREAT);
    if (shmid == -1)
    {
        perror("shmget");
        exit(1);
```

```
    }
    /* 将共享内存地址映射到当前进程地址空间 */
    shared_memory = shmat(shmid, (void*)0, 0);
    if (shared_memory == (void*)-1)
    {
        perror("shmat");
        exit(1);
    }
    printf("Memory attached at %X\n", (int)shared_memory);
    /* 获得共享内存的映射地址 */
    shm_buff_inst = (struct shm_buff *)shared_memory;
    do
    {
        sem_p(semid);
        printf("Shared memory was written by process %d :%s"
                    ,shm_buff_inst->pid, shm_buff_inst->buffer);
        if (strncmp(shm_buff_inst->buffer, "quit", 4) == 0)
        {
            break;
        }
        shm_buff_inst->pid = 0;
        memset(shm_buff_inst->buffer, 0, SHM_BUFF_SZ);
        sem_v(semid);
    } while(1);

    /* 删除共享内存到当前进程地址空间中的映射 */
    if (shmdt(shared_memory) == -1)
    {
        perror("shmdt");
        exit(1);
    }
    /* 删除共享内存 */
    if (shmctl(shmid, IPC_RMID, NULL) == -1)
    {
        perror("shmctl(IPC_RMID)");
        exit(1);
    }
    exit(0);
}
```

4．实验结果

```
$./producer
Memory attached at B7F90000
Enter some text to the shared memory(enter 'quit' to exit):First message
Enter some text to the shared memory(enter 'quit' to exit):Second message
Enter some text to the shared memory(enter 'quit' to exit):quit
$./customer
Memory attached at B7FAF000
Shared memory was written by process 3815 :First message
```

```
Shared memory was written by process 3815 :Second message
Shared memory was written by process 3815 :quit
```

8.8 本章小结

本章详细讲解了 Linux 中进程间通信的几种机制，包括管道通信、信号通信、消息队列、信号量以及共享内存机制等，并且讲解了进程间通信的演进。

接下来对管道通信、信号通信、消息队列和共享内存机制进行了详细讲解。其中，管道通信又分为有名管道和无名管道。信号通信中要着重掌握如何对信号进行适当的处理，如采用信号集等方式。信号量是用于实现进程之间的同步和互斥的进程间通信机制。

消息队列和共享内存也是很好的进程间通信的手段，其中共享内存具有很高的效率，并经常以信号量作为同步机制。

本章的最后安排了管道通信实验和共享内存的实验，具体的实验数据根据系统的不同可能会有所区别，希望读者认真分析。

8.9 思考与练习

1．通过自定义信号完成进程间的通信。

2．编写一个简单的管道程序实现文件传输。

第9章

多线程编程

本章目标

在前两章中，读者主要学习了有关进程控制和进程间通信的开发，这些都是 Linux 开发的基础。在这一章中将学习轻量级进程——线程的开发，由于线程的高效性和可操作性，在大型程序开发中运用得非常广泛，希望读者能够很好地掌握。

- 掌握 Linux 中线程的基本概念
- 掌握 Linux 中线程的创建及使用
- 掌握 Linux 中线程属性的设置
- 能够独立编写多线程程序
- 能够处理多线程中的同步与互斥问题

9.1 Linux 线程概述

9.1.1 线程概述

前面已经提到，进程是系统中程序执行和资源分配的基本单位。每个进程都拥有自己的数据段、代码段和堆栈段，这就造成了进程在进行切换等操作时都需要有比较复杂的上下文切换等动作。为了进一步减少处理机的空转时间，支持多处理器以及减少上下文切换开销，进程在演化中出现了另一个概念——线程。它是进程内独立的一条运行路线，处理器调度的最小单元，也可以称为轻量级进程。线程可以对进程的内存空间和资源进行访问，并与同一进程中的其他线程共享。因此，线程的上下文切换的开销比创建进程小很多。

同进程一样，线程也将相关的执行状态和存储变量放在线程控制表内。一个进程可以有多个线程，也就是有多个线程控制表及堆栈寄存器，但却共享一个用户地址空间。要注意的是，由于线程共享了进程的资源和地址空间，因此，任何线程对系统资源的操作都会给其他线程带来影响。由此可知，多线程中的同步是非常重要的问题。在多线程系统中，进程与进程的关系如图 9.1 所示。

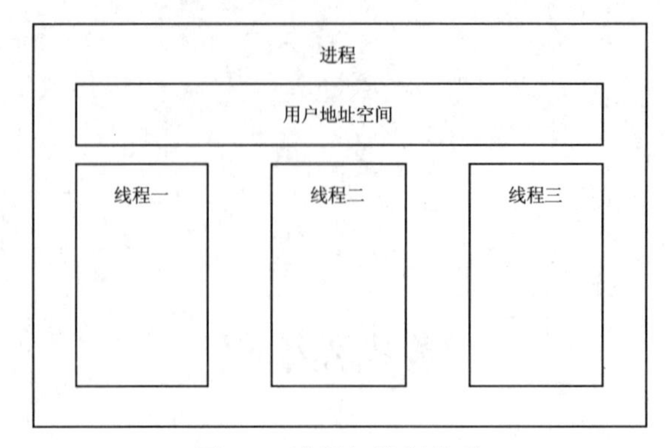

图 9.1　进程与线程关系

9.1.2　线程机制的分类和特性

线程按照其调度者可以分为用户级线程和核心级线程两种。

（1）用户级线程。

用户级线程主要解决的是上下文切换的问题，它的调度算法和调度过程全部由用户自行选择决定，在运行时不需要特定的内核支持。在这里，操作系统往往会提供一个用户空间的线程库，该线程库提供了线程的创建、调度和撤销等功能，而内核仍然仅对进程进行管理。如果一个进程中的某一个线程调用了一个阻塞的系统调用函数，那么该进程包括该进程中的其他所有线程也同时被阻塞。这种用户级线程的主要缺点是在一个进程中的多个线程的调度中无法发挥多处理器的优势。

（2）轻量级进程。

轻量级进程是内核支持的用户线程，是内核线程的一种抽象对象。每个线程拥有一个或多个轻量级线程，而每个轻量级线程分别被绑定在一个内核线程上。

（3）内核线程。

这种线程允许不同进程中的线程按照同一相对优先调度方法进行调度，这样就可以发挥多处理器的并发优势。

现在大多数系统都采用用户级线程与核心级线程并存的方法。一个用户级线程可以对应一个或几个核心级线程，也就是“一对一”或“多对一”模型。这样既可满足多处理机系统的需要，也可以最大限度地减少调度开销。

使用线程机制大大加快上下文切换速度而且节省很多资源。但是因为在用户态和内核态均要实现调度管理，所以会增加实现的复杂度和引起优先级翻转的可能性。一个多线程程序的同步设计与调试也会增加程序实现的难度。

9.2　Linux 线程编程

9.2.1　线程基本编程

这里要讲的线程相关操作都是用户空间中的线程的操作。在 Linux 中，一般 pthread 线程库是一套通用的线程库，是由 POSIX 提出的，因此具有很好的可移植性。

（1）函数说明。

创建线程实际上就是确定调用该线程函数的入口点，这里通常使用的函数是 pthread_create()。在线程创建以后，就开始运行相关的线程函数，在该函数运行完之后，该线程也就退出了，这也是线程退出一种方法。另一种退出线程的方法是使用函数 pthread_exit()，这是线程的主动行为。这里要注意的是，在使用线程函数时，不能随意使用 exit()退出函数进行出错处理，由于 exit()的作用是使调用进程终止，往往一个进程包含多个线程，因此，在使用 exit()之后，该进程中的所有线程都终止了。因此，在线程中就可以使用 pthread_exit()来代替进程中的 exit()。

由于一个进程中的多个线程是共享数据段的，因此通常在线程退出之后，退出线程所占用的资源并不会随着线程的终止而得到释放。正如进程之间可以用 wait()系统调用来同步终止并释放资源一样，线程之间也有类似机制，那就是 pthread_join()函数。pthread_join()可以用于将当前线程挂起来等待线程的结束。这个函数是一个线程阻塞的函数，调用它的函数将一直等待到被等待的线程结束为止，当函数返回时，被等待线程的资源就被收回。

前面已提到线程调用 pthread_exit()函数主动终止自身线程。但是在很多线程应用中，经常会遇到在别的线程中要终止另一个线程的执行的问题。此时调用 pthread_cancel()函数实现这种功能，但在被取消的线程的内部需要调用 pthread_setcancel()函数和 pthread_setcanceltype()函数设置自己的取消状态，例如被取消的线程接收到另一个线程的取消请求之后，是接受还是忽略这个请求；如果接受，是立刻进行终止操作还是等待某个函数的调用等。

（2）函数格式。

表 9.1 列出了 pthread_create()函数的语法要点。

表 9.1　　pthread_create()函数语法要点

所需头文件	#include <pthread.h>
函数原型	int pthread_create ((pthread_t *thread, pthread_attr_t *attr, void *(*start_routine)(void *), void *arg))
函数传入值	thread：线程标识符
	attr：线程属性设置（其具体设置参见 9.2.3 小节），通常取为 NULL
	start_routine：线程函数的起始地址，是一个以指向 void 的指针作为参数和返回值的函数指针
	arg：传递给 start_routine 的参数
函数返回值	成功：0
	出错：返回错误码

表 9.2 列出了 pthread_exit()函数的语法要点。

表 9.2　　pthread_exit()函数语法要点

所需头文件	#include <pthread.h>
函数原型	void pthread_exit(void *retval)
函数传入值	retval：线程结束时的返回值，可由其他函数如 pthread_join()来获取

表 9.3 列出了 pthread_join()函数的语法要点。

表 9.3　　　　pthread_join()函数语法要点

所需头文件	#include <pthread.h>
函数原型	int pthread_join ((pthread_t th, void **thread_return))
函数传入值	th：等待线程的标识符
	thread_return：用户定义的指针，用来存储被等待线程结束时的返回值（不为 NULL 时）
函数返回值	成功：0
	出错：返回错误码

表 9.4 列出了 pthread_cancel()函数的语法要点。

表 9.4　　　　pthread_cancel()函数语法要点

所需头文件	#include <pthread.h>
函数原型	int pthread_cancel((pthread_t th)
函数传入值	th：要取消的线程的标识符
函数返回值	成功：0
	出错：返回错误码

（3）函数使用。

以下实例中创建了 3 个线程，为了更好地描述线程之间的并行执行，让 3 个线程重用同一个执行函数。每个线程都有 5 次循环（可以看成 5 个小任务），每次循环之间会随机等待 1～10s 的时间，意义在于模拟每个任务的到达时间是随机的，并没有任何特定规律。

```
/* thread.c */
#include <stdio.h>
#include <stdlib.h>
#include <pthread.h>

#define THREAD_NUMBER       3                 /*线程数*/
#define REPEAT_NUMBER       5                 /*每个线程中的小任务数*/
#define DELAY_TIME_LEVELS  10.0              /*小任务之间的最大时间间隔*/

void *thrd_func(void *arg)
{ /* 线程函数例程 */
    int thrd_num = (int)arg;
    int delay_time = 0;
    int count = 0;

    printf("Thread %d is starting\n", thrd_num);
    for (count = 0; count < REPEAT_NUMBER; count++)
    {
        delay_time = (int)(rand() * DELAY_TIME_LEVELS/(RAND_MAX)) + 1;
        sleep(delay_time);
```

```
        printf("\tThread %d: job %d delay = %d\n",
                                thrd_num, count, delay_time);
    }
    printf("Thread %d finished\n", thrd_num);
    pthread_exit(NULL);
}

int main(void)
{
    pthread_t thread[THREAD_NUMBER];
    int no = 0, res;
    void * thrd_ret;

    srand(time(NULL));

    for (no = 0; no < THREAD_NUMBER; no++)
    {
        /* 创建多线程 */
        res = pthread_create(&thread[no], NULL, thrd_func, (void*)no);
        if (res != 0)
        {
            printf("Create thread %d failed\n", no);
            exit(res);
        }
    }

    printf("Create treads success\n Waiting for threads to finish...\n");
    for (no = 0; no < THREAD_NUMBER; no++)
    {
        /* 等待线程结束 */
        res = pthread_join(thread[no], &thrd_ret);
        if (!res)
        {
            printf("Thread %d joined\n", no);
        }
        else
        {
            printf("Thread %d join failed\n", no);
        }
    }
    return 0;
}
```

以下是程序运行结果。可以看出每个线程的运行和结束是独立与并行的。

```
 $ ./thread
Create treads success
Waiting for threads to finish...
Thread 0 is starting
Thread 1 is starting
Thread 2 is starting
```

```
        Thread 1: job 0 delay = 6
        Thread 2: job 0 delay = 6
        Thread 0: job 0 delay = 9
        Thread 1: job 1 delay = 6
        Thread 2: job 1 delay = 8
        Thread 0: job 1 delay = 8
        Thread 2: job 2 delay = 3
        Thread 0: job 2 delay = 3
        Thread 2: job 3 delay = 3
        Thread 2: job 4 delay = 1
Thread 2 finished
        Thread 1: job 2 delay = 10
        Thread 1: job 3 delay = 4
        Thread 1: job 4 delay = 1
Thread 1 finished
        Thread 0: job 3 delay = 9
        Thread 0: job 4 delay = 2
Thread 0 finished
Thread 0 joined
Thread 1 joined
Thread 2 joined
```

9.2.2 线程之间的同步与互斥

由于线程共享进程的资源和地址空间，因此在对这些资源进行操作时，必须考虑到线程间资源访问的同步与互斥问题。这里主要介绍 POSIX 中两种线程同步机制，分别为互斥锁和信号量。这两个同步机制可以互相通过调用对方来实现，但互斥锁更适合用于同时可用的资源是惟一的情况；信号量更适合用于同时可用的资源为多个的情况。

1．互斥锁线程控制

（1）函数说明。

互斥锁是用一种简单的加锁方法来控制对共享资源的原子操作。这个互斥锁只有两种状态，也就是上锁和解锁，可以把互斥锁看作某种意义上的全局变量。在同一时刻只能有一个线程掌握某个互斥锁，拥有上锁状态的线程能够对共享资源进行操作。若其他线程希望上锁一个已经被上锁的互斥锁，则该线程就会挂起，直到上锁的线程释放掉互斥锁为止。可以说，这把互斥锁保证让每个线程对共享资源按顺序进行原子操作。

互斥锁机制主要包括下面的基本函数。

- 互斥锁初始化：pthread_mutex_init()
- 互斥锁上锁：pthread_mutex_lock()
- 互斥锁判断上锁：pthread_mutex_trylock()
- 互斥锁接锁：pthread_mutex_unlock()
- 消除互斥锁：pthread_mutex_destroy()

其中，互斥锁可以分为快速互斥锁、递归互斥锁和检错互斥锁。这 3 种锁的区别主要在于其他未占有互斥锁的线程在希望得到互斥锁时是否需要阻塞等待。快速锁是指调用线程会阻塞直至拥有互斥锁的线程解锁为止。递归互斥锁能够成功地返回，并且增加调用线程在互斥上加锁的次数，而检错互斥锁则为快速互斥锁的非阻塞版本，它会立即返回并返回一个错误信息。默认属性为快速互斥锁。

（2）函数格式。

表 9.5 列出了 pthread_mutex_init()函数的语法要点。

表 9.5　　pthread_mutex_init()函数语法要点

所需头文件	#include <pthread.h>	
函数原型	int pthread_mutex_init(pthread_mutex_t *mutex, const pthread_mutexattr_t *mutexattr)	
函数传入值	mutex：互斥锁	
	Mutexattr	PTHREAD_MUTEX_INITIALIZER：创建快速互斥锁
		PTHREAD_RECURSIVE_MUTEX_INITIALIZER_NP：创建递归互斥锁
		PTHREAD_ERRORCHECK_MUTEX_INITIALIZER_NP：创建检错互斥锁
函数返回值	成功：0	
	出错：返回错误码	

表 9.6 列出了 pthread_mutex_lock()等函数的语法要点。

表 9.6　　pthread_mutex_lock()等函数语法要点

所需头文件	#include <pthread.h>
函数原型	int pthread_mutex_lock(pthread_mutex_t *mutex,) int pthread_mutex_trylock(pthread_mutex_t *mutex,) int pthread_mutex_unlock(pthread_mutex_t *mutex,) int pthread_mutex_destroy(pthread_mutex_t *mutex,)
函数传入值	mutex：互斥锁
函数返回值	成功：0
	出错：-1

（3）使用实例。

下面的实例是在 9.2.1 小节示例代码的基础上增加互斥锁功能，实现原本独立与无序的多个线程能够按顺序执行。

```
/*thread_mutex.c*/
#include <stdio.h>
#include <stdlib.h>
#include <pthread.h>

#define THREAD_NUMBER       3           /* 线程数 */
#define REPEAT_NUMBER       3           /* 每个线程的小任务数 */
#define DELAY_TIME_LEVELS 10.0         /*小任务之间的最大时间间隔*/
pthread_mutex_t mutex;

void *thrd_func(void *arg)
{
    int thrd_num = (int)arg;
```

```
    int delay_time = 0, count = 0;
    int res;
    /* 互斥锁上锁 */
    res = pthread_mutex_lock(&mutex);
    if (res)
    {
        printf("Thread %d lock failed\n", thrd_num);
        pthread_exit(NULL);
    }
    printf("Thread %d is starting\n", thrd_num);
    for (count = 0; count < REPEAT_NUMBER; count++)
    {
        delay_time = (int)(rand() * DELAY_TIME_LEVELS/(RAND_MAX)) + 1;
        sleep(delay_time);
        printf("\tThread %d: job %d delay = %d\n",
                             thrd_num, count, delay_time);
    }
    printf("Thread %d finished\n", thrd_num);
    pthread_exit(NULL);
}

int main(void)
{
    pthread_t thread[THREAD_NUMBER];
    int no = 0, res;
    void * thrd_ret;

    srand(time(NULL));
    /* 互斥锁初始化 */
    pthread_mutex_init(&mutex, NULL);
    for (no = 0; no < THREAD_NUMBER; no++)
    {
        res = pthread_create(&thread[no], NULL, thrd_func, (void*)no);
        if (res != 0)
        {
            printf("Create thread %d failed\n", no);
            exit(res);
        }
    }
    printf("Create treads success\n Waiting for threads to finish...\n");
    for (no = 0; no < THREAD_NUMBER; no++)
    {
        res = pthread_join(thread[no], &thrd_ret);
        if (!res)
        {
            printf("Thread %d joined\n", no);
        }
        else
        {
            printf("Thread %d join failed\n", no);
        }
```

```
        /* 互斥锁解锁 */
        pthread_mutex_unlock(&mutex);
    }
    pthread_mutex_destroy(&mutex);
    return 0;
}
```

该实例的运行结果如下所示。这里 3 个线程之间的运行顺序跟创建线程的顺序相同。

```
$ ./thread_mutex
Create treads success
 Waiting for threads to finish...
Thread 0 is starting
       Thread 0: job 0 delay = 7
       Thread 0: job 1 delay = 7
       Thread 0: job 2 delay = 6
Thread 0 finished
Thread 0 joined
Thread 1 is starting
       Thread 1: job 0 delay = 3
       Thread 1: job 1 delay = 5
       Thread 1: job 2 delay = 10
Thread 1 finished
Thread 1 joined
Thread 2 is starting
       Thread 2: job 0 delay = 6
       Thread 2: job 1 delay = 10
       Thread 2: job 2 delay = 8
Thread 2 finished
Thread 2 joined
```

2．信号量线程控制

（1）信号量说明。

在第 8 章中已经讲到，信号量也就是操作系统中所用到的 PV 原子操作，它广泛用于进程或线程间的同步与互斥。信号量本质上是一个非负的整数计数器，它被用来控制对公共资源的访问。这里先来简单复习一下 PV 原子操作的工作原理。

PV 原子操作是对整数计数器信号量 sem 的操作。一次 P 操作使 sem 减一，而一次 V 操作使 sem 加一。进程（或线程）根据信号量的值来判断是否对公共资源具有访问权限。当信号量 sem 的值大于等于零时，该进程（或线程）具有公共资源的访问权限；相反，当信号量 sem 的值小于零时，该进程（或线程）就将阻塞直到信号量 sem 的值大于等于 0 为止。

PV 原子操作主要用于进程或线程间的同步和互斥这两种典型情况。若用于互斥，几个进程（或线程）往往只设置一个信号量 sem，它们的操作流程如图 9.2 所示。

当信号量用于同步操作时，往往会设置多个信号量，并安排不同的初始值来实现它们之间的顺序执行，它们的操作流程如图 9.3 所示。

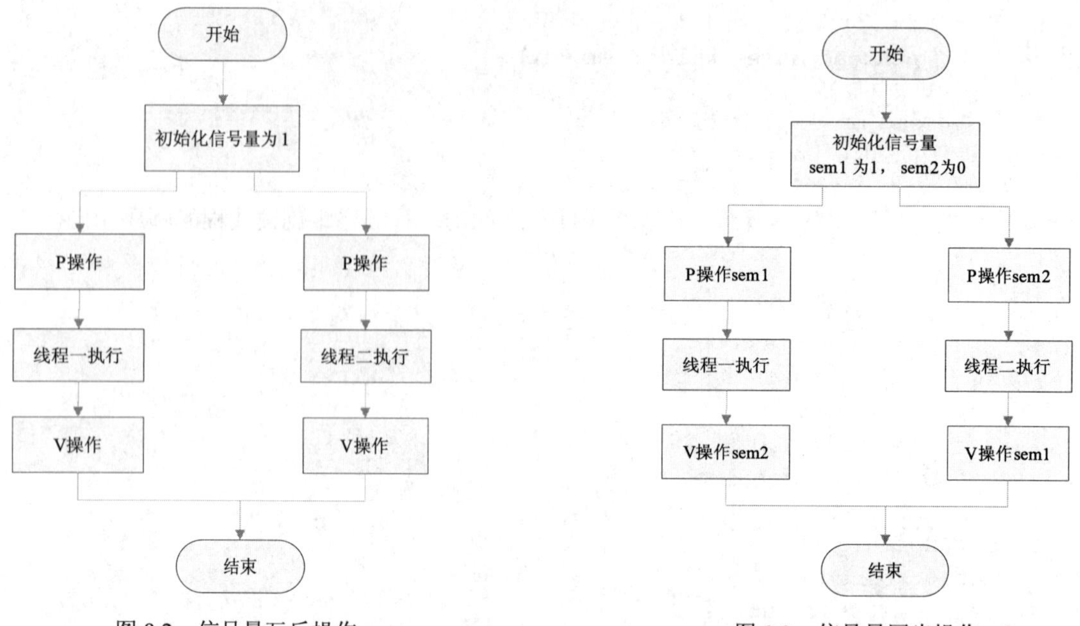

图 9.2　信号量互斥操作　　　　图 9.3　信号量同步操作

（2）函数说明。

Linux 实现了 POSIX 的无名信号量，主要用于线程间的互斥与同步。这里主要介绍几个常见函数。

- sem_init()用于创建一个信号量，并初始化它的值。
- sem_wait()和 sem_trywait()都相当于 P 操作，在信号量大于零时它们都能将信号量的值减一，两者的区别在于若信号量小于零时，sem_wait()将会阻塞进程，而 sem_trywait()则会立即返回。
- sem_post()相当于 V 操作，它将信号量的值加一同时发出信号来唤醒等待的进程。
- sem_getvalue()用于得到信号量的值。
- sem_destroy()用于删除信号量。

（3）函数格式。

表 9.7 列出了 sem_init()函数的语法要点。

表 9.7　　sem_init()函数语法要点

所需头文件	#include <semaphore.h>
函数原型	int sem_init(sem_t *sem,int pshared,unsigned int value)
函数传入值	sem：信号量指针
	pshared：决定信号量能否在几个进程间共享。由于目前 Linux 还没有实现进程间共享信号量，所以这个值只能够取 0，就表示这个信号量是当前进程的局部信号量
	value：信号量初始化值
函数返回值	成功：0
	出错：–1

表 9.8 列出了 sem_wait()等函数的语法要点。

表 9.8　　sem_wait()等函数语法要点

所需头文件	#include <pthread.h>
函数原型	int sem_wait(sem_t *sem) int sem_trywait(sem_t *sem) int sem_post(sem_t *sem) int sem_getvalue(sem_t *sem) int sem_destroy(sem_t *sem)
函数传入值	sem：信号量指针
函数返回值	成功：0
	出错：–1

（4）使用实例。

在前面已经通过互斥锁同步机制实现了多线程的顺序执行。下面的例子是用信号量同步机制实现 3 个线程之间的有序执行，只是执行顺序是跟创建线程的顺序相反。

```
/*thread_sem.c*/
#include <stdio.h>
#include <stdlib.h>
#include <pthread.h>
#include <semaphore.h>

#define THREAD_NUMBER       3                   /* 线程数 */
#define REPEAT_NUMBER       3                   /* 每个线程中的小任务数 */
#define DELAY_TIME_LEVELS   10.0               /*小任务之间的最大时间间隔*/
sem_t sem[THREAD_NUMBER];

void *thrd_func(void *arg)
{
    int thrd_num = (int)arg;
    int delay_time = 0;
    int count = 0;
    /* 进行 P 操作 */
    sem_wait(&sem[thrd_num]);
    printf("Thread %d is starting\n", thrd_num);

    for (count = 0; count < REPEAT_NUMBER; count++)
    {
        delay_time = (int)(rand() * DELAY_TIME_LEVELS/(RAND_MAX)) + 1;
        sleep(delay_time);
        printf("\tThread %d: job %d delay = %d\n",
                                      thrd_num, count, delay_time);
    }

    printf("Thread %d finished\n", thrd_num);
    pthread_exit(NULL);
}

int main(void)
{
```

```
    pthread_t thread[THREAD_NUMBER];
    int no = 0, res;
    void * thrd_ret;

    srand(time(NULL));
    for (no = 0; no < THREAD_NUMBER; no++)
    {
        sem_init(&sem[no], 0, 0);
        res = pthread_create(&thread[no], NULL, thrd_func, (void*)no);
        if (res != 0)
        {
            printf("Create thread %d failed\n", no);
            exit(res);
        }
    }

    printf("Create treads success\n Waiting for threads to finish...\n");
    /* 对最后创建的线程的信号量进行 V 操作 */
    sem_post(&sem[THREAD_NUMBER - 1]);
    for (no = THREAD_NUMBER - 1; no >= 0; no--)
    {
        res = pthread_join(thread[no], &thrd_ret);
        if (!res)
        {
            printf("Thread %d joined\n", no);
        }
        else
        {
            printf("Thread %d join failed\n", no);
        }
        /* 进行 V 操作 */
        sem_post(&sem[(no + THREAD_NUMBER - 1) % THREAD_NUMBER]);
    }

    for (no = 0; no < THREAD_NUMBER; no++)
    {
        /* 删除信号量 */
        sem_destroy(&sem[no]);
    }

    return 0;
}
```

该程序运行结果如下所示：

```
$ ./thread_sem
Create treads success
Waiting for threads to finish...
Thread 2 is starting
        Thread 2: job 0 delay = 9
        Thread 2: job 1 delay = 5
```

```
        Thread 2: job 2 delay = 10
Thread 2 finished
Thread 2 joined
Thread 1 is starting
        Thread 1: job 0 delay = 7
        Thread 1: job 1 delay = 4
        Thread 1: job 2 delay = 4
Thread 1 finished
Thread 1 joined
Thread 0 is starting
        Thread 0: job 0 delay = 10
        Thread 0: job 1 delay = 8
        Thread 0: job 2 delay = 9
Thread 0 finished
Thread 0 joined
```

9.2.3　线程属性

（1）函数说明。

pthread_create()函数的第二个参数（pthread_attr_t *attr）表示线程的属性。在上一个实例中，将该值设为 NULL，也就是采用默认属性，线程的多项属性都是可以更改的。这些属性主要包括绑定属性、分离属性、堆栈地址、堆栈大小以及优先级。其中系统默认的属性为非绑定、非分离、默认 1M 的堆栈以及与父进程同样级别的优先级。下面首先对绑定属性和分离属性的基本概念进行讲解。

■　绑定属性。

前面已经提到，Linux 中采用“一对一”的线程机制，也就是一个用户线程对应一个内核线程。绑定属性就是指一个用户线程固定地分配给一个内核线程，因为 CPU 时间片的调度是面向内核线程（也就是轻量级进程）的，因此具有绑定属性的线程可以保证在需要的时候总有一个内核线程与之对应。而与之对应的非绑定属性就是指用户线程和内核线程的关系不是始终固定的，而是由系统来控制分配的。

■　分离属性。

分离属性是用来决定一个线程以什么样的方式来终止自己。在非分离情况下，当一个线程结束时，它所占用的系统资源并没有被释放，也就是没有真正的终止。只有当 pthread_join()函数返回时，创建的线程才能释放自己占用的系统资源。而在分离属性情况下，一个线程结束时立即释放它所占有的系统资源。这里要注意的一点是，如果设置一个线程的分离属性，而这个线程运行又非常快，那么它很可能在 pthread_create()函数返回之前就终止了，它终止以后就可能将线程号和系统资源移交给其他的线程使用，这时调用 pthread_create()的线程就得到了错误的线程号。

这些属性的设置都是通过特定的函数来完成的，通常首先调用 pthread_attr_init()函数进行初始化，之后再调用相应的属性设置函数，最后调用 pthread_attr_destroy()函数对分配的属性结构指针进行清理和回收。设置绑定属性的函数为 pthread_attr_setscope()，设置线程分离属性的函数为 pthread_attr_setdetachstate()，设置线程优先级的相关函数为 pthread_attr_getschedparam()（获取线程优先级）和 pthread_attr_setschedparam()（设置线程优先级）。在设置完这些属性后，就可以调用 pthread_create()函数来创建线程了。

（2）函数格式。

表 9.9 列出了 pthread_attr_init()函数的语法要点。

表 9.9　　pthread_attr_init()函数语法要点

所需头文件	#include <pthread.h>
函数原型	int pthread_attr_init(pthread_attr_t *attr)
函数传入值	attr：线程属性结构指针
函数返回值	成功：0
	出错：返回错误码

表 9.10 列出了 pthread_attr_setscope()函数的语法要点。

表 9.10　　pthread_attr_setscope()函数语法要点

所需头文件	#include <pthread.h>	
函数原型	int pthread_attr_setscope(pthread_attr_t *attr, int scope)	
函数传入值	attr：线程属性结构指针	
	scope	PTHREAD_SCOPE_SYSTEM：绑定
		PTHREAD_SCOPE_PROCESS：非绑定
函数返回值	成功：0	
	出错：−1	

表 9.11 列出了 pthread_attr_setdetachstate()函数的语法要点。

表 9.11　　pthread_attr_setdetachstate()函数语法要点

所需头文件	#include <pthread.h>	
函数原型	int pthread_attr_setscope(pthread_attr_t *attr, int detachstate)	
函数传入值	attr：线程属性	
	detachstate	PTHREAD_CREATE_DETACHED：分离
		PTHREAD _CREATE_JOINABLE：非分离
函数返回值	成功：0	
	出错：返回错误码	

表 9.12 列出了 pthread_attr_getschedparam()函数的语法要点。

表 9.12　　pthread_attr_getschedparam()函数语法要点

所需头文件	#include <pthread.h>
函数原型	int pthread_attr_getschedparam (pthread_attr_t *attr, struct sched_param *param)
函数传入值	attr：线程属性结构指针
	param：线程优先级
函数返回值	成功：0
	出错：返回错误码

表 9.13 列出了 pthread_attr_setschedparam()函数的语法要点。

表 9.13　pthread_attr_setschedparam()函数语法要点

所需头文件	#include <pthread.h>
函数原型	int pthread_attr_setschedparam (pthread_attr_t *attr, struct sched_param *param)
函数传入值	attr：线程属性结构指针
	param：线程优先级
函数返回值	成功：0
	出错：返回错误码

（3）使用实例。

下面的实例是在我们已经很熟悉的实例的基础上增加线程属性设置的功能。为了避免不必要的复杂性，这里就创建一个线程，这个线程具有绑定和分离属性，而且主线程通过一个 finish_flag 标志变量来获得线程结束的消息，而并不调用 pthread_join()函数。

```
/*thread_attr.c*/
#include <stdio.h>
#include <stdlib.h>
#include <pthread.h>

#define REPEAT_NUMBER        3          /* 线程中的小任务数 */
#define DELAY_TIME_LEVELS    10.0      /* 小任务之间的最大时间间隔 */
int finish_flag = 0;

void *thrd_func(void *arg)
{
    int delay_time = 0;
    int count = 0;

    printf("Thread is starting\n");
    for (count = 0; count < REPEAT_NUMBER; count++)
    {
        delay_time = (int)(rand() * DELAY_TIME_LEVELS/(RAND_MAX)) + 1;
        sleep(delay_time);
        printf("\tThread : job %d delay = %d\n", count, delay_time);
    }

    printf("Thread finished\n");
    finish_flag = 1;
    pthread_exit(NULL);
}

int main(void)
{
    pthread_t thread;
    pthread_attr_t attr;
    int no = 0, res;
    void * thrd_ret;

    srand(time(NULL));
```

```
    /* 初始化线程属性对象 */
    res = pthread_attr_init(&attr);
    if (res != 0)
    {
        printf("Create attribute failed\n");
        exit(res);
    }
    /* 设置线程绑定属性 */
    res = pthread_attr_setscope(&attr, PTHREAD_SCOPE_SYSTEM);
    /* 设置线程分离属性 */
    res += pthread_attr_setdetachstate(&attr, PTHREAD_CREATE_DETACHED);
    if (res != 0)
    {
        printf("Setting attribute failed\n");
        exit(res);
    }

    res = pthread_create(&thread, &attr, thrd_func, NULL);
    if (res != 0)
    {
        printf("Create thread failed\n");
        exit(res);
    }
    /* 释放线程属性对象 */
    pthread_attr_destroy(&attr);
    printf("Create tread success\n");

    while(!finish_flag)
    {
        printf("Waiting for thread to finish...\n");
        sleep(2);
    }
    return 0;
}
```

接下来可以在线程运行前后使用“free”命令查看内存的使用情况。以下是运行结果：

```
$ ./thread_attr
Create tread success
Waiting for thread to finish...
Thread is starting
Waiting for thread to finish...
        Thread : job 0 delay = 3
Waiting for thread to finish...
        Thread : job 1 delay = 2
Waiting for thread to finish...
Waiting for thread to finish...
Waiting for thread to finish...
Waiting for thread to finish...
        Thread : job 2 delay = 9
```

```
Thread finished

/* 程序运行之前 */
$ free
             total       used       free     shared    buffers     cached
Mem:        255556     191940      63616         10       5864      61360
-/+ buffers/cache:     124716     130840
Swap:       377488      18352     359136

/* 程序运行之中 */
$ free
             total       used       free     shared    buffers     cached
Mem:        255556     191948      63608         10       5888      61336
-/+ buffers/cache:     124724     130832
Swap:       377488      18352     359136

/* 程序运行之后 */
$ free
             total       used       free     shared    buffers     cached
Mem:        255556     191940      63616         10       5904      61320
-/+ buffers/cache:     124716     130840
Swap:       377488      18352     359136
```

可以看到，线程在运行结束后就收回了系统资源，并释放内存。

9.3 实验内容——“生产者消费者”实验

1．实验目的

“生产者消费者”问题是一个著名的同时性编程问题的集合。通过学习经典的“生产者消费者”问题的实验，读者可以进一步熟悉 Linux 中的多线程编程，并且掌握用信号量处理线程间的同步和互斥问题。

2．实验内容

“生产者—消费者”问题描述如下。

有一个有限缓冲区和两个线程：生产者和消费者。他们分别不停地把产品放入缓冲区和从缓冲区中拿走产品。一个生产者在缓冲区满的时候必须等待，一个消费者在缓冲区空的时候也必须等待。另外，因为缓冲区是临界资源，所以生产者和消费者之间必须互斥执行。它们之间的关系如图 9.4 所示。

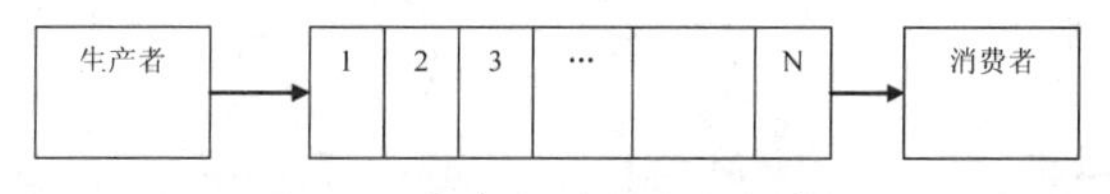

图 9.4 生产者消费者问题描述

这里要求使用有名管道来模拟有限缓冲区，并且使用信号量来解决“生产者—消费者”问题中的同步和互斥问题。

3．实验步骤

（1）信号量的考虑。

这里使用 3 个信号量，其中两个信号量 avail 和 full 分别用于解决生产者和消费者线程之间的同步问题，mutex 是用于这两个线程之间的互斥问题。其中 avail 表示有界缓冲区中的空单元数，初始值为 N；full 表示有界缓冲区中非空单元数，初始值为 0；mutex 是互斥信号量，初始值为 1。

（2）画出流程图。

本实验流程图如图 9.5 所示。

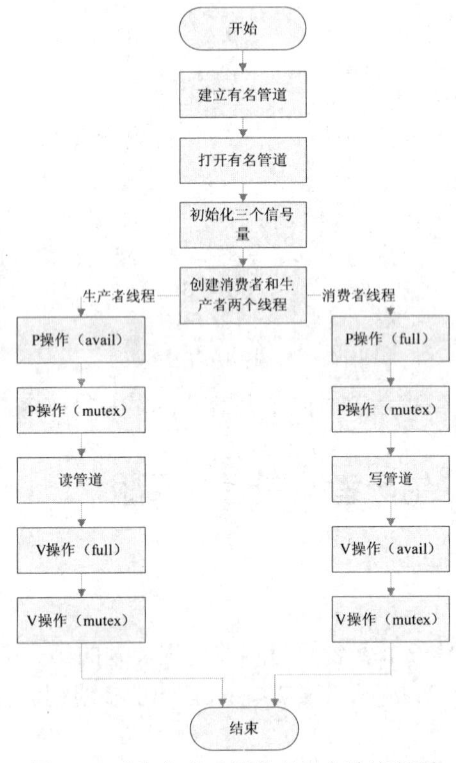

图 9.5　“生产者—消费者”实验流程图

（3）编写代码。

本实验的代码中采用的有界缓冲区拥有 3 个单元，每个单元为 5 个字节。为了尽量体现每个信号量的意义，在程序中生产过程和消费过程是随机（采取 0～5s 的随机时间间隔）进行的，而且生产者的速度比消费者的速度平均快两倍左右（这种关系可以相反）。生产者一次生产一个单元的产品（放入“hello”字符串），消费者一次消费一个单元的产品。

```
/*producer-customer.c*/
#include <stdio.h>
#include <stdlib.h>
#include <unistd.h>
#include <fcntl.h>
#include <pthread.h>
#include <errno.h>
#include <semaphore.h>
```

```
#include <sys/ipc.h>

#define MYFIFO            "myfifo"     /* 缓冲区有名管道的名字 */
#define BUFFER_SIZE        3          /* 缓冲区的单元数 */
#define UNIT_SIZE          5           /* 每个单元的大小 */
#define RUN_TIME           30          /* 运行时间 */
#define DELAY_TIME_LEVELS     5.0      /* 周期的最大值 */

int fd;
time_t end_time;
sem_t mutex, full, avail;              /* 3个信号量 */

/*生产者线程*/
void *producer(void *arg)
{
    int real_write;
    int delay_time = 0;

    while(time(NULL) < end_time)
    {
        delay_time = (int)(rand() * DELAY_TIME_LEVELS/(RAND_MAX) / 2.0) + 1;
        sleep(delay_time);
        /*P 操作信号量 avail 和 mutex*/
        sem_wait(&avail);
        sem_wait(&mutex);
        printf("\nProducer: delay = %d\n", delay_time);
        /*生产者写入数据*/
        if ((real_write = write(fd, "hello", UNIT_SIZE)) == -1)
        {
            if(errno == EAGAIN)
            {
                printf("The FIFO has not been read yet.Please try later\n");
            }
        }
        else
        {
            printf("Write %d to the FIFO\n", real_write);
        }

        /*V 操作信号量 full 和 mutex*/
        sem_post(&full);
        sem_post(&mutex);
    }
    pthread_exit(NULL);
}
/* 消费者线程*/
void *customer(void *arg)
{
    unsigned char read_buffer[UNIT_SIZE];
    int real_read;
```

```
    int delay_time;

    while(time(NULL) < end_time)
    {
        delay_time = (int)(rand() * DELAY_TIME_LEVELS/(RAND_MAX)) + 1;
        sleep(delay_time);

        /*P 操作信号量 full 和 mutex*/
        sem_wait(&full);
        sem_wait(&mutex);
        memset(read_buffer, 0, UNIT_SIZE);
        printf("\nCustomer: delay = %d\n", delay_time);

        if ((real_read = read(fd, read_buffer, UNIT_SIZE)) == -1)
        {
            if (errno == EAGAIN)
            {
                printf("No data yet\n");
            }
        }
        printf("Read %s from FIFO\n", read_buffer);
        /*V 操作信号量 avail 和 mutex*/
        sem_post(&avail);
        sem_post(&mutex);
    }
    pthread_exit(NULL);
}

int main()
{
    pthread_t thrd_prd_id,thrd_cst_id;
    pthread_t mon_th_id;
    int ret;

    srand(time(NULL));
    end_time = time(NULL) + RUN_TIME;
    /*创建有名管道*/
    if((mkfifo(MYFIFO, O_CREAT|O_EXCL) < 0) && (errno != EEXIST))
    {
        printf("Cannot create fifo\n");
        return errno;
    }
    /*打开管道*/
    fd = open(MYFIFO, O_RDWR);
    if (fd == -1)
    {
        printf("Open fifo error\n");
        return fd;
    }
    /*初始化互斥信号量为 1*/
```

```
    ret = sem_init(&mutex, 0, 1);
    /*初始化 avail 信号量为 N*/
    ret += sem_init(&avail, 0, BUFFER_SIZE);
    /*初始化 full 信号量为 0*/
    ret += sem_init(&full, 0, 0);
    if (ret != 0)
    {
        printf("Any semaphore initialization failed\n");
        return ret;
    }
    /*创建两个线程*/
    ret = pthread_create(&thrd_prd_id, NULL, producer, NULL);
    if (ret != 0)
    {
        printf("Create producer thread error\n");
        return ret;
    }
    ret = pthread_create(&thrd_cst_id, NULL, customer, NULL);
    if(ret != 0)
    {
        printf("Create customer thread error\n");
        return ret;
    }
    pthread_join(thrd_prd_id, NULL);
    pthread_join(thrd_cst_id, NULL);
    close(fd);
    unlink(MYFIFO);
    return 0;
}
```

4. 实验结果

运行该程序，得到如下结果：

```
$ ./producer_customer
......
Producer: delay = 3
Write 5 to the FIFO

Customer: delay = 3
Read hello from FIFO

Producer: delay = 1
Write 5 to the FIFO

Producer: delay = 2
Write 5 to the FIFO

Customer: delay = 4
Read hello from FIFO
```

```
Customer: delay = 1
Read hello from FIFO

Producer: delay = 2
Write 5 to the FIFO
......
```

9.4 本章小结

本章首先介绍了线程的基本概念、线程的分类和特性以及线程的发展历程。

接下来讲解了 Linux 中线程库的基本操作函数，包括线程的创建、退出和取消等，通过实例程序给出了比较典型的线程编程框架。

再接下来，本章讲解了线程的控制操作。在线程的操作中必须实现线程间的同步和互斥，其中包括互斥锁线程控制和信号量线程控制。后面还简单描述了线程属性相关概念、相关函数以及比较简单的典型实例。最后，本章的实验是一个经典的生产者——消费者问题，可以使用线程机制很好地实现，希望读者能够认真地编程实验，进一步理解多线程的同步和互斥操作。

9.5 思考与练习

1．通过查找资料，查看主流的嵌入式操作系统（如嵌入式 Linux、Vxworks 等）是如何处理多线程操作的。

2．通过线程实现串口通信。

3．通过线程和网络编程实现网上聊天程序。

第10章

嵌入式 Linux 网络编程

本章目标

本章将介绍嵌入式 Linux 网络编程的基础知识。由于网络在嵌入式中的应用非常广泛，基本上常见的应用都会与网络有关，因此，掌握这一部分的内容是非常重要的。经过本章的学习，读者将会掌握以下内容。

- 掌握 TCP/IP 的基础知识
- 掌握嵌入式 Linux 基础网络编程
- 掌握嵌入式 Linux 高级网络编程
- 分析理解 Ping 源代码
- 能够独立编写客户端、服务器端的通信程序
- 能够独立编写 NTP 实现程序

10.1 TCP/IP 概述

10.1.1 OSI 参考模型及 TCP/IP 参考模型

读者一定都听说过著名的 OSI 协议参考模型，它是基于国际标准化组织（ISO）的建议发展起来的，从上到下共分为 7 层：应用层、表示层、会话层、传输层、网络层、数据链路层及物理层。这个 7 层的协议模型虽然规定得非常细致和完善，但在实际中却得不到广泛的应用，其重要的原因之一就在于它过于复杂。但它仍是此后很多协议模型的基础，这种分层架构的思想在很多领域都得到了广泛的应用。

与此相区别的 TCP/IP 模型从一开始就遵循简单明确的设计思路，它将 TCP/IP 的 7 层协议模型简化为 4 层，从而更有利于实现和使用。TCP/IP 的参考模型和 OSI 协议参考模型的对应关系如图 10.1

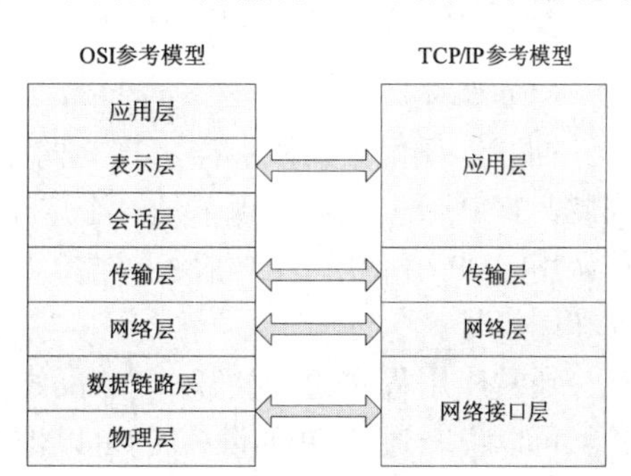

图 10.1 OSI 模型和 TCP/IP 参考模型对应关系

所示。

下面分别对 TCP/IP 的 4 层模型进行简要介绍。

- 网络接口层：负责将二进制流转换为数据帧，并进行数据帧的发送和接收。要注意的是数据帧是独立的网络信息传输单元。
- 网络层：负责将数据帧封装成 IP 数据包，并运行必要的路由算法。
- 传输层：负责端对端之间的通信会话连接与建立。传输协议的选择根据数据传输方式而定。
- 应用层：负责应用程序的网络访问，这里通过端口号来识别各个不同的进程。

10.1.2 TCP/IP 协议族

虽然 TCP/IP 名称只包含了两个协议，但实际上，TCP/IP 是一个庞大的协议族，它包括了各个层次上的众多协议，图 10.2 列举了各层中一些重要的协议，并给出了各个协议在不同层次中所处的位置，如下所示。

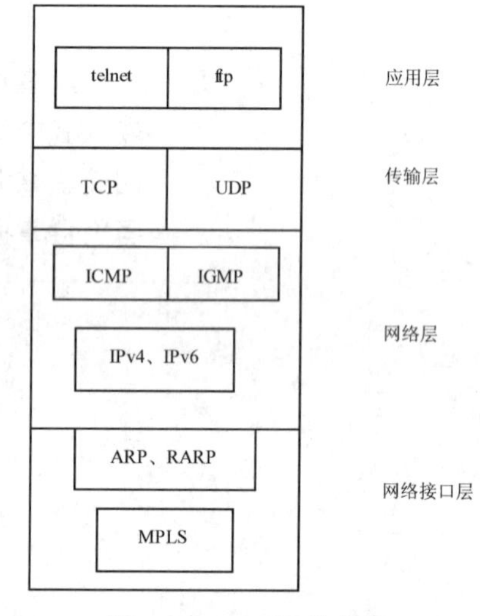

图 10.2 TCP/IP 协议族

- ARP：用于获得同一物理网络中的硬件主机地址。
- MPLS：多协议标签协议，是很有发展前景的下一代网络协议。
- IP：负责在主机和网络之间寻址和路由数据包。
- ICMP：用于发送有关数据包的传送错误的协议。
- IGMP：被 IP 主机用来向本地多路广播路由器报告主机组成员的协议。
- TCP：为应用程序提供可靠的通信连接。适合于一次传输大批数据的情况。并适用于要求得到响应的应用程序。
- UDP：提供了无连接通信，且不对传送包进行可靠性保证。适合于一次传输少量数据，可靠性则由应用层来负责。

10.1.3 TCP 和 UDP

在此主要介绍在网络编程中涉及的传输层 TCP 和 UDP。

1. TCP

（1）概述。

同其他任何协议栈一样，TCP 向相邻的高层提供服务。因为 TCP 的上一层就是应用层，因此，TCP 数据传输实现了从一个应用程序到另一个应用程序的数据传递。应用程序通过编程调用 TCP 并使用 TCP 服务，提供需要准备发送的数据，用来区分接收数据应用的目的地址和端口号。

通常应用程序通过打开一个 socket 来使用 TCP 服务，TCP 管理到其他 socket 的数据传递。可以说，通过 IP 的源/目的可以惟一地区分网络中两个设备的连接，通过 socket 的源/目的可以惟一地区分网络中两个应用程序的连接。

（2）三次握手协议。

TCP 对话通过三次握手来进行初始化。三次握手的目的是使数据段的发送和接收同步，告诉其他主机其一次可接收的数据量，并建立虚连接。

下面描述了这三次握手的简单过程。

- 初始化主机通过一个同步标志置位的数据段发出会话请求。
- 接收主机通过发回具有以下项目的数据段表示回复：同步标志置位、即将发送的数据段的起始字节的顺序号、应答并带有将收到的下一个数据段的字节顺序号。
- 请求主机再回送一个数据段，并带有确认顺序号和确认号。

图 10.3 就是这个流程的简单示意图。

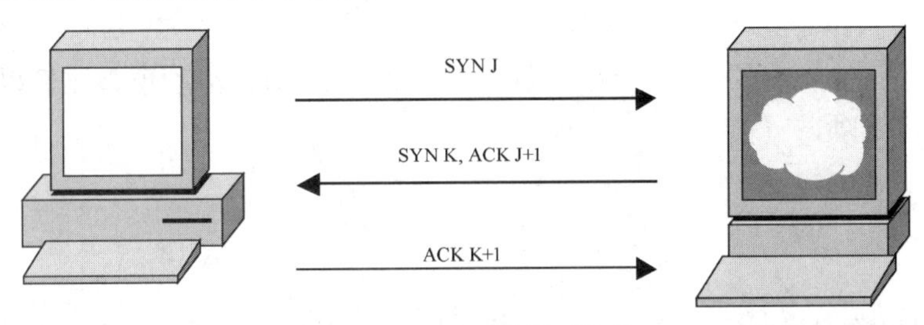

图 10.3　TCP 三次握手协议

TCP 实体所采用的基本协议是滑动窗口协议。当发送方传送一个数据报时，它将启动计时器。当该数据报到达目的地后，接收方的 TCP 实体往回发送一个数据报，其中包含有一个确认序号，它表示希望收到的下一个数据包的顺序号。如果发送方的定时器在确认信息到达之前超时，那么发送方会重发该数据包。

（3）TCP 数据包头。

图 10.4 给出了 TCP 数据包头的格式。

TCP 数据包头的含义如下所示。

- 源端口、目的端口：16 位长。标识出远端和本地的端口号。

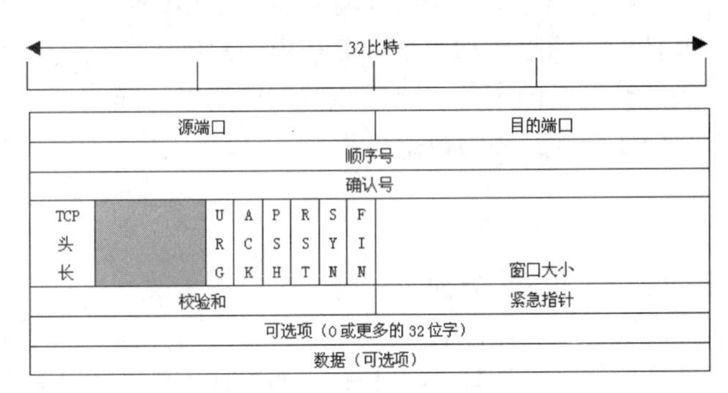

图 10.4　TCP 数据包头的格式

- 序号：32 位长。标识发送的数据报的顺序。
- 确认号：32 位长。希望收到的下一个数据包的序列号。
- TCP 头长：4 位长。表明 TCP 头中包含多少个 32 位字。
- 6 位未用。
- ACK：ACK 位置 1 表明确认号是合法的。如果 ACK 为 0，那么数据报不包含确认信息，确认字段被省略。

- PSH：表示是带有 PUSH 标志的数据。接收方因此请求数据包一到便将其送往应用程序而不必等到缓冲区装满时才传送。
- RST：用于复位由于主机崩溃或其他原因而出现的错误连接。还可以用于拒绝非法的数据包或拒绝连接请求。
- SYN：用于建立连接。
- FIN：用于释放连接。
- 窗口大小：16 位长。窗口大小字段表示在确认了字节之后还可以发送多少个字节。
- 校验和：16 位长。是为了确保高可靠性而设置的。它校验头部、数据和伪 TCP 头部之和。
- 可选项：0 个或多个 32 位字。包括最大 TCP 载荷，滑动窗口比例以及选择重发数据包等选项。

2．UDP

（1）概述。

UDP 即用户数据报协议，它是一种无连接协议，因此不需要像 TCP 那样通过三次握手来建立一个连接。同时，一个 UDP 应用可同时作为应用的客户或服务器方。由于 UDP 协议并不需要建立一个明确的连接，因此建立 UDP 应用要比建立 TCP 应用简单得多。

UDP 协议从问世至今已经被使用了很多年，虽然其最初的光彩已经被一些类似协议所掩盖，但是在网络质量越来越高的今天，UDP 的应用得到了大大的增强。它比 TCP 协议更为高效，也能更好地解决实时性的问题。如今，包括网络视频会议系统在内的众多的客户/服务器模式的网络应用都使用 UDP 协议。

（2）UDP 数据报头。

UDP 数据报头如下图 10.5 所示。

- 源地址、目的地址：16 位长。标识出远端和本地的端口号。
- 数据报的长度是指包括报头和数据部分在内的总的字节数。因为报头的长度是固定的，所以该域主要用来计算可变长度的数据部分（又称为数据负载）。

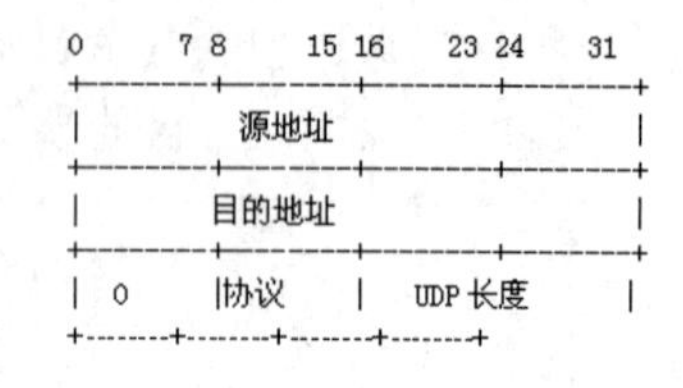

图 10.5　UDP 数据报头

3．协议的选择

协议的选择应该考虑到以下 3 个方面。

（1）对数据可靠性的要求。

对数据要求高可靠性的应用需选择 TCP 协议，如验证、密码字段的传送都是不允许出错的，而对数据的可靠性要求不那么高的应用可选择 UDP 传送。

（2）应用的实时性。

TCP 协议在传送过程中要使用三次握手、重传确认等手段来保证数据传输的可靠性。使用 TCP 协议会有较大的时延，因此不适合对实时性要求较高的应用，如 VoIP、视频监控等。相反，UDP 协议则在这些应用中能发挥很好的作用。

（3）网络的可靠性。

由于 TCP 协议的提出主要是解决网络的可靠性问题，它通过各种机制来减少错误发生的概率。因此，在网络状况不是很好的情况下需选用 TCP 协议（如在广域网等情况），但是若在网络状况很好的情况下（如局域网等）就不需要再采用 TCP 协议，而建议选择 UDP 协议来减少网络负荷。

10.2 网络基础编程

10.2.1 socket 概述

1．socket 定义

在 Linux 中的网络编程是通过 socket 接口来进行的。人们常说的 socket 是一种特殊的 I/O 接口，它也是一种文件描述符。socket 是一种常用的进程之间通信机制，通过它不仅能实现本地机器上的进程之间的通信，而且通过网络能够在不同机器上的进程之间进行通信。

每一个 socket 都用一个半相关描述{协议、本地地址、本地端口}来表示；一个完整的套接字则用一个相关描述{协议、本地地址、本地端口、远程地址、远程端口}来表示。socket 也有一个类似于打开文件的函数调用，该函数返回一个整型的 socket 描述符，随后的连接建立、数据传输等操作都是通过 socket 来实现的。

2．socket 类型

常见的 socket 有 3 种类型如下。

（1）流式 socket（SOCK_STREAM）。

流式套接字提供可靠的、面向连接的通信流；它使用 TCP 协议，从而保证了数据传输的正确性和顺序性。

（2）数据报 socket（SOCK_DGRAM）。

数据报套接字定义了一种无连接的服务，数据通过相互独立的报文进行传输，是无序的，并且不保证是可靠、无差错的。它使用数据报协议 UDP。

（3）原始 socket。

原始套接字允许对底层协议如 IP 或 ICMP 进行直接访问，它功能强大但使用较为不便，主要用于一些协议的开发。

10.2.2 地址及顺序处理

1．地址结构相关处理

（1）数据结构介绍。

下面首先介绍两个重要的数据类型：sockaddr 和 sockaddr_in，这两个结构类型都是用来保存 socket 信息的，如下所示：

```
struct sockaddr
{
      unsigned short sa_family; /*地址族*/
```

```
        char sa_data[14]; /*14 字节的协议地址，包含该 socket 的 IP 地址和端口号。*/
};
struct sockaddr_in
{
        short int sa_family; /*地址族*/
        unsigned short int sin_port; /*端口号*/
        struct in_addr sin_addr; /*IP 地址*/
        unsigned char sin_zero[8]; /*填充 0 以保持与 struct sockaddr 同样大小*/
};
```

这两个数据类型是等效的，可以相互转化，通常 sockaddr_in 数据类型使用更为方便。在建立 socketadd 或 sockaddr_in 后，就可以对该 socket 进行适当的操作了。

（2）结构字段。

表 10.1 列出了该结构 sa_family 字段可选的常见值。

表 10.1　　sa_family 可选值

结构定义头文件	#include <netinet/in.h>
sa_family	AF_INET：IPv4 协议
	AF_INET6：IPv6 协议
	AF_LOCAL：UNIX 域协议
	AF_LINK：链路地址协议
	AF_KEY：密钥套接字（socket）

sockaddr_in 其他字段的含义非常清楚，具体的设置涉及其他函数，在后面会有详细的讲解。

2．数据存储优先顺序

（1）函数说明。

计算机数据存储有两种字节优先顺序：高位字节优先（称为大端模式）和低位字节优先（称为小端模式，PC 机通常采用小端模式）。Internet 上数据以高位字节优先顺序在网络上传输，因此在有些情况下，需要对这两个字节存储优先顺序进行相互转化。这里用到了 4 个函数：htons()、ntohs()、htonl()和 ntohl()。这 4 个地址分别实现网络字节序和主机字节序的转化，这里的 h 代表 host，n 代表 network，s 代表 short，l 代表 long。通常 16 位的 IP 端口号用 s 代表，而 IP 地址用 l 来代表。

（2）函数格式说明。

表 10.2 列出了这 4 个函数的语法格式。

表 10.2　　htons 等函数语法要点

所需头文件	#include <netinet/in.h>
函数原型	uint16_t htons(unit16_t host16bit) uint32_t htonl(unit32_t host32bit) uint16_t ntohs(unit16_t net16bit) uint32_t ntohs(unit32_t net32bit)
函数传入值	host16bit：主机字节序的 16 位数据

续表

函数传入值	host32bit：主机字节序的 32 位数据
	net16bit：网络字节序的 16 位数据
	net32bit：网络字节序的 32 位数据
函数返回值	成功：返回要转换的字节序
	出错：–1

注意　调用该函数只是使其得到相应的字节序，用户不需清楚该系统的主机字节序和网络字节序是否真正相等。如果是相同不需要转换的话，该系统的这些函数会定义成空宏。

3．地址格式转化

（1）函数说明。

通常用户在表达地址时采用的是点分十进制表示的数值（或者是以冒号分开的十进制 IPv6 地址），而在通常使用的 socket 编程中所使用的则是二进制值，这就需要将这两个数值进行转换。这里在 IPv4 中用到的函数有 inet_aton()、inet_addr()和 inet_ntoa()，而 IPv4 和 IPv6 兼容的函数有 inet_pton()和 inet_ntop()。由于 IPv6 是下一代互联网的标准协议，因此，本书讲解的函数都能够同时兼容 IPv4 和 IPv6，但在具体举例时仍以 IPv4 为例。

这里 inet_pton()函数是将点分十进制地址映射为二进制地址，而 inet_ntop()是将二进制地址映射为点分十进制地址。

（2）函数格式。

表 10.3 列出了 inet_pton 函数的语法要点。

表 10.3　　**inet_pton 函数语法要点**

所需头文件	#include <arpa/inet.h>	
函数原型	int inet_pton(int family, const char *strptr, void *addrptr)	
函数传入值	family	AF_INET：IPv4 协议
		AF_INET6：IPv6 协议
	strptr：要转化的值	
	addrptr：转化后的地址	
函数返回值	成功：0	
	出错：–1	

表 10.4 列出了 inet_ntop 函数的语法要点。

表 10.4　　**inet_ntop 函数语法要点**

所需头文件	#include <arpa/inet.h>	
函数原型	int inet_ntop(int family, void *addrptr, char *strptr, size_t len)	
函数传入值	family	AF_INET：IPv4 协议
		AF_INET6：IPv6 协议

续表

函数传入值	addrptr：转化后的地址
	strptr：要转化的值
	len：转化后值的大小
函数返回值	成功：0
	出错：-1

4．名字地址转化

（1）函数说明。

通常，人们在使用过程中都不愿意记忆冗长的 IP 地址，尤其到 IPv6 时，地址长度多达 128 位，那时就更加不可能一次次记忆那么长的 IP 地址了。因此，使用主机名将会是很好的选择。在 Linux 中，同样有一些函数可以实现主机名和地址的转化，最为常见的有 gethostbyname()、gethostbyaddr()和 getaddrinfo()等，它们都可以实现 IPv4 和 IPv6 的地址和主机名之间的转化。其中 gethostbyname()是将主机名转化为 IP 地址，gethostbyaddr()则是逆操作，是将 IP 地址转化为主机名，另外 getaddrinfo()还能实现自动识别 IPv4 地址和 IPv6 地址。

gethostbyname()和 gethostbyaddr()都涉及一个 hostent 的结构体，如下所示：

```
struct hostent
{
        char *h_name;/*正式主机名*/
        char **h_aliases;/*主机别名*/
        int h_addrtype;/*地址类型*/
        int h_length;/*地址字节长度*/
        char **h_addr_list;/*指向 IPv4 或 IPv6 的地址指针数组*/
}
```

调用 gethostbyname()函数或 gethostbyaddr()函数后就能返回 hostent 结构体的相关信息。

getaddrinfo()函数涉及一个 addrinfo 的结构体，如下所示：

```
struct addrinfo
{
        int ai_flags;/*AI_PASSIVE, AI_CANONNAME;*/
        int ai_family;/*地址族*/
        int ai_socktype;/*socket 类型*/
        int ai_protocol;/*协议类型*/
        size_t ai_addrlen;/*地址字节长度*/
        char *ai_canonname;/*主机名*/
        struct sockaddr *ai_addr;/*socket 结构体*/
        struct addrinfo *ai_next;/*下一个指针链表*/
}
```

hostent 结构体而言，addrinfo 结构体包含更多的信息。

（2）函数格式。

表 10.5 列出了 gethostbyname()函数的语法要点。

表 10.5　　　　gethostbyname 函数语法要点

所需头文件	#include <netdb.h>
函数原型	struct hostent *gethostbyname(const char *hostname)
函数传入值	hostname：主机名
函数返回值	成功：hostent 类型指针
	出错：-1

调用该函数时可以首先对 hostent 结构体中的 h_addrtype 和 h_length 进行设置，若为 IPv4 可设置为 AF_INET 和 4；若为 IPv6 可设置为 AF_INET6 和 16；若不设置则默认为 IPv4 地址类型。

表 10.6 列出了 getaddrinfo()函数的语法要点。

表 10.6　　　　getaddrinfo()函数语法要点

所需头文件	#include <netdb.h>
函数原型	int getaddrinfo(const char *node, const char *service, const struct addrinfo *hints, struct addrinfo **result)
函数传入值	node：网络地址或者网络主机名
	service：服务名或十进制的端口号字符串
	hints：服务线索
	result：返回结果
函数返回值	成功：0
	出错：-1

在调用之前，首先要对 hints 服务线索进行设置。它是一个 addrinfo 结构体，表 10.7 列举了该结构体常见的选项值。

表 10.7　　　　addrinfo 结构体常见选项值

结构体头文件	#include <netdb.h>
ai_flags	AI_PASSIVE：该套接口是用作被动地打开
	AI_CANONNAME：通知 getaddrinfo 函数返回主机的名字
ai_family	AF_INET：IPv4 协议
	AF_INET6：IPv6 协议
	AF_UNSPEC：IPv4 或 IPv6 均可
ai_socktype	SOCK_STREAM：字节流套接字 socket（TCP）
	SOCK_DGRAM：数据报套接字 socket（UDP）
ai_protocol	IPPROTO_IP：IP 协议
	IPPROTO_IPV4：IPv4 协议
	IPPROTO_IPV6：IPv6 协议
	IPPROTO_UDP：UDP
	IPPROTO_TCP：TCP

注意

（1）通常服务器端在调用 getaddrinfo()之前，ai_flags 设置 AI_PASSIVE，用于 bind()函数（用于端口和地址的绑定，后面会讲到），主机名 nodename 通常会设置为 NULL。

（2）客户端调用 getaddrinfo()时，ai_flags 一般不设置 AI_PASSIVE，但是主机名 nodename 和服务名 servname（端口）则应该不为空。

（3） 即使不设置 ai_flags 为 AI_PASSIVE，取出的地址也可以被绑定，很多程序中 ai_flags 直接设置为 0，即 3 个标志位都不设置，这种情况下只要 hostname 和 servname 设置的没有问题就可以正确绑定。

（3）使用实例。

下面的实例给出了 getaddrinfo 函数用法的示例，在后面小节中会给出 gethostbyname 函数用法的例子。

```
/* getaddrinfo.c */
#include <stdio.h>
#include <stdlib.h>
#include <errno.h>
#include <string.h>
#include <netdb.h>
#include <sys/types.h>
#include <netinet/in.h>
#include <sys/socket.h>

int main()
{
    struct addrinfo hints, *res = NULL;
    int rc;

    memset(&hints, 0, sizeof(hints));
    /*设置 addrinfo 结构体中各参数 */
    hints.ai_flags = AI_CANONNAME;
    hints.ai_family = AF_UNSPEC;
    hints.ai_socktype = SOCK_DGRAM;
    hints.ai_protocol = IPPROTO_UDP;
    /*调用 getaddinfo 函数*/
    rc = getaddrinfo("localhost", NULL, &hints, &res);
    if (rc != 0)
    {
        perror("getaddrinfo");
        exit(1);
    }
    else
    {
        printf("Host name is %s\n", res->ai_canonname);
    }
    exit(0);
}
```

10.2.3 socket 基础编程

（1）函数说明。

socket 编程的基本函数有 socket()、bind()、listen()、accept()、send()、sendto()、recv()以及 recvfrom()等，其中根据客户端还是服务端，或者根据使用 TCP 协议还是 UDP 协议，这些函数的调用流程都有所区别，这里先对每个函数进行说明，再给出各种情况下使用的流程图。

- socket()：该函数用于建立一个 socket 连接，可指定 socket 类型等信息。在建立了 socket 连接之后，可对 sockaddr 或 sockaddr_in 结构进行初始化，以保存所建立的 socket 地址信息。
- bind()：该函数是用于将本地 IP 地址绑定到端口号，若绑定其他 IP 地址则不能成功。另外，它主要用于 TCP 的连接，而在 UDP 的连接中则无必要。
- listen()：在服务端程序成功建立套接字和与地址进行绑定之后，还需要准备在该套接字上接收新的连接请求。此时调用 listen()函数来创建一个等待队列，在其中存放未处理的客户端连接请求。
- accept()：服务端程序调用 listen()函数创建等待队列之后，调用 accept()函数等待并接收客户端的连接请求。它通常从由 bind()所创建的等待队列中取出第一个未处理的连接请求。
- connect()：该函数在 TCP 中是用于 bind()的之后的 client 端，用于与服务器端建立连接，而在 UDP 中由于没有了 bind()函数，因此用 connect()有点类似 bind()函数的作用。
- send()和 recv()：这两个函数分别用于发送和接收数据，可以用在 TCP 中，也可以用在 UDP 中。当用在 UDP 时，可以在 connect()函数建立连接之后再用。
- sendto()和 recvfrom()：这两个函数的作用与 send()和 recv()函数类似，也可以用在 TCP 和 UDP 中。当用在 TCP 时，后面的几个与地址有关参数不起作用，函数作用等同于 send()和 recv()；当用在 UDP 时，可以用在之前没有使用 connect()的情况下，这两个函数可以自动寻找指定地址并进行连接。

服务器端和客户端使用 TCP 协议的流程如图 10.6 所示。

服务器端和客户端使用 UDP 协议的流程如图 10.7 所示。

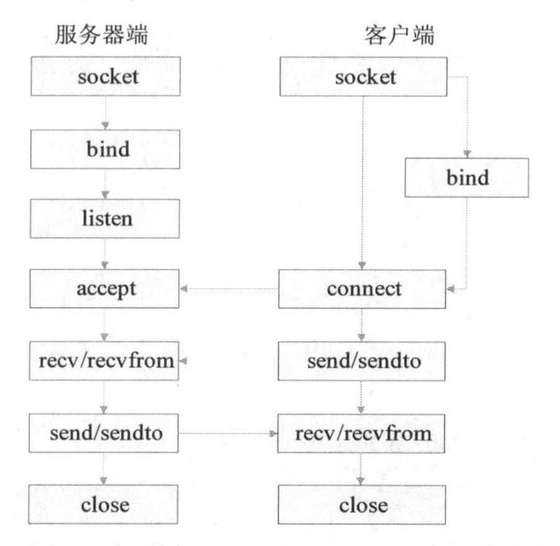

图 10.6　使用 TCP 协议 socket 编程流程图

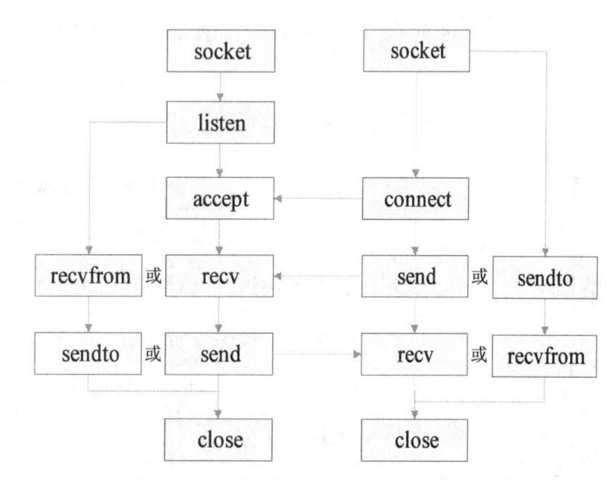

图 10.7　使用 UDP 协议 socket 编程流程图

（2）函数格式。

表 10.8 列出了 socket()函数的语法要点。

表 10.8　　socket()函数语法要点

所需头文件	#include <sys/socket.h>	
函数原型	int socket(int family, int type, int protocol)	
函数传入值	family：协议族	AF_INET：IPv4 协议
		AF_INET6：IPv6 协议
		AF_LOCAL：UNIX 域协议
		AF_ROUTE：路由套接字（socket）
		AF_KEY：密钥套接字（socket）
	type：套接字类型	SOCK_STREAM：字节流套接字 socket
		SOCK_DGRAM：数据报套接字 socket
		SOCK_RAW：原始套接字 socket
	protoco：0（原始套接字除外）	
函数返回值	成功：非负套接字描述符	
	出错：–1	

表 10.9 列出了 bind()函数的语法要点。

表 10.9　　bind()函数语法要点

所需头文件	#include <sys/socket.h>
函数原型	int bind(int sockfd, struct sockaddr *my_addr, int addrlen)
函数传入值	socktd：套接字描述符
	my_addr：本地地址
	addrlen：地址长度
函数返回值	成功：0
	出错：–1

端口号和地址在 my_addr 中给出了，若不指定地址，则内核随意分配一个临时端口给该应用程序。

表 10.10 列出了 listen()函数的语法要点。

表 10.10　　listen()函数语法要点

所需头文件	#include <sys/socket.h>
函数原型	int listen(int sockfd, int backlog)
函数传入值	socktd：套接字描述符
	backlog：请求队列中允许的最大请求数，大多数系统默认值为 5
函数返回值	成功：0
	出错：–1

表 10.11 列出了 accept()函数的语法要点。

表 10.11 accept()函数语法要点

所需头文件	#include <sys/socket.h>
函数原型	int accept(int sockfd, struct sockaddr *addr, socklen_t *addrlen)
函数传入值	sockfd：套接字描述符
	addr：客户端地址
	addrlen：地址长度
函数返回值	成功：0
	出错：−1

表 10.12 列出了 connect()函数的语法要点。

表 10.12 connect()函数语法要点

所需头文件	#include <sys/socket.h>
函数原型	int connect(int sockfd, struct sockaddr *serv_addr, int addrlen)
函数传入值	sockfd：套接字描述符
	serv_addr：服务器端地址
	addrlen：地址长度
函数返回值	成功：0
	出错：−1

表 10.13 列出了 send()函数的语法要点。

表 10.13 send()函数语法要点

所需头文件	#include <sys/socket.h>
函数原型	int send(int sockfd, const void *msg, int len, int flags)
函数传入值	sockfd：套接字描述符
	msg：指向要发送数据的指针
	len：数据长度
	flags：一般为 0
函数返回值	成功：发送的字节数
	出错：−1

表 10.14 列出了 recv()函数的语法要点。

表 10.14 recv()函数语法要点

所需头文件	#include <sys/socket.h>
函数原型	int recv(int sockfd, void *buf,int len, unsigned int flags)
函数传入值	sockfd：套接字描述符
	buf：存放接收数据的缓冲区
	len：数据长度
	flags：一般为 0
函数返回值	成功：接收的字节数
	出错：−1

表 10.15 列出了 sendto()函数的语法要点。

表 10.15 **sendto()函数语法要点**

所需头文件	#include <sys/socket.h>
函数原型	int sendto(int sockfd, const void *msg,int len, unsigned int flags, const struct sockaddr *to, int tolen)
函数传入值	socktd：套接字描述符
	msg：指向要发送数据的指针
	len：数据长度
	flags：一般为 0
	to：目地机的 IP 地址和端口号信息
	tolen：地址长度
函数返回值	成功：发送的字节数
	出错：–1

表 10.16 列出了 recvfrom()函数的语法要点。

表 10.16 **recvfrom()函数语法要点**

所需头文件	#include <sys/socket.h>
函数原型	int recvfrom(int sockfd,void *buf, int len, unsigned int flags, struct sockaddr *from, int *fromlen)
函数传入值	socktd：套接字描述符
	buf：存放接收数据的缓冲区
	len：数据长度
	flags：一般为 0
	from：源主机的 IP 地址和端口号信息
	tolen：地址长度
函数返回值	成功：接收的字节数
	出错：–1

（3）使用实例。

该实例分为客户端和服务器端两部分，其中服务器端首先建立起 socket，然后与本地端口进行绑定，接着就开始接收从客户端的连接请求并建立与它的连接，接下来，接收客户端发送的消息。客户端则在建立 socket 之后调用 connect()函数来建立连接。

服务端的代码如下所示：

```
/*server.c*/
#include <sys/types.h>
#include <sys/socket.h>
#include <stdio.h>
#include <stdlib.h>
#include <errno.h>
#include <string.h>
#include <unistd.h>
#include <netinet/in.h>
```

```
#define PORT               4321
#define BUFFER_SIZE        1024
#define MAX_QUE_CONN_NM    5

int main()
{
    struct sockaddr_in server_sockaddr,client_sockaddr;
    int sin_size,recvbytes;
    int sockfd, client_fd;
    char buf[BUFFER_SIZE];

    /*建立 socket 连接*/
    if ((sockfd = socket(AF_INET,SOCK_STREAM,0))== -1)
    {
        perror("socket");
        exit(1);
    }
    printf("Socket id = %d\n",sockfd);

    /*设置 sockaddr_in 结构体中相关参数*/
    server_sockaddr.sin_family = AF_INET;
    server_sockaddr.sin_port = htons(PORT);
    server_sockaddr.sin_addr.s_addr = INADDR_ANY;
    bzero(&(server_sockaddr.sin_zero), 8);

    int i = 1;/* 允许重复使用本地地址与套接字进行绑定 */
    setsockopt(sockfd, SOL_SOCKET, SO_REUSEADDR, &i, sizeof(i));

    /*绑定函数 bind()*/
    if (bind(sockfd, (struct sockaddr *)&server_sockaddr,
                sizeof(struct sockaddr)) == -1)
    {
        perror("bind");
        exit(1);
    }
    printf("Bind success!\n");

    /*调用 listen()函数，创建未处理请求的队列*/
    if (listen(sockfd, MAX_QUE_CONN_NM) == -1)
    {
        perror("listen");
        exit(1);
    }
    printf("Listening....\n");

    /*调用 accept()函数，等待客户端的连接*/
    if ((client_fd = accept(sockfd,
                (struct sockaddr *)&client_sockaddr, &sin_size)) == -1)
    {
        perror("accept");
        exit(1);
    }

    /*调用 recv()函数接收客户端的请求*/
```

```
    memset(buf , 0, sizeof(buf));
    if ((recvbytes = recv(client_fd, buf, BUFFER_SIZE, 0)) == -1)
    {
        perror("recv");
        exit(1);
    }
    printf("Received a message: %s\n", buf);
    close(sockfd);
    exit(0);
}
```

客户端的代码如下所示：

```
/*client.c*/
#include <stdio.h>
#include <stdlib.h>
#include <errno.h>
#include <string.h>
#include <netdb.h>
#include <sys/types.h>
#include <netinet/in.h>
#include <sys/socket.h>

#define PORT   4321
#define BUFFER_SIZE 1024

int main(int argc, char *argv[])
{
    int sockfd,sendbytes;
    char buf[BUFFER_SIZE];
    struct hostent *host;
    struct sockaddr_in serv_addr;

    if(argc < 3)
    {
        fprintf(stderr,"USAGE: ./client Hostname(or ip address) Text\n");
        exit(1);
    }

    /*地址解析函数*/
    if ((host = gethostbyname(argv[1])) == NULL)
    {
        perror("gethostbyname");
        exit(1);
    }

    memset(buf, 0, sizeof(buf));
    sprintf(buf, "%s", argv[2]);

    /*创建 socket*/
    if ((sockfd = socket(AF_INET, SOCK_STREAM, 0)) == -1)
    {
```

```
        perror("socket");
        exit(1);
    }

    /*设置 sockaddr_in 结构体中相关参数*/
    serv_addr.sin_family = AF_INET;
    serv_addr.sin_port = htons(PORT);
    serv_addr.sin_addr = *((struct in_addr *)host->h_addr);
    bzero(&(serv_addr.sin_zero), 8);

    /*调用 connect 函数主动发起对服务器端的连接*/
    if(connect(sockfd,(struct sockaddr *)&serv_addr,
                            sizeof(struct sockaddr))== -1)
    {
        perror("connect");
        exit(1);
    }

    /*发送消息给服务器端*/
    if ((sendbytes = send(sockfd, buf, strlen(buf), 0)) == -1)
    {
        perror("send");
        exit(1);
    }
    close(sockfd);
    exit(0);
}
```

在运行时需要先启动服务器端，再启动客户端。这里可以把服务器端下载到开发板上，客户端在宿主机上运行，然后配置双方的 IP 地址，在确保双方可以通信（如使用 ping 命令验证）的情况下运行该程序即可。

```
$ ./server
Socket id = 3
Bind success!
Listening....
Received a message: Hello,Server!
$ ./client localhost(或者输入 IP 地址) Hello,Server!
```

10.3 网络高级编程

在实际情况中，人们往往遇到多个客户端连接服务器端的情况。由于之前介绍的如 connet()、recv()和 send()等都是阻塞性函数，如果资源没有准备好，则调用该函数的进程将进入睡眠状态，这样就无法处理 I/O 多路复用的情况了。本节给出了两种解决 I/O 多路复用的解决方法，这两个函数都是之前学过的 fcntl()和 select()（请读者先复习第 6 章中的相关内容）。可以看到，由于在 Linux 中把 socket 也作为一种特殊文件描述符，这给用户的处理带来了很大的方便。

1．fcntl()

函数 fcntl()针对 socket 编程提供了如下的编程特性。

- 非阻塞 I/O：可将 cmd 设置为 F_SETFL，将 lock 设置为 O_NONBLOCK。
- 异步 I/O：可将 cmd 设置为 F_SETFL，将 lock 设置为 O_ASYNC。

下面是用 fcntl()将套接字设置为非阻塞 I/O 的实例代码：

```
/* net_fcntl.c */
#include <sys/types.h>
#include <sys/socket.h>
#include <sys/wait.h>
#include <stdio.h>
#include <stdlib.h>
#include <errno.h>
#include <string.h>
#include <sys/un.h>
#include <sys/time.h>
#include <sys/ioctl.h>
#include <unistd.h>
#include <netinet/in.h>
#include <fcntl.h>

#define PORT                1234
#define MAX_QUE_CONN_NM     5
#define BUFFER_SIZE         1024

int main()
{
    struct sockaddr_in server_sockaddr, client_sockaddr;
    int sin_size, recvbytes, flags;
    int sockfd, client_fd;
    char buf[BUFFER_SIZE];

    if ((sockfd = socket(AF_INET, SOCK_STREAM, 0)) == -1)
    {
        perror("socket");
        exit(1);
    }
    server_sockaddr.sin_family = AF_INET;
    server_sockaddr.sin_port = htons(PORT);
    server_sockaddr.sin_addr.s_addr = INADDR_ANY;
    bzero(&(server_sockaddr.sin_zero), 8);
    int i = 1;/* 允许重复使用本地地址与套接字进行绑定 */
    setsockopt(sockfd, SOL_SOCKET, SO_REUSEADDR, &i, sizeof(i));
    if (bind(sockfd, (struct sockaddr *)&server_sockaddr,
                                sizeof(struct sockaddr)) == -1)
    {
        perror("bind");
        exit(1);
```

```
    }
    if(listen(sockfd,MAX_QUE_CONN_NM) == -1)
    {
        perror("listen");
        exit(1);
    }
    printf("Listening....\n");
    /* 调用 fcntl()函数给套接字设置非阻塞属性 */
    flags = fcntl(sockfd, F_GETFL);
    if (flags < 0 || fcntl(sockfd, F_SETFL, flags|O_NONBLOCK) < 0)
    {
        perror("fcntl");
        exit(1);
    }

    while(1)
    {
        sin_size = sizeof(struct sockaddr_in);
        if ((client_fd = accept(sockfd,
                        (struct sockaddr*)&client_sockaddr, &sin_size)) < 0)
        {
            perror("accept");
            exit(1);
        }

        if ((recvbytes = recv(client_fd, buf, BUFFER_SIZE, 0)) < 0)
        {
            perror("recv");
            exit(1);
        }
        printf("Received a message: %s\n", buf);
    } /*while*/

    close(client_fd);
    exit(1);
}
```

运行该程序，结果如下所示：

```
$ ./net_fcntl
Listening....
accept: Resource temporarily unavailable
```

可以看到，当 accept()的资源不可用（没有任何未处理的等待连接的请求）时，程序就会自动返回。

2．select()

使用 fcntl()函数虽然可以实现非阻塞 I/O 或信号驱动 I/O，但在实际使用时往往会对资源是否准备完毕进行循环测试，这样就大大增加了不必要的 CPU 资源的占用。在这里可以使用 select()函数来解决这个问题，同时，使用 select()函数还可以设置等待的时间，可以说功能更加强大。下面是使用 select()函数的服务器端源代码。客户端程序基本上与 10.2.3 小节中的例子相同，仅加入一行 sleep()函数，使得客户端进程等待几秒钟才结束。

```
/* net_select.c */
#include <sys/types.h>
#include <sys/socket.h>
#include <stdio.h>
#include <stdlib.h>
#include <string.h>
#include <sys/time.h>
#include <sys/ioctl.h>
#include <unistd.h>
#include <netinet/in.h>
#define PORT                4321
#define MAX_QUE_CONN_NM     5
#define MAX_SOCK_FD         FD_SETSIZE
#define BUFFER_SIZE         1024

int main()
{
    struct sockaddr_in server_sockaddr, client_sockaddr;
    int sin_size, count;
    fd_set inset, tmp_inset;
    int sockfd, client_fd, fd;
    char buf[BUFFER_SIZE];

    if ((sockfd = socket(AF_INET, SOCK_STREAM, 0)) == -1)
    {
        perror("socket");
        exit(1);
    }
    server_sockaddr.sin_family = AF_INET;
    server_sockaddr.sin_port = htons(PORT);
    server_sockaddr.sin_addr.s_addr = INADDR_ANY;
    bzero(&(server_sockaddr.sin_zero), 8);
    int i = 1;/* 允许重复使用本地地址与套接字进行绑定 */
    setsockopt(sockfd, SOL_SOCKET, SO_REUSEADDR, &i, sizeof(i));
    if (bind(sockfd, (struct sockaddr *)&server_sockaddr,
                sizeof(struct sockaddr)) == -1)
    {
        perror("bind");
        exit(1);
    }

    if(listen(sockfd, MAX_QUE_CONN_NM) == -1)
    {
        perror("listen");
        exit(1);
    }
    printf("listening....\n");
    /*将调用 socket()函数的描述符作为文件描述符*/
    FD_ZERO(&inset);
```

```
    FD_SET(sockfd, &inset);
    while(1)
    {
        tmp_inset = inset;
        sin_size=sizeof(struct sockaddr_in);
        memset(buf, 0, sizeof(buf));
        /*调用 select()函数*/
        if (!(select(MAX_SOCK_FD, &tmp_inset, NULL, NULL, NULL) > 0))
        {
            perror("select");
        }
        for (fd = 0; fd < MAX_SOCK_FD; fd++)
        {
            if (FD_ISSET(fd, &tmp_inset) > 0)
            {
                if (fd == sockfd)
                { /* 服务端接收客户端的连接请求 */
                    if ((client_fd = accept(sockfd,
                    (struct sockaddr *)&client_sockaddr, &sin_size))== -1)
                    {
                        perror("accept");
                        exit(1);
                    }
                    FD_SET(client_fd, &inset);
                    printf("New connection from %d(socket)\n", client_fd);
                }
                else /* 处理从客户端发来的消息 */
                {
                    if ((count = recv(client_fd, buf, BUFFER_SIZE, 0)) > 0)
                    {
                        printf("Received a message from %d: %s\n",
                                                    client_fd, buf);
                    }
                    else
                    {
                        close(fd);
                        FD_CLR(fd, &inset);
                        printf("Client %d(socket) has left\n", fd);
                    }
                }
            } /* end of if FD_ISSET*/
        } /* end of for fd*/
    } /* end if while while*/
    close(sockfd);
    exit(0);
}
```

运行该程序时，可以先启动服务器端，再反复运行客户端程序（这里启动两个客户端进程）即可，服务器端运行结果如下所示：

```
$ ./server
listening....
New connection from 4(socket)                /* 接受第一个客户端的连接请求*/
Received a message from 4: Hello,First!     /* 接收第一个客户端发送的数据*/
```

```
New connection from 5(socket)                 /* 接受第二个客户端的连接请求*/
Received a message from 5: Hello,Second!   /* 接收第二个客户端发送的数据*/
Client 4(socket) has left                    /* 检测到第一个客户端离线了*/
Client 5(socket) has left                    /* 检测到第二个客户端离线了*/
$ ./client localhost Hello,First! & ./client localhost Hello,Second
```

10.4 实验内容——NTP 协议实现

1. 实验目的

通过实现 NTP 协议的练习，进一步掌握 Linux 网络编程，并且提高协议的分析与实现能力，为参与完成综合性项目打下良好的基础。

2. 实验内容

Network Time Protocol（NTP）协议是用来使计算机时间同步化的一种协议，它可以使计算机对其服务器或时钟源（如石英钟，GPS 等）做同步化，它可以提供高精确度的时间校正（LAN 上与标准时间差小于 1 毫秒，WAN 上几十毫秒），且可用加密确认的方式来防止恶毒的协议攻击。

NTP 提供准确时间，首先要有准确的时间来源，这一时间应该是国际标准时间 UTC。NTP 获得 UTC 的时间来源可以是原子钟、天文台、卫星，也可以从 Internet 上获取。这样就有了准确而可靠的时间源。时间是按 NTP 服务器的等级传播。按照距离外部 UTC 源的远近将所有服务器归入不同的 Stratun（层）中。Stratum-1 在顶层，有外部 UTC 接入，而 Stratum-2 则从 Stratum-1 获取时间，Stratum-3 从 Stratum-2 获取时间，以此类推，但 Stratum 层的总数限制在 15 以内。所有这些服务器在逻辑上形成阶梯式的架构并相互连接，而 Stratum-1 的时间服务器是整个系统的基础。

进行网络协议实现时最重要的是了解协议数据格式。NTP 数据包有 48 个字节，其中 NTP 包头 16 字节，时间戳 32 个字节。其协议格式如图 10.8 所示。

<table>
<tr><td>2</td><td>5</td><td>8</td><td>16</td><td>24</td><td>32bit</td></tr>
<tr><td>LI</td><td>VN</td><td>Mode</td><td>Stratum</td><td>Poll</td><td>Precision</td></tr>
<tr><td colspan="6">Root Delay</td></tr>
<tr><td colspan="6">Root Dispersion</td></tr>
<tr><td colspan="6">Reference Identifier</td></tr>
<tr><td colspan="6">Reference timestamp (64)</td></tr>
<tr><td colspan="6">Originate Timestamp (64)</td></tr>
<tr><td colspan="6">Receive Timestamp (64)</td></tr>
<tr><td colspan="6">Transmit Timestamp (64)</td></tr>
<tr><td colspan="6">Key Identifier (optional) (32)</td></tr>
<tr><td colspan="6">Message digest (optional) (128)</td></tr>
</table>

图 10.8　NTP 协议数据格式

其协议字段的含义如下所示。

- LI：跳跃指示器，警告在当月最后一天的最终时刻插入的迫近闺秒（闺秒）。
- VN：版本号。
- Mode：工作模式。该字段包括以下值：0－预留；1－对称行为；3－客户机；4－服务器；5—广播；6—NTP 控制信息。NTP 协议具有 3 种工作模式，分别为主/被动对称模式、客户/服务器模式、广播模式。 在主/被动对称模式中，有一对一的连接，双方均可同步对方或被对方同步，先发出申请建立连接的一方工作在主动模式下，另一方工作在被动模式下；客户/服务器模式与主/被动模式基本相同，惟一区别在于客户方可被服务器同步，但服务器不能被客户同步；在广播模式中，有一对多的连接，服务器不论客户工作在何种模式下，都会主动发出时间信息，客户根据此信息调整自己的时间。

- Stratum：对本地时钟级别的整体识别。
- Poll：有符号整数表示连续信息间的最大间隔。
- Precision：有符号整数表示本地时钟精确度。
- Root Delay：表示到达主参考源的一次往复的总延迟，它是有 15～16 位小数部分的符号定点小数。
- Root Dispersion：表示一次到达主参考源的标准误差，它是有 15～16 位小数部分的无符号定点小数。
- Reference Identifier：识别特殊参考源。
- Originate Timestamp：这是向服务器请求分离客户机的时间，采用 64 位时标格式。
- Receive Timestamp：这是向服务器请求到达客户机的时间，采用 64 位时标格式。
- Transmit Timestamp：这是向客户机答复分离服务器的时间，采用 64 位时标格式。
- Authenticator（Optional）：当实现了 NTP 认证模式时，主要标识符和信息数字域就包括已定义的信息认证代码（MAC）信息。

由于 NTP 协议中涉及比较多的时间相关的操作，为了简化实现过程，在本实验中，仅要求实现 NTP 协议客户端部分的网络通信模块，也就是构造 NTP 协议字段进行发送和接收，最后与时间相关的操作不需进行处理。NTP 协议是作为 OSI 参考模型的高层协议比较适合采用 UDP 传输协议进行数据传输，专用端口号为 123。在实验中，以国家授时中心服务器（IP 地址为 202.72.145.44）作为 NTP（网络时间）服务器。

3. 实验步骤

（1）画出流程图。

简易 NTP 客户端的实现流程如图 10.9 所示。

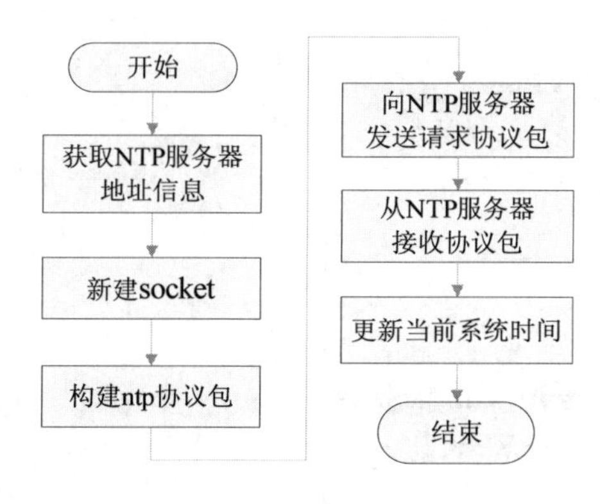

图 10.9 简易 NTP 客户端流程图

（2）编写程序。

具体代码如下：

```
/* ntp.c */
#include <sys/socket.h>
#include <sys/wait.h>
#include <stdio.h>
#include <stdlib.h>
#include <errno.h>
#include <string.h>
#include <sys/un.h>
#include <sys/time.h>
#include <sys/ioctl.h>
#include <unistd.h>
#include <netinet/in.h>
#include <string.h>
#include <netdb.h>

#define NTP_PORT            123             /*NTP 专用端口号字符串*/
#define TIME_PORT           37             /* TIME/UDP 端口号 */
#define NTP_SERVER_IP      "210.72.145.44"  /*国家授时中心 IP*/
#define NTP_PORT_STR       "123"          /*NTP 专用端口号字符串*/
#define NTPV1              "NTP/V1"       /*协议及其版本号*/
#define NTPV2              "NTP/V2"
#define NTPV3              "NTP/V3"
#define NTPV4              "NTP/V4"
#define TIME              "TIME/UDP"

#define NTP_PCK_LEN 48
#define LI 0
#define VN 3
#define MODE 3
#define STRATUM 0
#define POLL 4
#define PREC -6

#define JAN_1970  0x83aa7e80  /* 1900 年~1970 年之间的时间秒数 */
#define NTPFRAC(x)   (4294 * (x) + ((1981 * (x)) >> 11))
#define USEC(x)        (((x) >> 12) - 759 * ((((x) >> 10) + 32768) >> 16))

typedef struct _ntp_time
{
   unsigned int coarse;
   unsigned int fine;
} ntp_time;

struct ntp_packet
{
    unsigned char leap_ver_mode;
    unsigned char startum;
    char poll;
    char precision;
```

```
    int  root_delay;
    int  root_dispersion;
    int reference_identifier;
    ntp_time reference_timestamp;
    ntp_time originage_timestamp;
    ntp_time receive_timestamp;
    ntp_time transmit_timestamp;
};

char protocol[32];
/*构建 NTP 协议包*/
int construct_packet(char *packet)
{
    char version = 1;
    long tmp_wrd;
    int port;
    time_t timer;
    strcpy(protocol, NTPV3);
    /*判断协议版本*/
    if(!strcmp(protocol, NTPV1)||!strcmp(protocol, NTPV2)
        ||!strcmp(protocol, NTPV3)||!strcmp(protocol, NTPV4))
    {
        memset(packet, 0, NTP_PCK_LEN);
        port = NTP_PORT;
        /*设置 16 字节的包头*/
        version = protocol[6] - 0x30;
        tmp_wrd = htonl((LI << 30)|(version << 27)
            |(MODE << 24)|(STRATUM << 16)|(POLL << 8)|(PREC & 0xff));
        memcpy(packet, &tmp_wrd, sizeof(tmp_wrd));

        /*设置 Root Delay、Root Dispersion 和 Reference Indentifier */
        tmp_wrd = htonl(1<<16);
        memcpy(&packet[4], &tmp_wrd, sizeof(tmp_wrd));
        memcpy(&packet[8], &tmp_wrd, sizeof(tmp_wrd));
        /*设置 Timestamp 部分*/
        time(&timer);
        /*设置 Transmit Timestamp coarse*/
        tmp_wrd = htonl(JAN_1970 + (long)timer);
        memcpy(&packet[40], &tmp_wrd, sizeof(tmp_wrd));
        /*设置 Transmit Timestamp fine*/
        tmp_wrd = htonl((long)NTPFRAC(timer));
        memcpy(&packet[44], &tmp_wrd, sizeof(tmp_wrd));
        return NTP_PCK_LEN;
    }
    else if (!strcmp(protocol, TIME))/* "TIME/UDP" */
    {
        port = TIME_PORT;
        memset(packet, 0, 4);
        return 4;
    }
    return 0;
}
```

```
/*获取 NTP 时间*/
int get_ntp_time(int sk, struct addrinfo *addr, struct ntp_packet *ret_time)
{
    fd_set pending_data;
    struct timeval block_time;
    char data[NTP_PCK_LEN * 8];
    int  packet_len, data_len = addr->ai_addrlen, count = 0, result, i, re;

    if (!(packet_len = construct_packet(data)))
    {
        return 0;
    }
    /*客户端给服务器端发送 NTP 协议数据包*/
    if ((result = sendto(sk, data,
                packet_len, 0, addr->ai_addr, data_len)) < 0)
    {
        perror("sendto");
        return 0;
    }

    /*调用 select()函数，并设定超时时间为 1s*/
    FD_ZERO(&pending_data);
    FD_SET(sk, &pending_data);
    block_time.tv_sec=10;
    block_time.tv_usec=0;
    if (select(sk + 1, &pending_data, NULL, NULL, &block_time) > 0)
    {
        /*接收服务器端的信息*/
        if ((count = recvfrom(sk, data,
                NTP_PCK_LEN * 8, 0, addr->ai_addr, &data_len)) < 0)
        {
            perror("recvfrom");
            return 0;
        }

        if (protocol == TIME)
        {
            memcpy(&ret_time->transmit_timestamp, data, 4);
            return 1;
        }
        else if (count < NTP_PCK_LEN)
        {
            return 0;
        }
        /* 设置接收 NTP 包的数据结构 */
        ret_time->leap_ver_mode = ntohl(data[0]);
        ret_time->startum = ntohl(data[1]);
        ret_time->poll = ntohl(data[2]);
        ret_time->precision = ntohl(data[3]);
        ret_time->root_delay = ntohl(*(int*)&(data[4]));
        ret_time->root_dispersion = ntohl(*(int*)&(data[8]));
        ret_time->reference_identifier = ntohl(*(int*)&(data[12]));
        ret_time->reference_timestamp.coarse = ntohl (*(int*)&(data[16]));
```

```
        ret_time->reference_timestamp.fine = ntohl(*(int*)&(data[20]));
        ret_time->originage_timestamp.coarse = ntohl(*(int*)&(data[24]));
        ret_time->originage_timestamp.fine = ntohl(*(int*)&(data[28]));
        ret_time->receive_timestamp.coarse = ntohl(*(int*)&(data[32]));
        ret_time->receive_timestamp.fine = ntohl(*(int*)&(data[36]));
        ret_time->transmit_timestamp.coarse = ntohl(*(int*)&(data[40]));
        ret_time->transmit_timestamp.fine = ntohl(*(int*)&(data[44]));
        return 1;
    } /* end of if select */
    return 0;
}

/* 修改本地时间 */
int set_local_time(struct ntp_packet * pnew_time_packet)
{
    struct timeval tv;
    tv.tv_sec = pnew_time_packet->transmit_timestamp.coarse - JAN_1970;
    tv.tv_usec = USEC(pnew_time_packet->transmit_timestamp.fine);
    return settimeofday(&tv, NULL);
}

int main()
{
    int sockfd, rc;
    struct addrinfo hints, *res = NULL;
    struct ntp_packet new_time_packet;

    memset(&hints, 0, sizeof(hints));
    hints.ai_family = AF_UNSPEC;
    hints.ai_socktype = SOCK_DGRAM;
    hints.ai_protocol = IPPROTO_UDP;
    /*调用getaddrinfo()函数，获取地址信息*/
    rc = getaddrinfo(NTP_SERVER_IP, NTP_PORT_STR, &hints, &res);
    if (rc != 0)
    {
        perror("getaddrinfo");
        return 1;
    }
    /* 创建套接字 */
    sockfd = socket(res->ai_family, res->ai_socktype, res->ai_protocol);
    if (sockfd <0 )
    {
        perror("socket");
        return 1;
    }
    /*调用取得NTP时间的函数*/
    if (get_ntp_time(sockfd, res, &new_time_packet))
    {
        /*调整本地时间*/
        if (!set_local_time(&new_time_packet))
        {
            printf("NTP client success!\n");
        }
```

```
    }
    close(sockfd);
    return 0;
}
```

为了更好地观察程序的效果，先用 date 命令修改一下系统时间，再运行实例程序。运行完了之后再查看系统时间，可以发现已经恢复准确的系统时间了。具体运行结果如下所示。

```
$ date -s "2001-01-01 1:00:00"
2001年 01月 01日 星期一 01:00:00 EST
$ date
2001年 01月 01日 星期一 01:00:00 EST
$ ./ntp
NTP client success!
$ date
能够显示当前准确的日期和时间了!
```

10.5 本章小结

本章首先概括地讲解了 OSI 分层结构以及 TCP/IP 协议各层的主要功能，介绍了常见的 TCP/IP 协议族，并且重点讲解了网络编程中需要用到的 TCP 和 UDP 协议，为嵌入式 Linux 的网络编程打下良好的基础。

接着本章介绍了 socket 的定义及其类型，并逐个介绍常见的 socket 相关的基本函数，包括地址处理函数、数据存储转换函数等，这些函数都是最为常用的函数，要在理解概念的基础上熟练掌握。

接下来介绍的是网络编程中的基本函数，这也是最为常见的几个函数，这里要注意 TCP 和 UDP 在处理过程中的不同。同时，本章还介绍了较为高级的网络编程，包括调用 fcntl()和 select()函数，这两个函数在前面的章节中都已经讲解过，但在本章中有特殊的用途。

最后，本章以 ping 程序为例，讲解了常见协议的实现过程，读者可以看到一个成熟的协议是如何实现的。

本章的实验安排了实现一个比较简单但完整的 NTP 客户端程序，主要实现了其中数据收发的主要功能，以及时间同步调整的功能。

10.6 思考与练习

1．分别用多线程和多路复用实现网络聊天程序。

2．实现一个小型模拟的路由器，就是接收从某个 IP 地址的连接请求，再把该请求转发到另一个 IP 地址的主机上去。

第 11 章

嵌入式 Linux 设备驱动开发

本章目标

本书从第 6 章～第 10 章详细讲解了嵌入式 Linux 应用程序的开发，这些都是处于用户空间的内容。本章将进入到 Linux 的内核空间，初步介绍嵌入式 Linux 设备驱动的开发。驱动的开发流程相对于应用程序的开发是全新的，与读者以前的编程习惯完全不同，希望读者能尽快地熟悉现在环境。通过本章的学习，读者将会掌握以下内容。

- Linux 设备驱动的基本概念
- Linux 设备驱动程序的基本功能
- Linux 设备驱动的运作过程
- 常见设备驱动接口函数
- 掌握 LCD 设备驱动程序编写步骤
- 掌握键盘设备驱动程序编写步骤

11.1 设备驱动概述

11.1.1 设备驱动简介及驱动模块

操作系统是通过各种驱动程序来驾驭硬件设备的，它为用户屏蔽了各种各样的设备，驱动硬件是操作系统最基本的功能，并且提供统一的操作方式。设备驱动程序是内核的一部分，硬件驱动程序是操作系统最基本的组成部分，在 Linux 内核源程序中也占有 60%以上。因此，熟悉驱动的编写是很重要的。

在第 2 章中已经提到过，Linux 内核中采用可加载的模块化设计（LKMs，Loadable Kernel Modules），一般情况下编译的 Linux 内核是支持可插入式模块的，也就是将最基本的核心代码编译在内核中，其他的代码可以编译到内核中，或者编译为内核的模块文件（在需要时动态加载）。

常见的驱动程序是作为内核模块动态加载的，比如声卡驱动和网卡驱动等，而 Linux 最基础的驱动，如 CPU、PCI 总线、TCP/IP 协议、APM（高级电源管理）、VFS 等驱动程序则直接编译在内核文件中。有时也把内核模块叫做驱动程序，只不过驱动的内容不一定是硬件罢了，比如 ext3 文件系统的驱动。因此，加载驱动就是加载内核模块。

这里，首先列举一些模块相关的命令。

- lsmod 列出当前系统中加载的模块，其中左边第一列是模块名，第二列是该模块大小，第三列则是使用该模块的对象数目。如下所示：

```
$ lsmod
Module                 Size   Used by
Autofs                 12068   0  (autoclean) (unused)
eepro100              18128   1
iptable_nat           19252   0  (autoclean) (unused)
ip_conntrack          18540   1  (autoclean) [iptable_nat]
iptable_mangle         2272   0  (autoclean) (unused)
iptable_filter         2272   0  (autoclean) (unused)
ip_tables              11936   5  [iptable_nat iptable_mangle iptable_filter]
usb-ohci               19328   0  (unused)
usbcore               54528   1  [usb-ohci]
ext3                   67728   2
jbd                    44480   2  [ext3]
aic7xxx               114704   3
sd_mod                11584   3
scsi_mod              98512   2  [aic7xxx sd_mod]
```

- rmmod 是用于将当前模块卸载。
- insmod 和 modprobe 是用于加载当前模块，但 insmod 不会自动解决依存关系，即如果要加载的模块引用了当前内核符号表中不存在的符号，则无法加载，也不会去查在其他尚未加载的模块中是否定义了该符号；modprobe 可以根据模块间依存关系以及/etc/modules.conf 文件中的内容自动加载其他有依赖关系的模块。

11.1.2 设备分类

本书在前面也提到过，Linux 的一个重要特点就是将所有的设备都当做文件进行处理，这一类特殊文件就是设备文件，它们可以使用前面提到的文件、I/O 相关函数进行操作，这样就大大方便了对设备的处理。它通常在/dev 下面存在一个对应的逻辑设备节点，这个节点以文件的形式存在。

Linux 系统的设备分为 3 类：字符设备、块设备和网络设备。

- 字符设备通常指像普通文件或字节流一样，以字节为单位顺序读写的设备， 如并口设备、虚拟控制台等。字符设备可以通过设备文件节点访问，它与普通文件之间的区别在于普通文件可以被随机访问（可以前后移动访问指针），而大多数字符设备只能提供顺序访问，因为对它们的访问不会被系统所缓存。但也有例外，例如帧缓存(framebuffer)是一个可以被随机访问的字符设备。
- 块设备通常指一些需要以块为单位随机读写的设备，如 IDE 硬盘、SCSI 硬盘、光驱等。块设备也是通过文件节点来访问，它不仅可以提供随机访问，而且可以容纳文件系统（例如硬盘、闪存等）。Linux 可以使用户态程序像访问字符设备一样每次进行任意字节的操作，只是在内核态内部中的管理方式和内核提供的驱动接口上不同。

通过文件属性可以查看它们是哪种设备文件(字符设备文件或块设备文件)。

```
$ ls -l /dev
crw-rw---- 1 root uucp 4, 64 08-30 22:58 ttyS0 /*串口设备, c表示字符设备*/
brw-r----- 1 root floppy 2,  0 08-30 22:58 fd0/*软盘设备，b 表示块设备*/
```

■ 网络设备通常是指通过网络能够与其他主机进行数据通信的设备，如网卡等。

内核和网络设备驱动程序之间的通信调用一套数据包处理函数，它们完全不同于内核和字符以及块设备驱动程序之间的通信（read()、write()等函数）。Linux 网络设备不是面向流的设备，因此不会将网络设备的名字（例如 eth0）映射到文件系统中去。

对这 3 种设备文件编写驱动程序时会有一定的区别，本书在后面会有相关内容的讲解。

11.1.3 设备号

设备号是一个数字，它是设备的标志。就如前面所述，一个设备文件（也就是设备节点）可以通过 mknod 命令来创建，其中指定了主设备号和次设备号。主设备号表明设备的类型（例如串口设备、SCSI 硬盘），与一个确定的驱动程序对应；次设备号通常是用于标明不同的属性，例如不同的使用方法、不同的位置、不同的操作等，它标志着某个具体的物理设备。高字节为主设备号，底字节为次设备号。

例如，在系统中的块设备 IDE 硬盘的主设备号是 3，而多个 IDE 硬盘及其各个分区分别赋予次设备号 1、2、3…

```
$ ls -l /dev
crw-rw---- 1 root uucp 4, 64 08-30 22:58 ttyS0 /* 主设备号 4，此设备号 64 */
```

11.1.4 驱动层次结构

Linux 下的设备驱动程序是内核的一部分，运行在内核模式下，也就是说设备驱动程序为内核提供了一个 I/O 接口，用户使用这个接口实现对设备的操作。图 11.1 显示了典型的 Linux 输入/输出系统中各层次结构和功能。

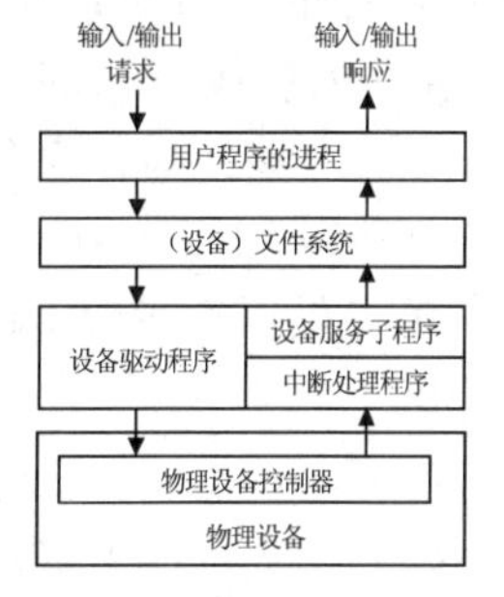

图 11.1 Linux 输入/输出系统层次结构和功能

Linux 设备驱动程序包含中断处理程序和设备服务子程序两部分。

设备服务子程序包含了所有与设备操作相关的处理代码。它从面向用户进程的设备文件系统中接受用户命令，并对设备控制器执行操作。这样，设备驱动程序屏蔽了设备的特殊性，使用户可以像对待文件一样操作设备。

设备控制器获得系统服务有两种方式：查询和中断。因为 Linux 的设备驱动程序是内核的一部分，在设备查询期间系统不能运行其他代码，查询方式的工作效率比较低，所以只有少数设备如软盘驱动程序采取这种方式，大多设备以中断方式向设备驱动程序发出输入/输出请求。

11.1.5 设备驱动程序与外界的接口

每种类型的驱动程序，不管是字符设备还是块设备都为内核提供相同的调用接口，因此内核能以相同的方式处理不同的设备。Linux 为每种不同类型的设备驱动程序维护相应的数据结构，以便定义统一的接口并实现驱动程序的可装载性和动态性。Linux 设备驱动程序与外界的接口可以分为如下 3 个部分。

- 驱动程序与操作系统内核的接口：这是通过数据结构 file_operations（在本书后面会有详细介绍）来完成的。
- 驱动程序与系统引导的接口：这部分利用驱动程序对设备进行初始化。
- 驱动程序与设备的接口：这部分描述了驱动程序如何与设备进行交互，这与具体设备密切相关。

它们之间的相互关系如图 11.2 所示。

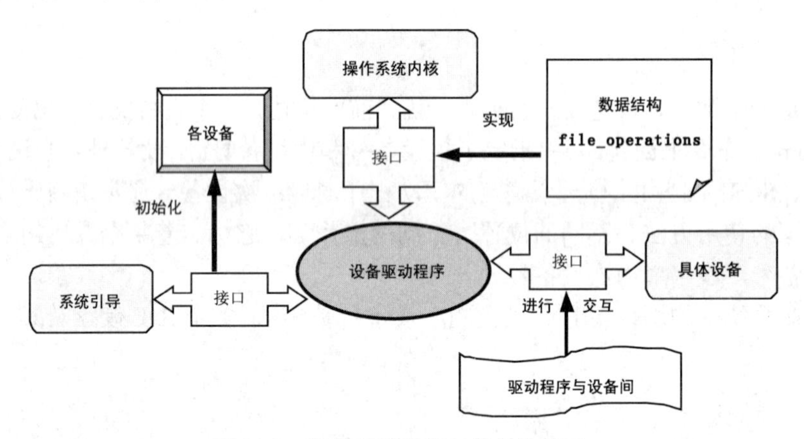

图 11.2 设备驱动程序与外界的接口

11.1.6 设备驱动程序的特点

综上所述，Linux 中的设备驱动程序有如下特点。

（1）内核代码：设备驱动程序是内核的一部分，如果驱动程序出错，则可能导致系统崩溃。

（2）内核接口：设备驱动程序必须为内核或者其子系统提供一个标准接口。比如，一个终端驱动程序必须为内核提供一个文件 I/O 接口；一个 SCSI 设备驱动程序应该为 SCSI 子系统提供一个 SCSI 设备接口，同时 SCSI 子系统也必须为内核提供文件的 I/O 接口及缓冲区。

（3）内核机制和服务：设备驱动程序使用一些标准的内核服务，如内存分配等。

（4）可装载：大多数的 Linux 操作系统设备驱动程序都可以在需要时装载进内核，在不需要时从内核中卸载。

（5）可设置：Linux 操作系统设备驱动程序可以集成为内核的一部分，并可以根据需要把其中的某一部分集成到内核中，这只需要在系统编译时进行相应的设置即可。

（6）动态性：在系统启动且各个设备驱动程序初始化后，驱动程序将维护其控制的设备。如果该设备驱动程序控制的设备不存在也不影响系统的运行，那么此时的设备驱动程序只是多占用了一点系统内存罢了。

11.2 字符设备驱动编程

1．字符设备驱动编写流程

设备驱动程序可以使用模块的方式动态加载到内核中去。加载模块的方式与以往的应用程序开发有很大的不同。以往在开发应用程序时都有一个 main()函数作为程序的入口点，而在驱动开发时却没有 main()函数，模块在调用 insmod 命令时被加载，此时的入口点是 init_module()函数，通常在该函数中完成设备的注册。同样，模块在调用 rmmod 命令时被卸载，此时的入口点是 cleanup_module()函数，在该函数中完成设备的卸载。在设备完成注册加载之后，用户的应用程序就可以对该设备进行一定的操作，如 open()、read()、write()等，而驱动程序就是用于实现这些操作，在用户应用程序调用相应入口函数时执行相关的操作，init_module()入口点函数则不需要完成其他如 read()、write()之类功能。

上述函数之间的关系如图 11.3 所示。

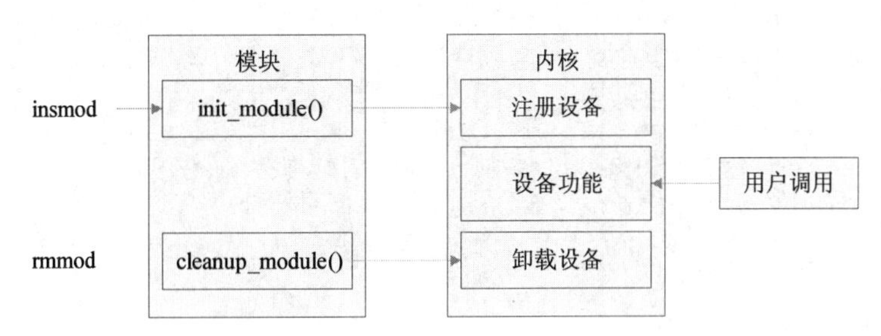

图 11.3 设备驱动程序流程图

2．重要数据结构

用户应用程序调用设备的一些功能是在设备驱动程序中定义的，也就是设备驱动程序的入口点，它是一个在<linux/fs.h>中定义的 struct file_operations 结构，这是一个内核结构，不会出现在用户空间的程序中，它定义了常见文件 I/O 函数的入口，如下所示：

```
struct file_operations
{
    loff_t (*llseek) (struct file *, loff_t, int);
    ssize_t (*read) (struct file *filp,
                        char *buff, size_t count, loff_t *offp);
    ssize_t (*write) (struct file *filp,
                        const char *buff, size_t count, loff_t *offp);
    int (*readdir) (struct file *, void *, filldir_t);
    unsigned int (*poll) (struct file *, struct poll_table_struct *);
    int (*ioctl) (struct inode *,
                struct file *, unsigned int, unsigned long);
    int (*mmap) (struct file *, struct vm_area_struct *);
    int (*open) (struct inode *, struct file *);
    int (*flush) (struct file *);
    int (*release) (struct inode *, struct file *);
    int (*fsync) (struct file *, struct dentry *);
    int (*fasync) (int, struct file *, int);
    int (*check_media_change) (kdev_t dev);
```

```
    int (*revalidate) (kdev_t dev);
    int (*lock) (struct file *, int, struct file_lock *);
};
```

这里定义的很多函数是否跟第 6 章中的文件 I/O 系统调用类似？其实当时的系统调用函数通过内核，最终调用对应的 struct file_operations 结构的接口函数（例如，open()文件操作是通过调用对应文件的 file_operations 结构的 open 函数接口而被实现）。当然，每个设备的驱动程序不一定要实现其中所有的函数操作，若不需要定义实现时，则只需将其设为 NULL 即可。

struct inode 结构提供了关于设备文件/dev/driver（假设此设备名为 driver）的信息，struct file 结构提供关于被打开的文件信息，主要用于与文件系统对应的设备驱动程序使用。struct file 结构较为重要，这里列出了它的定义：

```
struct file
{
    mode_t f_mode;/*标识文件是否可读或可写，FMODE_READ 或 FMODE_WRITE*/
    dev_t f_rdev; /* 用于/dev/tty */
    off_t f_pos; /* 当前文件位移 */
    unsigned short f_flags; /* 文件标志，如 O_RDONLY、O_NONBLOCK 和 O_SYNC */
    unsigned short f_count; /* 打开的文件数目 */
    unsigned short f_reada;
    struct inode *f_inode; /*指向 inode 的结构指针 */
    struct file_operations *f_op;/* 文件索引指针 */
};
```

3．设备驱动程序主要组成

（1）早期版本的字符设备注册。

早期版本的设备注册使用函数 register_chrdev()，调用该函数后就可以向系统申请主设备号，如果 register_chrdev()操作成功，设备名就会出现在/proc/devices 文件里。在关闭设备时，通常需要解除原先的设备注册，此时可使用函数 unregister_chrdev()，此后该设备就会从/proc/devices 里消失。其中主设备号和次设备号不能大于 255。

当前不少的字符设备驱动代码仍然使用这些早期版本的函数接口，但在未来内核的代码中，将不会出现这种编程接口机制。因此应该尽量使用后面讲述的编程机制。

register_chrdev()函数格式如表 11.1 所示。

表 11.1　　register_chrdev()函数语法要点

所需头文件	#include <linux/fs.h>
函数原型	int register_chrdev(unsigned int major, const char *name,struct file_operations *fops)
函数传入值	major：设备驱动程序向系统申请的主设备号，如果为 0 则系统为此驱动程序动态地分配一个主设备号
	name：设备名
	fops：对各个调用的入口点
函数返回值	成功：如果是动态分配主设备号，此返回所分配的主设备号。且设备名就会出现在/proc/devices 文件里
	出错：–1

unregister_chrdev()函数格式如表 11.2 所示。

表 11.2　　unregister_chrdev()函数语法要点

所需头文件	#include <linux/fs.h>
函数原型	int unregister_chrdev(unsigned int major, const char *name)
函数传入值	major：设备的主设备号，必须和注册时的主设备号相同
	name：设备名
函数返回值	成功：0，且设备名从/proc/devices 文件里消失
	出错：−1

（2）设备号相关函数。

在前面已经提到设备号有主设备号和次设备号，其中主设备号表示设备类型，对应于确定的驱动程序，具备相同主设备号的设备之间共用同一个驱动程序，而用次设备号来标识具体物理设备。因此在创建字符设备之前，必须先获得设备的编号（可能需要分配多个设备号）。

在 Linux 2.6 的版本中，用 dev_t 类型来描述设备号（dev_t 是 32 位数值类型，其中高 12 位表示主设备号，低 20 位表示次设备号）。用两个宏 MAJOR 和 MINOR 分别获得 dev_t 设备号的主设备号和次设备号，而且用 MKDEV 宏来实现逆过程，即组合主设备号和次设备号而获得 dev_t 类型设备号。

分配设备号有静态和动态的两种方法。静态分配(register_chrdev_region()函数)是指在事先知道设备主设备号的情况下，通过参数函数指定第一个设备号（它的次设备号通常为 0）而向系统申请分配一定数目的设备号。动态分配（alloc_chrdev_region()）是指通过参数仅设置第一个次设备号（通常为 0，事先不会知道主设备号）和要分配的设备数目而系统动态分配所需的设备号。

通过 unregister_chrdev_region()函数释放已分配的（无论是静态的还是动态的）设备号。

它们的函数格式如表 11.3 所示。

表 11.3　　设备号分配与释放函数语法要点

所需头文件	#include <linux/fs.h>
函数原型	int register_chrdev_region (dev_t first, unsigned int count, char *name) int alloc_chrdev_region (dev_t *dev, unsigned int firstminor, unsigned int count, char *name) void unregister_chrdev_region (dev_t first, unsigned int count)
函数传入值	first：要分配的设备号的初始值 count：要分配（释放）的设备号数目 name：要申请设备号的设备名称（在/proc/devices 和 sysfs 中显示） dev：动态分配的第一个设备号
函数返回值	成功：0（只限于两种注册函数）
	出错：−1（只限于两种注册函数）

（3）最新版本的字符设备注册。

在获得了系统分配的设备号之后，通过注册设备才能实现设备号和驱动程序之间的关联。这里讲解 2.6 内核中的字符设备的注册和注销过程。

在 Linux 内核中使用 struct cdev 结构来描述字符设备，我们在驱动程序中必须将已分配到的设备号以及设备操作接口（即为 struct file_operations 结构）赋予 struct cdev 结构变量。首先使用 cdev_alloc()函数向系统申请分配 struct cdev 结构，再用 cdev_init()函数初始化已分配到的结构并与 file_operations 结构关联起来。最后调用 cdev_add()函数将设备号与 struct cdev 结构进行关联并向内核正式报告新设备的注册，这样新设备可以被用起来了。

如果要从系统中删除一个设备，则要调用 cdev_del()函数。具体函数格式如表 11.4 所示。

表 11.4　　最新版本的字符设备注册

所需头文件	#include <linux/cdev.h>
函数原型	sturct cdev *cdev_alloc(void) void cdev_init(struct cdev *cdev, struct file_operations *fops) int cdev_add (struct cdev *cdev, dev_t num, unsigned int count) void cdev_del(struct cdev *dev)
函数传入值	cdev：需要初始化/注册/删除的 struct cdev 结构 fops：该字符设备的 file_operations 结构 num：系统给该设备分配的第一个设备号 count：该设备对应的设备号数量
函数返回值	成功： cdev_alloc：返回分配到的 struct cdev 结构指针 cdev_add：返回 0
	出错： cdev_alloc：返回 NULL cdev_add：返回 -1

2.6 内核仍然保留早期版本的 register_chrdev()等字符设备相关函数，其实从内核代码中可以发现，在 register_chrdev()函数的实现中用到 cdev_alloc()和 cdev_add()函数，而在 unregister_chrdev()函数的实现中调用 cdev_del()函数。因此很多代码仍然使用早期版本接口，但这种机制将来会从内核中消失。

前面已经提到字符设备的实际操作在 struct file_operations 结构的一组函数中定义，并在驱动程序中需要与字符设备结构关联起来。下面讨论 struct file_operations 结构中最主要的成员函数和它们的用法。

（4）打开设备。

打开设备的函数接口是 open，根据设备的不同，open 函数接口完成的功能也有所不同，但通常情况下在 open 函数接口中要完成如下工作。

- 递增计数器，检查错误。
- 如果未初始化，则进行初始化。
- 识别次设备号，如果必要，更新 f_op 指针。
- 分配并填写被置于 filp->private_data 的数据结构。

其中递增计数器是用于设备计数的。由于设备在使用时通常会打开多次，也可以由不同的进程所使用，所以若有一进程想要删除该设备，则必须保证其他设备没有使用该设备。因此使用计数器就可以很好地完成这项功能。

这里，实现计数器操作的是在 2.6 内核早期版本的<linux/module.h>中定义的 3 个宏，它们在最新版本里早就消失了，在下面列出只是为了帮读者理解老版本中的驱动代码。

- MOD_INC_USE_COUNT：计数器加 1。
- MOD_DEC_USE_COUNT：计数器减 1。
- MOD_IN_USE：计数器非零时返回真。

另外，当有多个物理设备时，就需要识别次设备号来对各个不同的设备进行不同的操作，在有些驱动程序中并不需要用到。

> **注意** 虽然这是对设备文件执行的第一个操作，但却不是驱动程序一定要声明的操作。若这个函数的入口为 NULL，那么设备的打开操作将永远成功，但系统不会通知驱动程序。

（5）释放设备。

释放设备的函数接口是 release()。要注意释放设备和关闭设备是完全不同的。当一个进程释放设备时，其他进程还能继续使用该设备，只是该进程暂时停止对该设备的使用；而当一个进程关闭设备时，其他进程必须重新打开此设备才能使用它。

释放设备时要完成的工作如下。

- 递减计数器 MOD_DEC_USE_COUNT（最新版本已经不再使用）。
- 释放打开设备时系统所分配的内存空间（包括 filp->private_data 指向的内存空间）。
- 在最后一次释放设备操作时关闭设备。

（6）读写设备。

读写设备的主要任务就是把内核空间的数据复制到用户空间，或者从用户空间复制到内核空间，也就是将内核空间缓冲区里的数据复制到用户空间的缓冲区中或者相反。这里首先解释一个 read()和 write()函数的入口函数，如表 11.5 所示。

表 11.5　read、write 函数接口语法要点

所需头文件	#include <linux/fs.h>
函数原型	ssize_t (*read) (struct file *filp, char *buff, size_t count, loff_t *offp) ssize_t (*write) (struct file *filp, const char *buff, size_t count, loff_t *offp)
函数传入值	filp：文件指针
	buff：指向用户缓冲区
	count：传入的数据长度
	offp：用户在文件中的位置
函数返回值	成功：写入的数据长度

虽然这个过程看起来很简单，但是内核空间地址和应用空间地址是有很大区别的，其中一个区别是用户空间的内存是可以被换出的，因此可能会出现页面失效等情况。所以不能使用诸如 memcpy()之类的函数来完成这样的操作。在这里要使用 copy_to_user()或

copy_from_user()等函数，它们是用来实现用户空间和内核空间的数据交换的。

copy_to_user()和 copy_from_user()的格式如表 11.6 所示。

表 11.6　copy_to_user()/copy_from_user()函数语法要点

所需头文件	#include <asm/uaccess.h>
函数原型	unsigned long copy_to_user(void *to, const void *from, unsigned long count) unsigned long copy_from_user(void *to, const void *from, unsigned long count)
函数传入值	to：数据目的缓冲区
	from：数据源缓冲区
	count：数据长度
函数返回值	成功：写入的数据长度 失败：EFAULT

要注意，这两个函数不仅实现了用户空间和内核空间的数据转换，而且还会检查用户空间指针的有效性。如果指针无效，那么就不进行复制。

（7）ioctl。

大部分设备除了读写操作，还需要硬件配置和控制（例如，设置串口设备的波特率）等很多其他操作。在字符设备驱动中 ioctl 函数接口给用户提供对设备的非读写操作机制。

ioctl 函数接口的具体格式如表 11.7 所示。

表 11.7　ioctl 函数接口语法要点

所需头文件	#include <linux/fs.h>
函数原型	int(*ioctl)(struct inode* inode, struct file* filp, unsigned int cmd, unsigned long arg)
函数传入值	inode：文件的内核内部结构指针
	filp：被打开的文件描述符
	cmd：命令类型
	arg：命令相关参数

下面列出其他在驱动程序中常用的内核函数。

（8）获取内存。

在应用程序中获取内存通常使用函数 malloc()，但在设备驱动程序中动态开辟内存可以以字节或页面为单位。其中，以字节为单位分配内存的函数有 kmalloc()，注意的是，kmalloc()函数返回的是物理地址，而 malloc()等返回的是线性虚拟地址，因此在驱动程序中不能使用 malloc()函数。与 malloc()不同，kmalloc()申请空间有大小限制。长度是 2 的整次方，并且不会对所获取的内存空间清零。

以页为单位分配内存的函数如下所示。

- get_zeroed_page()：获得一个已清零页面。
- get_free_page()：获得一个或几个连续页面。
- get_dma_pages()：获得用于 DMA 传输的页面。

与之相对应的释放内存用也有 kfree()或 free_page 函数族。

表 11.8 给出了 kmalloc()函数的语法格式。

表 11.8 kmalloc()函数语法要点

所需头文件	#include <linux/malloc.h>	
函数原型	void *kmalloc(unsigned int len,int flags)	
函数传入值	len：希望申请的字节数	
	flags	GFP_KERNEL：内核内存的通常分配方法，可能引起睡眠
		GFP_BUFFER：用于管理缓冲区高速缓存
		GFP_ATOMIC：为中断处理程序或其他运行于进程上下文之外的代码分配内存，且不会引起睡眠
		GFP_USER：用户分配内存，可能引起睡眠
		GFP_HIGHUSER：优先高端内存分配
		__GFP_DMA：DMA 数据传输请求内存
		__GFP_HIGHMEN：请求高端内存
函数返回值	成功：写入的数据长度 失败：-EFAULT	

表 11.9 给出了 kfree()函数的语法格式。

表 11.9 kfree()函数语法要点

所需头文件	#include <linux/malloc.h>
函数原型	void kfree(void * obj)
函数传入值	obj：要释放的内存指针
函数返回值	成功：写入的数据长度 失败：-EFAULT

表 11.10 给出了以页为单位的分配函数 get_free_ page 类函数的语法格式。

表 11.10 get_free_ page 类函数语法要点

所需头文件	#include <linux/malloc.h>
函数原型	unsigned long get_zeroed_page(int flags) unsigned long __get_free_page(int flags) unsigned long __get_free_page(int flags,unsigned long order) unsigned long __get_dma_page(int flags,unsigned long order)
函数传入值	flags：同 kmalloc()
	order：要请求的页面数，以 2 为底的对数
函数返回值	成功：返回指向新分配的页面的指针 失败：-EFAULT

表 11.11 给出了基于页的内存释放函数 free_ page 族函数的语法格式。

表 11.11 free_page 类函数语法要点

所需头文件	#include <linux/malloc.h>
函数原型	unsigned long free_page(unsigned long addr) unsigned long free_pages(unsigned long addr, unsigned long order)
函数传入值	addr：要释放的内存起始地址
	order：要请求的页面数，以 2 为底的对数
函数返回值	成功：写入的数据长度 失败：-EFAULT

（9）打印信息。

就如同在编写用户空间的应用程序，打印信息有时是很好的调试手段，也是在代码中很常用的组成部分。但是与用户空间不同，在内核空间要用函数 printk()而不能用平常的函数 printf()。printk()和 printf()很类似，都可以按照一定的格式打印消息，所不同的是，printk()还可以定义打印消息的优先级。

表 11.12 给出了 printk()函数的语法格式。

表 11.12　　printk 类函数语法要点

<table>
<tr><td>所需头文件</td><td colspan="2">#include <linux/kernel></td></tr>
<tr><td>函数原型</td><td colspan="2">int printk(const char * fmt, …)</td></tr>
<tr><td rowspan="9">函数传入值</td><td rowspan="8">fmt：
日志级别</td><td>KERN_EMERG：紧急时间消息</td></tr>
<tr><td>KERN_ALERT：需要立即采取动作的情况</td></tr>
<tr><td>KERN_CRIT：临界状态，通常涉及严重的硬件或软件操作失败</td></tr>
<tr><td>KERN_ERR：错误报告</td></tr>
<tr><td>KERN_WARNING：对可能出现的问题提出警告</td></tr>
<tr><td>KERN_NOTICE：有必要进行提示的正常情况</td></tr>
<tr><td>KERN_INFO：提示性信息</td></tr>
<tr><td>KERN_DEBUG：调试信息</td></tr>
<tr><td colspan="2">…：与 printf()相同</td></tr>
<tr><td>函数返回值</td><td colspan="2">成功：0
失败：−1</td></tr>
</table>

这些不同优先级的信息输出到系统日志文件（例如："/var/log/messages"），有时也可以输出到虚拟控制台上。其中，对输出给控制台的信息有一个特定的优先级 console_loglevel。只有打印信息的优先级小于这个整数值，信息才能被输出到虚拟控制台上，否则，信息仅仅被写入到系统日志文件中。若不加任何优先级选项，则消息默认输出到系统日志文件中。

注意　要开启 klogd 和 syslogd 服务，消息才能正常输出。

4．proc 文件系统

/proc 文件系统是一个伪文件系统，它是一种内核和内核模块用来向进程发送信息的机制。这个伪文件系统让用户可以和内核内部数据结构进行交互，获取有关系统和进程的有用信息，在运行时通过改变内核参数来改变设置。与其他文件系统不同，/proc 存在于内存之中而不是在硬盘上。读者可以通过"ls"查看/proc 文件系统的内容。

表 11.13 列出了/proc 文件系统的主要目录内容。

表 11.13　　/proc 文件系统主要目录内容

目 录 名 称	目 录 内 容	目 录 名 称	目 录 内 容
apm	高级电源管理信息	locks	内核锁
cmdline	内核命令行	meminfo	内存信息
cpuinfo	CPU 相关信息	misc	杂项

续表

目录名称	目录内容	目录名称	目录内容
devices	设备信息（块设备/字符设备）	modules	加载模块列表
dma	使用的 DMA 通道信息	mounts	加载的文件系统
filesystems	支持的文件系统信息	partitions	系统识别的分区表
interrupts	中断的使用信息	rtc	实时时钟
ioports	I/O 端口的使用信息	stat	全面统计状态表
kcore	内核映像	swaps	对换空间的利用情况
kmsg	内核消息	version	内核版本
ksyms	内核符号表	uptime	系统正常运行时间
loadavg	负载均衡	…	…

除此之外，还有一些是以数字命名的目录，它们是进程目录。系统中当前运行的每一个进程都有对应的一个目录在/proc 下，以进程的 PID 号为目录名，它们是读取进程信息的接口。进程目录的结构如表 11.14 所示。

表 11.14　/proc 中进程目录结构

目录名称	目录内容	目录名称	目录内容
cmdline	命令行参数	cwd	当前工作目录的链接
environ	环境变量值	exe	指向该进程的执行命令文件
fd	一个包含所有文件描述符的目录	maps	内存映像
mem	进程的内存被利用情况	statm	进程内存状态信息
stat	进程状态	root	链接此进程的 root 目录
status	进程当前状态，以可读的方式显示出来	…	…

用户可以使用 cat 命令来查看其中的内容。

可以看到，/proc 文件系统体现了内核及进程运行的内容，在加载模块成功后，读者可以通过查看/proc/device 文件获得相关设备的主设备号。

11.3　GPIO 驱动程序实例

11.3.1　GPIO 工作原理

FS2410 开发板的 S3C2410 处理器具有 117 个多功能通用 I/O（GPIO）端口管脚，包括 GPIO 8 个端口组，分别为 GPA（23 个输出端口）、GPB（11 个输入/输出端口）、GPC（16 个输入/输出端口）、GPD（16 个输入/输出端口）、GPE（16 个输入/输出端口）、GPF（8 个输入/输出端口）、GPH（11 个输入/输出端口）。根据各种系统设计的需求，通过软件方法可以将这些端口配置成具有相应功能（例如：外部中断或数据总线）的端口。

为了控制这些端口，S3C2410 处理器为每个端口组分别提供几种相应的控制寄存器。其中最常用的有端口配置寄存器（GPACON ~ GPHCON）和端口数据寄存器（GPADAT ~ GPHDAT）。因为大部分 I/O 管脚可以提供多种功能，通过配置寄存器（PnCON）设定每个管脚用于何种目的。数据寄存器的每位将对应于某个管脚上的输入或输出。所以通过对数据寄存器（PnDAT）的位读写，可以进行对每个端口的输入或输出。

在此主要以发光二极管（LED）和蜂鸣器为例，讨论 GPIO 设备的驱动程序。它们的硬件驱动电路的原理图如图 11.4 所示。

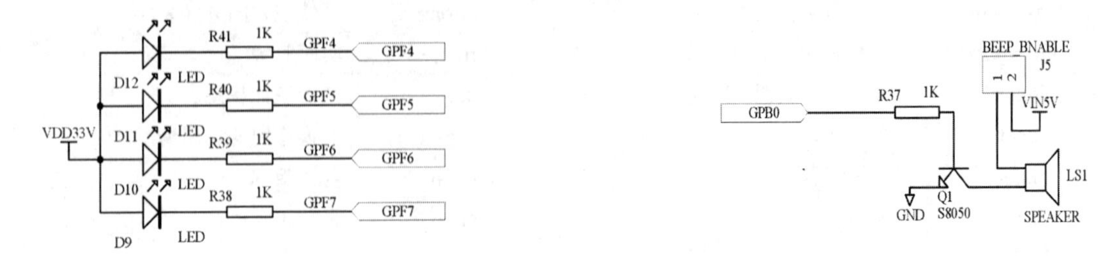

图 11.4　LED（左）和蜂鸣器（右）的驱动电路原理图

在图 11.4 中，可知使用 S3C2410 处理器的通用 I/O 口 GPF4、GPF5、GPF6 和 GPF7 分别直接驱动 LED D12、D11、D10 以及 D9，而使用 GPB0 端口驱动蜂鸣器。4 个 LED 分别在对应端口（GPF4~GPF7）为低电平时发亮，而蜂鸣器在 GPB0 为高电平时发声。这 5 个端口的数据流方向均为输出。

在表 11.15 中，详细描述了 GPF 的主要控制寄存器。GPB 的相关寄存器的描述与此类似，具体可以参考 S3C2410 处理器数据手册。

表 11.15　　GPF 端口（GPF0-GPF7）的主要控制寄存器

寄存器	地址	R/W	功能	初始值
GPFCON	0x56000050	R/W	配置 GPF 端口组	0x0
GPFDAT	0x56000054	R/W	GPF 端口的数据寄存器	未定义
GPFUP	0x56000058	R/W	GPF 端口的取消上拉寄存器	0x0
GPFCON	位	描述		
GPF7	[15:14]	00 = 输入　01 = 输出　10 = EINT7　11 = 保留		
GPF6	[13:12]	00 = 输入　01 = 输出　10 = EINT6　11 = 保留		
GPF5	[11:10]	00 = 输入　01 = 输出　10 = EINT5　11 = 保留		
GPF4	[9:8]	00 = 输入　01 = 输出　10 = EINT4　11 = 保留		
GPF3	[7:6]	00 = 输入　01 = 输出　10 = EINT3　11 = 保留		
GPF2	[5:4]	00 = 输入　01 = 输出　10 = EINT2　11 = 保留		
GPF1	[3:2]	00 = 输入　01 = 输出　10 = EINT1　11 = 保留		
GPF0	[1:0]	00 = 输入　01 = 输出　10 = EINT0　11 = 保留		
GPFDAT	位	描述		
GPF[7:0]	[7:0]	每位对应于相应的端口，若端口用于输入，则可以通过相应的位读取数据；若端口用于输出，则可以通过相应的位输出数据；若端口用于其他功能，则其值无法确定		
GPFUP	位	描述		
GPF[7:0]	[7:0]	0：向相应端口管脚赋予上拉(pull-up)功能 1：取消上拉功能		

为了驱动 LED 和蜂鸣器，首先通过端口配置寄存器将 5 个相应寄存器配置为输出模式。然后通过对端口数据寄存器的写操作，实现对每个 GPIO 设备的控制（发亮或发声）。在下一个小节中介绍的驱动程序中，s3c2410_gpio_cfgpin()函数和 s3c2410_gpio_pullup()函数将进行对某个端口的配置，而 s3c2410_gpio_setpin()函数实现向数据寄存器的某个端口的输出。

11.3.2 GPIO 驱动程序

GPIO 驱动程序代码如下所示：

```
/* gpio_drv.h */
#ifndef     FS2410_GPIO_SET_H
#define     FS2410_GPIO_SET_H
#include    <linux/ioctl.h>
#define     GPIO_DEVICE_NAME        "gpio"
#define     GPIO_DEVICE_FILENAME    "/dev/gpio"
#define     LED_NUM                  4
#define     GPIO_IOCTL_MAGIC        'G'
#define     LED_D09_SWT             _IOW(GPIO_IOCTL_MAGIC, 0, unsigned int)
#define     LED_D10_SWT             _IOW(GPIO_IOCTL_MAGIC, 1, unsigned int)
#define     LED_D11_SWT             _IOW(GPIO_IOCTL_MAGIC, 2, unsigned int)
#define     LED_D12_SWT             _IOW(GPIO_IOCTL_MAGIC, 3, unsigned int)
#define     BEEP_SWT                 _IOW(GPIO_IOCTL_MAGIC, 4, unsigned int)
#define     LED_SWT_ON              0
#define     LED_SWT_OFF             1
#define     BEEP_SWT_ON             1
#define     BEEP_SWT_OFF            0
#endif /* FS2410_GPIO_SET_H */

/* gpio_drv.c */
#include <linux/config.h>
#include <linux/module.h>
#include <linux/moduleparam.h>
#include <linux/init.h>
#include <linux/kernel.h>   /* printk() */
#include <linux/slab.h>        /* kmalloc() */
#include <linux/fs.h>      /* everything... */
#include <linux/errno.h>    /* error codes */
#include <linux/types.h>    /* size_t */
#include <linux/mm.h>
#include <linux/kdev_t.h>
#include <linux/cdev.h>
#include <linux/delay.h>
#include <linux/device.h>
#include <asm/io.h>
#include <asm/uaccess.h>
#include <asm/arch-s3c2410/regs-gpio.h>
#include "gpio_drv.h"

static int major = 0; /* 采用字符设备号的动态分配 */
module_param(major, int, 0); /* 以参数的方式可以指定设备的主设备号*/
```

```
void s3c2410_gpio_cfgpin(unsigned int pin, unsigned int function)
{ /* 对某个管脚进行配置（输入/输出/其他功能）*/
    unsigned long base = S3C2410_GPIO_BASE(pin); /* 获得端口的组基地址*/
    unsigned long shift = 1;
    unsigned long mask = 0x03; /* 通常用配置寄存器的两位表示一个端口*/
    unsigned long con;
    unsigned long flags;

    if (pin < S3C2410_GPIO_BANKB)
    {
        shift = 0;
        mask  = 0x01; /* 在 GPA 端口中用配置寄存器的一位表示一个端口*/
    }
    mask <<= (S3C2410_GPIO_OFFSET(pin) << shift);
    local_irq_save(flags); /* 保存现场，保证下面一段是原子操作 */
    con = __raw_readl(base + 0x00);
    con &= ~mask;
    con |= function;
    __raw_writel(con, base + 0x00); /* 向配置寄存器写入新配置数据 */
    local_irq_restore(flags); /* 恢复现场 */
}

void s3c2410_gpio_pullup(unsigned int pin, unsigned int to)
{ /* 配置上拉功能 */
    unsigned long base = S3C2410_GPIO_BASE(pin); /* 获得端口的组基地址*/
    unsigned long offs = S3C2410_GPIO_OFFSET(pin);/* 获得端口的组内偏移地址 */
    unsigned long flags;
    unsigned long up;

    if (pin < S3C2410_GPIO_BANKB)
    {
        return;
    }

    local_irq_save(flags);
    up = __raw_readl(base + 0x08);
    up &= ~(1 << offs);
    up |= to << offs;
    __raw_writel(up, base + 0x08); /* 向上拉功能寄存器写入新配置数据*/
    local_irq_restore(flags);
}

void s3c2410_gpio_setpin(unsigned int pin, unsigned int to)
{ /* 向某个管脚进行输出 */
    unsigned long base = S3C2410_GPIO_BASE(pin);
    unsigned long offs = S3C2410_GPIO_OFFSET(pin);
    unsigned long flags;
    unsigned long dat;
```

```
    local_irq_save(flags);
    dat = __raw_readl(base + 0x04);
    dat &= ~(1 << offs);
    dat |= to << offs;
    __raw_writel(dat, base + 0x04); /* 向数据寄存器写入新数据*/
    local_irq_restore(flags);
}

int gpio_open (struct inode *inode, struct file *filp)
{ /* open 操作函数: 进行寄存器配置*/
    s3c2410_gpio_pullup(S3C2410_GPB0, 1); /* BEEP*/
    s3c2410_gpio_pullup(S3C2410_GPF4, 1); /* LED D12 */
    s3c2410_gpio_pullup(S3C2410_GPF5, 1); /* LED D11 */
    s3c2410_gpio_pullup(S3C2410_GPF6, 1); /* LED D10 */
    s3c2410_gpio_pullup(S3C2410_GPF7, 1); /* LED D9 */
    s3c2410_gpio_cfgpin(S3C2410_GPB0, S3C2410_GPB0_OUTP);
    s3c2410_gpio_cfgpin(S3C2410_GPF4, S3C2410_GPF4_OUTP);
    s3c2410_gpio_cfgpin(S3C2410_GPF4, S3C2410_GPF5_OUTP);
    s3c2410_gpio_cfgpin(S3C2410_GPF4, S3C2410_GPF6_OUTP);
    s3c2410_gpio_cfgpin(S3C2410_GPF4, S3C2410_GPF7_OUTP);
    return 0;
}
ssize_t gpio_read(struct file *file, char __user *buff,
                                        size_t count, loff_t *offp)
{ /* read 操作函数: 没有实际功能*/
    return 0;
}
ssize_t gpio_write(struct file *file, const char __user *buff,
                                        size_t count, loff_t *offp)
{ /* write 操作函数: 没有实际功能*/
    return 0;
}

int switch_gpio(unsigned int pin, unsigned int swt)
{ /* 向 5 个端口中的一个输出 ON/OFF 值 */
    if (!((pin <= S3C2410_GPF7) && (pin >= S3C2410_GPF4))
                && (pin != S3C2410_GPB0))
    {
        printk("Unsupported pin");
        return 1;
    }
    s3c2410_gpio_setpin(pin, swt);
    return 0;
}

static int gpio_ioctl(struct inode *inode, struct file *file,
                        unsigned int cmd, unsigned long arg)
{ /* ioctl 函数接口:主要接口的实现。对 5 个 GPIO 设备进行控制（发亮或发声） */
    unsigned int swt = (unsigned int)arg;
    switch (cmd)
```

```
    {
        case LED_D09_SWT:
        {
            switch_gpio(S3C2410_GPF7, swt);
        }
        break;

        case LED_D10_SWT:
        {
            switch_gpio(S3C2410_GPF6, swt);
        }
        break;

        case LED_D11_SWT:
        {
            switch_gpio(S3C2410_GPF5, swt);
        }
        break;
        case LED_D12_SWT:
        {
            switch_gpio(S3C2410_GPF4, swt);
        }
        break;

        case BEEP_SWT:
        {
            switch_gpio(S3C2410_GPB0, swt);
            break;
        }

        default:
        {
            printk("Unsupported command\n");
            break;
        }
    }
    return 0;
}

static int gpio_release(struct inode *node, struct file *file)
{ /* release 操作函数，熄灭所有灯和关闭蜂鸣器 */
    switch_gpio(S3C2410_GPB0, BEEP_SWT_OFF);
    switch_gpio(S3C2410_GPF4, LED_SWT_OFF);
    switch_gpio(S3C2410_GPF5, LED_SWT_OFF);
    switch_gpio(S3C2410_GPF6, LED_SWT_OFF);
    switch_gpio(S3C2410_GPF7, LED_SWT_OFF);
    return 0;
}

static void gpio_setup_cdev(struct cdev *dev, int minor,
```

```
        struct file_operations *fops)
{ /* 字符设备的创建和注册 */
    int err, devno = MKDEV(major, minor);
    cdev_init(dev, fops);
    dev->owner = THIS_MODULE;
    dev->ops = fops;
    err = cdev_add (dev, devno, 1);
    if (err)
    {
        printk (KERN_NOTICE "Error %d adding gpio %d", err, minor);
    }
}

static struct file_operations gpio_fops =
{ /* gpio 设备的 file_operations 结构定义 */
    .owner   = THIS_MODULE,
    .open    = gpio_open,         /* 进行初始化配置*/
    .release = gpio_release,      /* 关闭设备*/
    .read    = gpio_read,
    .write   = gpio_write,
    .ioctl   = gpio_ioctl,        /* 实现主要控制功能*/
};

static struct cdev gpio_devs;
static int gpio_init(void)
{
    int result;
    dev_t dev = MKDEV(major, 0);

    if (major)
    { /* 设备号的动态分配 */
        result = register_chrdev_region(dev, 1, GPIO_DEVICE_NAME);
    }
    else
    { /* 设备号的动态分配 */
        result = alloc_chrdev_region(&dev, 0, 1, GPIO_DEVICE_NAME);
        major = MAJOR(dev);
    }
    if (result < 0)
    {
        printk(KERN_WARNING "Gpio: unable to get major %d\n", major);
        return result;
    }
    gpio_setup_cdev(&gpio_devs, 0, &gpio_fops);
    printk("The major of the gpio device is %d\n", major);
    return 0;
}

static void gpio_cleanup(void)
{
```

```
    cdev_del(&gpio_devs); /* 字符设备的注销 */
    unregister_chrdev_region(MKDEV(major, 0), 1); /* 设备号的注销*/
    printk("Gpio device uninstalled\n");
}

module_init(gpio_init);
module_exit(gpio_cleanup);
MODULE_AUTHOR("David");
MODULE_LICENSE("Dual BSD/GPL");
```

下面列出 GPIO 驱动程序的测试用例：

```
/* gpio_test.c */
#include <stdio.h>
#include <stdlib.h>
#include <unistd.h>
#include <fcntl.h>
#include <string.h>
#include <sys/types.h>
#include <sys/stat.h>
#include "gpio_drv.h"

int led_timer(int dev_fd, int led_no, unsigned int time)
{ /*指定 LED 发亮一段时间之后熄灭它*/
    led_no %= 4;
    ioctl(dev_fd, LED_D09_SWT + led_no, LED_SWT_ON); /* 发亮*/
    sleep(time);
    ioctl(dev_fd, LED_D09_SWT + led_no, LED_SWT_OFF); /* 熄灭 */
}

int beep_timer(int dev_fd, unsigned int time)
{/* 开蜂鸣器一段时间之后关闭*/
    ioctl(dev_fd, BEEP_SWT, BEEP_SWT_ON); /* 发声*/
    sleep(time);
    ioctl(dev_fd, BEEP_SWT, BEEP_SWT_OFF);    /* 关闭 */
}

int main()
{
    int i = 0;
    int dev_fd;
    /* 打开 gpio 设备 */
    dev_fd = open(GPIO_DEVICE_FILENAME, O_RDWR | O_NONBLOCK);
    if ( dev_fd == -1 )
    {
        printf("Cann't open gpio device file\n");
        exit(1);
    }

    while(1)
    {
```

```
        i = (i + 1) % 4;
        led_timer(dev_fd, i, 1);
        beep_timer(dev_fd, 1);
    }
    close(dev_fd);
    return 0;
}
```

具体运行过程如下所示。首先编译并加载驱动程序：

```
$ make clean;make /* 驱动程序的编译*/
$ insmod gpio_drv.ko /* 加载 gpio 驱动 */
$ cat /proc/devices /* 通过这个命令可以查到 gpio 设备的主设备号 */
$ mknod /dev/gpio  c  252  0  /* 假设主设备号为 252， 创建设备文件节点*/
```

然后编译并运行驱动测试程序：

```
$ arm-linux-gcc -o gpio_test  gpio_test.c
$ ./gpio_test
```

运行结果为 4 个 LED 轮流闪烁，同时蜂鸣器以一定周期发出声响。

11.4 块设备驱动编程

块设备通常指一些需要以块（如 512 字节）的方式写入的设备，如 IDE 硬盘、SCSI 硬盘、光驱等。它的驱动程序的编写过程与字符型设备驱动程序的编写有很大的区别。

块设备驱动编程接口相对复杂，不如字符设备明晰易用。块设备驱动程序对整个系统的性能影响较大，速度和效率是设计块设备驱动程要重点考虑的问题。系统中使用缓冲区与访问请求的优化管理（合并与重新排序）来提高系统性能。

1．编程流程说明

块设备驱动程序的编写流程同字符设备驱动程序的编写流程很类似，也包括了注册和使用两部分。但与字符驱动设备所不同的是，块设备驱动程序包括一个 request 请求队列。它是当内核安排一次数据传输时在列表中的一个请求队列，以最大化系统性能为原则进行排序。在后面的读写操作时会详细讲解这个函数，图 11.5 为块设备驱动程序的流程图，请读者注意与字符设备驱动程序的区别。

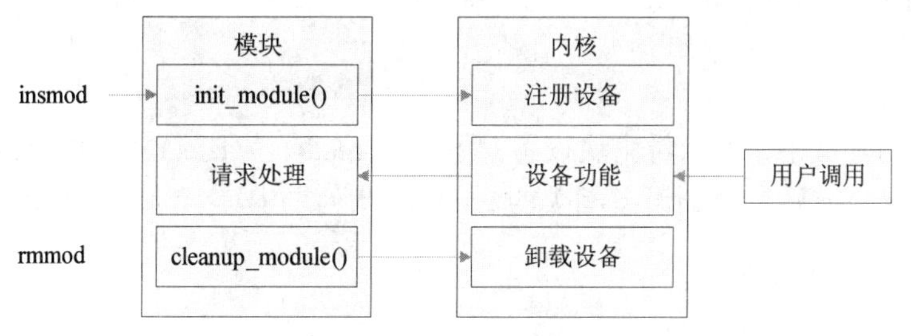

图 11.5 块设备驱动程序流程图

2．重要数据结构

每个块设备物理实体由一个 gendisk 结构体来表示（在</linux/genhd.h>中定义），每个

gendisk 可以支持多个分区。

每个 gendisk 中包含了本物理实体的全部信息以及操作函数接口。整个块设备的注册过程是围绕 gendisk 来展开的。在驱动程序中需要初始化的 gendisk 的一些成员如下所示。

```
struct gendisk
{
    int major;              /* 主设备号 */
    int first_minor;        /* 第一个次设备号 */
    int minors;            /* 次设备号个数，一个块设备至少需要使用一个次设备号，而且块设
                          备的每个分区都需要一个次设备号，因此这个成员等于 1，则表明该块
                          设备是不可被分区的，否则可以包含（minors - 1）  个分区。*/
    char disk_name[32];          /* 块设备名称，在/proc/partions 中显示 */
    struct hd_struct **part;     /* 分区表 */
    struct block_device_operations *fops;         /* 块设备操作接口，与字符设备的
                                                   file_operations 结构对应*/
    struct request_queue *queue;     /* I/O 请求队列 */
    void *private_data;          /* 指向驱动程序私有数据 */
    sector_t capacity;     /* 块设备可包含的扇区数 */
    …… /* 其他省略 */
};
```

与字符设备驱动程序一样，块设备驱动程序也包含一个在<linux/fs.h>中定义的 block_device_operations 结构，其定义如下所示。

```
struct block_device_operations
{
    int (*open) (struct inode *, struct file *);
    int (*release) (struct inode *, struct file *);
    int (*ioctl) (struct inode *, struct file *, unsigned, unsigned long);
    long (*unlocked_ioctl) (struct file *, unsigned, unsigned long);
    long (*compat_ioctl) (struct file *, unsigned, unsigned long);
    int (*direct_access) (struct block_device *, sector_t, unsigned long *);
    int (*media_changed) (struct gendisk *);
    int (*revalidate_disk) (struct gendisk *);
    int (*getgeo)(struct block_device *, struct hd_geometry *);
    struct module *owner;
};
```

从该结构的定义中，可以看出块设备并不提供 read()、write()等函数接口。对块设备的读写请求都是以异步方式发送到设备相关的 request 队列之中。

3．块设备注册和初始化

块设备的初始化过程要比字符设备复杂，它既需要像字符设备一样在加载内核时完成一定的工作，还需要在内核编译时增加一些内容。块设备驱动程序初始化时，由驱动程序的 init()完成。

块设备的初始化过程如图 11.6 所示。

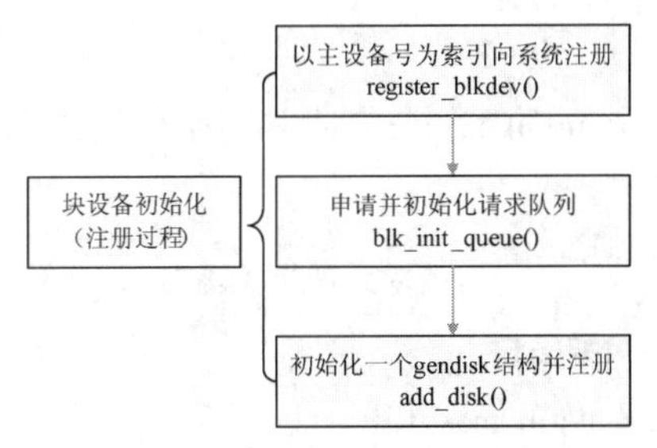

图 11.6 块设备驱动程序初始化过程

（1）向内核注册。

使用 register_blkdev() 函数对设备进行注册。

```
int register_blkdev(unsigned int major, const char *name);
```

其中参数 major 为要注册的块设备的主设备号，如果其值等于 0，则系统动态分配并返回主设备号。参数 name 为设备名，在/proc/devices 中显示。如果出错，则该函数返回负值。

与其对应的块设备的注销函数为 unregister_blkdev()，其格式如下所示。

```
int unregister_blkdev(unsigned int major, const char *name);
```

其参数必须与注册函数中的参数相同。如果出错则返回负值。

（2）申请并初始化请求队列。

这一步要调用 blk_init_queue()函数来申请并初始化请求队列，其格式如下所示。

```
struct request_queue *blk_init_queue(request_fn_proc *rfn, spinlock_t *lock)
```

其中参数 rfn 是请求队列的处理函数指针，它负责执行块设备的读、写请求。参数 lock 为自旋锁，用于控制对所分配的队列的访问。

（3）初始化并注册 gendisk 结构。

内核提供的 gendisk 结构相关函数如表 11.16 所示。

表 11.16　gendisk 结构相关函数

函 数 格 式	说　明
struct gendisk *alloc_disk(int minors)	动态分配 gendisk 结构，参数为次设备号的个数
void add_disk(struct gendisk *disk)	向系统注册 gendisk 结构
void del_gendisk(struct gendisk *disk)	从系统注销 gendisk 结构

首先使用 alloc_disk()函数动态分配 gendisk 结构，接下来，对 gendisk 结构的主设备号（major）、次设备号相关成员（first_minor 和 minors）、块设备操作函数（fops）、请求队列（queue）、可包含的扇区数（capacity）以及设备名称（disk_name）等成员进行初始化。

在完成对 gendisk 的分配和初始化之后，调用 add_disk（）函数向系统注册块设备。在卸载 gendisk 结构的时候，要调用 del_gendisk()函数。

4．块设备请求处理

块设备驱动中一般要实现一个请求队列处理函数来处理队列中的请求。从块设备的运行流程，可知请求处理是块设备的基本处理单位，也是最核心的部分。对块设备的读写操作被封装到了每一个请求中。

已经提过调用 blk_init_queue()函数来申请并初始化请求队列。表 11.17 列出了一些与请求处理相关的函数。

表 11.17　　　　请求处理相关函数

函数格式	说明
request_queue_t *blk_alloc_queue(int gfp_mask)	分配请求队列
request_queue_t *blk_init_queue (request_fn_proc *rfn, spinlock_t *lock)	分配并初始化请求队列
struct request *blk_get_request (request_queue_t *q, int rw, int gfp_mask)	从队列中获取一个请求
void blk_requeue_request(request_queue_t *q, struct request *rq)	将请求再次加入队列
void blk_queue_max_sectors (request_queue_t *q, unsigned short max_sectors)	设置最大访问扇区数
void blk_queue_max_phys_segments (request_queue_t *q, unsigned short max_segments)	设置最大物理段数
void end_request(struct request *req, int uptodate)	结束本次请求处理
void blk_queue_hardsect_size (request_queue_t *q, unsigned short size)	设置物理扇区大小

以上简单地介绍了块设备驱动编程的最基本的概念和流程。更深入的内容不是本书的重点，有兴趣的读者可以参考其他书籍。

11.5　中断编程

前面所讲述的驱动程序中都没有涉及中断处理，而实际上，有很多 Linux 的驱动都是通过中断的方式来进行内核和硬件的交互。中断机制提供了硬件和软件之间异步传递信息的方式。硬件设备在发生某个事件时通过中断通知软件进行处理。中断实现了硬件设备按需获得处理器关注的机制，与查询方式相比可以大大节省 CPU 资源的开销。

在此将介绍在驱动程序中用于申请中断的 request_irq()调用，和用于释放中断的 free_irq()调用。request_irq()函数调用的格式如下所示：

```
int request_irq(unsigned int irq,
        void (*handler)(int irq, void *dev_id, struct pt_regs *regs),
        unsigned long irqflags, const char * devname, oid *dev_id);
```

其中 irq 是要申请的硬件中断号。在 Intel 平台，范围是 0～15。

参数 handler 为将要向系统注册的中断处理函数。这是一个回调函数，中断发生时，系统调用这个函数，传入的参数包括硬件中断号、设备 id 以及寄存器值。设备 id 就是在调用 request_irq()时传递给系统的参数 dev_id。

参数 irqflags 是中断处理的一些属性，其中比较重要的有 SA_INTERRUPT。这个参数用于标明中断处理程序是快速处理程序（设置 SA_INTERRUPT）还是慢速处理程序（不设置 SA_INTERRUPT）。快速处理程序被调用时屏蔽所有中断。慢速处理程序只屏蔽正在处理的中断。还有一个 SA_SHIRQ 属性，设置了以后运行多个设备共享中断，在中断处理程序中根据 dev_id 区分不同设备产生的中断。

参数 devname 为设备名，会在/dev/interrupts 中显示。

参数 dev_id 在中断共享时会用到。一般设置为这个设备的 device 结构本身或者 NULL。中断处理程序可以用 dev_id 找到相应的控制这个中断的设备，或者用 irq2dev_map()找到中断对应的设备。

释放中断的 free_irq()函数调用的格式如下所示。该函数的参数与 request_irq()相同。

```
void free_irq(unsigned int irq, void *dev_id);
```

11.6 按键驱动程序实例

11.6.1 按键工作原理

LED 和蜂鸣器是最简单的 GPIO 的应用，都不需要任何外部输入或控制。按键同样使用 GPIO 接口，但按键本身需要外部的输入，即在驱动程序中要处理外部中断。按键硬件驱动原理图如图 11.7 所示。在图 11.7 的 4×4 矩阵按键（K1~K16）电路中，使用 4 个输入/输出端口（EINT0、EINT2、EINT11 和 EINT19）和 4 个输出端口（KSCAN0~KSCAN3）。

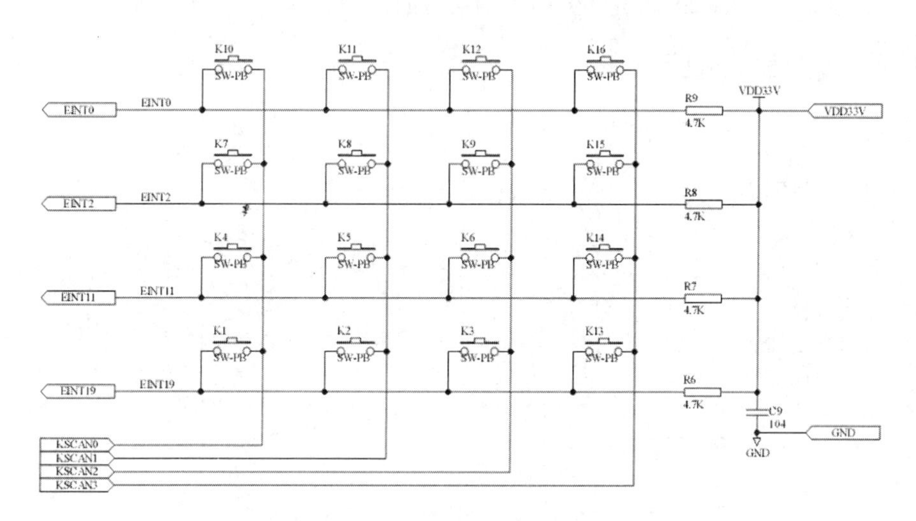

图 11.7　按键驱动电路原理图

按键驱动电路使用的端口和对应的寄存器如表 11.18 所示。

表 11.18　按键电路的主要端口

管　脚	端　口	输入/输出	管　脚	端　口	输入/输出
EINT0	EINIT0/GPF0	输入/输出	KEYSCAN0	GPE11	输出
EINT2	EINT2/GPF2	输入/输出	KEYSCAN1	GPG6	输出
EINT11	EINT11/GPG3	输入/输出	KEYSCAN2	GPE13	输出
EINT19	EINT19/GPG11	输入/输出	KEYSCAN3	GPG2	输出

因为通常中断端口是比较珍贵且有限的资源，所以在本电路设计中，16 个按键复用了 4 个中断线。那怎么样才能及时而准确地对矩阵按键进行扫描呢？

某个中断的产生表示，与它所对应的矩阵行的 4 个按键中，至少有一个按键被按住了。因此可以通过查看产生了哪个中断，来确定在矩阵的哪一行中发生了按键操作（按住或释放）。例如，如果产生了外部 2 号线中断（EINT2 变为低电平），则表示 K7、K8、K9 和 K15 中至少有一个按键被按住了。这时候 4 个 EINT 端口应该通过 GPIO 配置寄存器被设置为外部中断端口，而且 4 个 KSCAN 端口的输出必须为低电平。

在确定按键操作所在行的位置之后，我们还得查看按键操作所在列的位置。此时要使用 KSCAN 端口组，同时将 4 个 EINT 端口配置为通用输入端口（而不是中断端口）。在 4 个 KSCAN 端口中，轮流将其中某一个端口的输出置为低电平，其他 3 个端口的输出置为高电平。这样逐列进行扫描，直到按键所在列的 KSCAN 端口输出为低电平，此时按键操作所在行的 EINT 管脚的输入端口的值会变成低电平。例如，在确认产生了外部 2 号中断之后，进行逐列扫描。若发现在 KSCAN1 为低电平时（其他端口输出均为高电平），GPF2（EINT2 管脚的输入端口）变为低电平，则可以断定按键 K8 被按住了。

以上的讨论都是在按键的理想状态下进行的，但实际的按键动作会在短时间（几毫秒至几十毫秒）内产生信号抖动。例如，当按键被按下时，其动作就像弹簧的若干次往复运动，将产生几个脉冲信号。一次按键操作将会产生若干次按键中断，从而会产生抖动现象。因此驱动程序中必须要解决去除抖动所产生的毛刺信号的问题。

11.6.2 按键驱动程序

首先按键设备相关的数据结构的定义如下所示：

```
/* butt_drv.h */
......
typedef struct _st_key_info_matrix              /* 按键数据结构 */
{
    unsigned char   key_id;                      /* 按键 ID */
    unsigned int    irq_no;                     /* 对应的中断号 */
    unsigned int    irq_gpio_port;              /* 对应的中断线的输入端口地址*/
    unsigned int    kscan_gpio_port;           /* 对应的 KSCAN 端口地址 */
} st_key_info_matrix;

typedef struct _st_key_buffer                  /* 按键缓冲数据结构 */
{
    unsigned long jiffy[MAX_KEY_COUNT];     /* 按键时间, 5s 以前的铵键作废*/
    unsigned char buf[MAX_KEY_COUNT];           /* 按键缓冲区 */
    unsigned int head,tail;                   /* 按键缓冲区头和尾 */
} st_key_buffer;
......
```

下面是矩阵按键数组的定义，数组元素的信息（一个按键信息）按照 0 行 0 列，0 行 1 列，…，3 行 2 列，3 行 3 列的顺序逐行排列。

```
static st_key_info_matrix key_info_matrix[MAX_COLUMN][MAX_ROW] =
{
```

```
    {{10,    IRQ_EINT0,  S3C2410_GPF0,   S3C2410_GPE11},     /* 0行0列 */
    {11,    IRQ_EINT0,  S3C2410_GPF0,   S3C2410_GPG6},
    {12,    IRQ_EINT0,  S3C2410_GPF0,   S3C2410_GPE13},
    {16,    IRQ_EINT0,  S3C2410_GPF0,   S3C2410_GPG2}},

    {{7,    IRQ_EINT2,  S3C2410_GPF2, S3C2410_GPE11},     /* 1行0列 */
    {8,     IRQ_EINT2,  S3C2410_GPF2,  S3C2410_GPG6},
    {9,     IRQ_EINT2,  S3C2410_GPF2,   S3C2410_GPE13},
    {15,    IRQ_EINT2,  S3C2410_GPF2,   S3C2410_GPG2}},

    {{4,    IRQ_EINT11, S3C2410_GPG3,  S3C2410_GPE11},      /* 2行0列 */
    {5,     IRQ_EINT11, S3C2410_GPG3,  S3C2410_GPG6},
    {6,     IRQ_EINT11, S3C2410_GPG3,  S3C2410_GPE13},
    {14,    IRQ_EINT11, S3C2410_GPG3,   S3C2410_GPG2}},

    {{1,    IRQ_EINT19, S3C2410_GPG11, S3C2410_GPE11},     /* 3行0列 */
    {2,     IRQ_EINT19, S3C2410_GPG11, S3C2410_GPG6},
    {3,     IRQ_EINT19, S3C2410_GPG11, S3C2410_GPE13},
    {13,    IRQ_EINT19, S3C2410_GPG11, S3C2410_GPG2}},
};
```

下面是与按键相关的端口的初始化函数。这些函数已经在简单的 GPIO 字符设备驱动程序里被使用过。此外，set_irq_type()函数用于设定中断线的类型，在本实例中通过该函数将 4 个中断线的类型配置为下降沿触发式。

```
static void init_gpio(void)
{
   s3c2410_gpio_cfgpin(S3C2410_GPE11, S3C2410_GPE11_OUTP); /* GPE11 */
   s3c2410_gpio_setpin(S3C2410_GPE11, 0);
   s3c2410_gpio_cfgpin(S3C2410_GPE13, S3C2410_GPE13_OUTP); /* GPE13 */
   s3c2410_gpio_setpin(S3C2410_GPE13, 0);
   s3c2410_gpio_cfgpin(S3C2410_GPG2, S3C2410_GPG2_OUTP); /* GPG2 */
   s3c2410_gpio_setpin(S3C2410_GPG2, 0);
   s3c2410_gpio_cfgpin(S3C2410_GPG6, S3C2410_GPG6_OUTP); /* GPG6 */
   s3c2410_gpio_setpin(S3C2410_GPG6, 0);

   s3c2410_gpio_cfgpin(S3C2410_GPF0, S3C2410_GPF0_EINT0); /* GPF0 */
   s3c2410_gpio_cfgpin(S3C2410_GPF2, S3C2410_GPF2_EINT2); /* GPF2 */
   s3c2410_gpio_cfgpin(S3C2410_GPG3, S3C2410_GPG3_EINT11); /* GPG3 */
   s3c2410_gpio_cfgpin(S3C2410_GPG11, S3C2410_GPG11_EINT19); /* GPG11 */

   set_irq_type(IRQ_EINT0, IRQT_FALLING);
   set_irq_type(IRQ_EINT2, IRQT_FALLING);
   set_irq_type(IRQ_EINT11, IRQT_FALLING);
   set_irq_type(IRQ_EINT19, IRQT_FALLING);
}
```

下面讲解按键驱动的主要接口，以下为驱动模块的入口和卸载函数。

```
/* 初始化并添加 struct cdev 结构到系统之中 */
static void button_setup_cdev(struct cdev *dev,
```

```
                    int minor, struct file_operations *fops)
{
    int err;
    int devno = MKDEV(button_major,minor);
    cdev_init(dev, fops); /* 初始化结构体 struct cdev */
    dev->owner = THIS_MODULE;
    dev->ops = fops; /* 关联到设备的 file_operations 结构 */
    err = cdev_add(dev, devno, 1); /* 将 struct cdev 结构添加到系统之中 */
    if (err)
    {
        printk(KERN_INFO"Error %d adding button %d\n",err, minor);
    }
}
......
/* 驱动初始化 */
static int  button_init(void)
{
    int ret;
    /* 将主设备号和次设备号定义到一个 dev_t 数据类型的结构体之中 */
    dev_t dev = MKDEV(button_major, 0);
    if (button_major)
    {/*静态注册一个设备，设备号先前指定好，并设定设备名，用 cat /proc/devices 来查看 */
        ret = register_chrdev_region(dev, 1, BUTTONS_DEVICE_NAME);
    }
    else
    { /*由系统动态分配主设备号 */
        ret = alloc_chrdev_region(&dev, 0, 1, BUTTONS_DEVICE_NAME);
        button_major = MAJOR(dev); /* 获得主设备号 */
    }

    if (ret < 0)
    {
        printk(KERN_WARNING"Button:unable to get major %d\n",button_major);
       return ret;
    }
    /* 初始化和添加结构体 struct cdev 到系统之中 */
    button_setup_cdev(&button_dev, 0, &button_fops);
    printk("Button driver initialized.\n");
    return 0;
}
/* 驱动卸载 */
static void __exit button_exit(void)
{
    cdev_del(&button_dev); /* 删除结构体 struct cdev */
    /* 卸载设备驱动所占有的资源 */
    unregister_chrdev_region(MKDEV(button_major, 0), 1);
    printk("Button driver uninstalled\n");
}
module_init(button_init); /* 初始化设备驱动程序的入口 */
module_exit(button_exit); /* 卸载设备驱动程序的入口 */
```

```
MODULE_AUTHOR("David");
MODULE_LICENSE("Dual BSD/GPL");
```

按键字符设备的 file_operations 结构定义为：

```
static struct file_operations button_fops =
{
    .owner = THIS_MODULE,
    .ioctl = button_ioctl,
    .open = button_open,
    .read = button_read,
    .release = button_release,
};
```

以下为 open 和 release 函数接口的实现。

```
/* 打开文件，申请中断 */
static int button_open(struct inode *inode,struct file *filp)
{
    int ret = nonseekable_open(inode, filp);
    if (ret < 0)
    {
        return ret;
    }

    init_gpio();                /* 相关 GPIO 端口的初始化*/
    ret = request_irqs();       /* 申请 4 个中断 */
    if (ret < 0)
    {
        return ret;
    }
    init_keybuffer();             /* 初始化按键缓冲数据结构 */
    return ret;
}

/* 关闭文件，屏蔽中断 */
static int button_release(struct inode *inode,struct file *filp)
{
    free_irqs();                /* 屏蔽中断 */
    return 0;
}
```

在 open 函数接口中，进行了 GPIO 端口的初始化、申请硬件中断以及按键缓冲的初始化等工作。在以前的章节中提过，中断端口是比较宝贵而且数量有限的资源。因此需要注意，最好要在第一次打开设备时申请（调用 request_irq 函数）中断端口，而不是在驱动模块加载的时候申请。如果已加载的设备驱动占用而在一定时间段内不使用某些中断资源，则这些资源不会被其他驱动所使用，只能白白浪费掉。而在打开设备的时候（调用 open 函数接口）申请中断，则不同的设备驱动可以共享这些宝贵的中断资源。

以下为中断申请和释放的部分以及中断处理函数。

```
/* 中断处理函数,其中 irq 为中断号 */
```

```
static irqreturn_t button_irq(int irq, void *dev_id, struct pt_regs *regs)
{
    unsigned char ucKey = 0;

    disable_irqs();         /* 屏蔽中断 */
    /* 延迟 50ms，屏蔽按键毛刺 */
    udelay(50000);
    ucKey = button_scan(irq);    /* 扫描按键，获得进行操作的按键的 ID */
    if ((ucKey >= 1) && (ucKey <= 16))
    {
        /* 如果缓冲区已满，则不添加 */
        if (((key_buffer.head + 1) & (MAX_KEY_COUNT - 1)) != key_buffer.tail)
        {
            spin_lock_irq(&buffer_lock);
            key_buffer.buf[key_buffer.tail] = ucKey;
            key_buffer.jiffy[key_buffer.tail] = get_tick_count();
            key_buffer.tail ++;
            key_buffer.tail &= (MAX_KEY_COUNT -1);
            spin_unlock_irq(&buffer_lock);
        }
    }
    init_gpio();         /* 初始化 GPIO 端口，主要是为了恢复中断端口配置 */
    enable_irqs();       /* 开启中断 */
    return IRQ_HANDLED;/* 2.6 内核返回值一般是这个宏 */
}
/* 申请 4 个中断 */
static  int request_irqs(void)
{
    int ret, i, j;
    for (i = 0; i < MAX_COLUMN; i++)
    {
        ret = request_irq(key_info_matrix[i][0].irq_no,
button_irq, SA_INTERRUPT, BUTTONS_DEVICE_NAME, NULL);
        if (ret < 0)
        {
            for (j = 0; j < i; j++)
            {
                free_irq(key_info_matrix[j][0].irq_no, NULL);
            }
            return -EFAULT;
        }
    }
    return 0;
}
/* 释放中断 */
static __inline void free_irqs(void)
{
    int i;
    for (i = 0; i < MAX_COLUMN; i++)
    {
```

```
        free_irq(key_info_matrix[i][0].irq_no, NULL);
    }
}
```

中断处理函数在每次中断产生的时候会被调用，因此它的执行时间要尽可能得短。通常中断处理函数只是简单地唤醒等待资源的任务，而复杂且耗时的工作则让这个任务去完成。中断处理函数不能向用户空间发送数据或者接收数据，不能做任何可能发生睡眠的操作，而且不能调用 schedule()函数。

为了简单起见，而且考虑到按键操作的时间比较长，在本实例中的中断处理函数 button_irq()里，通过调用睡眠函数来消除毛刺信号。读者可以根据以上介绍的对中断处理函数的要求改进该部分代码。

按键扫描函数如下所示。首先根据中断号确定操作按键所在行的位置，然后采用逐列扫描法最终确定操作按键所在的位置。

```
/*
** 进入中断后，扫描按键码
** 返回：按键码(1~16)，0xff 表示错误
*/
static __inline unsigned char button_scan(int irq)
{
    unsigned char key_id = 0xff;
    unsigned char column = 0xff, row = 0xff;

    s3c2410_gpio_cfgpin(S3C2410_GPF0, S3C2410_GPF0_INP); /* GPF0 */
    s3c2410_gpio_cfgpin(S3C2410_GPF2, S3C2410_GPF2_INP); /* GPF2 */
    s3c2410_gpio_cfgpin(S3C2410_GPG3, S3C2410_GPG3_INP); /* GPG3 */
    s3c2410_gpio_cfgpin(S3C2410_GPG11, S3C2410_GPG11_INP); /* GPG11 */

    switch (irq)
    { /* 根据 irq 值确定操作按键所在行的位置*/
        case IRQ_EINT0:
        {
            column = 0;
        }
        break;
        case IRQ_EINT2:
        {
            column = 1;
        }
        break;
        case IRQ_EINT11:
        {
            column = 2;
        }
        break;
        case IRQ_EINT19:
        {
            column = 3;
        }
```

```
            break;
        }
        if (column != 0xff)
        { /* 开始逐列扫描， 扫描第 0 列 */
            s3c2410_gpio_setpin(S3C2410_GPE11, 0); /* 将 KSCAN0 置为低电平 */
            s3c2410_gpio_setpin(S3C2410_GPG6, 1);
            s3c2410_gpio_setpin(S3C2410_GPE13, 1);
            s3c2410_gpio_setpin(S3C2410_GPG2, 1);
           if(!s3c2410_gpio_getpin(key_info_matrix[column][0].irq_gpio_port))
            { /* 观察对应的中断线的输入端口值 */
                key_id = key_info_matrix[column][0].key_id;
                return key_id;
            }
            /* 扫描第 1 列*/
            s3c2410_gpio_setpin(S3C2410_GPE11, 1);
            s3c2410_gpio_setpin(S3C2410_GPG6, 0); /* 将 KSCAN1 置为低电平 */
            s3c2410_gpio_setpin(S3C2410_GPE13, 1);
            s3c2410_gpio_setpin(S3C2410_GPG2, 1);
            if(!s3c2410_gpio_getpin(key_info_matrix[column][1].irq_gpio_port))
            {
                key_id = key_info_matrix[column][1].key_id;
                return key_id;
            }
            /* 扫描第 2 列*/
            s3c2410_gpio_setpin(S3C2410_GPE11, 1);
            s3c2410_gpio_setpin(S3C2410_GPG6, 1);
            s3c2410_gpio_setpin(S3C2410_GPE13, 0); /* 将 KSCAN2 置为低电平 */
            s3c2410_gpio_setpin(S3C2410_GPG2, 1);
            if(!s3c2410_gpio_getpin(key_info_matrix[column][2].irq_gpio_port))
            {
                key_id = key_info_matrix[column][2].key_id;
                return key_id;
            }
            /* 扫描第 3 列*/
            s3c2410_gpio_setpin(S3C2410_GPE11, 1);
            s3c2410_gpio_setpin(S3C2410_GPG6, 1);
            s3c2410_gpio_setpin(S3C2410_GPE13, 1);
            s3c2410_gpio_setpin(S3C2410_GPG2, 0); /* 将 KSCAN3 置为低电平 */
            if(!s3c2410_gpio_getpin(key_info_matrix[column][3].irq_gpio_port))
            {
                key_id = key_info_matrix[column][3].key_id;
                return key_id;
            }
        }
        return key_id;
    }
```

以下是 read 函数接口的实现。首先在按键缓冲中删除已经过时的按键操作信息，接下来，从按键缓冲中读取一条信息（按键 ID）并传递给用户层。

```
    /* 从缓冲删除过时数据(5s 前的按键值) */
```

```
static void remove_timeoutkey(void)
{
    unsigned long tick;
    spin_lock_irq(&buffer_lock); /* 获得一个自旋锁 */
    while(key_buffer.head != key_buffer.tail)
    {
        tick = get_tick_count() - key_buffer.jiffy[key_buffer.head];
        if (tick  < 5000)    /* 5s */
            break;
        key_buffer.buf[key_buffer.head] = 0;
        key_buffer.jiffy[key_buffer.head] = 0;
        key_buffer.head ++;
        key_buffer.head &= (MAX_KEY_COUNT -1);
    }
    spin_unlock_irq(&buffer_lock); /* 释放自旋锁 */
}

/* 读键盘 */
static ssize_t button_read(struct file *filp,
                      char *buffer, size_t count, loff_t *f_pos)
{
    ssize_t ret = 0;
    remove_timeoutkey(); /* 删除过时的按键操作信息 */
    spin_lock_irq(&buffer_lock);
    while((key_buffer.head != key_buffer.tail) && (((size_t)ret) < count))
    {
        put_user((char)(key_buffer.buf[key_buffer.head]), &buffer[ret]);
        key_buffer.buf[key_buffer.head] = 0;
        key_buffer.jiffy[key_buffer.head] = 0;
        key_buffer.head ++;
        key_buffer.head &= (MAX_KEY_COUNT -1);
        ret ++;
    }
    spin_unlock_irq(&buffer_lock);
    return ret;
}
```

以上介绍了按键驱动程序中的主要内容。

11.6.3　按键驱动的测试程序

按键驱动程序的测试程序所下所示。在测试程序中，首先打开按键设备文件和 gpio 设备（包括 4 个 LED 和蜂鸣器）文件，接下来，根据按键的输入值（按键 ID）的二进制形式，LED D9~D12 发亮（例如，按下 11 号按键，则 D9、D10 和 D12 会发亮），而蜂鸣器当每次按键时发出声响。

```
/* butt_test.c */
#include <sys/stat.h>
#include <fcntl.h>
#include <stdio.h>
```

```
#include <sys/time.h>
#include <sys/types.h>
#include <unistd.h>
#include <asm/delay.h>
#include "butt_drv.h"
#include "gpio_drv.h"

main()
{
    int butt_fd, gpios_fd, i;
    unsigned char key = 0x0;
    butt_fd = open(BUTTONS_DEVICE_FILENAME, O_RDWR); /* 打开按钮设备 */
    if (butt_fd == -1)
    {
        printf("Open button device button errr!\n");
        return 0;
    }

    gpios_fd = open(GPIO_DEVICE_FILENAME, O_RDWR); /* 打开 GPIO 设备 */
    if (gpios_fd == -1)
    {
        printf("Open button device button errr!\n");
        return 0;
    }

    ioctl(butt_fd, 0);    /* 清空键盘缓冲区，后面参数没有意义 */
    printf("Press No.16 key to exit\n");
    do
    {
        if (read(butt_fd, &key, 1) <= 0) /* 读键盘设备，得到相应的键值 */
        {
            continue;
        }

        printf("Key Value = %d\n", key);
        for (i = 0; i < LED_NUM; i++)
        {
            if ((key & (1 << i)) != 0)
            {
                ioctl(gpios_fd, LED_D09_SWT + i, LED_SWT_ON); /* LED 发亮*/
            }
        }
        ioctl(gpios_fd, BEEP_SWT, BEEP_SWT_ON); /* 发声*/

        sleep(1);
        for (i = 0; i < LED_NUM; i++)
        {
            ioctl(gpios_fd, LED_D09_SWT + i, LED_SWT_OFF);    /* LED 熄灭*/
        }
        ioctl(gpios_fd, BEEP_SWT, BEEP_SWT_OFF);
```

```
    } while(key != 16); /* 按 16 号键则退出 */
    close(gpios_fd);
    close(butt_fd);
    return 0;
}
```

首先编译和加载按键驱动程序，而且要创建设备文件节点。

```
$ make clean;make    /* 驱动程序的编译*/
$ insmod butt_dev.ko /* 加载 buttons 设备驱动 */
$ cat /proc/devices  /* 通过这个命令可以查到 buttons 设备的主设备号 */
$ mknod /dev/buttons  c  252  0  /* 假设主设备号为 252，创建设备文件节点*/
```

接下来，编译和加载 GPIO 驱动程序，而且要创建设备文件节点。

```
$ make clean;make /* 驱动程序的编译*/
$ insmod gpio_drv.ko /* 加载 GPIO 驱动 */
$ cat /proc/devices /* 通过这个命令可以查到 GPIO 设备的主设备号 */
$ mknod /dev/gpio  c  251  0  /* 假设主设备号为 251，创建设备文件节点*/
```

然后编译并运行驱动测试程序。

```
$ arm-linux-gcc -o butt_test  butt_test.c
$ ./butt_test
```

11.7 实验内容——test 驱动

1. 实验目的

该实验是编写最简单的字符驱动程序，这里的设备也就是一段内存，实现简单的读写功能，并列出常用格式的 Makefile 以及驱动的加载和卸载脚本。读者可以熟悉字符设备驱动的整个编写流程。

2. 实验内容

该实验要求实现对虚拟设备（一段内存）的打开、关闭、读写的操作，并要通过编写测试程序来测试虚拟设备及其驱动运行是否正常。

3. 实验步骤

（1）编写代码。

这个简单的驱动程序的源代码如下所示：

```
/* test_drv.c */
#include <linux/module.h>
#include <linux/init.h>
#include <linux/fs.h>
#include <linux/kernel.h>
#include <linux/slab.h>
```

```
#include <linux/types.h>
#include <linux/errno.h>
#include <linux/cdev.h>
#include <asm/uaccess.h>
#define     TEST_DEVICE_NAME    "test_dev"
#define     BUFF_SZ             1024

/*全局变量*/
static struct cdev test_dev;
unsigned int major =0;
static char *data = NULL;

/*读函数*/
static ssize_t test_read(struct file *file,
                         char *buf, size_t count, loff_t *f_pos)
{
    int len;
    if (count < 0 )
    {
        return -EINVAL;
    }
    len = strlen(data);
    count = (len > count)?count:len;
    if (copy_to_user(buf, data, count)) /* 将内核缓冲的数据复制到用户空间*/
    {
        return -EFAULT;
    }
    return count;
}
/*写函数*/
static ssize_t test_write(struct file *file, const char *buffer,
                          size_t count, loff_t *f_pos)
{
    if(count < 0)
    {
        return -EINVAL;
    }
    memset(data, 0, BUFF_SZ);
    count = (BUFF_SZ > count)?count:BUFF_SZ;
    if (copy_from_user(data, buffer, count)) /* 将用户缓冲的数据复制到内核空间*/
    {
        return -EFAULT;
    }
    return count;
}
/*打开函数*/
static int test_open(struct inode *inode, struct file *file)
{
    printk("This is open operation\n");
    /* 分配并初始化缓冲区*/
```

```
    data = (char*)kmalloc(sizeof(char) * BUFF_SZ, GFP_KERNEL);
    if (!data)
    {
        return -ENOMEM;
    }
    memset(data, 0, BUFF_SZ);
    return 0;
}
/*关闭函数*/
static int test_release(struct inode *inode,struct file *file)
{
    printk("This is release operation\n");
    if (data)
    {
        kfree(data); /* 释放缓冲区*/
        data = NULL; /* 防止出现野指针 */
    }
    return 0;
}
/* 创建、初始化字符设备，并且注册到系统*/
static void test_setup_cdev(struct cdev *dev, int minor,
        struct file_operations *fops)
{
    int err, devno = MKDEV(major, minor);
    cdev_init(dev, fops);
    dev->owner = THIS_MODULE;
    dev->ops = fops;
    err = cdev_add (dev, devno, 1);
    if (err)
    {
        printk (KERN_NOTICE "Error %d adding test %d", err, minor);
    }
}

/* 虚拟设备的 file_operations 结构 */
static struct file_operations test_fops =
{
    .owner   = THIS_MODULE,
    .read    = test_read,
    .write   = test_write,
    .open    = test_open,
    .release = test_release,
};

/*模块注册入口*/
int init_module(void)
{
    int result;
    dev_t dev = MKDEV(major, 0);
```

```
    if (major)
    {/* 静态注册一个设备，设备号先前指定好，并设定设备名，用 cat /proc/devices 来查看 */
        result = register_chrdev_region(dev, 1, TEST_DEVICE_NAME);
    }
    else
    {
        result = alloc_chrdev_region(&dev, 0, 1, TEST_DEVICE_NAME);
    }

    if (result < 0)
    {
        printk(KERN_WARNING "Test device: unable to get major %d\n", major);
        return result;
    }
    test_setup_cdev(&test_dev, 0, &test_fops);
    printk("The major of the test device is %d\n", major);
    return 0;
}

/*卸载模块*/
void cleanup_module(void)
{
    cdev_del(&test_dev);
    unregister_chrdev_region(MKDEV(major, 0), 1);
    printk("Test device uninstalled\n");
}
```

（2）编译代码。

虚拟设备的驱动程序的 Makefile 如下所示：

```
ifeq ($(KERNELRELEASE),)
KERNELDIR ?= /lib/modules/$(shell uname -r)/build /*内核代码编译路径*/
PWD := $(shell pwd)
modules:
    $(MAKE) -C $(KERNELDIR) M=$(PWD) modules
modules_install:
    $(MAKE) -C $(KERNELDIR) M=$(PWD) modules_install
clean:
    rm -rf *.o *~ core .depend .*.cmd *.ko *.mod.c .tmp_versions
.PHONY: modules modules_install clean
else
    obj-m := test_drv.o    /* 将生成的模块为 test_drv.ko*/
endif
```

（3）加载和卸载模块。

通过下面两个脚本代码分别实现驱动模块的加载和卸载。

加载脚本 test_drv_load 如下所示：

```
#!/bin/sh
# 驱动模块名称
module="test_drv"
```

```
# 设备名称。在/proc/devices 中出现
device="test_dev"
# 设备文件的属性
mode="664"
group="david"

# 删除已存在的设备节点
rm -f /dev/${device}
# 加载驱动模块
/sbin/insmod -f ./$module.ko $* || exit 1
# 查到创建设备的主设备号
major='cat /proc/devices | awk "\\$2==\"$device\" {print \\$1}"'
# 创建设备文件节点
mknod /dev/${device} c $major 0
# 设置设备文件属性
chgrp $group /dev/${device}
chmod $mode  /dev/${device}
```

卸载脚本 test_drv_unload 如下所示：

```
#!/bin/sh
module="test_drv"
device="test_dev"
# 卸载驱动模块
/sbin/rmmod $module $* || exit 1
# 删除设备文件
rm -f /dev/${device}
exit 0
```

（4）编写测试代码。

最后一步是编写测试代码，也就是用户空间的程序，该程序调用设备驱动来测试驱动的运行是否正常。以下实例只实现了简单的读写功能，测试代码如下所示：

```
/* test.c */
#include <stdio.h>
#include <stdlib.h>
#include <string.h>
#include <sys/stat.h>
#include <sys/types.h>
#include <unistd.h>
#include <fcntl.h>
#define     TEST_DEVICE_FILENAME        "/dev/test_dev"         /* 设备文件名*/
#define     BUFF_SZ                     1024                    /* 缓冲大小 */

int main()
{
    int fd, nwrite, nread;
    char buff[BUFF_SZ];         /*缓冲区*/
    /* 打开设备文件 */
    fd = open(TEST_DEVICE_FILENAME, O_RDWR);
    if (fd < 0)
```

```
    {
        perror("open");
        exit(1);
    }

    do
    {
        printf("Input some words to kernel(enter 'quit' to exit):");
        memset(buff, 0, BUFF_SZ);
        if (fgets(buff, BUFF_SZ, stdin) == NULL)
        {
            perror("fgets");
            break;
        }
        buff[strlen(buff) - 1] = '\0';
        if (write(fd, buff, strlen(buff)) < 0) /* 向设备写入数据 */
        {
            perror("write");
            break;
        }
        if (read(fd, buff, BUFF_SZ) < 0)       /* 从设备读取数据 */
        {
            perror("read");
            break;
        }
        else
        {
            printf("The read string is from kernel:%s\n", buff);
        }
    } while(strncmp(buff, "quit", 4));
    close(fd);
    exit(0);
}
```

4．实验结果

首先在虚拟设备驱动源码目录下编译并加载驱动模块。

```
$ make clean;make
$ ./test_drv_load
```

接下来，编译并运行测试程序:

```
$ gcc -o test test.c
$ ./test
```

测试程序运行效果如下：

```
Input some words to kernel(enter 'quit' to exit):Hello, everybody!
The read string is from kernel:Hello, everybody! /* 从内核读取的数据 */
```

```
Input some words to kernel(enter 'quit' to exit):This is a simple driver
The read string is from kernel: This is a simple driver
Input some words to kernel(enter 'quit' to exit):quit
The read string is from kernel:quit
```

最后，卸载驱动程序：

```
$ ./test_drv_unload
```

通过 dmesg 命令可以查看内核打印的信息：

```
$ dmesg|tail -n 10
……
The major of the test device is 250        /* 当加载模块时打印 */
This is open operation                     /* 当打开设备时打印 */
This is release operation                  /* 关闭设备时打印 */
Test device uninstalled                    /* 当卸载设备时打印 */
```

11.8 本章小结

本章主要介绍了嵌入式 Linux 设备驱动程序的开发。首先介绍了设备驱动程序的概念及 Linux 对设备驱动的处理，这里要明确驱动程序在 Linux 中的定位。

接下来介绍了字符设备驱动程序的编写，这里详细介绍了字符设备驱动程序的编写流程、重要的数据结构、设备驱动程序的主要组成以及 proc 文件系统。接着又以 GPIO 驱动为例介绍了一个简单的字符驱动程序的编写步骤。

再接下来，本章介绍了块设备驱动程序的编写，主要包括块设备驱动程序描述符和块设备驱动的编写流程。

最后，本章介绍了中断编程，并以编写完整的按键驱动程序为例进行讲解。

本章的实验安排的是简单虚拟设备驱动程序的编写，通过该实验，读者可以了解编写驱动程序的完整流程。

11.9 思考与练习

根据书上的提示，将本章中所述的按键驱动程序进行进一步的改进，并在开发板上进行测试。

第12章

Qt图形编程基础

本章目标

本章主要介绍嵌入式图形编程的基础知识。由于Qt/Embedded图形编程引擎在国内外嵌入式系统开发中的应用比较广泛，因此，本章以Qt为例，概括性地介绍嵌入式GUI编程的基本流程。通过本章的学习，读者将会掌握以下内容:

- 掌握嵌入式GUI的种类和特点
- 掌握Qt中的信号与槽的机制
- 掌握Qt/Embedded的安装和配置
- 掌握Qt/Embedded应用程序的基本流程

12.1 嵌入式GUI简介

目前的桌面机操作系统大多有着美观、操作方便、功能齐全的GUI（图形用户界面），例如KDE或者GNOME。GUI（图形用户界面）是指计算机与其使用者之间的对话接口，可以说，GUI是当今计算机技术的重大成就。它的存在为使用者提供了友好便利的界面，并大大地方便了非专业用户的使用，使得人们从繁琐的命令中解脱出来，可以通过窗口、菜单方便地进行操作。

而在嵌入式系统中，GUI的地位也越来越重要，但是不同于桌面机系统，嵌入式GUI要求简单、直观、可靠、占用资源小且反应快速，以适应系统硬件资源有限的条件。另外，由于嵌入式系统硬件本身的特殊性，嵌入式GUI应具备高度可移植性与可裁减性，以适应不同的硬件条件和使用需求。总体来讲，嵌入式GUI具备以下特点：

- 体积小；
- 运行时耗用系统资源小；
- 上层接口与硬件无关，高度可移植；
- 高可靠性；
- 在某些应用场合应具备实时性。

UNIX环境下的图形视窗标准为X Window System，Linux是类UNIX系统，所以顶层运行的GUI系统是兼容X标准的XFree86系统。X标准大致可以划分X Server、Graphic Library

（底层绘图函数库）、Toolkits、Window Manager 等几大部分。其好处是具有可扩展性、可移植性等优点，但对于嵌入式系统而言无疑太过庞大、累赘、低效。目前流行的嵌入式 GUI 与 X 思路不同，这些 GUI 一般不局限于 X 标准，更强调系统的空间和效率。

12.1.1 Qt/Embedded

表 12.1 归纳了 Qt/Embedded 的一些优缺点。

表 12.1　　Qt/Embedded 分析

<table>
<tr><th colspan="3">Qt/Embedded 分析</th></tr>
<tr><td rowspan="4">优点</td><td>以开发包形式提供</td><td>包括了图形设计器、Makefile 制作工具、字体国际化工具、Qt 的 C++类库等</td></tr>
<tr><td>跨平台</td><td>支持 Microsoft Windows 95/98/2000、Microsoft Windows NT、MacOS X、Linux、Solaris、HP-UX、Tru64 (Digital UNIX)、Irix、FreeBSD、BSD/OS、SCO、AIX 等众多平台</td></tr>
<tr><td>类库支持跨平台</td><td>Qt 类库封装了适应不同操作系统的访问细节，这正是 Qt 的魅力所在</td></tr>
<tr><td>模块化</td><td>可以任意裁减</td></tr>
<tr><td>缺点</td><td>结构也过于复杂臃肿，很难进行底层的扩充、定制和移植</td><td>例如：
• 尽管 Qt/Embedded 声称，它最小可以裁剪到几百 KB，但这时的 Qt/Embedded 库已经基本失去了使用价值
• 它提供的控件集沿用了 PC 风格，并不太适合许多手持设备的操作要求
• Qt/Embedded 的底层图形引擎只能采用 framebuffer，只是针对高端嵌入式图形领域的应用而设计的
• 由于该库的代码追求面面俱到，以增加它对多种硬件设备的支持，造成了其底层代码比较凌乱，各种补丁较多的问题</td></tr>
</table>

12.1.2 MiniGUI

提起国内的开源软件，就肯定会提到 MiniGUI，它由魏永明先生和众多志愿者开发，是一个基于 Linux 的实时嵌入式系统的轻量级图形用户界面支持系统。

MiniGUI 分为最底层的 GAL 层和 IAL 层，向上为基于标准 POSIX 接口中 pthread 库的 Mini-thread 架构和基于 Server/Client 的 Mini-Lite 架构。其中前者受限于 thread 模式对于整个系统的可靠性——进程中某个 thread 的意外错误可能导致整个进程的崩溃，该架构应用于系统功能较为单一的场合。Mini-Lite 应用于多进程的应用场合，采用多进程运行方式设计的 Server/Client 架构能够较好地解决各个进程之间的窗口管理、Z 序剪切等问题。MiniGUI 还有一种从 Mini-Lite 衍生出的 standalone 运行模式。与 Lite 架构不同的是，standalone 模式一次只能以窗口最大化的方式显示一个窗口。这在显示屏尺寸较小的应用场合具有一定的应用意义。

MiniGUI 的 IAL 层技术 SVGA lib、LibGGI、基于 framebuffer 的 native 图形引擎以及哑图形引擎等，对于 Trolltech 公司的 QVFB 在 X Window 下也有较好的支持。IAL 层则支持 Linux 标准控制台下的 GPM 鼠标服务、触摸屏、标准键盘等。

MiniGUI 下丰富的控件资源也是 MiniGUI 的特点之一。当前 MiniGUI 的最新版本是 1.3.3。在该版本的控件中已经添加了窗口皮肤、工具条等桌面 GUI 中的高级控件支持。对比其他系统，“Mini”是 MiniGUI 的特色，轻量、高性能和高效率的 MiniGUI 已经应用在电视机顶盒、实时控制系统、掌上电脑等诸多场合。

12.1.3 Microwindows、Tiny X 等

Microwindows Open Source Project 成立的宗旨在于针对体积小的装置，建立一套先进的视窗环境，在 Linux 桌面上通过交叉编译可以很容易地制作出 Microwindows 的程序。Microwindows 能够在没有任何操作系统或其他图形系统的支持下运行，它能对裸显示设备进行直接操作。这样，Microwindows 就显得十分小巧，便于移植到各种硬件和软件系统上。

然而 Microwindows 的免费版本进展一直很慢，几乎处于停顿状态，而且至今为止，我国没有任何一家对 Microwindows 提供全面技术支持、服务和担保的专业公司。

Tiny X Server 是 XFree86 Project 的一部分，由 Keith Pachard 发展起来的，而他本身就是 XFree86 专案的核心成员之一。一般的 X Server 都过于庞大，因此 Keith Packard 就以 XFree86 为基础，精简而成 Tiny X Server，它的体积可以小到几百 KB，非常适合应用于嵌入式环境。

就纯 X Window System 搭配 Tiny X Server 架构来说，其最大的优点就是具有很好的弹性开发机制，并能大大提高开发速度。因为与桌面的 X 架构相同，因此相对于很多以 Qt、GTK+、FLTK 等为基础开发的软件可以很容易地移植过来。

虽然移植方便，但是却有体积大的缺点，由于很多软件本来是针对桌面环境开发的，因此无形之中具备了桌面环境中很多复杂的功能。因此“调校”变成采用此架构最大的课题，有时候重新改写可能比调校所需的时间还短。

表 12.2 总结了常见 GUI 的参数比较。

表 12.2 常见 **GUI** 参数比较

名称 / 参数	MiniGUI	OpenGUI	Qt/Embedded
API（完备性）	Win32（很完备）	私有（很完备）	Qt（C++）（很完备）
函数库的典型大小	300KB	300KB	600KB
移植性	很好	只支持 x86 平台	较好
授权条款	LGPL	LGPL	QPL/GPL
系统消耗	小	最小	最大
操作系统支持	Linux	Linux，DOS，QNX	Linux

12.2 Qt/Embedded 开发入门

12.2.1 Qt/Embedded 介绍

1．架构

Qt/Embedded 以原始 Qt 为基础，并做了许多出色的调整以适用于嵌入式环境。Qt/Embedded 通过 Qt API 与 Linux I/O 设施直接交互，成为嵌入式 Linux 端口。同 Qt/X11 相比，Qt/Embedded 很省内存，因为它不需要一个 X 服务器或是 Xlib 库，它在底层抛弃了 X lib，采用 framebuffer（帧缓冲）作为底层图形接口。同时，将外部输入设备抽象为 keyboard 和 mouse 输入事件。Qt/Embedde 的应用程序可以直接写内核缓冲帧，这避免开发者使用繁琐的

Xlib/Server 系统。图 12.1 所示比较了 Qt/Embedded 与 Qt/X11 的架构区别。

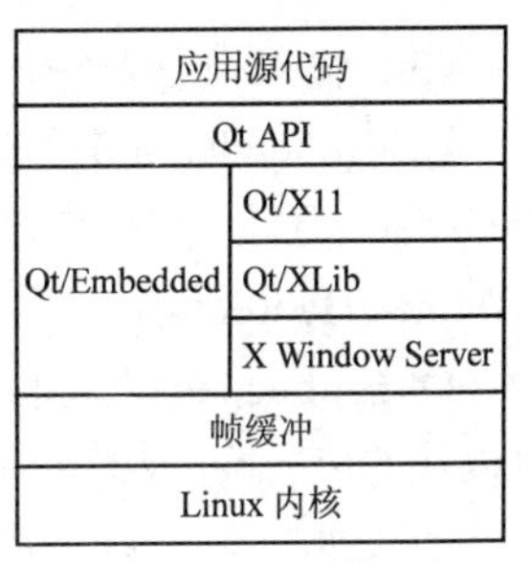

图 12.1 Qt/Embedded 与 Qt/X11 的 Linux 版本的比较

使用单一的 API 进行跨平台的编程可以有很多好处。提供嵌入式设备和桌面计算机环境下应用的公司可以培训开发人员使用同一套工具开发包，这有利于开发人员之间共享开发经验与知识，也使得管理人员在分配开发人员到项目中的时候增加灵活性。更进一步来说，针对某个平台而开发的应用和组件也可以销售到 Qt 支持的其他平台上，从而以低廉的成本扩大产品的市场。

（1）窗口系统。

一个 Qt/Embedded 窗口系统包含了一个或多个进程，其中的一个进程可作为服务器。该服务进程会分配客户显示区域，以及产生鼠标和键盘事件。该服务进程还能够提供输入方法和一个用户接口给运行起来的客户应用程序。该服务进程其实就是一个有某些额外权限的客户进程。任何程序都可以在命令行上加上“-qws”的选项来把它作为一个服务器运行。

客户与服务器之间的通信使用共享内存的方法实现，通信量应该保持最小，例如客户进程直接访问帧缓冲来完成全部的绘制操作，而不会通过服务器，客户程序需要负责绘制它们自己的标题栏和其他式样。这就是 Qt/Embedded 库内部层次分明的处理过程。客户可以使用 QCOP 通道交换消息。服务进程简单的广播 QCOP 消息给所有监听指定通道的应用进程，接着应用进程可以把一个插槽连接到一个负责接收的信号上，从而对消息做出响应。消息的传递通常伴随着二进制数据的传输，这是通过一个 QDataStream 类的序列化过程来实现的，有关这个类的描述，请读者参考相关资料。

QProcess 类提供了另外一种异步的进程间通信机制。它用于启动一个外部的程序并且通过写一个标准的输入和读取外部程序的标准输出和错误码来和它们通信。

（2）字体。

Qt/Embedded 支持 4 种不同的字体格式：True Type 字体（TTF），Postscript Type1 字体，位图发布字体（BDF）和 Qt 的预呈现（Pre-rendered）字体（QPF）。Qt 还可以通过增加 Qfont-Factory 的子类来支持其他字体，也可以支持以插件方式出现的反别名字体。

每个 TTF 或者 TYPE1 类型的字体首次在图形或者文本方式的环境下被使用时，这些字体的字形都会以指定的大小被预先呈现出来，呈现的结果会被缓冲。根据给定的字体尺寸（例如 10 或 12 点阵）预先呈现 TTF 或者 TYPE1 类型的字体文件并把结果以 QPF 的格式保存起来，这样可以节省内存和 CPU 的处理时间。QPF 文件包含了一些必要的字体，这些字体可以通过 makeqpf 工具取得，或者通过运行程序时加上“-savefonts”选项获取。如果应用程序中使用到的字体都是 QPF 格式，那么 Qt/Embedded 将被重新配置，并排除对 TTF 和 TYPE1 类型的字体的编译，这样就可以减少 Qt/Embedded 的库的大小和存储字体的空间。例如一个 10 点阵的包含所有 ASCII 字符的 QPF 字体文件的大小为 1300 字节，这个文件可以直接从物理存储格式映射成为内存存储格式。

Qt/Embedded 的字体通常包括 Unicode 字体的一部分子集，ASCII 和 Latin-1。一个完整的 16 点阵的 Unicode 字体的存储空间通常超过 1MB，我们应尽可能存储一个字体的子集，而不是存储所有的字，例如在一个应用中，仅仅需要以 Cappuccino 字体、粗体的方式显示产品的名称，但是却有一个包含了全部字形的字体文件。

（3）输入设备及输入法。

Qt/Embedded 3.0 支持几种鼠标协议：BusMouse、IntelliMouse,Microsoft 和 MouseMan.Qt/Embedded 还支持 NECVr41XX 和 iPAQ 的触摸屏。通过从 QWSMouseHandler 或者 QcalibratedMouseHandler 派生子类，开发人员可以让 Qt/Embedded 支持更多的客户指示设备。

Qt/Embedded 支持标准的 101 键盘和 Vr41XX 按键，通过子类化 QWSKeyboardHandler 可以让 Qt/Embedded 支持更多的客户键盘和其他的非指示设备。

对于非拉丁语系字符（例如阿拉伯、中文、希伯来和日语）的输入法，需要把它写成过滤器的方式，并改变键盘的输入。输入法的作者应该对全部的 Qt API 的使用有完整的认识。在一个无键盘的设备上，输入法成了惟一的输入字符的手段。Qtopia 提供了 4 种输入方法：笔迹识别器、图形化的标准键盘、Unicode 键盘和基于字典方式提取的键盘。

（4）屏幕加速。

通过子类化 QScreen 和 QgfxRaster 可以实现硬件加速，从而为屏幕操作带来好处。Trolltech 提供了 Mach64 和 Voodoo3 视频卡的硬件加速的驱动例子，同时可以按照协议编写其他的驱动程序。

2．Qt 的开发环境

Qt/Embedded 的开发环境可以取代那些我们熟知的 UNIX 和 Windows 开发工具。它提供了几个跨平台的工具使得开发变得迅速和方便，尤其是它的图形设计器。UNIX 下的开发者可以在 PC 机或者工作站使用虚拟缓冲帧，从而可以模仿一个和嵌入式设备的显示终端大小，像素相同的显示环境。

嵌入式设备的应用可以在安装了一个跨平台开发工具链的不同的平台上编译。最通常的做法是在一个 UNIX 系统上安装跨平台的带有 libc 库的 GNU C+ +编译器和二进制工具。在开发的许多阶段，一个可替代的做法是使用 Qt 的桌面版本，例如通过 Qt/X11 或是 Qt/Windows 来进行开发。这样开发人员就可以使用他们熟悉的开发环境，例如微软公司的 Visual C++或者 Borland C++。在 UNIX 操作系统下，许多环境也是可用的，例如 Kdevelop，它也支持交互式开发。

如果 Qt/Embedded 的应用是在 UNIX 平台下开发的话，那么它就可以在开发的机器上以一个独立的控制台或者虚拟缓冲帧的方式来运行，对于后者来说，其实是有一个 X11 的应用程序虚拟了一个缓冲帧。通过指定显示设备的宽度、高度和颜色深度，虚拟出来的缓冲帧将和物理的显示设备在每个像素上保持一致。这样每次调试应用时开发人员就不用总是刷新嵌入式设备的 Flash 存储空间，从而加速了应用的编译、链接和运行周期。运行 Qt 的虚拟缓冲帧工具的方法是在 Linux 的图形模式下运行以下命令：

```
qvfb (回车)
```

当 Qt 嵌入式的应用程序要把显示结果输出到虚拟缓冲帧时，我们在命令行运行这个程序，并在程序名后加上-qws 的选项。例如：$> hello - qws。

3．Qt 的支撑工具

Qt 包含了许多支持嵌入式系统开发的工具，有两个最实用的工具是 qmake 和 Qt designer（图形设计器）。

- qmake 是一个为编译 Qt/Embedded 库和应用而提供的 Makefile 生成器。它能够根据一个工程文件（.pro）产生不同平台下的 Makefile 文件。qmake 支持跨平台开发和影子生成，影子生成是指当工程的源代码共享给网络上的多台机器时，每台机器编译链接这个工程的代码将在不同的子路径下完成，这样就不会覆盖别人的编译链接生成的文件。qmake 还易于在不同的配置之间切换。
- Qt 图形设计器可以使开发者可视化地设计对话框而不需编写代码。使用 Qt 图形设计器的布局管理可以生成能平滑改变尺寸的对话框。

qmake 和 Qt 图形设计器是完全集成在一起的。

12.2.2 Qt/Embedded 信号和插槽机制

1．机制概述

信号和插槽机制是 Qt 的核心机制，要精通 Qt 编程就必须对信号和插槽有所了解。信号和插槽是一种高级接口，应用于对象之间的通信，它是 Qt 的核心特性，也是 Qt 区别于其他工具包的重要地方。信号和插槽是 Qt 自行定义的一种通信机制，它独立于标准的 C/C++语言，因此要正确地处理信号和插槽，必须借助一个称为 moc（Meta Object Compiler）的 Qt 工具，该工具是一个 C++预处理程序，它为高层次的事件处理自动生成所需要的附加代码。

所谓图形用户接口的应用就是要对用户的动作做出响应。例如，当用户单击了一个菜单项或是工具栏的按钮时，应用程序会执行某些代码。大部分情况下，是希望不同类型的对象之间能够进行通信。程序员必须把事件和相关代码联系起来，这样才能对事件做出响应。以前的工具开发包使用的事件响应机制是易崩溃的，不够健壮的，同时也不是面向对象的。

以前，当使用回调函数机制把某段响应代码和一个按钮的动作相关联时，通常把那段响应代码写成一个函数，然后把这个函数的地址指针传给按钮，当那个按钮被单击时，这个函数就会被执行。对于这种方式，以前的开发包不能够确保回调函数被执行时所传递进来的函数参数就是正确的类型，因此容易造成进程崩溃。另外一个问题是，回调这种方式紧紧地绑定了图形用户接口的功能元素，因而很难进行独立的开发。

信号与插槽机制是不同的。它是一种强有力的对象间通信机制，完全可以取代原始的回调和消息映射机制。在 Qt 中信号和插槽取代了上述这些凌乱的函数指针，使得用户编写这些通信程序更为简洁明了。信号和插槽能携带任意数量和任意类型的参数，它们是类型完全安全的，因此不会像回调函数那样产生 core dumps。

所有从 QObject 或其子类（例如 Qwidget）派生的类都能够包含信号和插槽。当对象改变状态时，信号就由该对象发射（emit）出去了，这就是对象所要做的全部工作，它不知道另一端是谁在接收这个信号。这就是真正的信息封装，它确保对象被当作一个真正的软件组件来使用。插槽用于接收信号，但它们是普通的对象成员函数。一个插槽并不知道是否有任何信号与自己相连接。而且，对象并不了解具体的通信机制。

用户可以将很多信号与单个插槽进行连接，也可以将单个信号与很多插槽进行连接，甚至将一个信号与另外一个信号相连接也是可能的，这时无论第一个信号什么时候发射，系统都将立刻发射第二个信号。总之，信号与插槽构造了一个强大的部件编程机制。

图 12.2 所示为对象间信号与插槽的关系。

2．信号与插槽实现实例

（1）信号。

当某个信号对其客户或所有者内部状态发生改变时，信号就被一个对象发射。只有定义了这个信号的类及其派生类才能够发射这个信号。当一个信号被发射时，与其相关联的插槽将被立刻执行，就像一个正常的函数调用一样。信号－插槽机制完全独立于任何 GUI 事件循环。只有当所有的槽返回以后发射函数（emit）才返回。如果存在多个槽与某个信号相关联，那么，当这个信号被发射时，这些槽将会一个接一个地执行，但是它们执行的顺序将会是随机的、不确定的，用户不能人为地指定哪个先执行、哪个后执行。

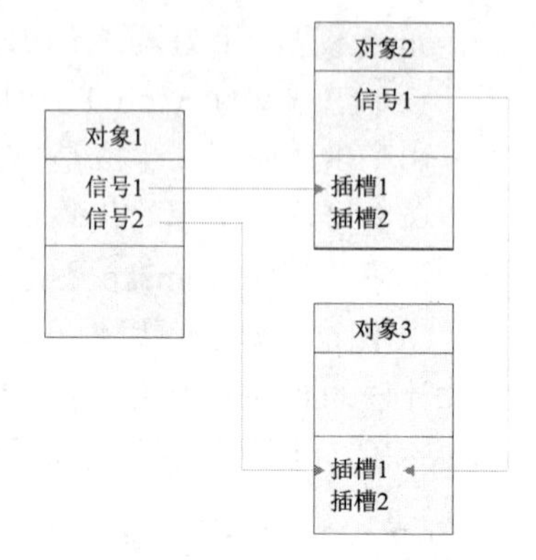

图 12.2　对象间信号与插槽的关系

Qt 的 signals 关键字指出进入了信号声明区，随后即可声明自己的信号。例如，下面定义了 3 个信号：

```
signals:
void mySignal();
void mySignal(int x);
void mySignalParam(int x,int y);
```

在上面的定义中，signals 是 Qt 的关键字，而非 C/C++的。接下来的一行 void mySignal() 定义了信号 mySignal，这个信号没有携带参数；接下来的一行 void mySignal(int x)定义了重名信号 mySignal，但是它携带一个整形参数，这有点类似于 C++中的虚函数。从形式上讲信号的声明与普通的 C++函数是一样的，但是信号却没有函数体定义。另外，信号的返回类型都是 void。信号由 moc 自动产生，它们不应该在.cpp 文件中实现。

（2）插槽。

插槽是普通的 C++成员函数，可以被正常调用，它们惟一的特殊性就是很多信号可以与其相关联。当与其关联的信号被发射时，这个插槽就会被调用。插槽可以有参数，但插槽的参数不能有默认值。

插槽是普通的成员函数，因此与其他的函数一样，它们也有存取权限。插槽的存取权限决定了谁能够与其相关联。同普通的 C++成员函数一样，插槽函数也分为 3 种类型，即 public slots、private slots 和 protected slots。

- public slots：在这个区内声明的槽意味着任何对象都可将信号与之相连接。这对于组件编程非常有用，用户可以创建彼此互不了解的对象，将它们的信号与槽进行连接以便信息能够正确地传递。
- protected slots：在这个区内声明的槽意味着当前类及其子类可以将信号与之相连接。这适用于那些槽，它们是类实现的一部分，但是其界面接口却面向外部。
- private slots：在这个区内声明的槽意味着只有类自己可以将信号与之相连接。这适用于联系非常紧密的类。

插槽也能够被声明为虚函数，这也是非常有用的。插槽的声明也是在头文件中进行的。

例如，下面声明了 3 个插槽：

```
public slots:
void mySlot();
void mySlot(int x);
void mySignalParam(int x,int y);
```

（3）信号与插槽关联。

通过调用 QObject 对象的 connect()函数可以将某个对象的信号与另外一个对象的插槽函数或信号相关联，当发射者发射信号时，接收者的槽函数或信号将被调用。

该函数的定义如下所示：

```
bool QObject::connect (const QObject * sender, const char * signal,const
QObject * receiver, const char * member) [static]
```

这个函数的作用就是将发射者 sender 对象中的信号 signal 与接收者 receiver 中的 member 插槽函数联系起来。当指定信号 signal 时必须使用 Qt 的宏 SIGNAL()，当指定插槽函数时必须使用宏 SLOT()。如果发射者与接收者属于同一个对象的话，那么在 connect()调用中接收者参数可以省略。

■　信号与插槽相关联。

下例定义了两个对象：标签对象 label 和滚动条对象 scroll，并将 valueChanged()信号与标签对象的 setNum()插槽函数相关联，另外信号还携带了一个整型参数，这样标签总是显示滚动条所处位置的值。

```
QLabel *label = new QLabel;
QScrollBar *scroll = new QScrollBar;
QObject::connect(scroll, SIGNAL(valueChanged(int)),label,
SLOT(setNum(int)));
```

■　信号与信号相关联。

在下面的构造函数中，MyWidget 创建了一个私有的按钮 aButton，按钮的单击事件产生的信号 clicked()与另外一个信号 aSignal()进行关联。这样，当信号 clicked()被发射时，信号 aSignal()也接着被发射。如下所示：

```
class MyWidget : public QWidget
{
public:
MyWidget();
...
signals:
void aSignal();
...
private:
...
QPushButton *aButton;
};

MyWidget::MyWidget()
{
   aButton = new QPushButton(this);
```

```
    connect(aButton, SIGNAL(clicked()), SIGNAL(aSignal()));
}
```

（4）解除信号与插槽关联。

当信号与槽没有必要继续保持关联时，用户可以使用 disconnect()函数来断开连接。其定义如下所示：

```
    bool QObject::disconnect (const QObject * sender, const char * signal,const
Object * receiver, const char * member) [static]
```

这个函数断开发射者中的信号与接收者中的槽函数之间的关联。

有 3 种情况必须使用 disconnect()函数。

■ 断开与某个对象相关联的任何对象。

当用户在某个对象中定义了一个或者多个信号，这些信号与另外若干个对象中的槽相关联，如果想要切断这些关联的话，就可以利用这个方法，非常简洁。如下所示：

```
disconnect(myObject, 0, 0, 0)
```

或者

```
myObject->disconnect()
```

■ 断开与某个特定信号的任何关联。

这种情况是非常常见的，其典型用法如下所示：

```
disconnect(myObject, SIGNAL(mySignal()), 0, 0)
```

或者

```
myObject->disconnect(SIGNAL(mySignal()))
```

■ 断开两个对象之间的关联。

这也是非常常用的情况，如下所示：

```
disconnect(myObject, 0, myReceiver, 0)
```

或者

```
myObject->disconnect(myReceiver)
```

注意　在 disconnect()函数中 0 可以用作一个通配符，分别表示任何信号、任何接收对象、接收对象中的任何槽函数。但是发射者 sender 不能为 0，其他 3 个参数的值可以等于 0。

12.2.3 搭建 Qt/Embedded 开发环境

一般来说，用 Qt/Embedded 开发的应用程序最终会发布到安装有嵌入式 Linux 操作系统的小型设备上，所以使用装有 Linux 操作系统的 PC 机或者工作站来完成 Qt/Embedded 开发当然是最理想的环境，此外 Qt/Embedded 也可以安装在 UNIX 或 Windows 系统上。这里就以在 Linux 操作系统中安装为例进行介绍。

这里需要有 3 个软件安装包：tmake 工具安装包、Qt/Embedded 安装包和 Qt 的 X11 版的安装包。

■ tmake 1.11 或更高版本：生成 Qt/Embedded 应用工程的 Makefile 文件。

■ Qt/Embedded：Qt/Embedded 安装包。

■ Qt 2.3.2 for X11：Qt 的 X11 版的安装包，产生 X11 开发环境所需要的两个工具。

注意　这些软件安装包都有许多不同的版本，由于版本的不同会导致这些软件在使用时可能引起的冲突，为此必须依照一定的安装原则，Qt/Embedded 安装包的版本必须比 Qt for X11 的安装包的版本新，这是因为 Qt for X11 的安装包中的两个工具 uic 和 designer 产生的源文件会和 Qt/Embedded 的库一起被编译链接，因此要本着“向前兼容”的原则，Qt for X11 的版本应比 Qt/Embedded 的版本旧。

1. 安装 tmake

用户使用普通的解压缩即可，注意要将路径添加到全局变量中去，如下所示：

```
tar zxvf tmake-1.11.tar.gz
export TMAKEDIR=$PWD/tmake-1.11
export TMAKEPATH=$TMAKEDIR/lib/qws/linux-x86-g++
export PATH=$TMAKEDIR/bin:$PATH
```

2. 安装 Qt/Embedded 2.3.7

这里使用常见的解压命令及安装命令即可，要注意这里的路径与不同的系统有关，读者要根据实际情况进行修改。另外，这里的 configure 命令带有参数“-qconfig –qvfb –depths 4816，32”分别为指定 Qt 嵌入式开发包生成虚拟缓冲帧工具 qvfb，并支持 4、8、16、32 位的显示颜色深度。另外读者也可以在 configure 的参数中添加“-system”、“-jpeg”或“gif”命令，使 Qt/Embedded 平台能支持 jpeg、gif 格式的图形。

Qt/Embedded 开发包有 5 种编译范围的选项，使用这些选项可控制 Qt 生成的库文件的大小。如命令 make sub-src 指定按精简方式编译开发包，也就是说有些 Qt 类未被编译。其他编译选项的具体用法可通过“./configure–help”命令查看。精简方式的安装步骤如下所示：

```
tar zxvf qt-embedded-2.3.7.tar.gz
cd qt-2.3.7
export QTDIR=$PWD
export QTEDIR=$QTDIR
export PATH=$QTDIR/bin:$PATH
export LD_LIBRARY_PATH=$QTDIR/lib:$LD_LIBRARY_PATH
./configure -qconfig local-qvfb -depths 4,8,16,32
make sub-src
```

3. 安装 Qt/X11 2.3.2

与上一步类似，用户也可以在 configure 后添加一定的参数，如“-no-opengl”或“-no-xfs”，可以键入命令“./configure –help”来获得一些帮助信息。

```
tar xfz qt-x11-2.3.2.tar.gz
cd qt-2.3.2
export QTDIR=$PWD
export PATH=$QTDIR/bin:$PATH
export LD_LIBRARY_PATH=$QTDIR/lib:$LD_LIBRARY_PATH
./configure -no-opengl
make
make -C tools/qvfb
mv tools/qvfb/qvfb bin
```

```
cp bin/uic $QTEDIR/bin
```

12.2.4 Qt/Embedded 窗口部件

Qt 提供了一整套的窗口部件。它们组合起来可用于创建用户界面的可视元素。按钮、菜单、滚动条、消息框和应用程序窗口都是窗口部件的实例。因为所有的窗口部件既是控件又是容器，因此 Qt 的窗口部件不能任意地分为控件和容器。通过子类化已存在的 Qt 部件或少数时候必要的全新创建，自定义的窗口部件能很容易地创建出来。

窗口部件是 QWidget 或其子类的实例，用户自定义的窗口通过子类化得到，如图 12.3 所示。

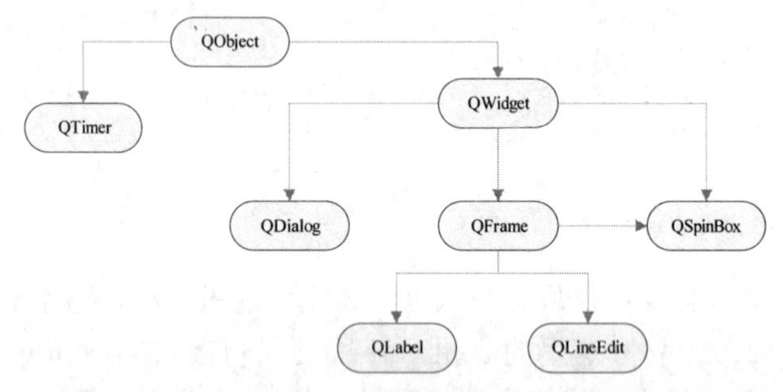

图 12.3 源自 QWidget 的类层次结构

一个窗口部件可包含任意数量的子部件。子部件在父部件的区域内显示。没有父部件的部件是顶级部件（比如一个窗口），通常在桌面的任务栏上有它们的入口。Qt 不在窗口部件上施加任何限制。任何部件都可以是顶级部件，任何部件都可以是其他部件的子部件。通过自动或手动（如果你喜欢）使用布局管理器可以设定子部件在父部件区域中的位置。如果父部件被停用、隐藏或删除，则同样的动作会应用于它的所有子部件。

1．Hello 窗口实例

下面是一个显示“Hello Qt/Embedded!”的程序的完整代码：

```
#include <qapplication.h>
#include <qlabel.h>
int main(int argc, char **argv)
{
    QApplication app(argc, argv);
    QLabel *hello=new QLabel
          ("<font color=blue>Hello""<i>Qt Embedded!</i></font>",0);
    app.setMainWidget(hello);
    hello->show();
    return app.exec();
}
```

图 12.4 是该 Hello 窗口的运行效果图。

2．常见通用窗口组合

图 12.4 Hello 窗口运行效果图

Qt 中还有一些常见的通用窗口，它们使用了 Windows 风格显示，图 12.5、12.6、12.7、12.8 分别描述了常见的一些通用窗口的组合使用。

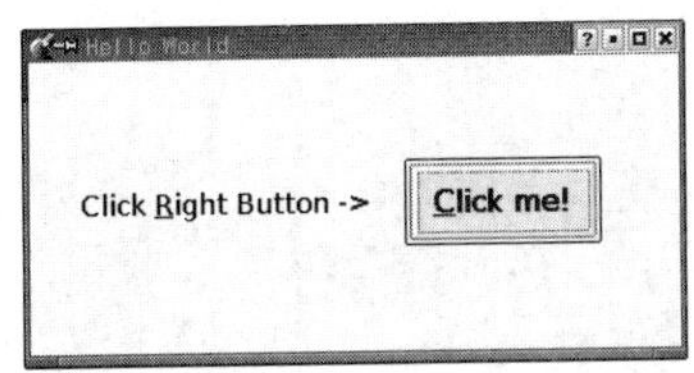

图 12.5 使用 QHBox 排列 1 个标签和 1 个按钮

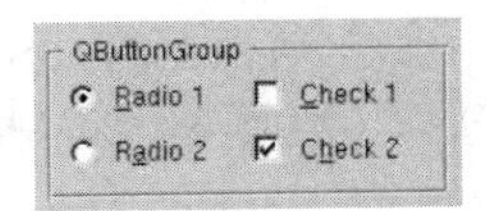

图 12.6 使用了 QButtonGroup 的 2 个单选框和 2 个复选框

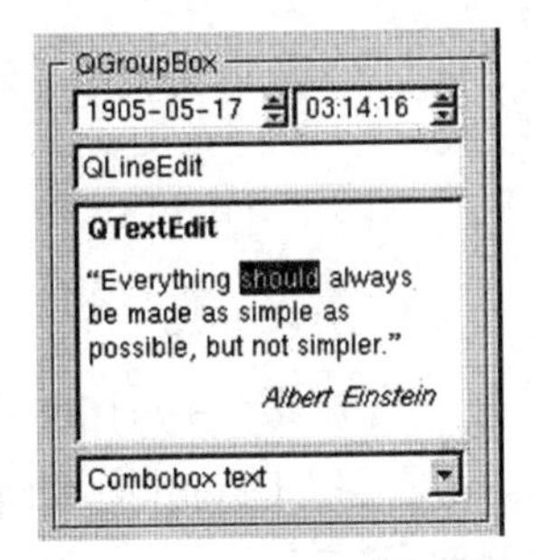

图 12.7 QGroupBox 组合图示

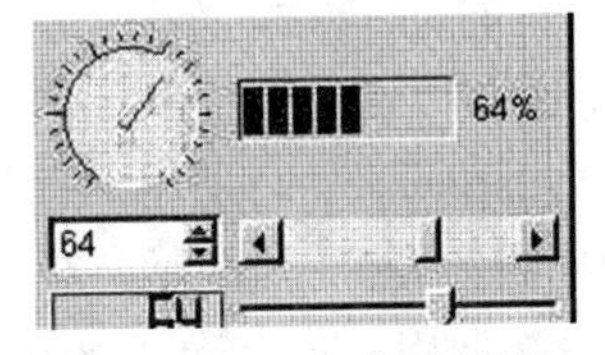

图 12.8 QGrid 组合图示 1

图 12.8 使用了 QGroupBox 进行排列的日期类 QDateTimeEdit、1 个行编辑框类 QLine-Edit、1 个文本编辑类 QTextEdit 和 1 个组合框类 QComboBox。

图 12.9 是以 QGrid 排列的 1 个 QDial、1 个 QProgressBar、1 个 QSpinBox、1 个 QScrollBar、1 个 QLCDNumber 和 1 个 QSlider。

图 12.10 是以 QGrid 排列的 1 个 QIconView、1 个 QListView、1 个 QListBox 和 1 个 QTable。

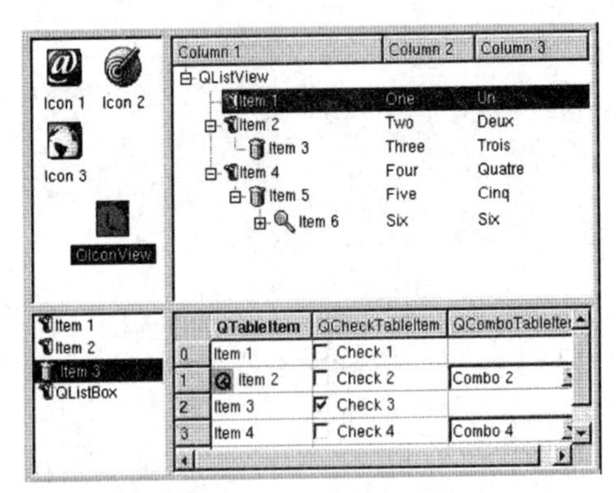

图 12.9 QGrid 组合图示 2

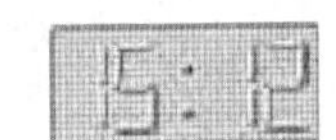

图 12.10 钟表部件图示

3. 自定义窗口

开发者可以通过子类化 QWidget 或它的一个子类创建他们自己的部件或对话框。为了举例说明子类化，下面提供了数字钟部件的完整代码。

钟表部件是一个能显示当前时间并自动更新的 LCD。一个冒号分隔符随秒数的流逝而闪烁，如图 12.10 所示。

Clock 从 QLCDNumber 部件继承了 LCD 功能。它有一个典型部件类所拥有的典型构造函数，带有可选的 parent 和 name 参数（如果设置了 name 参数，测试和调试会更容易）。系统有规律地调用从 QObject 继承的 timerEvent()函数。

它在 clock.h 中定义如下所示：

```
#include <qlcdnumber.h>
class Clock:public QLCDNumber
{
public:
    Clock(QWidget *parent=0,const char *name=0);
protected:
    void timerEvent(QTimerEvent *event);
private:
    void showTime();
    bool showingColon;
};
```

构造函数 showTime()是用当前时间初始化钟表，并且告诉系统每 1000ms 调用一次 timerEvent()来刷新 LCD 的显示。在 showTime()中，通过调用 QLCDNumber::display()来显示当前时间。每次调用 showTime()让冒号闪烁时，冒号就被空白代替。

clock.cpp 的源码如下所示：

```
#include <qdatetime.h>
#include "clock.h"
Clock::Clock(QWidget *parent,const char *name)
:QLCDNumber(parent,name),showingColon(true)
{
    showTime();
    startTimer(1000);
}
void Clock::timerEvent(QTimerEvent *)
{
    showTime();
}
void Clock::showTime()
{
    QString timer=QTime::currentTime().toString().left(5);
    if (!showingColon)
    {
        time[2]=' ';
    }
    display(time);
    showingColon=!showingColon;
}
```

文件 clock.h 和 clock.cpp 完整地声明并实现了 Clock 部件。

```
#include <qapplication.h>
#include "clock.h"
int main(int argc,char **argv)
{
```

```
    QApplication app(argc,argv);
    Clock *clock=new Clock;
    app.setMainWidget(clock);
    clock->show();
    return app.exec();
}
```

12.2.5 Qt/Embedded 图形界面编程

Qt 提供了所有可能的类和函数来创建 GUI 程序。Qt 既可用来创建“主窗口”式的程序，即一个有菜单栏、工具栏和状态栏作为环绕的中心区域；也可以用来创建“对话框”式的程序，使用按钮和必要的选项卡来呈现选项与信息。Qt 支持 SDI（单文档界面）和 MDI（多文档界面）。Qt 还支持拖动、放下和剪贴板。工具栏可以在工具栏区域内移动，拖曳到其他区域或者作为工具托盘浮动起来。这个功能是内建的，不需要额外的代码，但程序员在需要时可以约束工具栏的行为。

使用 Qt 可以大大简化编程。例如，如果一个菜单项、一个工具栏按钮和一个快捷键都完成同样的动作，那么这个动作只需要一份代码。

Qt 还提供消息框和一系列标准对话框，使得程序向用户提问和让用户选择文件、文件夹、字体以及颜色变得更加简单。为了呈现一个消息框或一个标准对话框，只需要用一个使用方便的 Qt 静态函数的一行的语句。

1. 主窗口类

QMainWindow 类提供了一个典型应用程序的主窗口框架。

一个主窗口包含了一组标准窗体的集合。主窗口的顶部包含一个菜单栏，它的下方放置着一个工具栏，工具栏可以移动到其他的停靠区域。主窗口允许停靠的位置有顶部、左边、右边和底部。工具栏可以被拖放到一个停靠的位置，从而形成一个浮动的工具面板。主窗口的下方，也就是在底部的停靠位置下方有一个状态栏。主窗口的中间区域可以包含其他的窗体。提示工具和“这是什么”帮助按钮以旁述的方式阐述了用户接口的使用方法。

对于小屏幕的设备，使用 Qt 图形设计器定义的标准的 QWidget 模板比使用主窗口类更好一些。典型的模板包含有菜单栏、工具栏，可能没有状态栏（在必要的情况下，可以用任务栏、标题栏来显示状态）。

例如，一个文本编辑器可以把 QTextEdit 作为中心部件：

```
QTextEdit *editor = new QTextEdit(mainWindow);
mainWindow->setCentralWidget(editor);
```

2. 菜单类

弹出式菜单 QPopupMenu 类以垂直列表的方式显示菜单项，它可以是单个的（例如上下文相关菜单），可以以菜单栏的方式出现，或者是别的弹出式菜单的子菜单出现。

每个菜单项可以有一个图标、一个复选框和一个加速器（快捷键），菜单项通常对应一个动作（例如存盘），分隔器通常显示成一条竖线，它用于把一组相关联的动作菜单分离成组。

下面是一个建立包含有 New、Open 和 Exit 菜单项的文件菜单的例子。

```
QPopupMenu *fileMenu = new QPopupMenu(this);
fileMenu->insertItem("&New", this, SLOT(newFile()), CTRL+Key_N);
fileMenu->insertItem("&Open...", this, SLOT(open()), CTRL+Key_O);
fileMenu->insertSeparator();
fileMenu->insertItem("&Exit", qApp, SLOT(quit()), CTRL+Key_Q);
```

当一个菜单项被选中，和它相关的插槽将被执行。加速器（快捷键）很少在一个没有键盘输入的设备上使用，Qt/Embedded 的典型配置并未包含对加速器的支持。上面出现的代码“&New”意思是在桌面机器上以“New”的方式显示出来，但是在嵌入式设备中，它只会显示为“New”。

QMenuBar 类实现了一个菜单栏，它会自动地设置几何尺寸并在它的父窗体的顶部显示出来，如果父窗体的宽度不够宽以至不能显示一个完整的菜单栏，那么菜单栏将会分为多行显示出来。Qt 内置的布局管理能够自动调整菜单栏。

Qt 的菜单系统是非常灵活的，菜单项可以被动态使能、失效、添加或者删除。通过子类化 QCustomMenuItem，用户可以建立客户化外观和功能的菜单项。

3. 工具栏

工具栏可以被移动到中心区域的顶部、底部、左边或右边。任何工具栏都可以拖曳到工具栏区域的外边，作为独立的浮动工具托盘。

QToolButton 类实现了具有一个图标，一个 3D 框架和一个可选标签的工具栏。切换型工具栏按钮具有可以打开或关闭某些特征的功能。其他的则会执行一个命令。可以为活动、关闭、开启等模式，打开或关闭等状态提供不同的图标。如果只提供一个图标，Qt 能根据可视化线索自动地辨别状态，例如将禁用的按钮变灰，工具栏按钮也能触发弹出式菜单。

QToolButton 通常在 QToolBar 内并排出现。一个程序可含有任意数量的工具栏并且用户可以自由地移动它们。工具栏可以包括几乎所有部件，例如 QComboBox 和 QSpinBox。

4. 旁述

现在的应用主要使用旁述的方式去解释用户接口的用法。Qt 提供了两种旁述的方式，即“提示栏”和“这是什么”帮助按钮。

■ “提示栏”是小的，通常是黄色的矩形，当光标在窗体的某些位置游动时，它就会自动地出现。它主要用于解释工具栏按钮，特别是那些缺少文字标签说明的工具栏按钮的用途。下面就是如何设置一个“存盘”按钮的提示代码。

```
QToolTip::add(saveButton,"Save");
```

当提示字符出现之后，还可以在状态栏显示更详细的文字说明。

对于一些没有鼠标的设备（例如那些使用触点输入的设备），就不会出现鼠标的光标在窗体上进行游动，这样就不能激活提示栏。对于这些设备也许就只需要使用“这是什么”帮助按钮，或者使用一种状态来表示输入设备正在进行游动，例如用按下或者握住的状态来表示现在正在进行游动。

■ “这是什么”帮助按钮和提示栏有些相似，只不过前者是要用户单击它才会显示旁述。在小屏幕设备上，要想单击“这是什么”帮助按钮，具体的方法是，在靠近应用的 X 窗口的关闭按钮“x”附近你会看到一个“？”符号的小按钮，这个按钮就是“这是什么”的帮助按钮。一般来说，“这是什么”帮助按钮按下后要显示的提示信息应该比提示栏要多一些。下面是设置一个存盘按钮的“这是什么”文本提示信息的方法：

```
QWhatsThis::add(saveButton, "Save the current file.");
```

QToolTip 和 QWhatsThis 类提供了可以通过重新实现来获取更多特殊化行为的虚函数，比如根据鼠标在部件的位置来显示不同的文本。

5．动作

应用程序通常提供几种不同的方式来执行特定的动作。比如，许多应用程序通过菜单（Flie→Save）、工具栏（像一个软盘的按钮）和快捷键（Ctrl+S）来提供“Save”动作。QAction 类封装了“动作”这个概念。它允许程序员在某个地方定义一个动作。

下面的代码实现了一个“Save”菜单项、一个“Save”工具栏按钮和一个“Save”快捷键，并且均有旁述帮助：

```
QAction *saveAct=new QAction("Save", saveIcon, "&Save",CTRL+Key_S, this);
connect(saveAct,SIGNAL(activated()), this, SLOT(save()));
saveAct->setWhatsThis("Saves the current file.");
saveAct->addTo(fileMenu);
saveAct->addTo(toolbar);
```

为了避免重复，使用 QAction 可保证菜单项的状态与工具栏保持同步，而工具提示能在需要的时候显示。禁用一个动作会禁用相应的菜单项和工具栏按钮。类似地，当用户单击切换型按钮时，相应的菜单项会因此被选中或不选。

12.2.6 Qt/Embedded 对话框设计

Qt/Embedded 对话框的设计比较复杂，要使用布局管理自动地设置窗体与别的窗体之间相对的尺寸和位置，这样可以确保对话框能够最好地利用屏幕上的可用空间，接着还要使用 Qt 图形设计器可视化设计工具建立对话框。下面就详细讲解具体的步骤。

1．布局

Qt 的布局管理用于组织管理一个父窗体区域内的子窗体。它的特点是可以自动设置子窗体的位置和大小，并可确定出一个顶级窗体的最小和默认的尺寸，当窗体的字体或内容变化后，它可以重置一个窗体的布局。

使用布局管理，开发者可以编写独立于屏幕大小和方向之外的程序，从而不需要浪费代码空间和重复编写代码。对于一些国际化的应用程序，使用布局管理，可以确保按钮和标签在不同的语言环境下有足够的空间显示文本，不会造成部分文字被剪掉。

布局管理提供部分用户接口组件，例如输入法和任务栏变得更容易。我们可以通过一个例子说明这一点，当 Qtopia 的用户输入文字时，输入法会占用一定的文字空间，应用程序这时也会根据可用屏幕尺寸的变化调整自己。

Qtopia 的布局管理示例如图 12.11 所示。

（1）内建布局管理器。

Qt 提供了 3 种用于布局管理的类：QHBoxLayout、QVBoxLayout 和 QGridLayout。

■ QHBoxLayout 布局管理把窗体按照水平方向从左至右排成一行。

■ QVBoxLayout 布局管理把窗体按照垂直方向从上至下排成一列。

■ QGridLayout 布局管理以网格的方式来排列窗体，一个窗体可以占据多个网格。

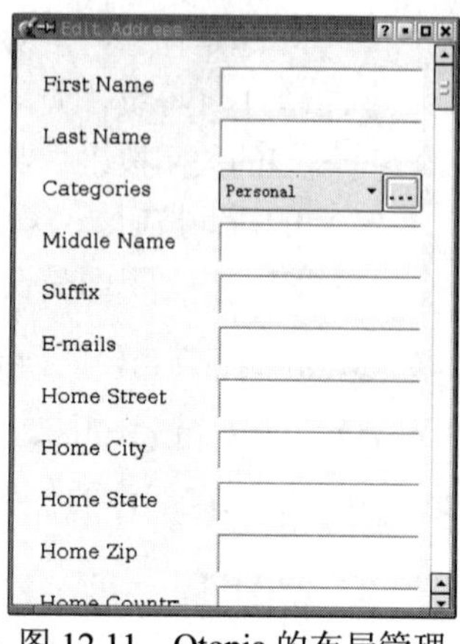

图 12.11　Qtopia 的布局管理

它们的示例如图 12.12 所示。

在多数情况下，Qt 的布局管理器为其管理的部件挑选一个最适合的尺寸以便窗口能够平滑地缩放。如果其默认值不合适，开发者可以使用以下机制微调布局：

■ 设置一个最小尺寸、一个最大尺寸，或者为一些子部件设置固定的大小。

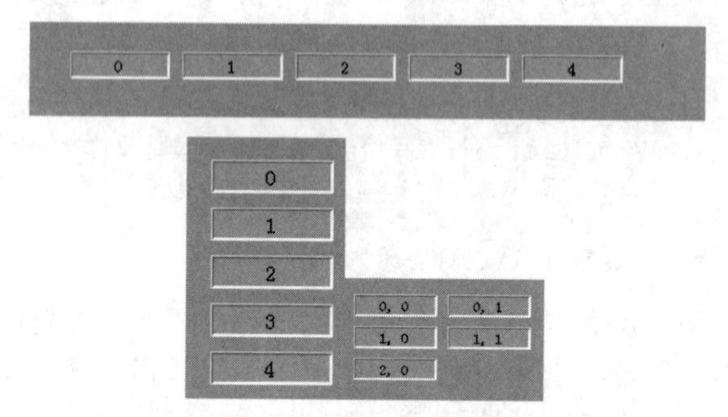

图 12.12　3 种布局管理类示意图

■ 设置一些延伸项目或间隔项目，延伸或间隔项目会填充空余的布局空间。

■ 改变子部件的尺寸策略。通过调用 QWidget::setSizePolicy()，程序员可以仔细调整子部件的缩放行为。子部件可以设置为扩展、收缩、保持原大小等状态。

■ 改变子部件的建议大小。QWidget::sizeHint()和 QWidget::minimumSizeHint()会根据内容返回部件的首选尺寸和最小首选尺寸。内建部件提供了合适的重新实现。

■ 设置延伸因子。延伸因子规定了子部件的相应增量，比如，2/3 的可用空间分配给部件 A 而 1/3 分配给 B。

（2）布局嵌套。

布局可以嵌套任意层。图 12.13 显示了一个对话框的两种大小。

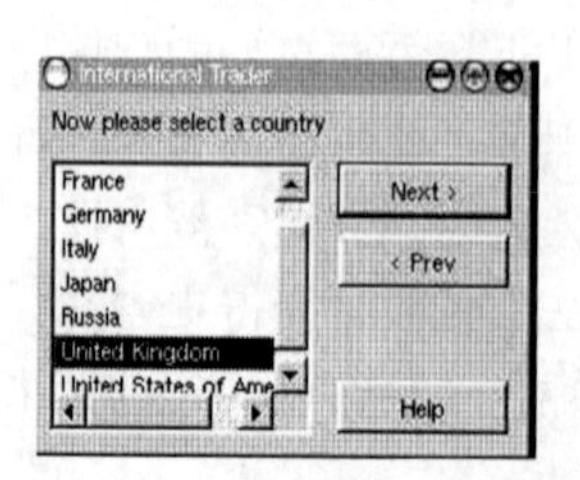

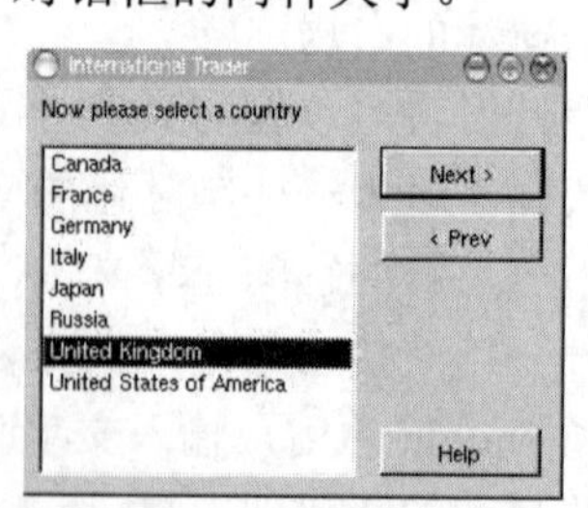

图 12.13　一个对话框的两种大小

这个对话框使用了 3 种布局：一个 QVBoxLayout 组合了按钮，一个 QHBoxLayout 组合了国家列表和那组按钮，一个 QVBoxLayout 组合了“Select a country”标签和剩下的部件。一个延伸项目用来维护 Cancel 和 Help 按钮间的距离。

下面的代码创建了对话框部件和布局：

```
QVBoxLayout *buttonBox = new QVBoxLayout(6);
buttonBox->addWidget(new QPushButton("OK", this));
buttonBox->addWidget(new QPushButton("Cancel", this));
buttonBox->addStretch(1);
buttonBox->addWidget(new QPushButton("Help", this));
QListBox *countryList = new QListBox(this);
countryList->insertItem("Canada");
/*...*/
countryList->insertItem("United States of America");
QHBoxLayout *middleBox = new QHBoxLayout(11);
middleBox->addWidget(countyList);
middleBox->addLayout(buttonBox);
QVBoxLayout *topLevelBox = new QVBoxLayout(this,6,11);
topLevelBox->addWidget(new QLabel("Select a country", this));
topLevelBox->addLayout(middleBox);
```

可以看到，Qt 让布局变得非常容易。

（3）自定义布局。

通过子类化 QLayout，开发者可以定义自己的布局管理器。和 Qt 一起提供的 customlayout 样例展示了 3 个自定义布局管理器：BorderLayout、CardLayout 和 SimpleFlow，程序员可以使用并修改它们。

Qt 还包括 QSplitter，是一个最终用户可以操纵的分离器。某些情况下，QSplitter 可能比布局管理器更为可取。

为了完全控制，重新实现每个子部件的 QWidget::resizeEvent()并调用 QWidget::setGeometry()，就可以在一个部件中手动地实现布局。

2．Qt/Embedded 图形设计器

Qt 图形设计器是一个具有可视化用户接口的设计工具。Qt 的应用程序可以完全用源代码来编写，或者使用 Qt 图形设计器来加速开发工作。启动 Qt 图形设计器的方法是：

```
cd qt-2.3.2/bin
./designer
```

这样就可以启动一个图形化的设计界面，如图 12.14 所示。

开发者单击工具栏上的代表不同功能的子窗体/组件的按钮，然后把它拖放到一个表单（Form）上，这样就可以把一个子窗体/组件放到表单上了。开发者可以使用属性对话框来设置子窗体的属性，精确地设置子窗体的位置和尺寸大小是没必要的。开发者可以选择一组窗体，然后对它们进行排列。例如，我们选定了一些按钮窗体，然后使用“水平排列（lay out horizontally）”选项对它们进行一个接一个地水平排列。这样

做不仅使得设计工作变得更快，而且完成后的窗体将能够按照属性设置的比例填充窗口的可用范围。

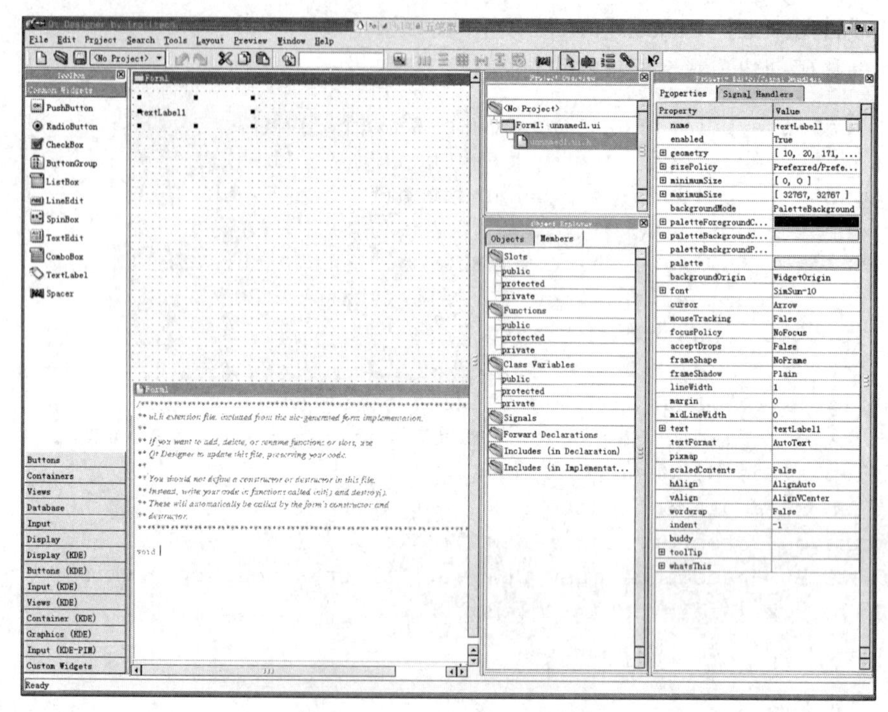

图 12.14　Qt 图形设计器界面

使用 Qt 图形设计器进行图形用户接口的设计可以消除应用的编译、链接和运行时间，同时使修改图形用户接口的设计变得更容易。Qt 图形设计器的预览功能使开发者能够在开发阶段看到各种样式的图形用户界面，也包括客户样式的用户界面。通过 Qt 集成功能强大的数据库类，Qt 图形设计器还可提供生动的数据库数据浏览和编辑操作。

开发者可以建立同时包含有对话框和主窗口的应用，其中主窗口可以放置菜单、工具栏、旁述帮助等子窗口部件。Qt 图形设计器提供了几种表单模板，如果窗体会被多个不同的应用反复使用，那么开发者也可建立自己的表单模板以确保窗体的一致性。

Qt 图形设计器使用向导来帮助人们更快、更方便地建立包含有工具栏、菜单和数据库等方面的应用。程序员可以建立自己的客户窗体，并把它集成到 Qt 图形设计器中。

Qt 图形设计器设计的图形界面以扩展名为“ui”的文件进行保存，这个文件有良好的可读性，这个文件可被 uic（Qt 提供的用户接口编译工具）编译成为 C++的头文件和源文件。qmake 工具在它为工程生成的 Makefile 文件中自动包含了 uic 生成头文件和源文件的规则。

另一种可选的做法是在应用程序运行期间载入 ui 文件，然后把它转变为具备原先全部功能的表单。这样开发者就可以在程序运行期间动态地修改应用的界面，而不需重新编译应用，另一方面，也使得应用的文件尺寸减小了。

3．建立对话框

Qt 为许多通用的任务提供了现成的包含了实用的静态函数的对话框类，主要有以下几种。

- QMessageBox 类：是一个用于向用户提供信息或是让用户进行一些简单选择（例如“yes”或“no”）的对话框类，如图 12.15 所示。
- QProgressDialog 类：包含了一个进度栏和一个“Cancel”按钮，如图 12.16 所示。
- QWizard 类：提供了一个向导对话框的框架，如图 12.17 所示。

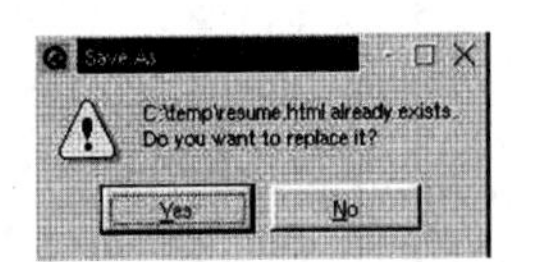

图 12.15 QMessageBox 类对话框

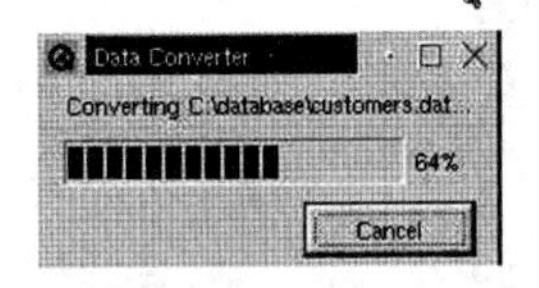

图 12.16 QProgressDialog 类对话框

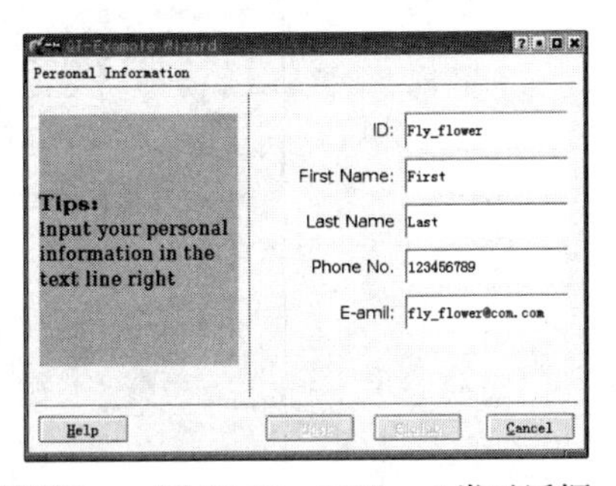

图 12.17 QWizard 类对话框

另外，Qt 提供的对话框还包括 QColorDialog、QFileDialog、QFontDialog 和 QPrintDialog。这些类通常适用于桌面应用，一般不会在 Qt/Embedded 中编译使用它们。

12.3 实验内容——使用 Qt 编写“Hello，World”程序

1．实验目的

通过编写一个跳动的“Hello,World”字符串，进一步熟悉嵌入式 Qt 的开发过程。

2．实验步骤

（1）生成一个工程文件（.pro 文件）。

使用命令 progen 产生一个工程文件（progen 程序可在 tmake 的安装路径下找到）。

如下所示：

```
progen -t app.t -o hello.pro
```

那样产生的 hello.pro 工程文件并不完整，开发者还需添加工程所包含的头文件，源文件等信息。

（2）新建一个窗体。

启动 Qt 图形编辑器，使用如下命令：

```
./designer（该程序在 qt-2.3.x for x11 的安装路径的 bin 目录下）
```

接着单击编辑器的“new”菜单，弹出了一个“new Form”对话框，在这个对话框里选择“Widget”，然后单击“OK”按钮，这样就新建了一个窗体。

接下来再对这个窗体的属性进行设置，注意把窗体的“name”属性设为“Hello”；窗体的各种尺寸设为宽“240”、高“320”，目的是使窗体大小和 FS2410 带的显示屏的大小一致；窗体背景颜色设置为白色。具体设置如图 12.18 所示。

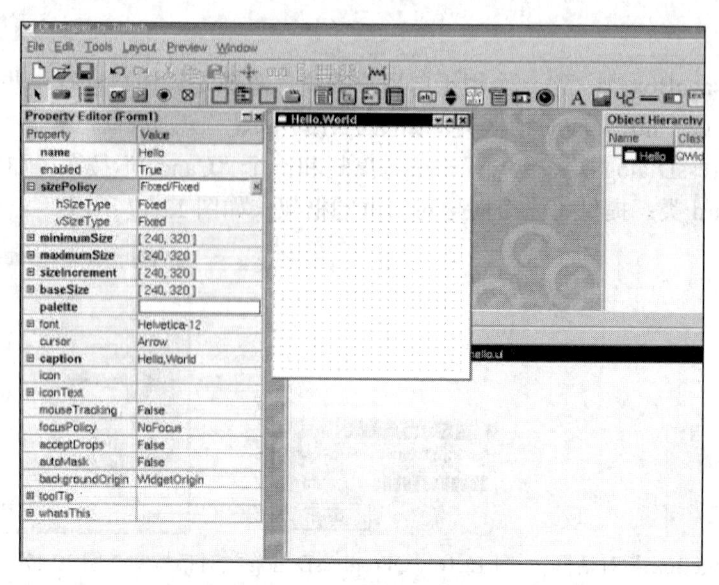

图 12.18　Hello 窗体的属性设置

设置完成后，将其保存为 hello.ui 文件，这个文件就是 Hello 窗体的界面存储文件。

（3）生成 Hello 窗体类的头文件和实现文件。

下面根据上述的界面文件 hello.ui 使用 uic 工具产生 Hello 窗体类的头文件和实现文件，具体方法是：

```
$ cd qt-2.3.7/bin
$ uic -o hello.h hello.ui
$ uic -o hello.cpp -impl hello.h hello.ui
```

这样就得到了 Hello 窗体类的头文件 hello.h 和实现文件 hello.cpp。下面就可以根据需要实现的具体功能，在 hello.cpp 文件里添加相应的代码。

比如要在 Hello 的窗体上显示一个动态的字符串“Hello，World”，那么需要重新实现 paintEvent（QPaintEvent *）方法，同时还需要添加一个定时器 QTimer 实例，以周期性刷新屏幕，从而得到动画的效果。下面是修改后的 hello.h 和 hello.cpp 文件。

```
/*********************************************************************
********
** 以下是 hello.h 的代码
*********************************************************************
*******/
#ifndef HELLO_H
#define HELLO_H
#include <qvariant.h>
#include <qwidget.h>
class QVBoxLayout;
class QHBoxLayout;
class QGridLayout;
class Hello : public QWidget
{
Q_OBJECT
public:
    Hello(QWidget* parent = 0, const char* name = 0, WFlags fl = 0);
```

```
    ~Hello();
  /* 以下是手动添加的代码 */
  signals:
    void clicked();
  protected:
    void mouseReleaseEvent(QMouseEvent *);
    void paintEvent(QPaintEvent *);
  private slots:
    void animate();
  private:
    QString t;
    int b;
  };
  #endif // HELLO_H
  /************************************************************************
********
  ** 以下是 hello.cpp 源代码
  *************************************************************************
*******/
  #include "hello.h"
  #include <qlayout.h>
  #include <qvariant.h>
  #include <qtooltip.h>
  #include <qwhatsthis.h>
  #include <qpushbutton.h>
  #include <qtimer.h>
  #include <qpainter.h>
  #include <qpixmap.h>
  /*
  * Constructs a Hello which is a child of 'parent', with the
  * name 'name' and widget flags set to 'f'
  */
  Hello::Hello(QWidget* parent, const char* name, WFlags fl)
  : QWidget(parent, name, fl)
  {
    if (!name)
        setName("Hello");
    resize(240, 320);
    setMinimumSize(QSize(240, 320));
    setMaximumSize(QSize(240, 320));
    setSizeIncrement(QSize(240, 320));
    setBaseSize(QSize(240, 320));
    QPalette pal;
    QColorGroup cg;
    …
    pal.setDisabled(cg);
    setPalette(pal);
    QFont f(font());
    f.setFamily("adobe-helvetica");
    f.setPointSize(29);
    f.setBold(TRUE);
    setFont(f);
    setCaption(tr(""));

    /* 以下是手动添加的代码 */
```

```
    t = "Hello,World";
    b = 0;
    QTimer *timer = new QTimer(this);
    connect(timer, SIGNAL(timeout()), SLOT(animate()));
    timer->start(40);
}
/*
* Destroys the object and frees any allocated resources
*/
Hello::~Hello()
{
}
/* 以下至结尾是手动添加的代码 */
void Hello::animate()
{
    b = (b + 1) & 15;
    repaint(FALSE);
}
/*
Handles mouse button release events for the Hello widget.
We emit the clicked() signal when the mouse is released inside
the widget.
*/
void Hello::mouseReleaseEvent(QMouseEvent *e)
{
    if (rect().contains(e->pos()))
        emit clicked();
}
/* Handles paint events for the Hello widget.
Flicker-free update. The text is first drawn in the pixmap and the
pixmap is then blt'ed to the screen.
*/
void Hello::paintEvent(QPaintEvent *)
{
    static int sin_tbl[16] = {0, 38, 71, 92, 100, 92,
                  71, 38, 0, -38, -71, -92, -100, -92, -71, -38};
    if (t.isEmpty())
         return;
    /* 1: Compute some sizes, positions etc. */
    QFontMetrics fm = fontMetrics();
    int w = fm.width(t) + 20;
    int h = fm.height() * 2;
    int pmx = width()/2 - w/2;
    int pmy = height()/2 - h/2;
    /* 2: Create the pixmap and fill it with the widget's background */
    QPixmap pm(w, h);
    pm.fill(this, pmx, pmy);
    /* 3: Paint the pixmap. Cool wave effect */
    QPainter p;
    int x = 10;
    int y = h/2 + fm.descent();
    int i = 0;
    p.begin(&pm);
    p.setFont(font());
    while (!t[i].isNull())
```

```
    {
        int i16 = (b+i) & 15;
        p.setPen(QColor((15-i16)*16,255,255,QColor::Hsv));
        p.dra wText(x, y-sin_tbl[i16]*h/800, t.mid(i,1), 1);
         x += fm.width(t[i]);
         it +;
    }
    p.end();
    /* 4: Copy the pixmap to the Hello widget */
    bitBlt(this, pmx, pmy, &pm);
}
```

（4）编写主函数 main()。

一个 Qt/Embeded 应用程序应该包含一个主函数，主函数所在的文件名是 main.cpp。主函数是应用程序执行的入口点。以下是“Hello,World”例子的主函数文件 main.cpp 的实现代码：

```
/*************************************************************************
********
** 以下是 main.cpp 源代码
*************************************************************************
*******/
#include "hello.h"
#include <qapplication.h>
/*
The program starts here. It parses the command line and builds a message
string to be displayed by the Hello widget.
*/
#define QT_NO_WIZARD
int main(int argc, char **argv)
{
   QApplication a(argc,argv);
   Hello dlg;
   QObject::connect(&dlg, SIGNAL(clicked()), &a, SLOT(quit()));
   a.setMainWidget(&dlg);
   dlg.show();
   return a.exec();
}
```

（5）编辑工程文件 hello.pro 文件。

到目前为止，为 Hello,World 例子编写了一个头文件和两个源文件，这 3 个文件应该被包括在工程文件中，因此还需要编辑 hello.pro 文件，加入 hello.h、hello.cpp、main.cpp 这 3 个文件名。具体定义如下：

```
/*************************************************************************
********
** 以下是 hello.pro 文件的内容
*************************************************************************
*******/
TEMPLATE = app
CONFIG = qt warn_on release
HEADERS = hello.h
SOURCES = hello.cpp \
          main.cpp
INTERFACES =
```

（6）生成 Makefile 文件。

编译器是根据 Makefile 文件内容来进行编译的，所以需要生成 Makefile 文件。Qt 提供的 tmake 工具可以帮助我们从一个工程文件（.pro 文件）中产生 Makefile 文件。结合当前例子，要从 hello.pro 生成一个 Makefile 文件的做法是首先查看环境变量$TMAKEPATH 是否指向 ARM 编译器的配置目录，在命令行下输入以下命令：

ECHO $TMAKEPATH

如果返回的结果末尾不是…/qws/linux-arm-g++的字符串，那么需要把环境变量$TMAKEPATH 所指的目录设置为指向 arm 编译器的配置目录，过程如下：

EXPORT TMAKEPATH = /TMAKE 安装路径/QWS/LINUX-ARM-G++

同时，应确保当前的 QTDIR 环境变量指向 Qt/Embedded 的安装路径，如果不是，则需要执行以下过程。

EXPORT QTDIR = ……/qt-2.3.7

上述步骤完成后，就可以使用 tmake 生成 Makefile 文件，具体做法是在命令行输入以下命令：

TMAKE –O MAKEFILE HELLO.PRO

这样就可以看到当前目录下新生成了一个名为 Makefile 的文件。下一步，需要打开这个文件，做一些小的修改。

① 将 LINK = arm-linux-gcc 改为：LINK = arm-linux-g++

这样做是因为要用 arm-linux-g++进行链接。

② 将 LIBS = $(SUBLIBS) -L$(QTDIR)/lib -lm – lqte 改为：

LIBS = $(SUBLIBS) -L/usr/local/arm/2.95.3/lib -L$(QTDIR)/lib -lm –lqte

这是因为链接时要用到交叉编译工具 toolchain 的库。

（7）编译链接整个工程。

最后就可以在命令行下输入 make 命令对整个工程进行编译链接了。

make 生成的二进制文件 hello 就是可以在 FS2410 上运行的可执行文件。

12.4 本章小结

本章主要讲解了嵌入式 Linux 的图形编程。首先介绍了几种常见的嵌入式图形界面编程机制，并给出了它们之间的关系。

接下来，本章介绍了 Qt/Embedded 开发入门，包括环境的搭建、信号与插槽的概念与应用以及图形设计器的应用。

本章的实验介绍了如何使用 Qt 编写“Hello，world”小程序，从中可以了解到 Qt 编程的全过程。

欢迎来到异步社区！

异步社区的来历

异步社区（www.epubit.com.cn）是人民邮电出版社旗下IT专业图书旗舰社区，于2015年8月上线运营。

异步社区依托于人民邮电出版社20余年的IT专业优质出版资源和编辑策划团队，打造传统出版与电子出版和自出版结合、纸质书与电子书结合、传统印刷与POD按需印刷结合的出版平台，提供最新技术资讯，为作者和读者打造交流互动的平台。

社区里都有什么？

购买图书

我们出版的图书涵盖主流IT技术，在编程语言、Web技术、数据科学等领域有众多经典畅销图书。社区现已上线图书1000余种，电子书400多种，部分新书实现纸书、电子书同步出版。我们还会定期发布新书书讯。

下载资源

社区内提供随书附赠的资源，如书中的案例或程序源代码。

另外，社区还提供了大量的免费电子书，只要注册成为社区用户就可以免费下载。

与作译者互动

很多图书的作译者已经入驻社区，您可以关注他们，咨询技术问题；可以阅读不断更新的技术文章，听作译者和编辑畅聊好书背后有趣的故事；还可以参与社区的作者访谈栏目，向您关注的作者提出采访题目。

灵活优惠的购书

您可以方便地下单购买纸质图书或电子图书，纸质图书直接从人民邮电出版社书库发货，电子书提供多种阅读格式。

对于重磅新书，社区提供预售和新书首发服务，用户可以第一时间买到心仪的新书。

用户帐户中的积分可以用于购书优惠。100积分=1元，购买图书时，在 请输入优惠码 使用优惠码 里填入可使用的积分数值，即可扣减相应金额。

异步社区

微信订阅号

微信服务号

官方微博

QQ 群：368449889